高等学校电气工程及自动化专业系列教材

电机与拖动

主　编　孙瑞娟

副主编　宋海燕　邢泽炳　马　莉

李芳芳　穆　煜　刘林德

参　编　李　伟　张雪莉　冯俊惠

西安电子科技大学出版社

内容简介

本书系统地介绍了电机的基础知识、直流电机、变压器、三相异步电动机、同步电机、特种电机、电力拖动的基础知识、直流电动机的电力拖动、三相异步电动机的电力拖动、同步电动机的电力拖动、电力拖动系统电动机的选择、风力发电技术及其仿真和电机在电动汽车中的应用等内容。

全书共13章，分为三篇：第一篇为电机(第1～6章)；第二篇为电力拖动(第7～11章)；第三篇为新能源与电机(第12、13章)。其中，第一篇和第二篇可以按照本书编写顺序教学，也可以相互穿插教学；第三篇可以作为选学内容。本书配有实验报告册，方便进行实验教学。

本书可作为电气工程及自动化专业的基础课教材，也可作为相关从业人员的学习参考书。

图书在版编目(CIP)数据

电机与拖动 /孙瑞娟主编. —西安：西安电子科技大学出版社，2023.2(2024.11重印)
ISBN 978-7-5606-6745-4

Ⅰ. ①电… Ⅱ. ①孙… Ⅲ. ①电机 ②电力传动
Ⅳ. ① TM3 ②TM921

中国国家版本馆CIP数据核字(2023)第019954号

策　　划　曹　攀
责任编辑　刘小莉
出版发行　西安电子科技大学出版社(西安市太白南路2号)
电　　话　(029)88202421　88201467　　邮　　编　710071
网　　址　www.xduph.com　　电子邮箱　xdupfxb001@163.com
经　　销　新华书店
印刷单位　咸阳华盛印务有限责任公司
版　　次　2023年2月第1版　2024年11月第3次印刷
开　　本　787毫米×1092毫米　1/16　印张22
字　　数　520千字
定　　价　66.00元(含实验报告册)
ISBN 978-7-5606-6745-4
XDUP 7047001-3

*** 如有印装问题可调换 ***

前　言

“电机与拖动”是电气工程及其自动化专业学生必修的一门重要的专业基础课。为了满足我国高等教育改革的要求，适应当今社会对电机人才的需求，探索出一条适合应用型人才发展的教育教学之路，山西农业大学农业工程学院在西安电子科技大学出版社的组织下，联合山西省内外开设电气工程及其相关专业的部分高校编写了本书。

本书吸收了众家之长，既有理论分析，又有实验指导。同时，为了配合教学改革的需要，本书减少理论课时，增加“课程思政”，既能满足教学需求，也能满足育人需求。

本书具有以下几大特点：

第一，层次分明，知识成体系化、模块化。本书分为电机、电力拖动、新能源与电机三篇，其中电机和电力拖动这两篇可以按照本书编写顺序教学，也可以相互穿插教学，新能源与电机一篇可以作为选学内容。

第二，配有实验报告册。本书注重实验实践的探索，书后附有实验报告册，内含9个实验。通过实验，学生能更加深刻地理解电机的工作原理。

第三，留有“阅读笔记”栏。本书各章侧边留有少量空白，便于学生及时记录教师讲授的重要内容，也便于后续复习使用。

第四，采用双色印刷。为了突出重难点内容，便于学生提取重要知识点和提升阅读效果，本书采用双色印刷。

第五，提供“课程思政”素材。为了在专业课程的教学中有效实施思政教育，本书各章均配有“课程思政”素材，有需求的教师可以和作者或者出版社联系，免费获取。

山西农业大学农业工程学院孙瑞娟老师担任本书主编，并编写第1～3章和第13章，山西农业大学农业工程学院宋海燕教授编写第4章，山西农业大学农业工程学院邢泽炳教授编写第5章，山西农业大学农业工程学院李伟老师编写第6章，山西农业大学农业工程学院冯俊惠老师编写第7章，太原工业学院穆煜老师编写第8章，昌吉学院马莉老师编写第9章，兰州工业学院李芳芳老师编写第 10 章，山西农业大学农业工程学院张雪莉老师编写第 11 章，新疆电子研究所股份有限公司刘林德编写第 12 章。全书由孙瑞娟老师统稿。

最后，本书的全体编写成员要向教育部高等学校自动化专业教学委员会的全体成员致敬，是你们在电机学教材建设工作上的引领，让我们有了优秀的学习资源；要向全国高等学校研究中心致敬，是你们对电机学教材的建设，为我们起到了示范、引领的作用；要向所有为电机与拖动技术做出贡献的专家、学者、社会研究人员致敬，你们是基石，是力量的源泉。

由于编者水平有限，书中难免有不足之处，敬请读者提供宝贵的意见或建议，便于再版时及时更正。

编　者

2022 年 8 月

目　录

第一篇　电　　机

第1章　电机的基础知识 …… 2

1.1　课程的性质与学习方法 …… 2

1.2　电机的分类与应用 …… 3

1.3　电磁学的基本知识 …… 4

1.3.1　常用基本电磁量 …… 4

1.3.2　常用电磁定律 …… 5

1.3.3　铁磁材料及其特性 …… 7

习题1 …… 9

第2章　直流电机 …… 10

2.1　直流电机的结构 …… 11

2.2　直流电机的工作原理 …… 15

2.2.1　直流电动机的工作原理 …… 15

2.2.2　直流发电机的工作原理 …… 16

2.3　直流电机的铭牌及其参数 …… 18

2.4　直流电机的电枢绕组 …… 20

2.4.1　电枢绕组 …… 20

2.4.2　单叠绕组 …… 22

2.4.3　单波绕组 …… 26

2.5　直流电机中的电与磁 …… 27

2.5.1　直流电机的电枢电动势 …… 27

2.5.2　直流电机的电枢电磁转矩 …… 28

2.5.3　直流电机的电枢反应 …… 29

2.6　直流电机的运行性能 …… 36

2.6.1　直流发电机稳态运行时的基本方程式 …… 36

2.6.2　直流发电机的运行特性 …… 39

2.6.3　直流电动机稳态运行时的基本方程式 …… 39

2.6.4　直流电动机的运行特性 …… 42

习题2 …… 43

第 3 章　变压器 …… 45
3.1　变压器的结构 …… 46
3.2　变压器的铭牌及其参数 …… 50
3.3　变压器的空载运行 …… 52
3.3.1　变压器空载运行时的电磁关系 …… 52
3.3.2　电磁量的参考方向 …… 54
3.3.3　变压器的感应电动势 …… 54
3.3.4　变压器的空载电流与损耗 …… 55
3.3.5　变压器空载运行时电动势方程、相量图与等效电路 …… 56
3.4　变压器的负载运行 …… 60
3.4.1　变压器负载运行时的电磁关系 …… 61
3.4.2　变压器负载运行时电动势、磁动势的平衡方程 …… 62
3.4.3　变压器的折算 …… 63
3.4.4　变压器负载运行时的相量图与等效电路 …… 65
3.4.5　标幺值 …… 68
3.5　变压器参数的测定 …… 70
3.5.1　空载试验 …… 70
3.5.2　短路试验 …… 72
3.6　变压器的运行特性 …… 74
3.6.1　电压变化率与外特性 …… 74
3.6.2　效率与效率特性 …… 77
3.7　三相变压器与联结组 …… 78
3.8　特种变压器 …… 84
3.8.1　自耦变压器 …… 84
3.8.2　互感器 …… 86
习题 3 …… 88
第 4 章　三相异步电动机 …… 92
4.1　三相异步电动机的基本结构 …… 93
4.2 三相异步电动机的基本工作原理 …… 95
4.3　三相异步电动机的铭牌及其参数 …… 99
4.4　三相异步电机的定子绕组 …… 103
4.4.1　三相异步电机的相关概念 …… 103
4.4.2　三相单层绕组 …… 105
4.4.3　三相双层绕组 …… 107
4.5　三相异步电机定子绕组的感应电动势 …… 108
4.5.1　定子绕组线圈的感应电动势 …… 109

4.5.2　定子绕组线圈组的感应电动势 …… 111
4.5.3　定子绕组一相绕组的感应电动势 …… 112
4.6　三相异步电机定子绕组的磁动势 …… 115
4.6.1　单相绕组的脉动磁动势 …… 115
4.6.2　三相绕组的旋转磁动势 …… 119
4.7　三相异步电动机的空载运行 …… 121
4.7.1　空载运行时的电磁关系 …… 121
4.7.2　空载运行时的电压平衡方程式与等效电路 …… 122
4.8　三相异步电动机的负载运行 …… 124
4.8.1　负载运行时的电磁关系 …… 124
4.8.2　转子绕组各电磁量 …… 124
4.8.3　负载运行时的磁动势平衡方程式 …… 127
4.8.4　负载运行时的电动势平衡方程式 …… 128
4.9　三相异步电动机的折算、等效电路和相量图 …… 128
4.9.1　折算 …… 128
4.9.2　等效电路 …… 130
4.9.3　相量图 …… 131
4.10　三相异步电动机的功率和转矩 …… 132
4.10.1　功率关系 …… 132
4.10.2　转矩关系 …… 133
4.10.3　三相异步电动机的工作特性 …… 135
习题 4 …… 136
第 5 章　同步电机 …… 139
5.1　同步电机的基本结构 …… 140
5.2　同步电机的基本工作原理 …… 141
5.3　同步电机的铭牌及其参数 …… 142
5.4　同步发电机的空载磁场与电枢反应 …… 144
5.4.1　同步发电机的空载磁场 …… 144
5.4.2　对称负载时的电枢反应 …… 145
5.5　同步电动机的电磁关系 …… 148
5.5.1　同步电动机的磁动势 …… 148
5.5.2　同步电动机的电动势 …… 150
5.6　同步电动机的功率和转矩 …… 153
5.6.1　同步电动机的功率和转矩平衡关系 …… 153
5.6.2　有功功率的功角特性和矩角特性 …… 153
5.7　同步电动机的工作特性和功率因数调节 …… 155

5.7.1 同步电动机的工作特性 …… 155
5.7.2 同步电动机的功率因数调节 …… 156
5.7.3 V形曲线 …… 158
习题5 …… 159
第6章 特种电机 …… 161
6.1 伺服电动机 …… 162
6.1.1 直流伺服电动机 …… 162
6.1.2 交流伺服电动机 …… 164
6.2 测速发电机 …… 169
6.2.1 直流测速发电机 …… 169
6.2.2 交流异步测速发电机 …… 170
6.2.3 交流同步测速发电机 …… 173
6.3 步进电动机 …… 173
6.3.1 反应式步进电动机的工作原理 …… 173
6.3.2 步进电动机的运行状态及运行特性 …… 176
6.3.3 伺服电动机与步进电动机的性能比较 …… 178
习题6 …… 180

第二篇 电力拖动

第7章 电力拖动的基础知识 …… 182
7.1 电力拖动系统的运动方程式 …… 183
7.1.1 运动方程式 …… 183
7.1.2 转矩正、负号的规定 …… 184
7.1.3 复杂电力拖动系统的折算 …… 185
7.2 负载的转矩特性 …… 187
7.2.1 恒转矩负载特性 …… 187
7.2.2 恒功率负载特性 …… 188
7.2.3 泵与风机类负载特性 …… 188
7.3 电力拖动系统稳定运行的条件 …… 189
习题7 …… 191
第8章 直流电动机的电力拖动 …… 192
8.1 他励直流电动机的机械特性 …… 193
8.1.1 机械特性的表达式 …… 193
8.1.2 固有机械特性和人为机械特性 …… 194
8.2 他励直流电动机的启动 …… 197
8.2.1 降压启动 …… 198
8.2.2 电枢回路串电阻启动 …… 198

8.3 他励直流电动机的制动 …… 201
8.3.1 能耗制动 …… 201
8.3.2 反接制动 …… 203
8.3.3 回馈制动 …… 206
8.4 他励直流电动机的调速 …… 207
8.4.1 评价调速的指标 …… 208
8.4.2 调速方法 …… 209
8.4.3 调速方式与负载特性的匹配 …… 212
习题 8 …… 213
第 9 章 三相异步电动机的电力拖动 …… 215
9.1 三相异步电动机的机械特性 …… 216
9.1.1 机械特性的表达式 …… 216
9.1.2 固有机械特性和人为机械特性 …… 221
9.2 三相异步电动机的启动 …… 223
9.2.1 三相笼型异步电动机的启动 …… 224
9.2.2 三相绕线转子异步电动机的启动 …… 227
9.2.3 三相异步电动机的软启动 …… 231
9.3 三相异步电动机的制动 …… 232
9.3.1 能耗制动 …… 233
9.3.2 反接制动 …… 234
9.3.3 回馈制动 …… 237
9.3.4 软停车与软制动 …… 238
9.4 三相异步电动机的调速 …… 239
9.4.1 变频调速 …… 239
9.4.2 变极调速 …… 241
9.4.3 定子调压调速 …… 245
9.4.4 绕线转子回路串电阻调速 …… 247
9.4.5 绕线转子串级调速 …… 248
习题 9 …… 251
第 10 章 同步电动机的电力拖动 …… 253
10.1 同步电动机的启动 …… 253
10.2 同步电动机的变频调速 …… 255
10.3 同步电动机的制动系统 …… 258
习题 10 …… 260
第 11 章 电力拖动系统电动机的选择 …… 261
11.1 电动机的发热、冷却与允许温升 …… 262
11.1.1 电动机的发热与冷却 …… 262

11.1.2　电动机的允许温升 …… 264
11.2　电动机的工作方式(工作制) …… 265
11.2.1　三种工作方式(工作制) …… 265
11.2.2　不同工作方式(工作制)下电动机的额定功率 …… 266
11.3　电动机的一般选择 …… 268
11.3.1　电动机种类的选择 …… 268
11.3.2　电动机额定电压和额定转速的选择 …… 270
11.4　电动机额定功率与转矩的选择 …… 271
11.4.1　选择电动机额定功率的步骤 …… 271
11.4.2　不同工作时间内额定功率的选择方法 …… 271
11.4.3　温度修正 …… 272
11.4.4　电动机额定转矩的选择 …… 273
11.5　电动机的过载倍数与启动能力 …… 273
习题 11 …… 274

第三篇　新能源与电机

第 12 章　风力发电技术及其仿真 …… 276
12.1　风力发电技术概述 …… 277
12.1.1　风力发电历程 …… 277
12.1.2　风力发电原理 …… 282
12.2　风力发电系统 …… 284
12.2.1　独立风力发电系统 …… 284
12.2.2　并网风力发电系统 …… 285
12.2.3　风电并网对电力系统的影响 …… 290
12.3　风力发电机的仿真 …… 292
12.3.1　仿真电路与仿真参数 …… 292
12.3.2　风机软并网仿真研究 …… 294
习题 12 …… 296
第 13 章　电动汽车中的电机 …… 298
13.1　电动汽车中的电机分类与要求 …… 298
13.2　常用电动汽车电机的比较 …… 300
13.3　我国主流电动汽车中的电机 …… 302
习题 13 …… 304
附录　主要符号说明 …… 305
参考文献 …… 309

第一篇　电机

第1章 电机的基础知识

学习目标

(1) 理解磁路的基本定律，会运用磁路的基本定律分析问题。

(2) 掌握直流磁路的一般计算方法，会计算实际磁路问题。

(3) 了解常见铁磁材料的基本特性。

重难点

(1) 电机常用的电磁基本理论。

(2) 电机的磁路和磁路定律。

思维导图

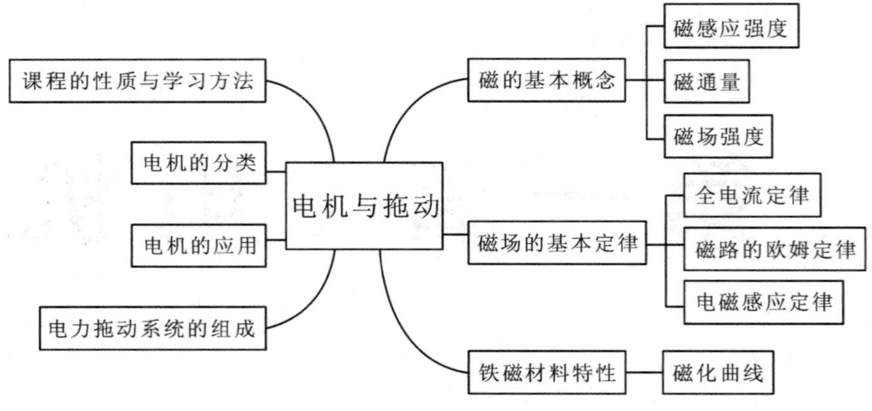

1.1 课程的性质与学习方法

1. 课程的性质

“电机与拖动”在各个高校都被定位为一门专业基础课，它的先修课程包括高等数学、大学物理、电路、模拟电路、自动控制原理、电磁学等。“电机与拖动”课程的理论性和实践性很强，计算量也比较大。

本课程综合了电、磁、力、热等方面的物理定律，具有综合性与复杂性双重特点。

2. 学习方法

从知识结构的角度讲，电机与拖动分为电机学和电力拖动学两部分，电机学是电力拖动学的基础，因而应先学好电机学，再深入学习电力拖动的相关知识。

从学习方法论的角度讲，知识不是单纯的信息，学习也不是简单的记忆。要抓住事物的本质与精髓、主要矛盾或者矛盾的主要方面，从错综复杂的线索中找到核心的知识点，理解性学习相关的概念与物理过程。

从哲学的角度讲，实践是检验真理的唯一标准。因而在本课程的学习中，不仅要掌握必要的知识，更要学会在实验中验证这些知识的正确性，从而加深理解，做到活学活用。

由于每位学生的学习习惯不同，这里只给出共性的学习方法，供参考。

1.2　电机的分类与应用

1. 电机的分类

电机的种类非常多，我们可以从能量转换、运动状态(即旋转与否)和电能性质的角度对它们进行分类，具体分类如图 1.2.1 所示。

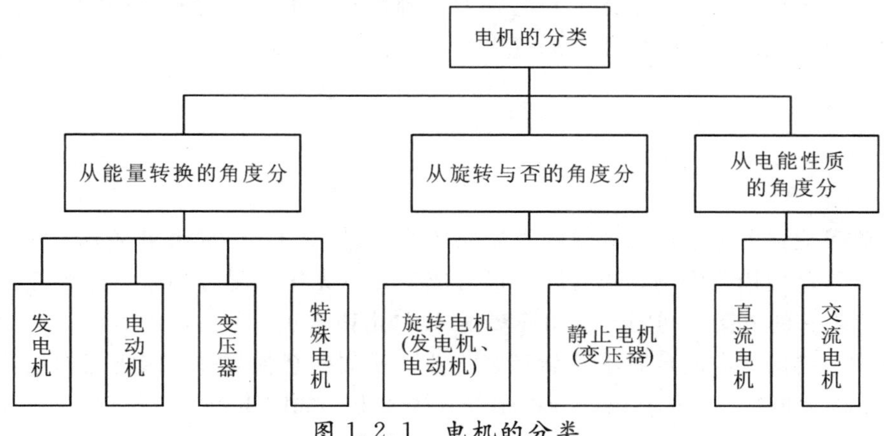

图 1.2.1　电机的分类

电机作为发电机，主要用于各类发电厂，如传统的火力发电厂、水力发电厂、核电厂、新型的风力发电厂等；电机作为电动机，主要用于驱动各种机械设备，如工农业生产中使用的各种机床、机器人、水泵、吊车、脱粒机、粉碎机等。

电力拖动系统中拖动生产机械运行的原动机即驱动电机，其包括直流电动机和交流电动机两种。而交流电动机又分为异步电动机和同步电动机两种。电动机的具体分类如图1.2.2所示。

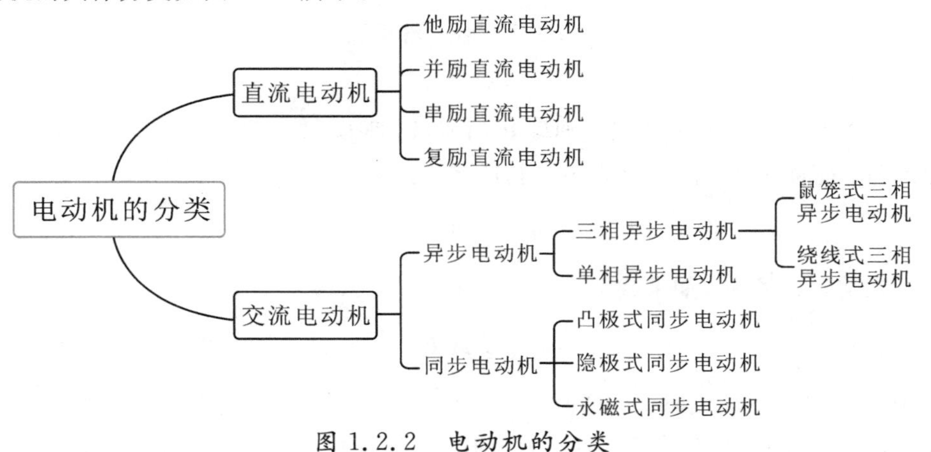

图 1.2.2　电动机的分类

2. 电机的应用

电机有着广泛的应用。在电力工业中，发电机是发电厂和变电所的主要设备；在农业及机械、冶金、石油、煤炭和化学等工业企业中，常用电动机来驱动各种生产机械；在交通运输业中，需要使用具有优良启动和调速性能的牵引电动机；在船运和航空事业中，需要使用具有特殊要求的船用电机和航空电机。

此外，在国防、文教、医疗以及日常生活中，电机的应用也越来越广泛。

1.3 电磁学的基本知识

由于电机是利用电磁感应和电磁力原理来进行能量传递和转换的，因此有必要先复习先修课程中的几个常用基本电磁量和电磁定律。

1.3.1 常用基本电磁量

1. 磁感应强度 $\boldsymbol{B}$

磁感应强度是描述磁场强弱及方向的物理量，是矢量，常用 $\boldsymbol{B}$ 表示，常用磁力线来形象地描绘磁场。磁力线可以看成是无头无尾的闭合曲线。磁感应强度 $\boldsymbol{B}$ 与产生它的电流之间的关系用毕奥-萨伐尔定律描述，磁力线的方向与产生该磁场的电流的方向满足右手螺旋定则。即右手握住载流导体，四指指向电流的方向，则大拇指所指的一端是通电螺线管的 N 极，如图 1.3.1 所示。

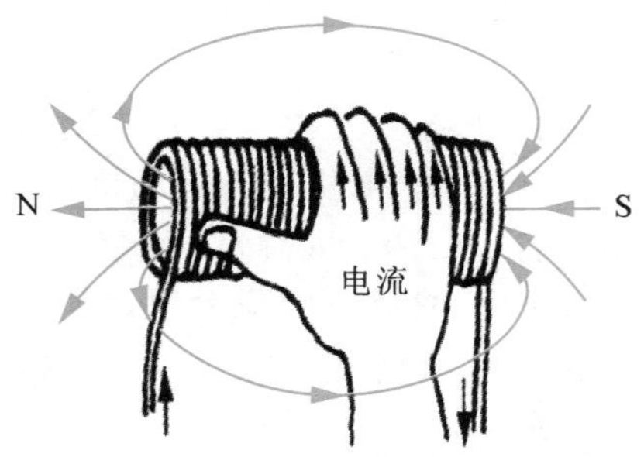

图 1.3.1 右手螺旋定则

2. 磁通量 Φ

穿过某一截面 S 的磁感应强度 $\boldsymbol{B}$ 的通量，即穿过截面 S 的磁力线根数称为磁通量，简称磁通，常用 Φ 表示。其计算公式为

$$\Phi = \int_S \boldsymbol{B} \cdot \mathrm{d}\boldsymbol{S} \tag{1.3.1}$$

在均匀磁场中，如果截面 S 与 $\boldsymbol{B}$ 垂直，则上式变为

$$\Phi = BS \text{ 或 } B = \frac{\Phi}{S} \tag{1.3.2}$$

式中 B 又表示单位截面积上的磁通，称为磁通密度，简称磁密。

国际单位制中，Φ 的单位名称为韦伯，单位符号为 Wb；B 的单位名称为特斯

拉，单位符号为 T，1 T=1 Wb/m²。

3. 磁场强度 *H*

磁场的强弱有两种表示方法：在充满均匀磁介质的情况下，若包括介质因磁化而产生的磁场，则用磁感应强度 **B** 表示；若不包括介质因磁化而产生的磁场（单独由电流或者运动电荷所引起的磁场），则用磁场强度 **H** 表示。**H** 与 **B** 的关系为

$$\boldsymbol{B}=\mu \boldsymbol{H} \tag{1.3.3}$$

式中，μ 为导磁物质的磁导率（磁导率是表征磁介质磁性的物理量，表示在空间或磁芯空间中的线圈流过电流后产生磁通的阻力，或是其在磁场中导通磁力线的能力）。真空的磁导率用 μ_0 表示，$\mu_0=4\pi\times10^{-7}$ H/m。其他磁介质的磁导率常用 μ_0 的倍数表示。铁磁材料的 $\mu\gg\mu_0$，例如铸钢的 μ 约为 μ_0 的 1000 倍，各种硅钢片的 μ 约为 μ_0 的 6000～7000 倍。国际单位制中，磁场强度 H 的单位名称为安培/米，单位符号为 A/m。

1.3.2　常用电磁定律

1. 全电流定律

在磁场中，沿任意一个闭合有向回路的磁场强度线积分等于该回路所交链的所有电流的代数和，即

$$\oint_l \boldsymbol{H}\cdot \mathrm{d}\boldsymbol{l}=\sum I \tag{1.3.4}$$

式中，$\sum I$ 为该磁路所包围的全电流。这个定律称为全电流定律，也称安培环路定律。一般情况下，如果电流的参考方向与回路方向满足右手螺旋定则，则该电流前取正号，否则取负号。同时，磁场强度沿闭合回路的线积分的大小只与包围的电流代数和有关，与积分路径无关。

2. 磁路的欧姆定律

自然界中存在很多对偶现象，在某领域中存在的规律在其他领域中也有相似的规律存在，电路和磁路就是这样一个对偶对。由于磁路比较抽象，为便于理解，这里以最简单的电路和磁路进行对比，如图 1.3.2 所示。表 1.3.1 所示为电路和磁路基本物理量的对照关系。

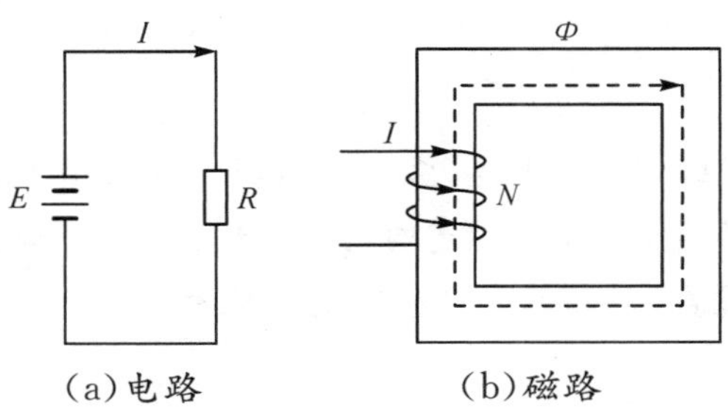

图 1.3.2　简单的电路和磁路对偶关系

表 1.3.1 电路和磁路基本物理量的对照关系

电路	磁路
电流 I	磁通 Φ
电动势 E	磁动势 F
电阻 R	磁阻 R_m
$I=\frac{E}{R}$	$\Phi=\frac{F}{R_m}$
$R=\frac{\rho l}{S}$（l 为电阻的长度，ρ 为电阻的电阻率，S 为电阻的横截面积）	$R_m=\frac{l}{\mu S}$（l 为磁路的长度，μ 为磁路的磁导率，S 为磁路的截面积）

正如电动势 E 作用在一定电阻 R 的电路上产生的电流 I 遵循欧姆定律一样，一定的磁动势 F 作用在一定磁阻 R_m 的磁路上会产生磁通 Φ。磁通的大小同样遵循磁路的欧姆定律：

$$\Phi=\frac{F}{R_m} \tag{1.3.5}$$

其中磁动势 F 来自全电流定律的计算结果。对闭合回路进行磁场强度的线积分，可得

$$\oint_l \boldsymbol{H}\cdot \mathrm{d}\boldsymbol{l}=\sum I=F \tag{1.3.6}$$

正如电路的分析和运算遵循基尔霍夫第一定律和第二定律一样，磁路也存在相同的规律，可以用来计算和分析较复杂的磁路系统。

3. 电磁感应定律

变化的磁场会产生电场，使导体中产生感应电动势，这就是电磁感应现象。在电机中电磁感应现象有两种形式：

(1) 导线与磁场有相对运动，导线切割磁力线时，导线内产生感应电动势，称之为切割电动势，也称运动电动势；

(2) 交链线圈的磁通发生变化时，线圈内产生感应电动势，称之为变压器电动势。

1) 切割电动势

长度为 l 的直导线在磁场中与磁场相对运动，导线切割磁力线的速度为 $\boldsymbol{v}$，导线处的磁感应强度为 $\boldsymbol{B}$ 时，若磁场均匀，直导线 l、磁感应强度 $\boldsymbol{B}$、导线相对运动方向 $\boldsymbol{v}$ 三者互相垂直，则导线中的感应电动势为

$$e=Blv \tag{1.3.7}$$

习惯上用右手定则确定感应电动势 e 的方向，即伸开右手，使大拇指与其他

四指垂直且与手掌都在同一平面内，把右手放入磁场中，让磁力线从掌心进入，大拇指指向导线运动方向(即导线切割磁力线的方向)，则其他四指的指向是导线中感应电动势的方向，如图 1.3.3 所示。

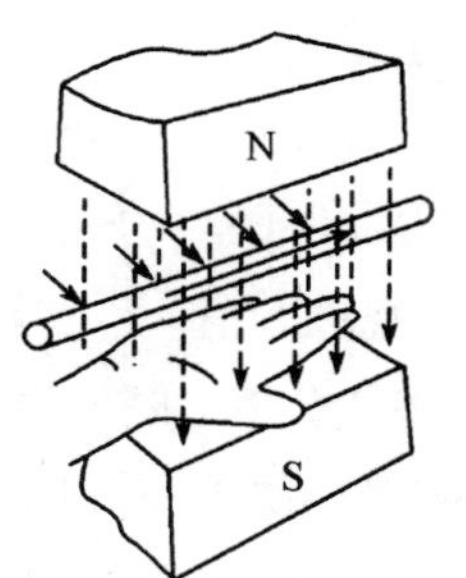

图 1.3.3　右手定则

2）变压器电动势

如图 1.3.4 所示，匝数为 N 的线圈环链着磁通 Φ，当 Φ 变化时，线圈 AX 两端产生感应电动势 e，其大小与线圈匝数及磁通变化率成正比，其方向由楞次定律确定。当 Φ 增加时，即 $\frac{d\Phi}{dt}>0$，A 点为高电位，X 点为低电位；当 Φ 减小时，即 $\frac{d\Phi}{dt}<0$，X 点为高电位，A 点为低电位。按左手螺旋关系规定 e 与 Φ 的正方向，当 $\frac{d\Phi}{dt}>0$ 时，规定的 e 的正方向与实际方向相同，此时 $e>0$；当 $\frac{d\Phi}{dt}<0$ 时，$e<0$。按右手螺旋关系规定 e 与 Φ 的正方向时，$\frac{d\Phi}{dt}$ 与 e 总是异号，于是 e 和 Φ 的关系可表示为

$$e=-N\frac{d\Phi}{dt} \tag{1.3.8}$$

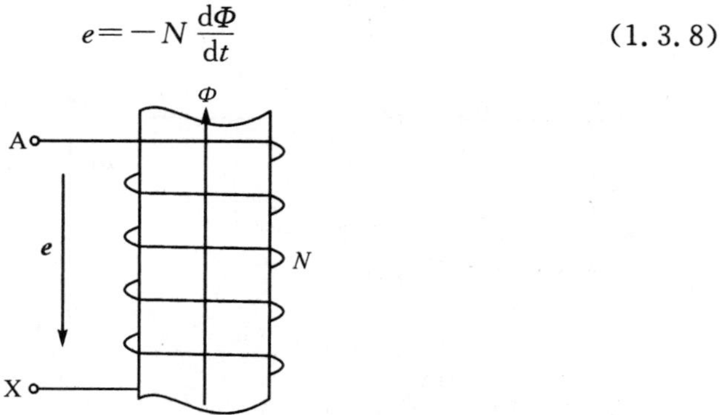

图 1.3.4　磁通及其感应电动势

1.3.3　铁磁材料及其特性

磁场是电机通过电磁感应实现能量转换的媒介，因此电机中必须有引导磁通的磁路。根据磁路的欧姆定律可知，要在一定的励磁电流下产生较强的磁场，磁路的磁阻必须较小，因此电机中广泛使用铁磁材料构成磁路。

对于一般的非磁性材料，磁感应强度 $\boldsymbol{B}$ 与磁场强度 $\boldsymbol{H}$ 成正比，即 $\boldsymbol{B}=\mu\boldsymbol{H}$。对于铁磁材料，磁感应强度 $\boldsymbol{B}$ 与磁场强度 $\boldsymbol{H}$ 呈非线性关系，磁导率 μ 不再是常数。可事先用试验的方法测出各种铁磁材料在不同磁场强度 $\boldsymbol{H}$ 下对应的磁密 $\boldsymbol{B}$，并画成 B-H 曲线，该曲线称为磁化曲线。

由图 1.3.5(a)所示的曲线 1 和 3 可以看出，铁磁材料的 B-H 曲线不是单值的，而是具有磁滞回线的特点，即在同一个大小的磁场强度 H 下，对应着两个磁密 B 值，然而，究竟对应哪一个磁密 B 值，还要看铁磁材料工作状态的具体情况。

磁滞指铁磁材料的磁性状态变化时，磁化强度滞后于磁场强度，铁磁材料的磁密 B 与磁场强度 H 之间呈磁滞回线关系。磁滞损耗是铁磁体等在反复磁化过程中因磁滞现象而消耗的能量，它是电气设备中铁损耗的组成部分。经一次循环，每单位体积铁芯中的磁滞损耗正比于磁滞回线的面积。磁滞损耗会转化为热能，使设备升温、效率降低。

当铁磁材料的磁滞回线较窄时，可以采用它的平均磁化曲线，即基本磁化曲线，如图 1.3.5(a)中的曲线 2，这样 B 与 H 之间便呈单值关系。图 1.3.5(a)中，B_s为饱和点，B_r为剩余磁感应强度，H_c 为矫顽力。

磁化特性的另一个特点是具有饱和性。图 1.3.5(b)是铁磁材料在第一象限的平均磁化特性曲线和磁导率曲线。当磁场强度从零增大时，磁密 B 随磁场强度 H 增加较慢(图中 Oa 段)，之后，磁密 B 随 H 的增加而迅速增大(ab 段)，过了 b 点，B 的增加减慢了(bc 段)，最后为 cd 段，几乎呈直线。其中，a 称为跗点，b 称为膝点，c 称为饱和点。过了饱和点 c，铁磁材料的磁导率趋近于 μ_0。

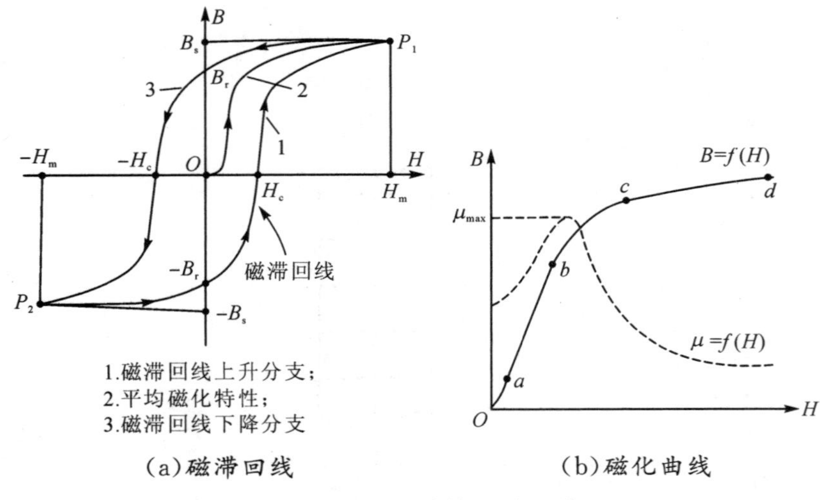

(a)磁滞回线　　(b)磁化曲线

图 1.3.5　铁磁材料的磁化特性

铁磁材料在交变磁场中会产生围绕磁通呈涡旋状的感应电流，即涡流。涡流(I)在其流通路径上的等效电阻(R)中产生的损耗(I^2R)称为涡流损耗。涡流损耗与磁场交变频率 f、厚度 d 和最大磁感应强度 B_m 的平方均成正比，与材料的电阻率 ρ 成反比。由此可见，要减少涡流损耗，首先应减小厚度，其次是增加

涡流回路中的电阻。例如电工钢片中加入适量的硅，制成硅钢片，能显著提高电阻率，减少涡流损耗。

在交变磁场作用下，铁磁材料的磁滞损耗和涡流损耗是同时发生的。因此，在电机和变压器的计算中，当铁芯内的磁场为交变磁场时，常将磁滞损耗和涡流损耗合在一起来计算，并统称为铁芯损耗，简称铁损耗，记为 P_{Fe}。

$$P_{Fe} \propto f^{\beta} B_m^2 \tag{1.3.9}$$

其中，$1<\beta<2$，β 与材料性质有关。

习　题　1

一、填空题

1. 磁场强度沿闭合回路的线积分的大小只与包围的____________有关，与__________无关。

2. 铁磁材料的磁感应强度 $\boldsymbol{B}$ 与磁场强度 $\boldsymbol{H}$ 呈____________关系，磁导率 μ __________(是/不是)常数。

二、选择题

1. 右手定则用于判断(　　)。

A. 通电导体在磁场中的受力情况　　B. 导线中感应电动势的方向

C. 导线在磁场中的运动方向　　D. 变压器中的感应电流的方向

2. 铁芯损耗包括(　　)和(　　)。

A. 电磁在铜线上的损耗　　B. 电流在导线中的所有损耗

C. 涡流损耗　　D. 磁滞损耗

三、简答题

1. 说明磁通、磁通密度、磁场强度、磁导率的定义、单位和相互关系。

2. 简述全电流定律、磁路的欧姆定律，并指出磁阻和磁通与哪些因素有关。

3. 磁滞损耗和涡流损耗是怎样产生的？它们的大小与哪些因素有关？

第2章　直流电机

学习目标

(1) 掌握直流电机的基本工作原理和结构。

(2) 了解直流电机的电枢绕组及其缠绕方式。

(3) 理解并掌握直流电机的磁场分布、电枢反应及其对电机的影响、感应电动势和电磁转矩的大小及性质。

(4) 了解直流电机的换向原理。

(5) 掌握分析直流电机的电压、转矩和功率平衡关系的方法。

(6) 掌握并理解直流发电机的运行特性和直流电动机的机械特性。

重难点

(1) 直流电机的磁场分布、电枢反应及其对电机的影响、感应电动势和电磁转矩的大小及性质。

(2) 直流电机的电压、转矩和功率平衡关系计算。

(3) 直流发电机的运行特性和直流电动机的机械特性。

思维导图

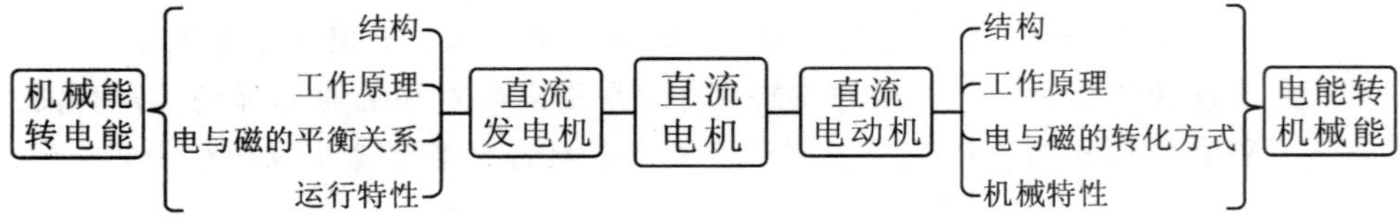

直流电机是指能将直流电能转换成机械能(直流电动机)或将机械能转换成直流电能(直流发电机)的旋转电机。它是能实现直流电能和机械能互相转换的电机。当它作电动机运行时是直流电动机,将电能转换为机械能;作发电机运行时是直流发电机,将机械能转换为电能。

直流电动机具有较为优良的调速性能(调速范围宽,精度高,平滑性好),而且调节方便,还具有较强的过载能力和优良的启动、制动性能。因此直流电动机适合于要求宽调速范围的电气传动和具有特殊性能要求的自动控制系统中,例如轧钢机、电力机车、起重装置、精密机床等。而直流发电机则主要作为直流电动机、电解、电镀、电冶炼、充电及交流发电机的励磁电源等。

2.1　直流电机的结构

从本质上来说，直流电机是一种进行电磁转化的装置，它能够实现电能与机械能的相互转换，且具有可逆性，既可作为发电机运行，也可作为电动机运行。小型直流电机的实物外观如图2.1.1所示，其内部结构如图2.1.2所示。

图2.1.1　直流电机实物

(a) 直流电机内部简单结构

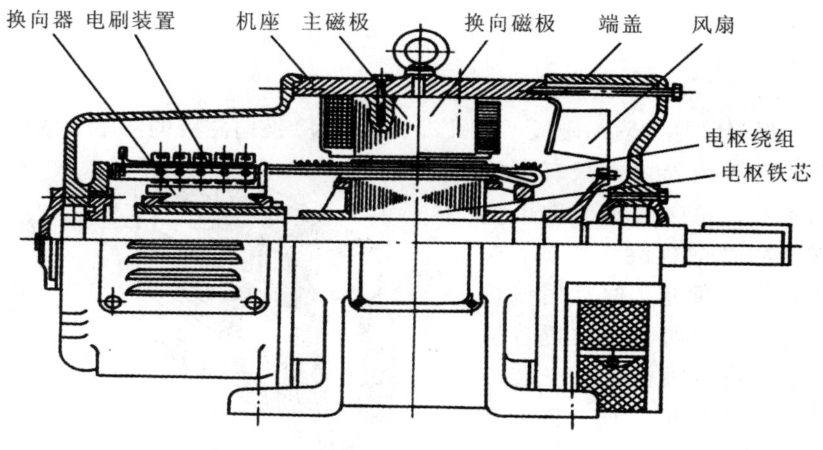

(b) 直流电机剖面图

图2.1.2　直流电机的内部结构

通常，直流电机由静止部分和可旋转部分构成。它的静止部分称为定子，可

旋转部分称为转子。直流发电机与直流电动机的主要结构没有差异，以下除非特殊说明，我们统一称为直流电机。

1. 直流电机的定子

定子是产生磁场的主要器件，它通常由主磁极、换向磁极、机座、电刷、轴承和端盖等部分组成。

1）主磁极

主磁极又称为主极，如图 2.1.3 所示。主磁极的作用是产生气隙磁场。主磁极由主磁极铁芯和励磁绕组构成。主磁极铁芯通常用 0.5～1.5 mm 厚的低碳钢板冲片叠压而成。放置在主磁极上的线圈称为励磁绕组，是用来产生主磁通的。主磁极铁芯上面套着励磁绕组的部分称为极身，其顶端加宽的部分称为极靴，极靴的作用在于既可使气隙中磁场分布比较理想，又便于固定励磁绕组。整个主磁极用螺钉固定在机座上。

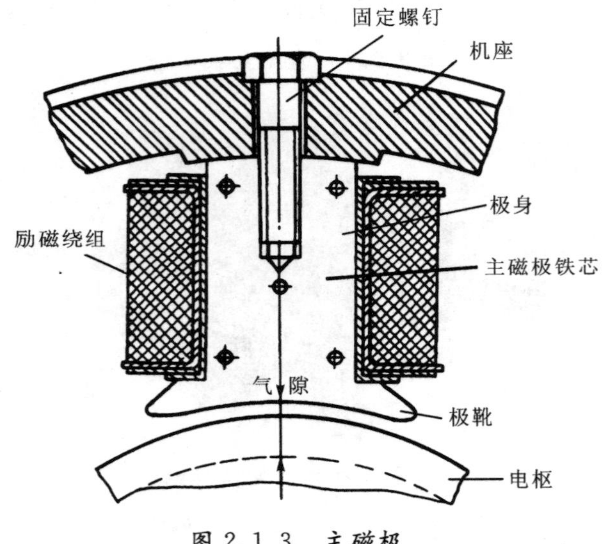

图 2.1.3　主磁极

2）换向磁极

换向磁极又称为附加磁极，如图 2.1.4 所示。换向磁极的作用是减小电机运行时电刷与换向器之间极有可能产生的火花。换向磁极通常由换向极铁芯和换向极绕组组成，换向极铁芯较为简单，通常用整块钢板做成，在它的上面放置着换向极绕组。换向磁极总是安装在相邻的两个主磁极之间。整个换向磁极也用螺钉固定在机座上。通常容量超过 1 kW 的电机都应安装换向磁极。

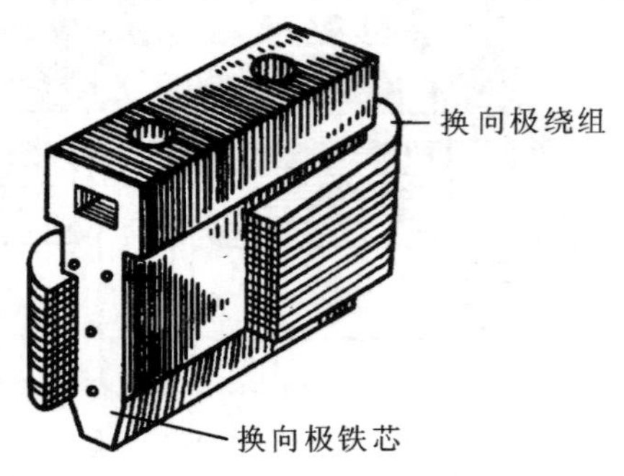

图 2.1.4　换向磁极

3）机座

直流电机定子的外壳称为机座，又称为定子铁轭，如图 2.1.2 与图 2.1.3 中所示。机座的作用是用来固定主磁极、换向磁极及端盖，对整个电机起支撑和固定作用。机座由铸钢铸成或由厚钢板焊接而成。

4）电刷

电刷又称为电刷装置，如图 2.1.5 所示。电刷是用来连接电枢电路（直流电机中的旋转部分）与外部电路（直流电机中的静止部分）的。电刷由碳刷、碳刷盒、压紧弹簧和铜辫等零部件组成。电刷与换向片一起实现机械整流，把电枢中的交流变成电刷上的直流或把外部电路中的直流变换为电枢中的交流。

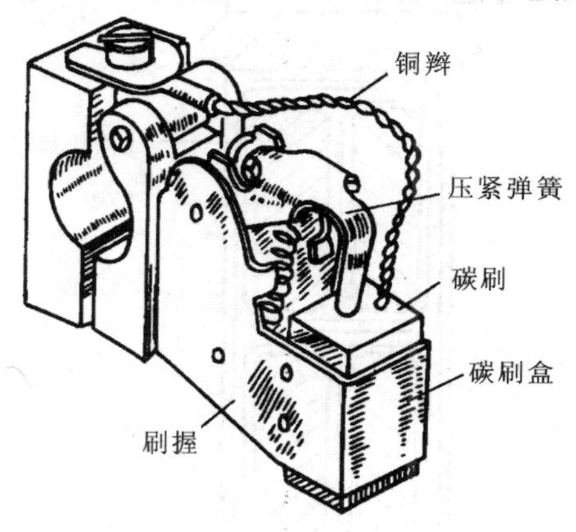

图 2.1.5 电刷

5）端盖

端盖固定于机座上，其上放置轴承，支撑直流电机的转轴，使直流电机能够旋转。直流电机中的端盖也是起支撑作用的。

2. 直流电机的转子

转子是产生感应电动势、流过电流、电磁转矩的主要部件，也是实现机电能量转换的关键部件，是直流电机中的重要枢纽，故又称为电枢。转子由电枢铁芯、电枢绕组、换向器、转轴等部分组成。

1）电枢铁芯

电枢铁芯是主磁路的一部分，用来嵌放电枢绕组。为减少铁损耗，电枢铁芯通常用 0.5 mm 厚的冷轧硅钢片冲压成型。为放置绕组而在硅钢片上冲出转子槽，冲制好的硅钢片叠装成电枢铁芯，如图 2.1.6 所示。

图 2.1.6 直流电机的电枢铁芯

2）电枢绕组

在电机中每一个线圈称为一个元件，多个元件有规律地连接起来形成电枢绕组，电枢绕组的内部绝缘结构如图 2.1.7 所示。电枢绕组的作用是产生感应电动势和电磁转矩，是由带绝缘的导线绕制而成的，小型电机常用铜导线绕制，大中型电机常采用成型线圈。绕制好的绕组或成型绕组放置在铁芯槽内，放置在铁芯槽内的直线部分在电机运转时将产生感应电动势，称为元件的有效部分；在电枢槽两端把有效部分连接起来的部分称为端接部分，端接部分仅起连接作用，在电机运行过程中不产生感应电动势。

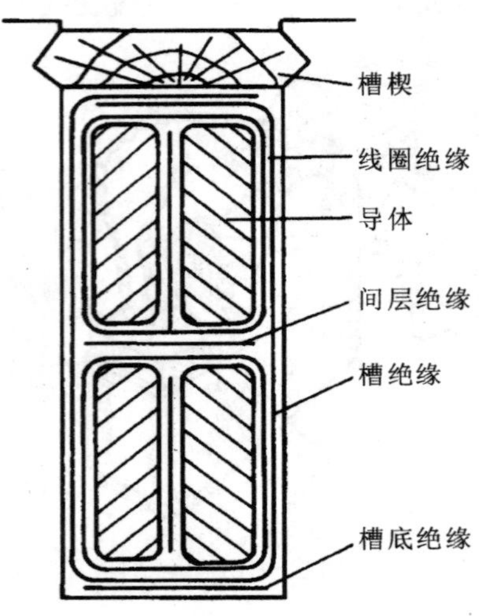

图 2.1.7　电枢绕组的内部绝缘结构

3）换向器

换向器又称为整流子，如图 2.1.8 所示。换向器由换向片组合而成，是直流电机的关键部件，也是最薄弱的部分。对于电动机，换向器的作用是把外界供给的直流电流转变为绕组中的交变电流以使电机旋转。对于发电机，换向器的作用是把电枢绕组中的交变电动势转变为直流电动势向外部输出直流电压（后续介绍）。

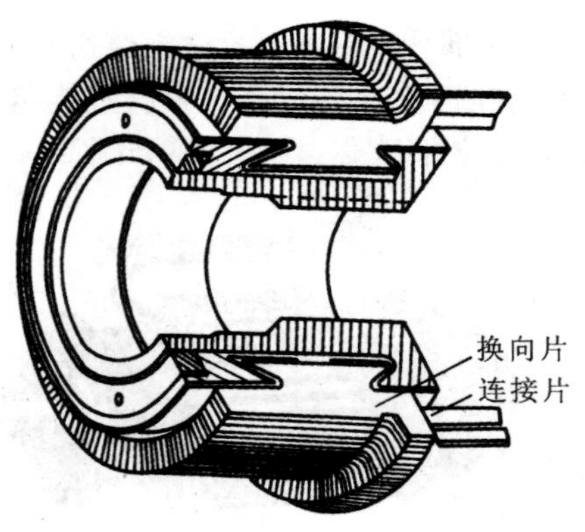

图 2.1.8　换向器

换向器采用导电性能好、硬度大、耐磨性能好的紫铜或铜合金做成。换向器固定在转轴的一端。换向片靠近电枢绕组一端的部分与绕组引出线相焊接。换向片的底部做成燕尾形状嵌在含有云母绝缘的 V 形钢环内，拼成圆筒形套入钢套筒上，相邻的两换向片间以 0.6～1.2 mm 的云母片作为绝缘，最后用螺旋压圈压紧。

4）转轴

转轴对旋转的转子起支撑作用，并与原动机或生产机械相连接，需有一定的机械强度和刚度，通常用圆钢加工而成。

2.2　直流电机的工作原理

2.2.1　直流电动机的工作原理

直流电动机的工作原理与电磁感应定律和电磁力定律密不可分。为了更清晰地阐述直流电动机的工作原理，我们可以先一起回忆载流导体在磁场中的受力情况。

图 2.2.1 所示为载流导体在磁场中受力情况，$\boldsymbol{F}$ 是导体受到的力(单位：N)，$\boldsymbol{B}$ 是磁场的磁感应强度(单位：$\mathrm{Wb/m^2}$)，$\boldsymbol{i}$ 是导体中的电流(单位：A)，l 是导体的有效长度(单位：m)。如图 2.2.2 所示，由左手定则可知

$$\boldsymbol{F}=\boldsymbol{B}l\boldsymbol{i} \tag{2.2.1}$$

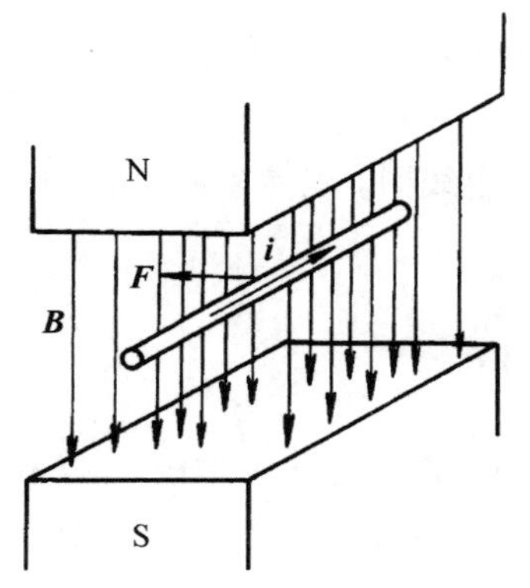

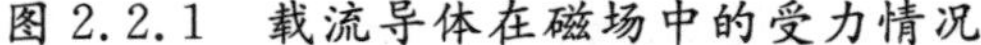

图 2.2.1　载流导体在磁场中的受力情况

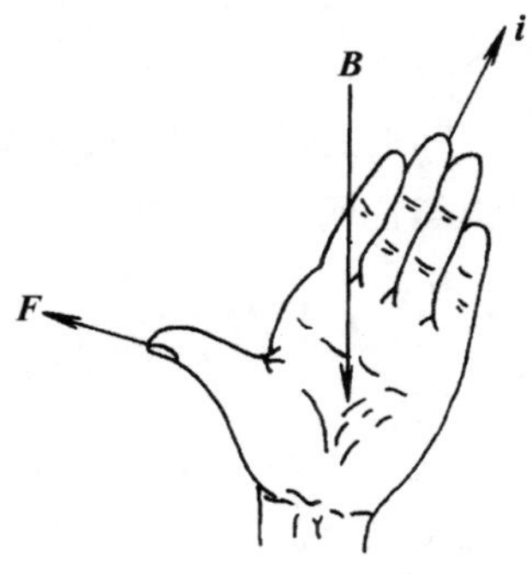

图 2.2.2　左手定则

我们可以将图 2.2.1 所示的导体做成 N 条导体，并围成一个圆，模拟电动机内部的转子(又称电枢)，可看到电动机的运行情况如图 2.2.3 所示。abcd 线圈的首末端 a、d 连接到两个相互绝缘并可随线圈一同转动的弧形导电片上，该导电片即换向片。转子线圈与外电路的连接是通过放置在换向片上固定不动的

电刷 A、B 进行的。

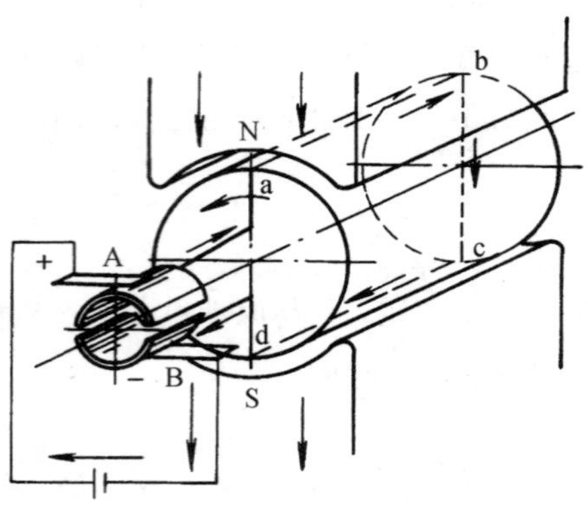

A、B 为电刷；N、S 为磁极；a、b、c、d 为线圈的四个拐点

图 2.2.3　直流电动机的工作原理图

具体工作过程为：电刷 A、B 接在直流电源上，其中电刷 A 接电源的正极，电刷 B 接电源的负极，可知此时在线圈 abcd 中会有电流。根据左手定则，位于 N 极下的导体 ab 受力方向指向左，位于 S 极下的导体 cd 受力方向指向右。于是，电磁力与转子半径之积即转矩，称为电磁转矩，此时方向为逆时针方向。

当 abcd 所受的电磁转矩大于阻力矩时，线圈按逆时针方向旋转。当 abcd 线圈旋转半周后，原来位于 N 极下的导体 ab 转到 S 极下，导体 ab 受力方向变为指向右；原来位于 S 极下的导体 cd 转到 N 极下，导体 cd 受力方向指向左，且转矩的方向仍为逆时针方向，线圈在此转矩作用下继续沿逆时针方向旋转。导体中流过的电流虽然是交变的，可是 N 极下的导体受力方向和 S 极下的导体所受力方向并未发生变化，导体的转矩方向始终是不变的，电动机在此方向不变的转矩作用下转动。

实际的直流电动机的电枢并非一根或一组线圈，当然磁极也并非一对，后续会作详细说明。

2.2.2　直流发电机的工作原理

图 2.2.4 为一台两极直流发电机的结构模型。N、S 为磁极，磁极固定不动，即直流发电机的定子。abcd 是一组假想线圈（实际不止一组），且固定在可旋转的导磁圆柱体上，线圈连同导磁圆柱体是直流发电机可转动部分，即发电机的转子。在定子与转子间有间隙存在，即空气隙，简称气隙。

ab、cd 导体中感应电动势的方向可用右手定则确定。在图 2.2.4 中，导体 ab 在 N 极下，其感应电动势 e 的方向为从 b 指向 a；导体 cd 在 S 极下，其感应电动势 e 的方向为从 d 指向 c。此时电刷 A 的极性为正，B 的极性为负。当线圈旋转 180°，导体 ab 旋转到 S 极下，其感应电动势 e 的方向为从 a 指向 b；而导体

cd 旋转到 N 极下，其感应电动势 e 的方向为从 c 指向 d。显然，此时电刷 A 的极性仍为正，电刷 B 的极性仍为负。

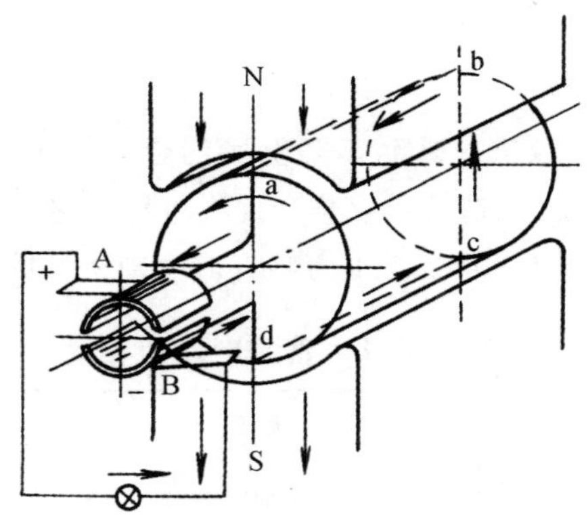

A、B 为电刷；N、S 为磁极；a、b、c、d 为线圈的四个拐点

图 2.2.4　直流发电机的工作原理图

在该模型中，当有原动机拖动转子以一定的转速 n 逆时针方向旋转时，根据电磁感应定律可知，在线圈 abcd 中将产生感应电动势。每边导体感应电动势的大小为

$$e = Blv \tag{2.2.2}$$

式中，B 为导体所在处的磁通密度，单位为 $\mathrm{Wb/m^2}$；l 为导体 ab 或 cd 的有效长度，单位为 m；v 为导体 ab 或 cd 与磁通密度 B 之间的相对线速度，单位为 m/s；e 为导体感应电动势，单位为 V。

从图 2.2.4 中可以看出，与电刷 A 接触的导体总是位于 N 极下，与电刷 B 接触的导体总是位于 S 极下。可知电刷 A 的极性总为正，而电刷 B 的极性总为负。

由上述分析可知，虽然线圈 abcd 中产生的是交变感应电动势，但电刷 A、B 两端输出的是直流电动势。线圈中感应电动势和电刷间感应电动势的波形如图 2.2.5 所示。

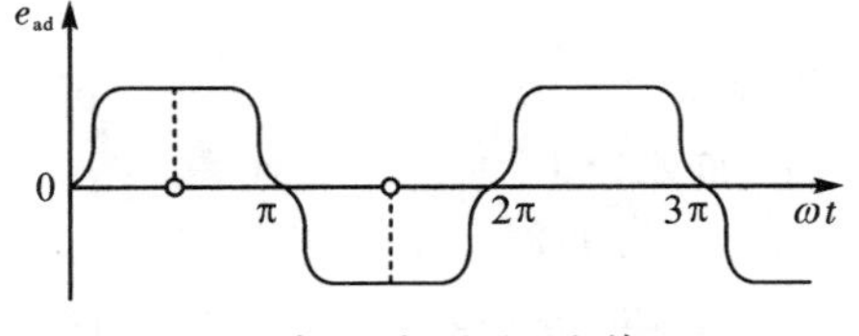

(a) 线圈内的电动势

(b) 电刷间的电动势

图 2.2.5　感应电动势波形

实际直流发电机的磁极是根据需要 N、S 极交替放置多对。电枢中包含多个线圈，并且线圈按照一定的规律位于电枢铁芯表面的不同位置。线圈越多，输出感应电动势的波形就越接近直线。

2.3 直流电机的铭牌及其参数

1. 直流电机的铭牌

铭牌是装在机器、仪表、机动车等上面的金属牌子，上面标有名称、型号、性能、规格及出厂日期、制造者等字样。直流电机的铭牌通常固定在电机机座的外表面上，供使用者参考，表 2.3.1 为某直流电动机铭牌。

表 2.3.1　直流电动机铭牌

型号	Z450－4B	励磁方式	他励
额定功率	75 kW	励磁电压	180 V
额定电压	440 V	定额	S1
额定电流	205 A	绝缘等级	E
额定转速	400 r/min	质量	326 kg
励磁电流	3.4 A	出厂日期	2022 年 11 月
出厂编号	1 GX 2865		
* * * 电机厂			

2. 直流电机的主要参数

电机的铭牌数据主要包括：型号、额定功率(容量)、额定电压、额定电流、额定转速及励磁方式等，此外还有电机的出厂数据如出厂编号、出厂日期、厂商等。

1) 型号

型号包含电机的系列、机座号、铁芯长度、设计次数、极数等。

国产电机型号通常由四部分组成:第一部分用大写的拼音字母表示产品代号；第二部分用阿拉伯数字表示设计序号；第三部分用阿拉伯数字表示机座代号；第四部分用阿拉伯数字表示电枢铁芯长度代号。四个部分可以只体现某几项，并不需要全部体现在型号中。

以 Z2 系列电机为例，Z2 其型号含义:Z 表示“直”流，2 表示第二次全国定型设计，横线后数字表示机座号与铁芯长短，例如 Z2－11 前一个 1 代表 1 号机座，后一个 1 代表短铁芯，而 Z2－112 中 11 代表 11 号机座，2 代表长铁芯。

又如：Z450－4B 的含义：Z 表示直流电机，450 是电机中心高，4 是底脚孔轴间距离代号，B 是第二种电机。

电机按用途分为两类：

第一类(A 类)：普通工业用直流电机；

第二类(B 类)：金属轧机用直流电机。

A 类和 B 类是指电机的短时过载能力，B 类比 A 类的过载能力强。

2）额定功率（容量）P_N

额定功率是指在正常运行状况下，动力设备的输出功率或消耗能量的设备的输入功率。常以“千瓦”为单位。对于直流电机而言，额定功率是指在长期使用时，短轴上允许输出的机械功率。单位通常用 kW 表示。

3）额定电压 U_N

对于直流电机，额定电压是指在额定条件下运行时从电刷两端施加给电动机的输入电压。单位用 V 表示。

4）额定电流 I_N

对于直流电机，额定电流是指在额定电压下输出额定功率时，长期运转允许输入的工作电流。单位用 A 表示。

5）额定转速 n_N

当电机在额定工况下（额定功率、额定电压、额定电流）运转时，转子的转速为额定转速。单位用 r/min（转/分）表示。直流电机铭牌往往有低、高两种转速，低转速是基本转速，高转速是指最高转速。

6）励磁方式

励磁方式是指励磁绕组的供电方式。通常有他励、并励、串励和复励四种。

7）励磁电压

励磁电压是指励磁绕组供电的电压值。通常有 110 V、220 V 等。单位是 V。

8）励磁电流

励磁电流是指在额定励磁电压下，励磁绕组中所流通的电流大小。单位是 A。

9）定额（工作制）

定额也就是电机的运行方式，是指电动机在正常使用的持续时间。通常分为连续制（S1）、断续制（S2～S10）。

10）绝缘等级

绝缘等级是指直流电机制造时所用绝缘材料的耐热等级。通常有 B 级、F 级、H 级、C 级。

11）额定温升

额定温升是指电机在额定工况下运行时，电机所允许的运行温度减去绕组环境温度的数值。单位用 K 表示。

12）技术条件（标准编号）

技术条件主要是指国家标准。如中小型直流机的型号 Z4－112/2－1，其中 Z：直流电动机；4：第四次系列设计；112：机座中心高，单位为 mm；2：极数；1：电枢铁芯长度代号。

在电机运行时，若所有的物理量均与其额定值相同，则称电机运行于额定状态。若电机的运行电流小于额定电流，则称电机为欠载运行；若电机的运行电流大于额定电流，则称电机为过载运行。电机长期欠载运行使电机的额定功率不能全部发挥作用，造成浪费；电机长期过载运行会缩短电机的使用寿命，因此长期欠载或过载运行都不好。电机最好运行于额定状态或额定状态附近，此时电机的运行效率、运行性能等均比较好。

额定功率与额定电压和额定电流的关系为：

直流发电机

$$P_N = U_N I_N \times 10^{-3}\,\text{kW} \tag{2.3.1}$$

直流电动机

$$P_N = U_N I_N \eta_N \times 10^{-3}\,\text{kW} \tag{2.3.2}$$

式中，η_N 为额定效率。

【例 2.3.1】 一台直流电动机的数据为：额定功率 $P_N = 20\,\text{kW}$，额定电压 $U_N = 220\,\text{V}$，额定转速 $n_N = 1500\ \text{r/min}$，额定效率 $\eta_N = 85\%$。试求：

(1) 这台直流电动机的额定电流 I_N；

(2) 这台直流电动机额定负载时的输入功率 P_{1N}。

解： (1) 直流电动机的额定功率为 $P_N = U_N I_N \eta_N$，故

$$I_N = \frac{P_N}{U_N \eta_N} = \frac{20 \times 10^3}{220 \times 0.85} \approx 106.95\ \text{A}$$

(2) $P_{1N} = \dfrac{P_N}{\eta_N} = \dfrac{20}{0.85} \approx 23.53\ \text{kW}$。

2.4 直流电机的电枢绕组

当转子在磁场中转动时，不论是电动机还是发电机，其上的电枢绕组均产生感应电动势。当转子中有电流时将产生电枢磁动势，该磁动势与电机气隙磁场相互作用产生电磁转矩，从而实现机电能量的相互转换。

2.4.1 电枢绕组

本节介绍电枢绕组的相关组成部分及缠绕规律等。

1. 元件

构成电枢绕组的线圈称为绕组元件，元件分为单匝和多匝两种，它是电枢绕组中最小的单位。元件嵌放在电枢槽中的部分称为有效边，也称为元件边。元件的槽外用于连接有效边的部分称为端接部分。每个元件的首端和末端均与换向片相连。各部分及名称如图 2.4.1 所示。

每个换向片又总是接一个元件的首端和另一个元件的末端，所以元件数 S 总等于换向片数 K，又因为每个电枢槽分上、下两层嵌放两个元件边，所以元件

数 S 又等于槽数 Z，即 $S=K=Z$。

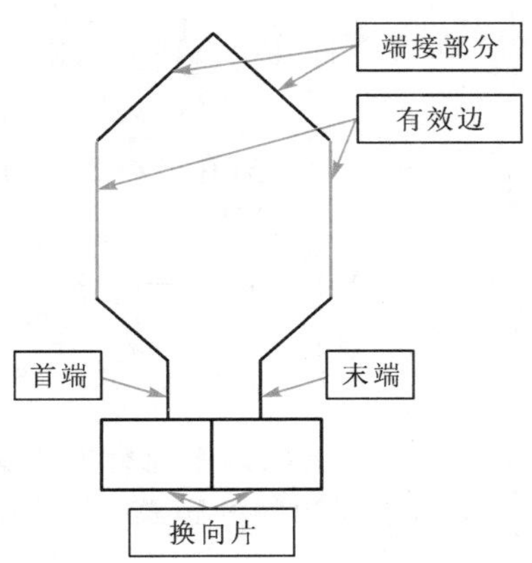

图 2.4.1　元件示意图

2. 极距

相邻主磁极轴线沿电枢表面之间的距离称为极距，用 τ 表示，可用下式计算：

$$\tau=\frac{Z}{2p} \tag{2.4.1}$$

式中，Z 为槽数，p 为极对数。

3. 电枢绕组

电枢绕组是由多个形状相同的绕组元件，按照一定的规律连接起来组成的。根据连接规律的不同，绕组可分为单叠绕组、单波绕组、复叠绕组、复波绕组及混合绕组等几种形式。

叠绕组是指任何两个相邻的线圈都是后一个线圈叠放在前一线圈的上面的绕组。生产中，这种绕组的一个线圈多为一次制造成，因而也称为框式绕组。其优点是当一个元件的两个有效边之间的距离小于极距时可节省端部的铜，也便于得到较多的并联支路。其缺点是端部的接线较长，在多极的大电机中连接线较多，用量大且挤占空间，故多用于中小型电机。

波绕组是指任何两个串联线圈沿绕制方向像波浪似的前进的绕组。该绕组的一个线圈多由两根条式线棒组合而成，故也称为棒形绕组。其优点是线圈组之间的连接线少，多用于大型轮发电机。工程中，常称呼波绕组的元件为“线棒”。

叠绕组、波绕组及元件组合成的绕组简化图如图 2.4.2 所示。

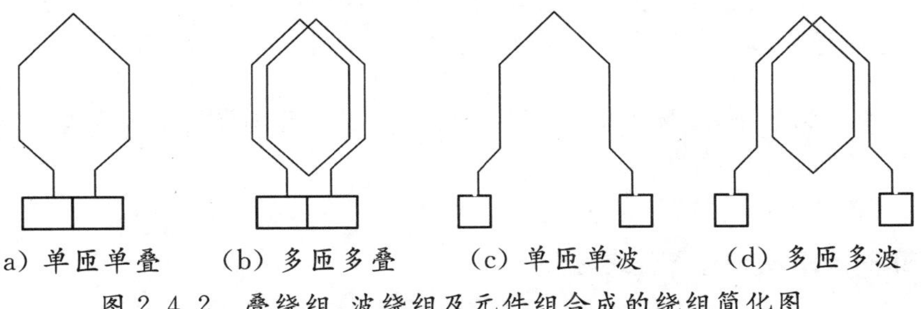

图 2.4.2　叠绕组、波绕组及元件组合成的绕组简化图

4. 节距

表示元件几何尺寸以及元件之间连接规律的数据即为节距，共有四种节距。

1）第一节距 y_1

第一节距是指一个元件的两个有效边在电枢表面跨过的距离，用 y_1 表示。

2）第二节距 y_2

第二节距是指连至同一换向片上的两个元件中第一个元件的下层边与第二个元件的上层边间的距离，用 y_2 表示。

3）合成节距 y

合成节距是指连至同一换向片上的两个元件对应边之间的距离，即第一个元件的上层边与第二个元件的上层边间的距离，用 y 表示。合成节距与第一节距、第二节距的关系为

$$y=y_1\pm y_2 \tag{2.4.2}$$

式中，y_2 前取“－”时为叠绕组，y_2 前取“＋”时为波绕组。

4）换向节距 y_k

换向节距是指同一元件首、末端连接的换向片之间的距离，用 y_k 表示。

单叠绕组和单波绕组的节距如图 2.4.2 所示，可见，换向节距 y_k 与合成节距 y 总是相等的，即

$$y_k=y=y_1\pm y_2 \tag{2.4.3}$$

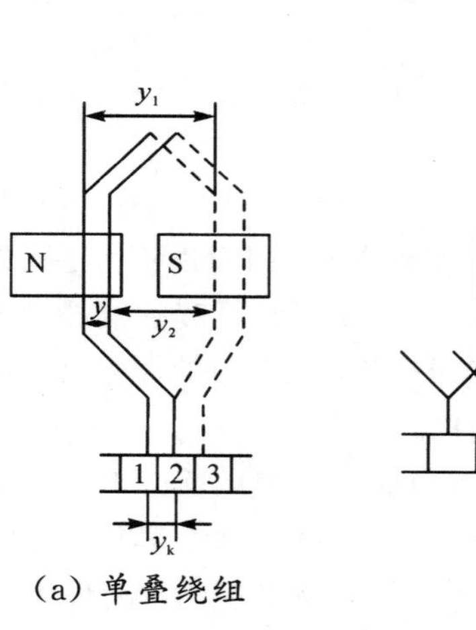

(a) 单叠绕组

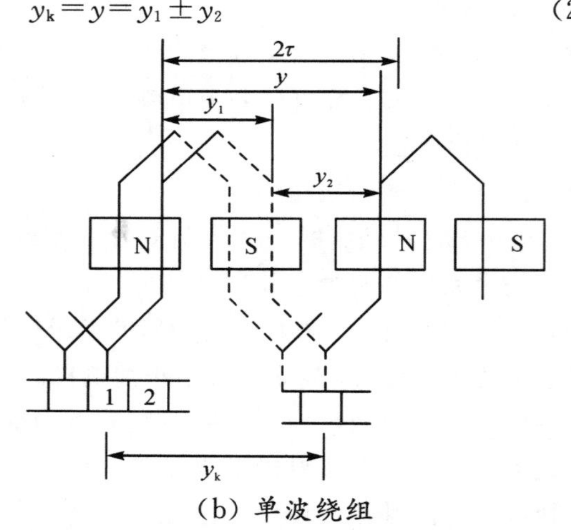

(b) 单波绕组

图 2.4.3　绕组节距图

2.4.2　单叠绕组

单叠绕组是相邻元件(线圈）相互叠压，合成节距与换向节距均为 1，即 $y=y_k=1$。如图 2.4.2 所示。

1. 单叠绕组的节距

第一节距 y_1 的计算公式为

$$y_1=\frac{Z}{2p}\pm\varepsilon=\text{整数} \tag{2.4.4}$$

式中，Z 为电枢槽数，p 为极对数，ε 为 y_1 的凑整补充小数。

当 ε 为零时，$y_1=\tau$，绕组为整距绕组；

当 ε 前面为负号时，$y_1<\tau$，绕组为短距绕组；

当 ε 前面为正号时，$y_1>\tau$，绕组为长距绕组(因耗铜多，通常不采用)。

单叠绕组的合成节距和换向节距相同，即 $y=y_k=\pm1$，通常取 $y=y_k=+1$，该种单叠绕组称为右行单叠绕组，元件的连接顺序为从左向右进行。

单叠绕组的第二节距 y_2，由第一节距和合成节距之差计算得到，第二节距 y_2 的计算公式为

$$y_2=y_1-y \tag{2.4.5}$$

2. 单叠绕组展开图

所谓绕组展开图就是把电枢铁芯槽里的电枢绕组取出来，画在同一张图里，以表示各元件在电路上的连接情况。因此，绕组展开图是一个原理图，而不是实际电枢绕组的结构图，它能帮助我们更清晰地了解电枢绕组在电路上的连接情况。在画绕组展开图时，必须考虑各元件在气隙磁场里的相对位置，否则毫无意义。

下面通过一个具体的例子，说明如何画绕组展开图。

【例 2.4.1】一台直流电机，已知极对数 $p=2$，槽数 Z、元件数 S、换向片数 K 均为 16，即 $Z=S=K=16$，试画出其右行单叠绕组展开图。

解：第一步，计算绕组的各节距。

$$y_1=\frac{Z}{2p}\pm\varepsilon=\frac{16}{4}=4$$

$$y=y_k=1$$

$$y_2=y_1-y=4-1=3$$

先画 16 根等长、等距的实线，代表各槽上层元件边，再画 16 根等长、等距的虚线，代表各槽下层元件边。实线与虚线相靠近，以示在同一个槽中。每组实线与虚线之间相远离，以示区分不同的槽。如图 2.4.4 所示。

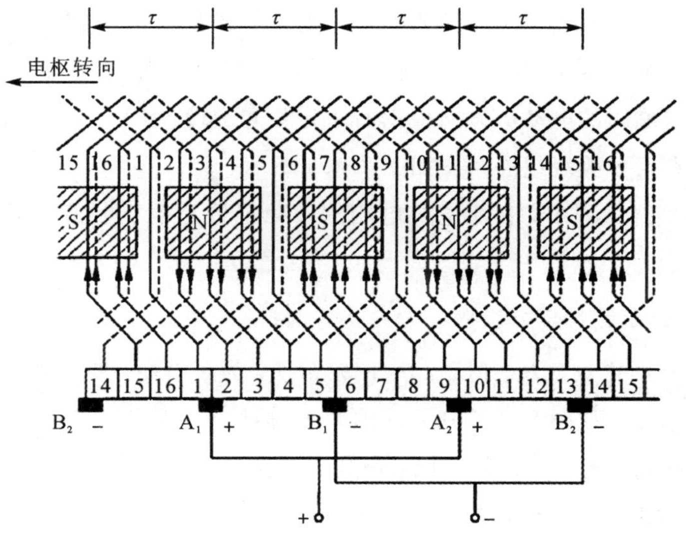

图 2.4.4　右行单叠绕组展开图

第二步，画元件。实线代表上层元件边，虚线代表下层元件边，实线(虚线)根数等于元件数 S，从左向右为实线编号，分别为1至16。

第三步，画主磁极。两对主磁极的极距应均匀，且N、S极交替地放置在各槽之上，每个磁极的宽度约为0.7极距，留出空隙。

第四步，画换向片。用带有编号的小方块代表换向片，换向片的编号也是从左向右顺序编排，并以第1元件上层边所连接的换向片为第1换向片号。

第五步，画绕组。由第1换向片经第1槽上层(实线)，根据第一节距 $y_1=4$，应该连到第5槽的下层(虚线)，然后回到换向片2。注意，中间隔了4个槽，如图2.4.4所示。

从图中可以看出，这时元件的几何形状是对称的。由于是右行单叠绕组，所以第2换向片应与第2槽上层(实线)相连接。第2槽上层元件应和第6槽下层(虚线)相连。之后再回到第3换向片。按此规律连接。直到16个元件统统连起来为止。

第六步，确定每个元件边里导体感应电动势的方向。如图2.4.4所示，1、5、9、13四个元件正好位于两个主磁极的中间，该处气隙磁密为零，所以不产生感应电动势。其余的元件中感应电动势的方向可根据电磁感应定律的右手定则找出来。在图2.4.4中磁极是放在电枢绕组上面的，因此N极的磁感应线在气隙里的方向是进纸面的，S极是出纸面的，电枢从右向左旋转，所以在N极下的导体电动势是向下的，在S极下是向上的。

第七步，画电刷。在展开图中，直流电机的电刷与换向片的大小相同，电刷数与主磁极数相同，放置电刷时应使正、负电刷间的感应电动势最大，或被电刷短路的元件感应电动势最小。当把电刷放置在主磁极的中心线处，被电刷短路元件的感应电动势为零，同时正、负电刷间的电动势也最大。电枢按图2.4.4所示方向转动，电刷间的电动势方向根据右手定则可判定为 A_1、A_2 为正，B_1、B_2 为负。要求的右行单叠绕组展开图如图2.4.4所示。

在实际生产过程中，直流电机电刷的实际位置是电机制造好后通过实验的方法确定的。

3. 单叠绕组元件连接次序

绕组展开图比较直观，但画起来比较繁琐，为了简便，绕组连接规律也可用连接顺序图表示，如图2.4.5所示。图中上排数字同时代表上层元件边的元件号、槽号和换向片号，下排数字代表下层元件边所在的槽号。

如第1虚槽上层元件边经 $y_1=4$ 接到第5虚槽的下层元件边，构成了第1个元件，它的首、末端分别接到第1、2两个换向片上。第5虚槽的下层元件边经

$y_2=3$ 接到第 2 虚槽的上层元件边。

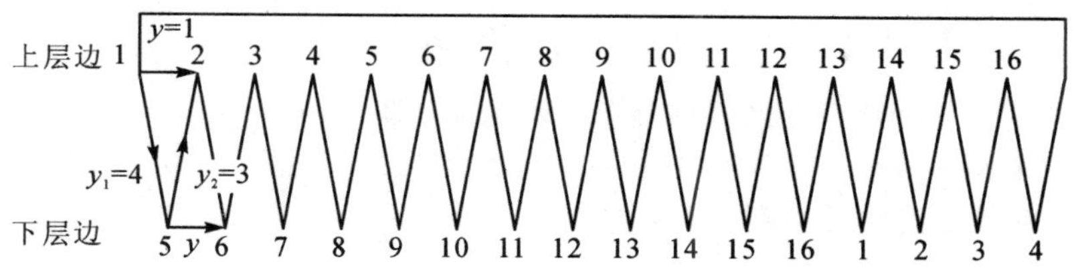

图 2.4.5　单叠绕组元件连接次序图

由图 2.4.5 可以看出，从第 1 个元件开始，绕电枢一周，把全部元件边都串联起来，之后又回到第 1 个元件的起始点 1。可见，整个绕组是一个闭合回路绕组。

4. 单叠绕组的并联支路图

按照图 2.4.5 各元件连接的顺序，可以得到如图 2.4.6 所示的并联支路图(其中，小箭头表示电动势方向)。可见，单叠绕组并联支路对数 a(每两个支路算一对)等于极对数 p，即 $a=p$。

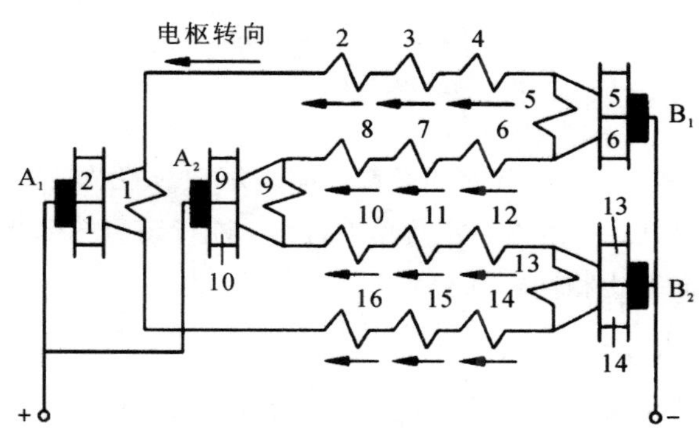

图 2.4.6　单叠绕组并联支路图

综上所述，对电枢绕组中的单叠绕组，有以下特点：

(1) 位于同一个磁极下的各元件串联起来组成了一个支路，即支路对数等于极对数，$a=p$；

(2) 当元件的几何形状对称，电刷放在换向器表面上的位置对准主磁极中心线时，正、负电刷间感应电动势为最大，被电刷所短路的元件里感应电动势最小；

(3) 电刷数等于极数。电刷在换向器表面上的位置，虽然对准主磁极的中心线，但被电刷所短路的元件，它的两个元件边仍然位于几何中线处。为了简便起见，今后所谓电刷放在几何中线上，就是指被电刷所短路的元件，它的元件边位于几何中线处。

【例 2.4.2】 一台直流电机，已知极对数 $p=2$，槽数 Z 和换向片数 K 均为 22，即 $Z=K=22$，采用单叠绕组。求：

(1) 绕组各节距；

(2) 并联支路数。

解：(1) 第一节距 $y_1=\frac{Z}{2p}\pm\varepsilon=\frac{22}{4}-\frac{2}{4}=5$，为短距绕组。

单叠绕组的合成节距及换向器节距均为1，即 $y=y_k=1$。

第二节距 $y_2=y_1-y=5-1=4$。

(2) 并联支路数等于磁极数，为4。

2.4.3 单波绕组

1. 单波绕组的节距

单波绕组的元件如图2.4.2所示，首、末端之间的距离接近两个极距，$y_k>y_1$，两个元件串联起来成波浪形，故称波绕组。如果电机有 p 对磁极，则 p 个元件串联后，其末端所连的换向片是与首端所连的换向片相邻的换向片，这样才能继续串联其余元件。这种首、末端连接的换向片相差一片的波绕组称为单波绕组，其换向器节距必须满足以下关系

$$py_k=K\mp1$$

式中，K 为换向片数。由上式可得换向节距 y_k 为

$$y_k=\frac{K\mp1}{p}=\text{整数} \tag{2.4.6}$$

在式(2.4.6)中，正、负号的选择首先应满足使 y_k 为整数，其次考虑选择负号。选择负号时的单波绕组称为左行单波绕组，左行绕组端部叠压少。单波绕组的合成节距与换向节距相同，即 $y=y_k$。

2. 单波绕组的特点

根据2.4.2节单叠绕组展开图的绘制方法，可以类比绘制出单波绕组展开图及其连接次序图如图2.4.7、图2.4.8所示。

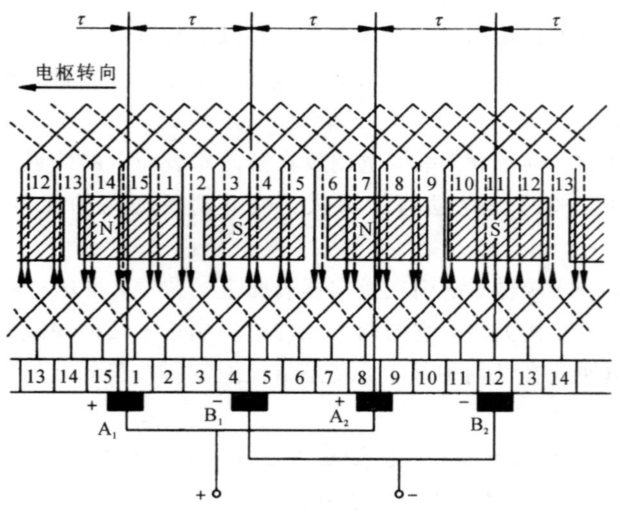

图2.4.7 单波绕组展开图

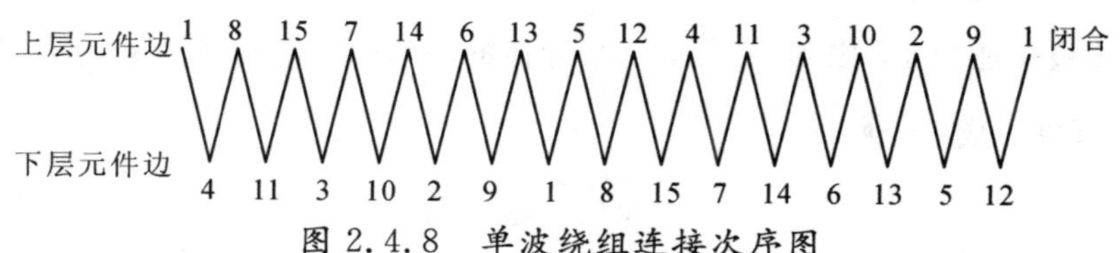

图 2.4.8 单波绕组连接次序图

由图 2.4.7 和图 2.4.8 可知，单波绕组具有如下特点。

(1) 单波绕组的并联支路对数 $a=1$，与极对数 p 无关，即 $2a=2$。

(2) 当元件的几何形状对称时，电刷在换向器表面上的位置对准主磁极中心线，支路电动势最大(即正、负电刷间电动势最大)。

(3) 电刷数也应等于极数(采用全额电刷)。

(4) 电枢电动势等于支路感应电动势。

(5) 电枢电流等于两条支路电流之和。

单波绕组并联支路图如图 2.4.9 所示。

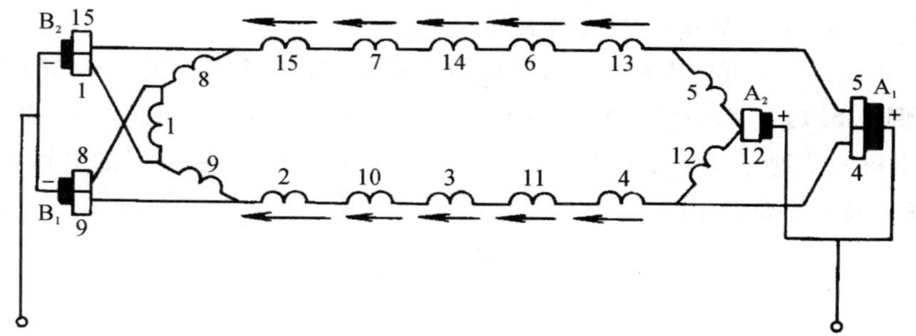

图 2.4.9 单波绕组并联支路图

2.5 直流电机中的电与磁

直流电机运行时，电枢元件在磁场中切割运动产生电动势，同时由于元件中有电流，会受到电磁力。要深入了解直流电机的本质，就要充分认识直流电机内部的电动势、磁感应情况。

2.5.1 直流电机的电枢电动势

电枢电动势是指直流电机正、负电刷之间的感应电动势，也就是电枢绕组每个支路里的感应电动势。

电枢旋转时，某一个元件随时间的变化出现在不同支路中，其感应电动势的大小和方向都在变化着。但是，各个支路所含元件数量相等，各支路的电动势相等且方向不变。于是，可以先求出一根导体在一个极距范围内切割气隙磁密的平均电动势，再乘上一个支路里总导体数$\frac{Z}{2a}$，便可得到电枢电动势。

一个磁极极距范围内，平均磁密用 B_{av} 表示，极距为 τ，电枢的轴向有效长度

为 l_i，每极磁通为 Φ，则 $B_{av}=\frac{\Phi}{\tau l_i}$，一根导体的平均感应电动势为 $e_{av}=B_{av}l_i v$，线速度 v 可以写成

$$v=\frac{n}{60}2p\tau \tag{2.5.1}$$

式中，p 为极对数，n 为电枢的转速。整理得

$$e_{av}=\frac{\Phi}{\tau l_i}l_i\frac{n}{60}2p\tau=\frac{2p}{60}\Phi n \tag{2.5.2}$$

从式(2.5.2)可以看出导体平均感应电动势 e_{av} 的大小只与导体每秒所切割的总磁通量 $2p\Phi$ 有关，与气隙磁密的分布波形无关。于是当电刷放在几何中线上，电枢电动势为

$$E_a=\frac{N}{2a}e_{av}=\frac{N}{2a}\frac{2p}{60}\Phi n=\frac{pN}{60a}\Phi n=C_e\Phi n \tag{2.5.3}$$

式中，$C_e=\frac{pN}{60a}$是一个常数，称电动势常数。如果每极磁通 Φ 的单位为 Wb，转速 n 的单位为 r/min，则电枢电动势 E_a 的单位为 V。

从式(2.5.3) 可以看出，电机的电枢电动势正比于每极磁通 Φ 和转速 n。

【例 2.5.1】 一台直流电机采用单叠绕组，极对数 $p=3$，电枢导体总数 $N=350$。当每极磁通量 $\Phi=0.02$ Wb 时，试求转速 $n=1500$ r/min 时的电枢电动势。

解： 采用单叠绕组时，$a=p=3$，则

$$E_a=\frac{pN}{60a}\Phi n=\frac{3\times 350}{60\times 3}\times 0.02\times 1500=175\ \text{V}$$

2.5.2 直流电机的电枢电磁转矩

根据电磁力定律，当电枢绕组中有电枢电流流过时，在磁场内将受到电磁力的作用，该力与电机电枢铁芯半径之积称为电磁转矩。

要求整个绕组的电磁转矩，需先求一根导体所受的平均电磁力。根据载流导体在磁场里的受力原理，一根导体所受的平均电磁力为 $f_{av}=B_{av}l_i i_a$，$i_a=\frac{I_a}{2a}$为导体里流过的电流，其中 I_a 为电枢总电流，a 为支路对数。一根导体所受平均电磁力 f_{av}乘以电枢的半径$\frac{D}{2}$即为一根导体产生的电磁转矩 T_{av}，即 $T_{av}=f_{av}\frac{D}{2}$。式中 D 为电枢的直径，$D=\frac{2p\tau}{\pi}$。

总电磁转矩用 T 表示，则

$$T=NT_{av}=NBli_a\frac{D}{2}=N\cdot\frac{\Phi}{\tau l}\cdot l\cdot\frac{I_a}{2a}\cdot\frac{1}{2}\frac{2p\tau}{\pi}=\frac{pN}{2\pi a}\Phi I_a=C_T\Phi I_a \tag{2.5.4}$$

式中，N 为导体总数，$C_T=\frac{pN}{2\pi a}$为常数，称为转矩常数。

若每极磁极 Φ 的单位为 Wb，电枢电流 I_a 的单位为 A，则电磁转矩 T 的单位为 N·m。

由电磁转矩表达式(2.5.4)可以看出，直流电动机做成后，它的电磁转矩的大小正比于每极磁通和电枢电流。转矩常数 $C_{\mathrm{T}}=\frac{60}{2\pi a}C_{\mathrm{e}}\approx 9.55C_{\mathrm{e}}$，$C_{\mathrm{e}}=\frac{2\pi a}{60}C_{\mathrm{T}}\approx 0.105C_{\mathrm{T}}$。

电枢电动势的方向由电机的转向和主磁场方向决定，其中只要有一个方向改变，电动势方向也就随之改变了，但两个方向同时改变时，电动势方向不变。电磁转矩的方向由电枢的转向和电流方向决定，同样，只要改变其中一个的方向，电磁转矩方向将随之改变，但两个方向同时改变，电磁转矩方向不变。对各种励磁方式的直流电动机或发电机，要改变它们的电枢转向或电压方向，都要认真考虑。

2.5.3　直流电机的电枢反应

直流电机在运行过程中既有主磁极产生的主磁极磁动势，也有电枢电流产生的电枢磁动势，电枢磁动势的存在必然影响主磁极磁动势产生的磁场分布。电枢磁动势对主磁极磁动势的影响称为电枢反应。

1. 直流电机的励磁方式

按照励磁方式的不同，直流电机可以分为两大类，主要分类方式如图 2.5.1 所示。

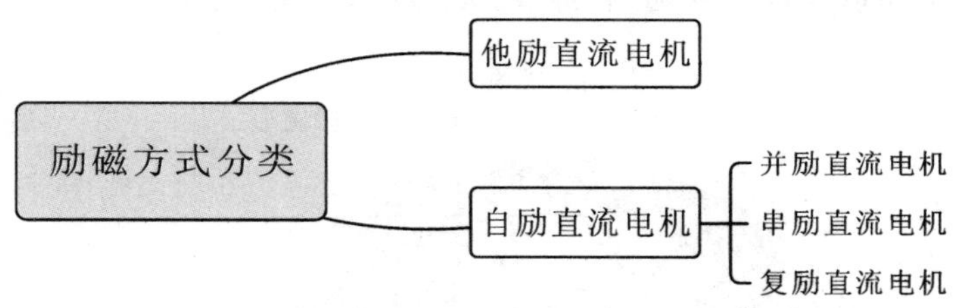

图 2.5.1　直流电机的励磁方式分类

图 2.5.2 中画出了直流电机的四种常用励磁方式示意图。其中(a)为他励直流电机——励磁绕组与电枢绕组无联接关系，而是由其他直流电源对励磁绕组供电；(b)为并励直流电机——励磁绕组与电枢绕组并联；(c)为串励直流电机——励磁绕组与电枢绕组串联；(d)为复励直流电机——两个励磁绕组，一个与电枢绕组并联，另一个与电枢绕组串联。

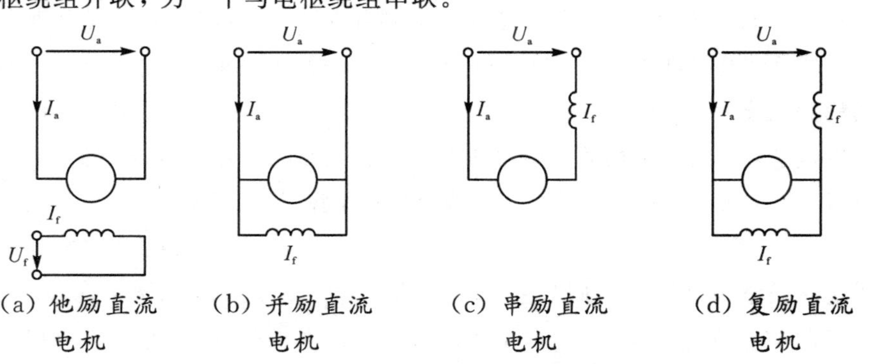

(a) 他励直流电机　(b) 并励直流电机　(c) 串励直流电机　(d) 复励直流电机

图 2.5.2　直流电机的励磁方式示意图

由图 2.5.2 可知励磁电流 I_f 与电枢电流 I_a 之间的关系为

并励直流电机：

$$I=I_a+I_f$$

串励直流电机：

$$I=I_a=I_f$$

复励直流电机：

$$I=I_a+I_f$$

2. 直流电机的空载磁场

直流电机在负载运行时，它的磁场是由电机中各个绕组共同产生的(包括励磁绕组、电枢绕组、换向极绕组、补偿绕组等)，其中励磁绕组起着主要作用。为由易入难，先研究励磁绕组中有励磁电流、其他绕组内无电流时的磁场情况，此时也没有功率或者电流输出。这种情况叫作电机的空载运行，此时的磁场称为空载磁场。

图 2.5.3 是一台四极直流电机空载时的半个对称磁场的示意图。当励磁电流 I_f 流过励磁绕组时，产生的每极励磁磁动势为 $F_f=I_fN_f$，式中 N_f 是一个磁极上励磁绕组的串联匝数。F_f 为励磁磁动势，单位为安匝(A)。

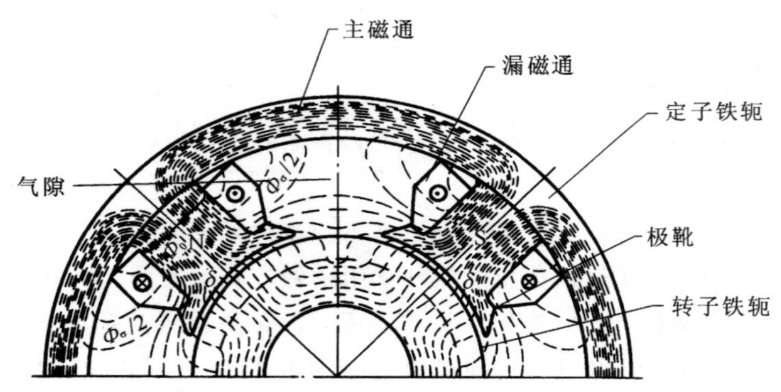

图 2.5.3　空载磁场示意图

如图 2.5.3 所示，大部分磁感应线的路径是由 N 极出来，经气隙进入转子铁轭，再通过气隙进入 S 极，再经定子铁轭回到原来的 N 极。这部分磁路通过的磁通称为主磁通，主磁通所经过的磁路称为主磁路。还有一小部分磁感应线不进入电枢铁芯，直接经过相邻的磁极或者定子铁轭形成闭合回路，这部分磁通称为漏磁通，所经过的磁路称为漏磁路。或者说，那些同时交链励磁绕组和电枢绕组的磁通称为主磁通；只交链励磁绕组本身的称为主磁极漏磁通。由于相邻的两个磁极之间的空气隙较大，所以主磁极漏磁通在数量上比主磁通要小得多，大约是主磁通的 20%左右。直流电机中，主磁通是发挥主要作用的，它能在电枢绕组中产生感应电动势或者产生电磁转矩，而漏磁通只是增加主磁极磁路的饱和程度。

根据前面的分析，把几何形状规则的磁介质称为一段磁路。从图 2.5.3 中可以看出，直流电机的主磁路可以分为四段：定、转子之间的气隙，转子铁轭，主磁极和定子铁轭。在四段磁路中，除了气隙是空气介质，它的磁导率 μ 是常数外，其余各段磁路用的材料均为铁磁材料。

直流电机空载运行时，主磁极的励磁磁动势主要消耗在气隙上，若忽略主磁路中铁磁材料的磁阻，主磁极下气隙磁通密度的分布就取决于气隙的大小和形状。

通常情况下，磁极极靴宽度约为极距 τ 的 75%。磁极中心及附近的气隙 δ 较小且均匀不变，磁通密度较大且基本为常数，靠近两边极尖处，气隙逐渐变大，磁通密度减小，超出极尖以外，气隙明显增大，磁通密度显著减小，在磁极之间的几何中性线处，气隙磁通密度变为零。因此，空载时的气隙磁通密度分布为一平顶波，如图 2.5.4(a)所示。

在直流电机中，为了产生感应电动势或产生电磁转矩，气隙里需要有一定数量的每极磁通 Φ_0。这就要求在设计电机时进行磁路计算，以确定产生一定数量的气隙每极磁通 Φ_0 需要加多大的励磁磁动势，或者当励磁绕组匝数一定时，需要加多大的励磁电流 I_f。把空载时气隙每极磁通 Φ_0 与空载励磁磁动势 F_{f0} 或空载励磁电流 I_{f0} 的关系，称为直流电机的空载磁化特性，其磁化曲线如图 2.5.4(b)所示。

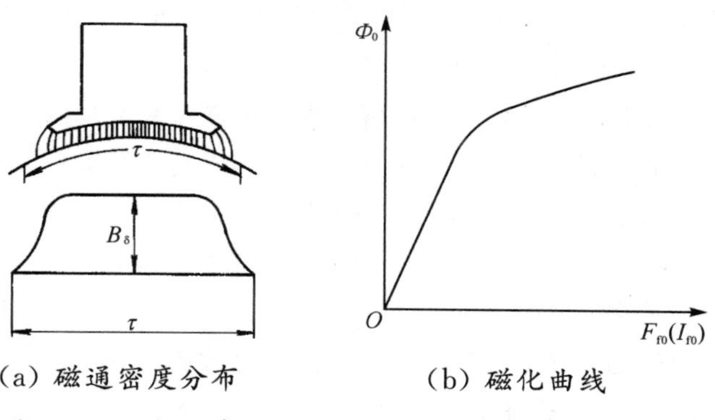

(a) 磁通密度分布　　(b) 磁化曲线

图 2.5.4　气隙中主磁场磁通密度分布与磁化曲线

3. 直流电机的负载磁场

通常直流电动机在生产中要拖动生产机械运行或作为发电机发出电功率，也就是常说的带上负载，那其中的电磁现象就会发生变化。

直流电机负载运行时，电刷在几何中线上，在一个磁极下电枢导体的电流都是一个方向，相邻的不同极性的磁极下，电枢导体电流方向相反。在电枢电流产生的电枢反应磁动势作用下，电机的电枢反应磁场如图 2.5.5 所示。电枢是旋转的，但是电枢导体中电流分布情况不变，因此电枢磁动势的方向是不变的，相对静止。电枢反应磁场的轴线与电刷轴线重合，与励磁磁动势产生的主磁场相互垂直。

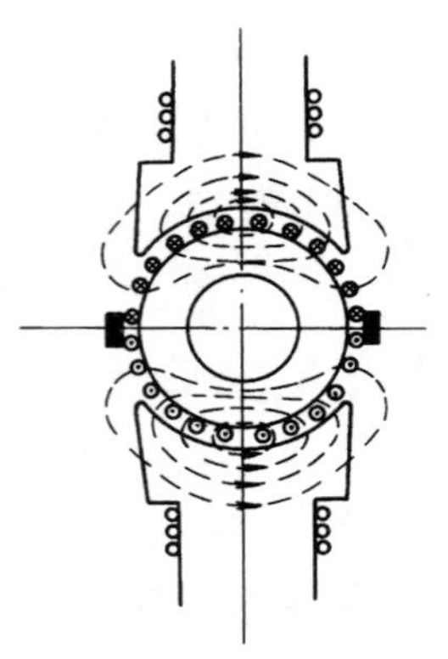

图 2.5.5　负载运行时电枢反应磁场

当直流电机负载运行时，电机内的磁动势由励磁磁动势与电枢反应磁动势两部分合成，电机内的磁场也由主磁极磁场和电枢反应磁场合成。

由于主磁极磁场和电枢反应磁场两者垂直，由它们合成的磁场轴线必然不在主磁极中心线上，而发生了磁场歪扭，空载时气隙磁密为零的地方偏离了几何中线。

把图 2.5.4 和图 2.5.5 所示的这两个磁场合成时，每个主磁极下，半个磁极范围内两磁场磁力线方向相同，另半个磁极范围内两磁场磁力线方向相反。

若电机磁路不饱和，可以直接把磁密相加减，这样半个磁极范围内合成磁场磁密增加的数值与另半个磁极范围内合成磁场磁密减少的数值相等，合成磁密的平均值不变，每极磁通的大小不变。

若电机的磁路饱和，合成磁场的磁密不能用磁密直接加减，而是要分析作用在气隙上的合成磁动势，再根据磁化特性求出磁密来。实际上直流电机空载运行点通常取在磁化特性的拐弯处，磁动势增加，磁密增加得很少，磁动势减少，磁密跟着减少。因此，造成了半个磁极范围内合成磁密增加得少，而半个磁极范围内合成磁密减少得多，使一个磁极下平均磁密减少了。可见，因磁路的饱和，电枢反应使每极总磁通减少，称为电枢反应的去磁效应。

4. 电枢反应的磁动势波形

当直流电机带上负载后，电枢绕组中就有电流流过，电枢绕组也将产生磁动势，该磁动势叫电枢磁动势。电枢磁动势的出现，使得磁路里的磁场发生变化。

1）电枢磁动势的分布

图 2.5.6 为一个单匝电枢元件（$N_y=1$）通入直流电流 i_a 产生磁感线的情况。当元件中流过的电流为 i_a，元件匝数为 N_y时，元件产生的磁动势为 $N_y i_a$，若忽略电枢铁芯磁阻，则全部磁动势均消耗在气隙里，每段气隙消耗的磁动势为$\frac{1}{2}N_y i_a$。

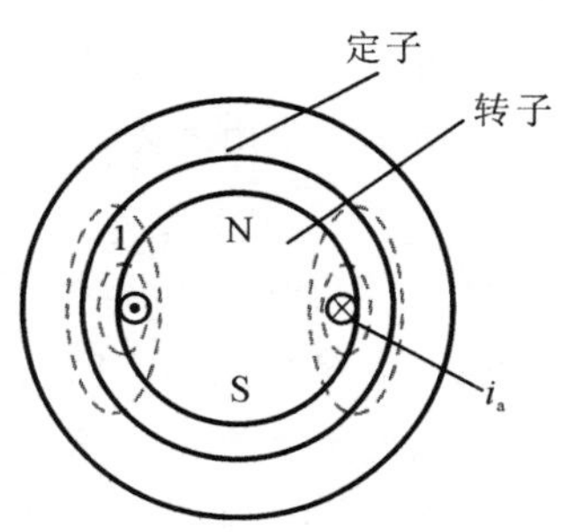

图 2.5.6 单匝电枢元件磁感线示意图

为了分析方便，把电机的气隙圆周展开成直线，如图 2.5.7 所示。把直角坐标系放在电枢的表面上，横坐标表示沿气隙圆周方向的空间距离，用 x 表示，坐标原点放在电刷所在位置，纵坐标表示气隙消耗的磁动势大小，用 F 表示，并规定磁动势的参考方向：出电枢、进定子的方向作为磁动势的正方向；反之，出定子、进电枢的方向就为负方向。

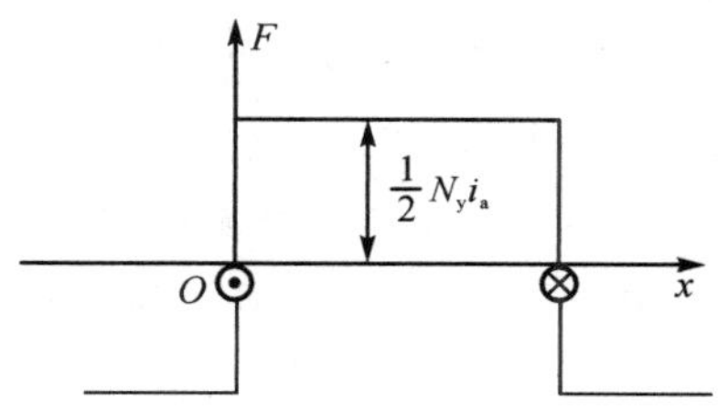

图 2.5.7 单匝电枢元件气隙磁动势

如果在电枢上放了不止一个元件，而是多个整距元件，它们依次排列在电枢的表面上，每个整距元件的串联匝数都为 N_y，每个元件中都流过同一个电流 i_a，则每一个元件产生的磁动势与图 2.5.7 的磁动势波形完全相同，只是位置要错开一段距离，把这许多个整距元件的矩形波磁动势逐点相加起来，就是图 2.5.8 所示的阶梯波形。从图中可以看出，合成总磁动势的幅值所在的位置，正好处于元件里电流改变方向的地方。

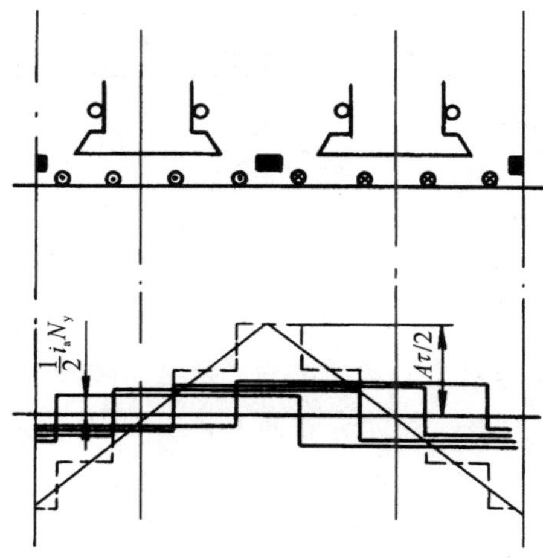

图 2.5.8 四个元件产生的电枢磁动势波形

如果在电枢表面上有无数个整距元件，元件里电流均为 i_a，则产生的合成总磁动势为三角波形，如图 2.5.8 所示。三角波磁动势的最大值所在的位置，是元件里电流改变方向的地方。

在直流电机中，同一个支路里的电流大小是相同的，方向是一致的。另外，从单叠绕组并联支路图可以看出，支路与支路之间是经过电刷分界的。尽管绕组展开图电刷放在主极中心线上，从原理上看，相当于把电刷放在电枢电流改变方向的地方。以后为了清楚起见，都认为电刷是这样放置的，并说成是电刷放在电机几何中性线处。

2）气隙磁密分布波形

呈三角形分布的电枢磁动势作用在磁路上，就要产生气隙磁通密度。为了简单起见，可忽略铁芯材料里的磁阻。磁通密度与磁动势的关系为 $B_{ax}=\mu_0\dfrac{F_{ax}}{\delta_x}$，式中 B_{ax} 为 x 处的气隙磁通密度，F_{ax} 为 x 处的电枢磁动势，δ_x 为气隙长度。

由于在主磁极下气隙长度 δ_x 基本不变，电枢磁动势产生的气隙磁通密度只随磁动势大小而成正比变化。在两个主磁极之间，虽然磁动势在增大，但气隙长度增加得更快，使气隙磁阻迅速增加，因此气隙磁通密度在两主极间减小。综合上述分析可知，气隙中由电枢产生的磁通密度为对称的马鞍型，其波形如图 2.5.9所示。

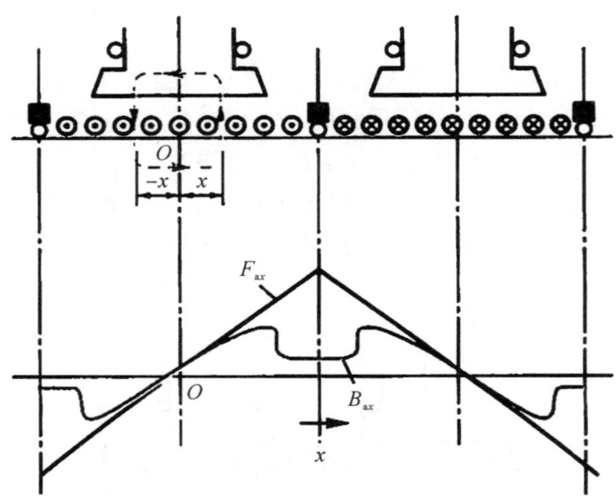

图 2.5.9　电刷在几何中性线上的磁场

3）气隙磁场的畸变

为了分析电枢磁动势对主磁场的影响，标明主磁极的极性，如图 2.5.10 所示，图中 B_{0x} 为主磁场的磁通密度分布曲线，B_{ax} 为电枢磁通密度分布曲线，将 B_{0x} 与 B_{ax} 沿电枢表面逐点相加，便得到负载运行时的气隙磁场 $B_{\delta x}$ 的分布曲线。图中虚线为考虑磁路饱和时的 $B_{\delta x}$ 曲线。

电机中 N 极与 S 极的分界线称为物理中性线。在物理中性线处，磁场为零。

空载运行时，物理中性线和几何中性线重合；负载运行时，在电枢反应的影响下，气隙磁场发生畸变。如图 2.5.10 所示，主要变化如下：

(1) 半个极下磁场削弱，半个极下磁场加强。对发电机，是前极端(电枢进入端)的磁场削弱，后极端(电枢离开端)的磁场加强；对电动机，则与此相反。

(2) 气隙磁场的畸变使物理中性线偏离几何中性线。空载运行时磁通密度等于零的物理中性线与几何中性线重合，负载运行时物理中性线偏离几何中性线；对发电机，是顺着旋转方向偏离；对电动机，是逆着旋转方向偏离。

(3) 磁路饱和时，有去磁作用。半个极下增加的磁通小于另半个极下减少的磁通，使每个极下总的磁通有所减少。

电刷位于几何中性线时，电枢磁动势是个交轴磁动势，因此，上述三点也就是交轴电枢反应的性质。

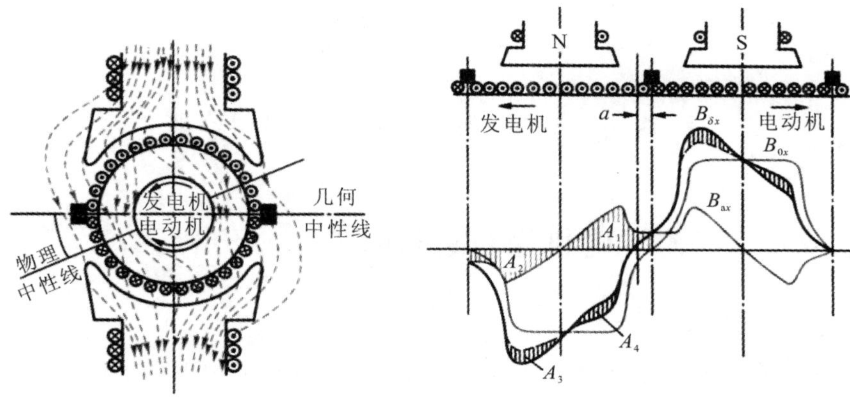

(a) 电枢磁场分布　　(b) 磁通密度分布曲线

图 2.5.10　电刷在几何中性线上的电枢反应

5. 电刷不在几何中性线时的电枢反应

因为电刷是电枢表面导体电流方向的分界线，故电刷移动后，电枢磁动势轴线也随之移动 β 角，这时电枢磁动势可分解为两个相互垂直的分量。

轴线与主磁极轴线相垂直，称为交轴电枢磁动势 F_{aq}；轴线与主磁极轴线相重合，称为直轴电枢磁动势 F_{ad}。

这样当电刷不在几何中性线时，电枢反应将分为交轴电枢反应和直轴电枢反应两部分。交轴电枢反应的性质已在前面做了分析，直轴电枢反应因直轴电枢磁动势和主磁极的轴线是重合的，因此若 F_{ad} 和主磁极磁场的方向相同，则起增磁作用；若 F_{ad} 和主磁极磁场方向相反，则起去磁作用。显然对于发电机，当电刷顺转向移动时，F_{ad} 起去磁作用；当电刷逆转向移动时，F_{ad} 起增磁作用。而对于电动机而言，若保持主磁场的极性和电枢电流的方向不变，则可以看出电动机的转向将与作为发电机运行时的转向相反。因此对直流电动机而言，当电刷顺转向移动时，F_{ad} 起增磁作用；而当电刷逆转向移动时，F_{ad} 起去磁作用。具体示意图如图 2.5.11 所示。

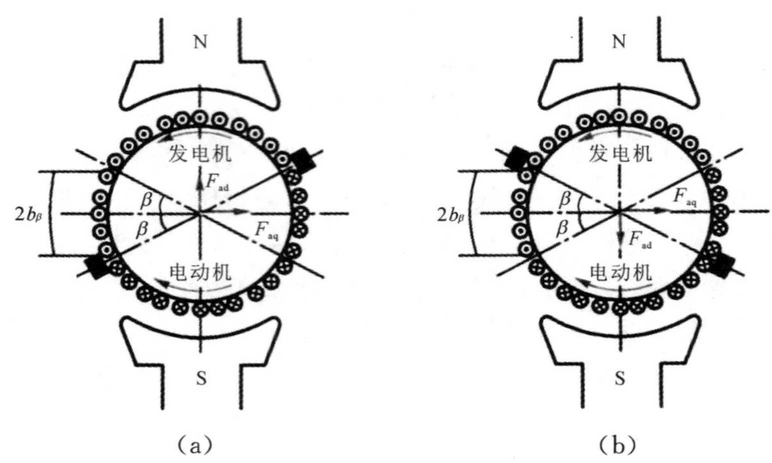

图 2.5.11　交直轴反应

2.6　直流电机的运行性能

2.6.1　直流发电机稳态运行时的基本方程式

1. 电压方程式

在列写直流电机运行时的基本方程式之前，各有关物理量，例如电压、电流、磁通、转速、转矩等，都应事先规定好正方向。正方向的选择是任意的，但是一经选定就不要再改变。有了正方向后，各有关物理量都变成代数量，即各量有正、有负。这就是说，各有关物理量如果其瞬时实际方向与它的规定正方向一致，就为正，否则为负。

图 2.6.1 标出了直流发电机各量的正方向。图中 U 是电机负载两端的端电压，I_a 是电枢电流，T_1 是原动机的拖动转矩，T 是电磁转矩，T_0 是空载转矩，n 是电机电枢的转速，Φ 是主磁通，U_f 是励磁电压，I_f 是励磁电流。

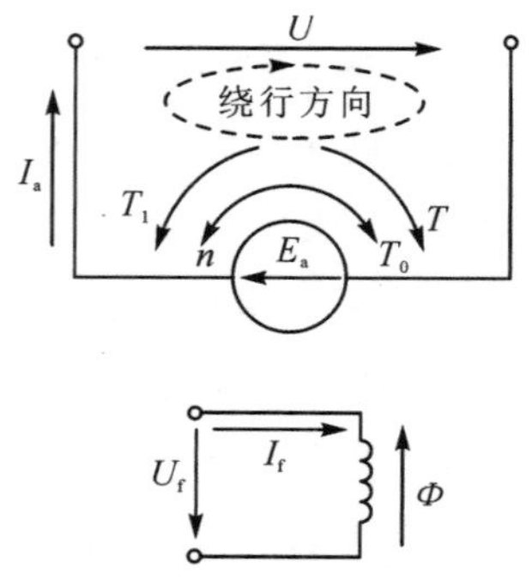

图 2.6.1　直流发电机惯例参考方向

在写电枢回路方程式时，要用到基尔霍夫第二定律，即对任一有源的闭合回路，所有电动势之和等于所有压降之和（$\sum E = \sum U$）。首先在图 2.6.1 中确定绕行的方向，如图 2.6.1 中虚线方向绕行，其中共有三个压降及一个电动势 E_a。这三个压降是：负载上压降 U，正、负电刷与换向器表面的接触压降，电枢电流 I_a 在电枢回路串联的各绕组(包括电枢绕组、换向极绕组和补偿绕组等)总电阻上的压降。实际应用中，用 R_a 代表电枢回路总电阻，它包括电刷接触电阻在内。电枢回路方程式可写成

$$E_a = U + R_a I_a \tag{2.6.1}$$

电枢电动势为

$$E_a = C_e \Phi n \tag{2.6.2}$$

电磁转矩为

$$T = C_T \Phi I_a \tag{2.6.3}$$

直流发电机在稳态运行时，电机的转速为 n，作用在电枢上的转矩共有三个：一个是原动机输入给发电机转轴上的转矩 T_1，一个是电磁转矩 T，还有一个是电机的机械摩擦以及铁损耗引起的转矩，叫空载转矩，用 T_0 表示。空载转矩 T_0 是一个制动性的转矩，即永远与转速 n 的方向相反。根据图 2.6.1 所示各转矩的正方向，可以写出稳态运行时转矩关系式为

$$T_1 = T + T_0 \tag{2.6.4}$$

并励或他励发电机的励磁电流为

$$I_f = \frac{U_f}{R_f} \tag{2.6.5}$$

式中，U_f 为励磁绕组的端电压(他励时，为给定值；并励时，$U_f = U$)；R_f 为励磁回路总电阻。气隙每极磁通为 $\Phi = f(I_f, I_a)$，由空载磁化特性和电枢反应而定，由于磁路的非线性，通常用磁化特性曲线来代替。

式(2.6.1)～式(2.6.5)是分析直流发电机稳态运行的基本方程式。上述方程式中，式(2.6.1)～式(2.6.4)使用较多。

2. 功率方程式

下面分析直流发电机稳态运行时的功率关系。把式(2.6.1)乘以电枢电流 I_a 得

$$E_a I_a = U I_a + R_a I_a^2 = P_2 + P_{Cua} \tag{2.6.6}$$

式中，$P_2 = UI_a$ 为直流发电机输给负载的电功率；$P_{Cua} = R_a I_a^2$ 为电枢回路总铜损耗，包括电枢回路所有相串联的绕组以及电刷与换向器表面电损耗在内。

把式(2.6.4)乘以电枢机械角速度 Ω，得 $T_1\Omega = T\Omega + T_0\Omega$，可以写成

$$P_1 = P_M + P_0 \tag{2.6.7}$$

式中，$P_1 = T_1\Omega$ 为原动机输给发电机的机械功率；$P_M = T\Omega$ 称为电磁功率；$P_0 = T_0\Omega = P_m + P_{Fe}$ 为发电机空载损耗功率，其中 P_m 为发电机机械摩擦损耗，P_{Fe} 为铁损耗。

机械摩擦损耗包括轴承摩擦、电刷与换向器表面摩擦，电机旋转部分与空气

的摩擦以及风扇所消耗的功率。这个损耗与电机的转速有关。当转速固定时，它几乎也是常数。

铁损耗是指电枢铁芯在磁场中旋转时，硅钢片中的磁滞与涡流损耗。这两种损耗与磁密大小以及交变频率有关。当电机的励磁电流和转速不变时，铁损耗也几乎不变。

从式(2.6.7)中可以看出，原动机输给发电机的机械功率 P_1 分成两部分：一部分供给发电机的空载损耗 P_0；一部分转变为电磁功率 P_M。或者说，输入给发电机的功率 P_1 中，扣除空载损耗 P_0 后，都转变为电磁功率 P_M。值得注意的是，式(2.6.7)中 $P_M = T\Omega$ 虽然叫作电磁功率，但仍属于机械性质的功率。

$$P_M = T\Omega = \frac{pN}{2\pi a}\Phi I_a \frac{2\pi n}{60} = \frac{pN}{60a}\Phi I_a n = E_a I_a \tag{2.6.8}$$

从式(2.6.8)中可以看出，电动势 E_a 与电枢电流 I_a 的乘积显然是电功率，$E_a I_a$ 也叫作电磁功率。电机在发电机状态运行时，具有机械功率性质而叫作电磁功率的 $T\Omega$ 转变为电功率 $E_a I_a$ 后输出给负载。这就是直流发电机中，由机械能转变为电能用功率表示的关系式。

综合以上功率关系，可得

$$P_1 = P_M + P_0 = P_2 + P_{Cua} + P_m + P_{Fe} \tag{2.6.9}$$

图 2.6.2 画出他励直流发电机功率流程，以及励磁功率 P_{Cuf}。在他励时，P_{Cuf} 应由其他直流电源供给；在并励时，P_{Cuf} 应由发电机本身供给。励磁功率也就是励磁损耗，它包括励磁绕组的铜损耗和励磁回路外串电阻中的损耗。

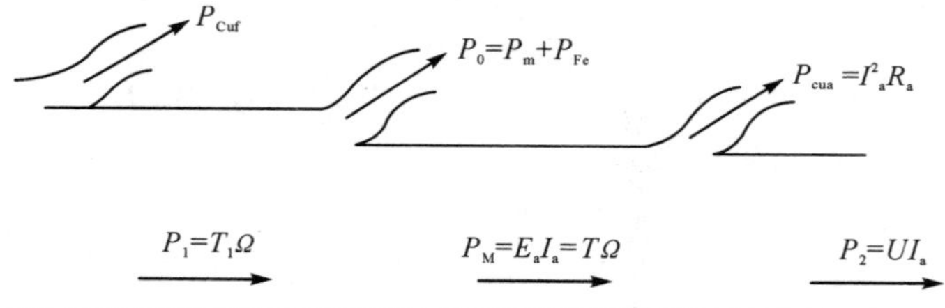

图 2.6.2 他励直流发电机功率流程

发电机的总功率损耗为

$$\sum P = P_{Cua} + P_{Cuf} + P_{Fe} + P_m + P_{ad} \tag{2.6.10}$$

式中，P_{ad} 是前几项损耗中没有考虑到而实际又存在的杂散损耗，称为附加损耗。如果是他励直流发电机，总损耗 $\sum P$ 中不包括励磁损耗 P_{Cuf}。

电枢反应把磁场扭歪，从而使铁损耗增大；电枢齿槽的影响造成磁场脉动引起极靴及电板铁芯的损耗增大等等。此损耗一般不易计算，对无补偿绕组的直流电机，按额定功率的1%估算；对有补偿绕组的直流电机，按额定功率的0.5%估算。

发电机的效率为

$$\eta = \frac{P_2}{P_1} \times 100\% = \left(1 - \frac{\sum P}{P_2 + \sum P}\right) \times 100\% \tag{2.6.11}$$

额定负载时，直流发电机的效率与电机的容量有关。10 kW 以下的小型电机，效率约为 75%～85%；10～100 kW 的电机，效率约为 85%～90%；100～1000 kW 的电机，效率约为 88%～93%。

2.6.2 直流发电机的运行特性

直流发电机由原动机拖动，转速保持额定转速不变，运行中电枢端电压 U、励磁电流 I_f、负载电流 I（他励时 $I=I_a$）是可以变化的，U、I_f、I 三个物理量保持其中一个不变时，另外两个物理量之间的关系称为运行特性。显然，运行特性有以下三种：

1. 负载特性

当转速为额定转速时，负载电流 I 为常数时，发电机电枢端电压与励磁电流间的关系，称为负载特性。当负载电流 $I=0$ 时，称其为空载特性，也是一条特殊的负载特性。

2. 外特性

当转速为额定转速时，励磁电流 I_f 为常数时，发电机的电枢端电压与负载电流之间的关系，称为发电机的外特性。

3. 调节特性

当转速为额定转速时，保持电枢端电压 U 不变时，励磁电流与负载电流之间的关系，称为发电机的调节特性。

2.6.3 直流电动机稳态运行时的基本方程式

1. 电压方程式

从原理上讲，一台电机无论是直流电机还是交流电机，都是在某一种条件下作为发电机运行，而在另一种条件下却作为电动机运行，并且这两种运行状态可以相互转换，称为电机的可逆原理。

根据前面分析的结果，电机运行在发电机状态时，电机的功率关系和转矩关系分别为$P_1=P_M+P_0$和$T_1=T+T_0$，这时直流电机把输入的机械功率 P_1 转变为电功率输送给电网，电磁转矩 T 与原动机拖动转矩 T_1 的方向相反，为制动性转矩。

保持这台发电机的励磁电流不变，减小它的输入机械功率 P_1，此时发电机的转速下降。由于电网电压不变，当转速 n 减小到一定值时，使得电枢电动势与电网电压相等，即 $E_a=U$（U 为电网电压），此时电枢电流为零，发电机输出的电功率也为零，原动机输入的机械功率仅仅用来补偿电机的空载损耗。继续降低原动机的转速，电枢电动势将小于电网电压，电枢电流将反向，这时电网向电机输入电功率，电机进入电动机运行状态。

直流电机的运行状态取决于所连接的机械设备及电源等外部条件，当电机作为电动机运行，电磁功率转换为机械功率拖动机械负载，电磁转矩为拖动性转矩；当电机作为发电机运行，机械功率转换为电磁功率供给直流电负载，此时，电磁转矩为制动性转矩。

从以上分析知道，直流电动机运行状态完全符合前面介绍过的发电机的基本方程式，只是运行在电动机状态时，所得出的电枢电流 I_a、电磁转矩 T、原动机输入功率 P_1、电机输出的电功率 P_2 以及电磁功率 P_M 等都是负值，这样计算很不方便。为了方便起见，当作为直流电动机运行时，对于各物理量的正方向重新规定，即由发电机惯例改成为电动机惯例。发电机惯例中轴上输入的机械转矩 T_1 改用 T_2，T_2 为轴上输出的转矩；电动机，空载转矩 T_0 与轴上转矩 T_2 加在一起为负载转矩 T_L。他励直流电动机各物理量采用电动机惯例时的正方向如图 2.6.3所示。这种正方向下，如果 UI_a 乘积为正，就是向电机送入电功率；T 和 n 都为正，电磁转矩就是拖动性转矩；输出转矩 T_2 为正，电机轴上带的是制动性的阻转矩，这些显然不同于采用发电机惯例。

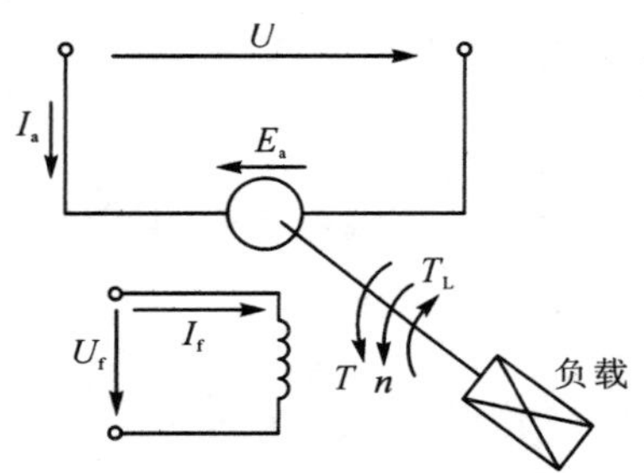

图 2.6.3　他励直流电动机惯例参考方向

在采用电动机惯例前提下，稳态运行时，他励直流电动机的基本方程式为

$$\left.\begin{aligned} &E_a = C_e\Phi n \\ &U = E_a + R_a I_a \\ &I = I_a + I_f \\ &T = T_2 + T_0 = T_L \\ &T = C_T\Phi I_a \end{aligned}\right\} \tag{2.6.12}$$

以上方程是分析他励直流电动机各种特性的依据。在分析稳态运行时，负载转矩 T_L 是已知量。当电机的参数确定后，稳态运行时各物理量的大小及方向都取决于负载，负载变化，各物理量随之改变。

稳态运行时，电磁转矩一定与负载转矩大小相同，方向相反，即 $T=T_L$，T_L 为已知，T 也为定数。在每极磁通 Φ 为常数的前提下，$T=C_T\Phi I_a$，电枢电流 I_a 大小决定于负载转矩，即$I_a=\dfrac{T_L}{C_T\Phi}$，I_a 也称为负载电流。

I_a 由电源供给，电压 U、电枢回路电阻 R_a 是确定的，电枢电动势 $E_a = U - R_a I_a$ 也就确定了。而 $E_a = C_e \Phi n$，由此电机转速 n 也就确定了。这就是说，负载确定后，电机的电枢电流及转速等相应地全为定值。

注意：采用哪一种正方向惯例，都不影响对电机运行状态的分析。

采用发电机惯例时，电机可能运行在发电机状态，也可能运行在电动机状态或其他状态。运行状态取决于负载的性质及电机的参数(电压、励磁电流或每极磁通、电枢回路串入电阻等)。当然，采用电动机惯例时也是这样。

2. 功率方程式

下面我们再讨论一下功率平衡的问题，以他励直流电动机为例。

$$P_1 = UI = U(I_a + I_f) = (E_a + R_a I_a) I_a + U I_f = E_a I_a + R_a I_a^2 + U I_f = P_M + P_{Cua} + P_{Cuf} \tag{2.6.13}$$

式中，$P_M = E_a I_a$ 为电磁功率，$P_{Cua} = R_a I_a^2$ 为电枢回路的总铜损，$P_{Cuf} = U I_f$ 为励磁回路的总铜损，可以合并为 P_{Cu}；其中的 P_M 又可以写成 $P_M = E_a I_a = \frac{pN}{60a} \Phi n I_a = \frac{pN}{2\pi a} \Phi I_a \frac{2\pi n}{60} = T\Omega$。

在 $T = T_2 + T_0$ 两边同时乘机械角速度 $\Omega \left(\Omega = \frac{2\pi n}{60} \right)$，可以得 $T\Omega = T_2 \Omega + T_0 \Omega$，即 $P_M = P_2 + P_0 = P_2 + P_m + P_{Fe}$，$P_2$ 为电动机转轴上的输出功率，P_0 为空载损耗。具体功率流程图如图 2.6.4 所示。

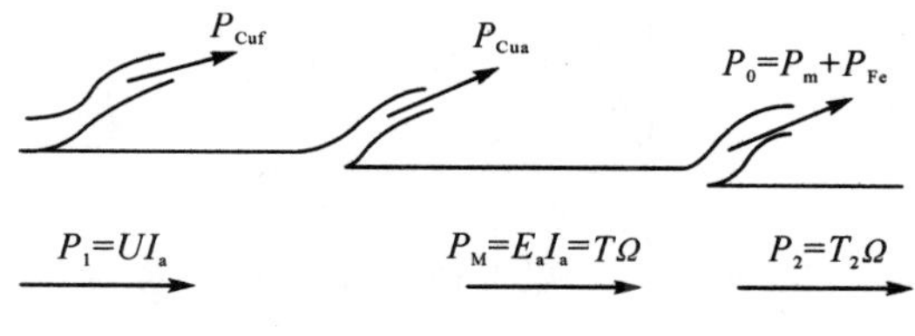

图 2.6.4　他励直流电动机功率流程

他励直流电动机的总损耗为

$$\sum P = P_{Cua} + P_{Fe} + P_m + P_{ad} \tag{2.6.14}$$

并励直流电动机的总损耗为

$$\sum P = P_{Cua} + P_{Cuf} + P_{Fe} + P_m + P_{ad} \tag{2.6.15}$$

电动机的效率为

$$\eta = \frac{P_2}{P_1} \times 100\% = \left(1 - \frac{\sum P}{P_1} \right) \times 100\% = \left(1 - \frac{\sum P}{P_2 + \sum P} \right) \times 100\%$$

2.6.4 直流电动机的运行特性

直流电动机的运行特性是指在外加电压 $U=U_N$，励磁电流 $I_f=I_{fN}$，且电枢回路无外串电阻时，转速 n、电磁转矩 T 和效率 η 与输出功率 P_2 之间的关系。在实际应用中，由于电枢电流 I_a 较易测量，且 I_a 随 P_2 的增大而增大，故也可将运行特性表示为转速 n、电磁转矩 T、效率 η 与电枢电流 I_a 之间的关系。

当电源电压恒定时，他励电机与并励电机并无差别，可以统一讨论。

1. 转速特性

当 $U=U_N$，$I_f=I_{fN}$时，$n=f(I_a)$叫转速特性。

额定励磁电流 I_{fN}的定义是，当电动机电枢两端加额定电压 U_N，拖动额定负载，即 $I_a=I_{aN}$，转速也为额定值 n_N 时的励磁电流。此时，可得 $n=\dfrac{U_N}{C_e\Phi_N}-\dfrac{R_aI_a}{C_e\Phi_N}$，即转速特性公式。

如果忽略电枢反应的影响，当 I_a 增加时，转速 n 要下降。不过，因 R_a 较小，转速 n 下降得不多。如果考虑电枢反应有去磁效应，转速有可能要上升，设计电机时要注意这个问题，因为转速 n 要随着电流 I_a 的增加略微下降才能稳定运行。具体见图 2.6.5。

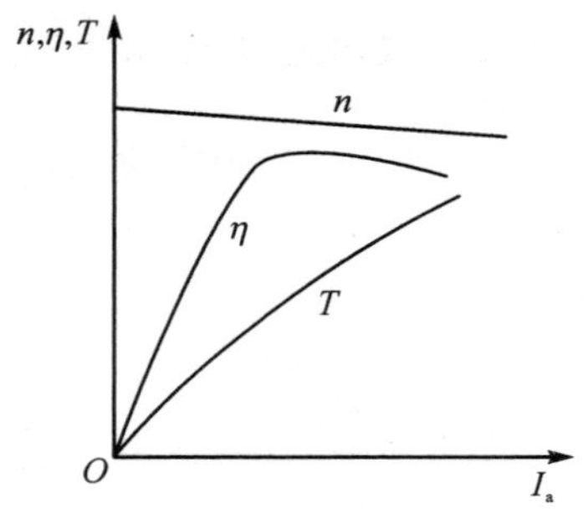

图 2.6.5 他励直流电动机运行特性

2. 转矩特性

当 $U=U_N$，$I_f=I_{fN}$时，$T=f(I_a)$叫转矩特性。

从公式 $T=\dfrac{pN}{2\pi a}\Phi I_a=C_T\Phi I_a$可以看出，当气隙每极磁通为额定值 Φ_N 时，电磁转矩 T 与电枢电流 I_a 成正比。如果考虑电枢反应有去磁效应，随着 I_a 的增大，T 要略微减小，如图 2.6.5 所示。

3. 效率特性

当 $U=U_N$，$I_f=I_{fN}$时，$\eta=f(I_a)$叫效率特性。

在总损耗 $\sum P$ 中，空载损耗 $P_0=P_{Fe}+P_m$ 不随负载电流 I_a 的变化而发生

变化，电枢回路总铜损耗 P_{Cua} 随 I_a^2 成正比变化，所以 $\eta=f(I_a)$ 的曲线如图 2.6.5 所示。负载电流 I_a 从零开始增大时，效率 η 逐渐增大；当 I_a 增大到一定程度后，效率 η 又逐渐减小了。直流电动机效率约为 0.75～0.94，容量大的效率高。

习 题 2

一、填空题

1. 直流电机的电枢绕组的元件中的电动势和电流是____________。

2. 一台并励直流电动机拖动恒定的负载转矩，做额定运行时，若将电源电压降低了 20%，则稳定后电机的电流为________倍的额定电流(假设磁路不饱和)。

3. 并励直流电动机，当电源反接时，其中 I_a 的方向__________，转速方向________。

4. 直流发电机的电磁转矩是____________转矩，直流电动机的电磁转矩是____________转矩。

5. 直流电动机电刷放置的原则是________________________。

6. 电磁功率与输入功率之差对于直流发电机包括____________损耗；对于直流电动机包括__________损耗。

7. 串励直流电动机在电源反接时，电枢电流方向______________，磁通方向____________，转速 n 的方向____________。

8. 直流电机单叠绕组的并联支路数为____________。

二、选择题

1. 对于直流电动机，下列表达式正确的是(　　)。

A. $I_N=\dfrac{P_N}{U_N\cos\varphi_N}$　　B. $I_N=\dfrac{P_N}{U_N\cos\varphi_N\eta_N}$

C. $I_N=\dfrac{P_N}{U_N\eta_N}$　　D. $I_N=\dfrac{P_N}{U_N}$

2. 直流电机的铁损耗、铜损耗分别(　　)。

A. 随负载变化，随负载变化　　B. 不随负载变化，不随负载变化

C. 随负载变化，不随负载变化　　D. 不随负载变化，随负载变化

3. 直流电机运行在发电机状态时，其(　　)。

A. $E_a>U$　　B. $E_a=0$　　C. $E_a<U$　　D. $E_a=U$

4. 直流电动机的转子结构主要包括(　　)。

A. 铁芯和绕组　　B. 电刷和换相片

C. 电枢和换向器　　D. 磁极和线圈

三、简答题

1. 在直流电机中换向器一电刷的作用是什么?

2. 直流电枢绕组元件内的电动势和电流是直流还是交流?若是交流,那么为什么计算稳态电动势时不考虑元件的电感?

3. 直流电机的磁化曲线和空载特性曲线有什么区别?有什么联系?

4. 直流电机电枢绕组为什么必须是闭合的?

5. 电枢反应的性质由什么决定?交轴电枢反应对每极磁通量有什么影响?直轴电枢反应的性质由什么决定?

6. 直流电机空载和负载运行时,气隙磁场各由什么磁动势建立?负载后电枢电动势应该用什么磁通进行计算?

四、计算题

1. 一台直流发电机的数据为:额定功率 $P_N=12$ kW,额定电压 $U_N=230$ V,额定转速 $n_N=1500$ r/min,额定效率 $\eta_N=84\%$。试求:

(1)额定电流 I_N;

(2)额定负载时的输入功率 P_{1N}。

2. 一台直流电机的数据为:极数 $2p=4$,元件数 $S=100$,每个元件的电阻为 0.2 Ω。当转速为 1000 r/min 时,每个元件的平均感应电动势为 10 V。当电枢绕组为单叠或单波绕组时,电刷间的电动势和电阻各为多少?

3. 一台他励直流电机,极对数 $p=2$,并联支路对数 $a=1$,电枢总导体数 $N=372$,电枢回路总电阻 $R_a=0.21$ Ω,运行在 $U=220$ V,$n=1500$ r/min,$\Phi=0.01$ Wb的情况下。$P_{Fe}=360$ W,$P_{mec}=200$ W,试问:

(1)该电机运行在发电机状态还是电动机状态?

(2)电磁转矩是多大?

(3)输入功率、输出功率、效率各是多少?

4. 一台并励直流电动机的额定数据为:$U_N=220$ V,$I_N=90$ A,$R_a=0.08$ Ω,$R_f=90$ Ω,$\eta_N=85\%$,试求额定运行时:

(1)输入功率;

(2)输出功率;

(3)总损耗;

(4)电枢回路铜损耗;

(5)励磁回路铜损耗;

(6)机械损耗与铁损耗之和。

第 3 章　变　压　器

学习目标

(1) 了解变压器的主要结构、基本工作原理及主要额定值的意义。
(2) 掌握变压器负载运行时的等值电路、相量图、基本方程式以及运行性能。
(3) 熟悉三相变压器的联结组别。
(4) 了解其他用途的变压器。

重难点

(1) 变压器的基本结构和工作原理。
(2) 参数测定方法及计算。
(3) 三相变压器的磁路。
(4) 三相变压器联结组别的判断方法。
(5) 变压器空载、负载运行。
(6) 标幺值的计算。

思维导图

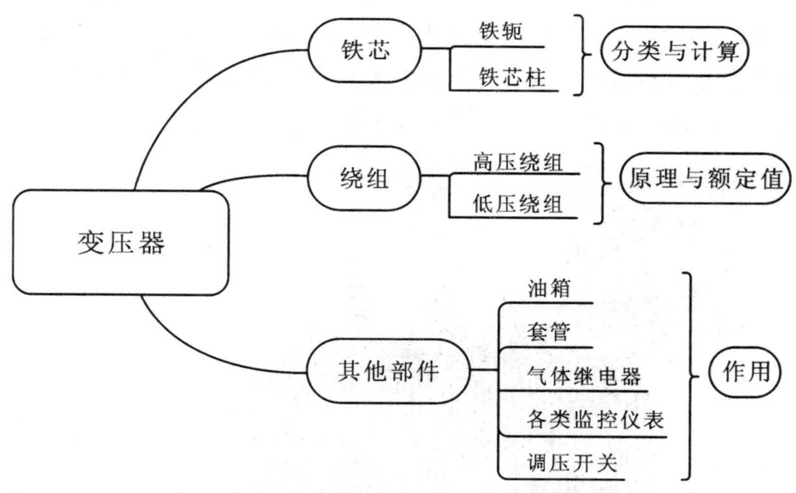

变压器是利用电磁感应的原理来改变交流电压的装置，主要构件是初级线圈、次级线圈和铁芯(磁芯)。主要功能有：电压变换、电流变换、阻抗变换、隔离、稳压(磁饱和变压器)等。变压器是输配电的基础设备，广泛应用于工业、农业、交通、城市社区等领域。我国在网运行的变压器约 1700 万台，总容量约 110 亿千伏安。变压器损耗约占输配电电力损耗的 40%，具有较大节能潜力。为加快高效节能变压器推广应用，提升能源资源利用效率，推动绿色低碳和高质量发展，2021 年 1 月，工业和信息化部、市场监管总局、国家能源局联合制定了《变压器能效提升计划(2021—2023年)》。

变压器是一种静止的电机。它通过线圈间的电磁感应作用，可以把一种电压等级的交流电能转换成同频率的另一种电压等级的交流电能。

电力变压器是发电厂和变电所的主要设备之一。变压器的作用是多方面的，不仅能升高电压把电能送到用电地区，还能把电压降低为各级使用电压，以满足用电的需要。

变压器种类繁多，一般按用途可以分为电力变压器、互感器(仪用变压器)、专用变压器；

按相数可以分类为单相变压器、三相变压器；

按绕组形式可以分为自耦变压器、双绕组变压器、三绕组变压器；

按铁芯形式可以分为芯式变压器、壳式变压器；

按冷却介质可以分为油浸式变压器、干式变压器；

按调压方式可以分为无载调压变压器、有载调压变压器。

尽管变压器的容量差别很大，用途各异，但其工作原理是相同的。本章重点分析电力系统中使用的双绕组变压器，分析方法及结论也适用于其他用途的变压器。

3.1 变压器的结构

变压器的基本结构是相同的，现以电力变压器为例，说明其基本结构和主要部件的功能。组成电力变压器的主要部件有：由铁芯和绕组装配组成的器身；放置器身且盛有变压器油的油箱。此外还有监测保护装置等。图3.1.1是一台三相油浸式电力变压器外形图，主要部件的功能如下。

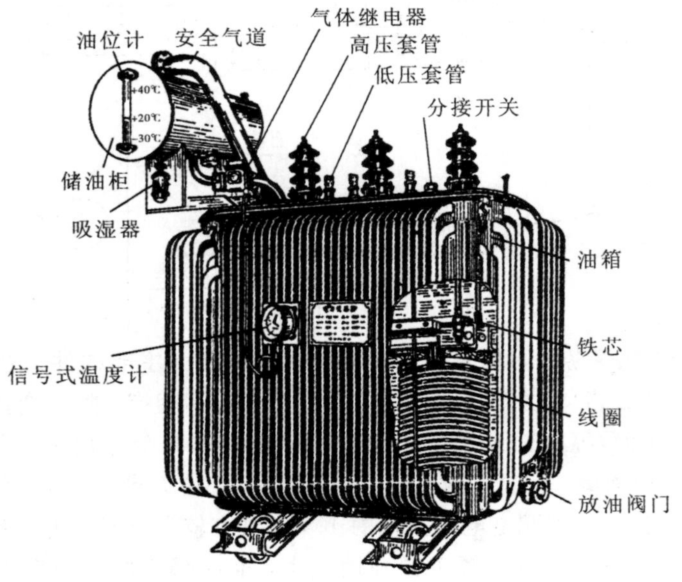

图3.1.1　三相油浸式电力变压器

1. 铁芯

铁芯既是变压器的磁路，又是器身的机械骨架，如图3.1.2所示。为了减少磁滞损耗和涡流损耗，铁芯用很薄的硅钢片叠装而成，硅钢片两面涂上绝缘漆而彼此绝缘。叠装时为了使铁芯磁路不形成间隙，相邻两层铁芯叠片的接缝要互相错开，这样做可以减少铁芯磁路的磁阻，从而减少励磁电流。

铁芯由铁芯柱和铁轭组成。铁芯中套装绕组的部分是铁芯柱，连接铁芯柱形成闭合磁路的部分称为铁轭。用夹紧装置把铁芯柱和铁轭夹紧以形成坚固的整体，用来支持和卡紧绕组。

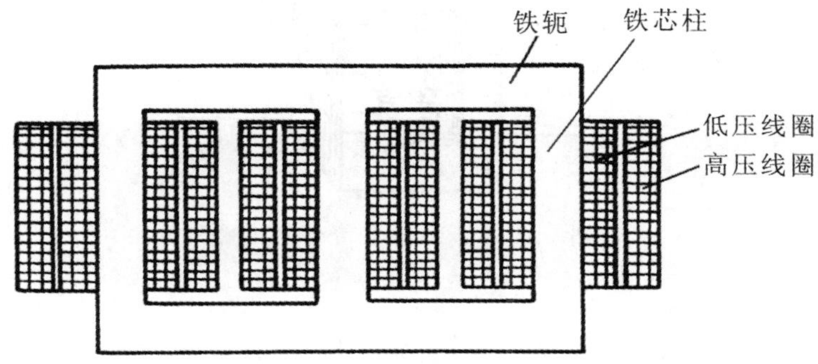

图3.1.2　三相芯式变压器示意图

铁芯结构有芯式和壳式两种形式。芯式变压器的铁芯被绕组包围着，即铁芯处在绕组的内(芯)部，如图3.1.3(a)所示。壳式变压器的铁芯包围着绕组，即铁芯形成了绕组的外壳，如图3.1.3(b)所示。由于芯式变压器的制造工艺简单，散热条件好，因此国产电力变压器主要采用芯式结构。壳式变压器的机械强度较高，但制造工艺复杂，散热不好，铁芯材料消耗多，只在特殊变压器(如电炉变压器)中采用。

(a) 芯式变压器铁芯

(b) 壳式变压器铁芯

图3.1.3　变压器铁芯

2. 绕组

绕组是变压器的电路部分，一般用包有绝缘的铜导线绕制而成。双绕组变压器的每个铁芯柱上放置两个绕组，接电源的绕组称为一次绕组(旧称初级绕组)，接负载的绕组称为二次绕组(旧称次级绕组)，如图 3.1.4 所示。绕组采用同芯式绕组，即两个绕组同心地套装在铁芯柱上，如图 3.1.2 所示，通常低压绕组在里面，高压绕组在外面，这样做可以节省材料，也有利于绝缘。

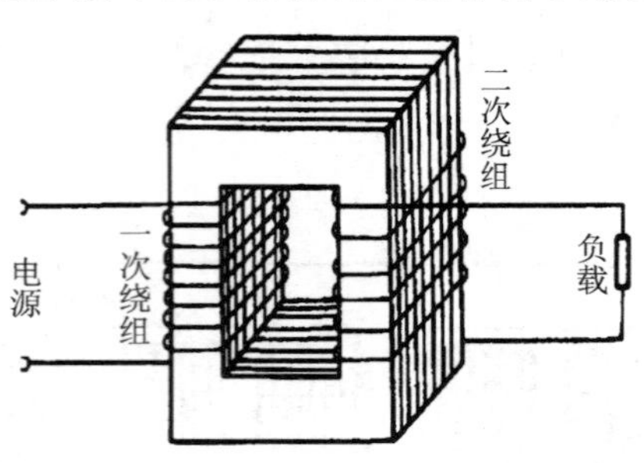

图 3.1.4　变压器绕组结构图

3. 油箱

油浸式变压器的器身浸在充满变压器油的油箱里。变压器油既是绝缘介质，又是冷却介质，它通过受热后的对流，将铁芯和绕组的热量带到箱壁及冷却装置，再散发到周围空气中。油箱的结构与变压器的容量、发热情况密切相关。小容量变压器采用平板式油箱，容量稍大的变压器采用排管式油箱。

为了把变压器的工作温度控制在允许范围内，必须装设冷却装置。油浸式变压器的冷却装置有油浸自冷、油浸风冷和强迫油循环冷等三种类型。油浸自冷是靠油的对流自然冷却。为了增加散热面积，变压器的箱壁上焊有散热管或可拆卸的散热器。油浸风冷是在变压器的散热器旁安装风扇，加强油箱和散热器表面的空气对流速度以加快散热。强迫油循环冷则是利用油泵迫使热油通过冷却器而冷却。强迫油循环冷的冷却装置称为冷却器，不强迫油循环冷的冷却装置称为散热器。

近年来，为了使变压器的运行更加安全、可靠，维护更加简单，油浸式变压器采用了密封式结构，使变压器油和周围空气完全隔绝，目前主要密封形式有空气密封型、充氮密封型和全充油密封型。全充油密封型变压器和普通型油浸式变压器相比，取消了储油柜，当绝缘油体积发生变化时，由波纹油箱壁或膨胀式散热器的弹性形变做补偿，解决了变压器油的膨胀问题。由于密封变压器的内部与大气隔绝，防止和减缓油的劣化和绝缘受潮，增强了运行的可靠性，可做到正常运行免维护。另外，变压器中装有压力释放阀，当变压器内部发生故障，油被气化，油箱内压力增大到一定值时，压力释放阀迅速开启，将油箱内压力释放，防止变压器油箱爆裂，进而起到保护变压器的作用。

4. 套管

变压器套管是将绕组的高、低压引线引到箱外的绝缘装置。它是引线对地(外壳)的绝缘，又起着固定引线的作用。套管大多装于箱盖上，中间穿有导电杆，套管下端伸进油箱并与绕组出线端相连，套管上部露出箱外，与外电路连接。低压引线一般用纯瓷套管，高压引线一般用充油式或电容式套管。

5. 气体继电器

气体继电器又称瓦斯继电器，是油浸式变压器上的重要安全保护装置，它安装在变压器箱盖与储油柜的联管上，在变压器内部故障产生的气体或油流作用下接通信号或跳闸回路，使有关装置发出警报信号或使变压器从电网中切除，起到保护变压器的作用。

如果充油的变压器内部发生放电故障，放电电弧使变压器油发生分解，产生甲烷、乙炔、氢气、一氧化碳、二氧化碳、乙烯、乙烷等多种特征气体，故障越严重，气体的量越大。这些气体产生后从变压器内部上升到上部的油枕的过程中，流经气体继电器。若气体量较少，则气体在气体继电器内聚积，使浮子下降，使气体继电器的常开接点闭合，作用于轻瓦斯保护发出警告信号；若气体量很大，则油气通过气体继电器快速冲出，推动气体继电器内挡板动作，使另一组常开接点闭合，重瓦斯则直接启动气体继电保护跳闸，断开断路器，切除故障变压器。

6. 调压开关

变压器的调压方式分为有载调压和无载调压两种。

有载调压是变压器在带负荷运行时能通过转换分接头挡位而改变电压的一种调压方式。有载调压通常在变压器励磁或负载下进行操作的，用来改变变压器绕组分接连接位置的调压装置。其基本原理就是在保证不中断负载电流的情况下，实现变压器绕组中分接头之间的切换，从而改变绕组的匝数，即变压器的电压比，最终实现调压的目的。

变压器无载调压开关常用铁芯为E型或C型的开关。由于变压器的无载调压开关是一种零电流转换开关，因此它的触头容量较小，无灭弧措施，就地手动操作。

7. 各类监控仪表

一般电力变压器都安装有电流表、电压表、频率表、油温表、功率因素表、电能表和油位计等监控仪表，这些仪表反映变压器的运行状态，必须有专人经常地进行检查和记录。以下介绍两种重要的监控仪表，即油温表和油位计。

变压器油温表主要检查变压器内部上层的油温。将温度传感器在变压器顶部插入变压器本体油中，通过电缆将温度传感器信号传入安装在变压器本体外部的油温表。通常一个油温表上有4～6个信号输出接点供远方监控信号、保护报警信号、保护跳闸信号等使用。油温表在投入使用前及运行中定期进行精度校核，并在投运前进行保护值整定。变压器的油温也可通过玻璃温度计来观察。油浸式电力变压器上层油温在周围环境温度为40℃时不得超过95℃。同时要手摸检查散热管温度，注意是否存在局部冷热不均情况，检查冷却装置是否良好。

变压器油位计主要由指针和表盘构成的显示部分，磁铁(或凸轮)和开关构成的报警部分，换向及变速的齿轮组、摆杆和浮球构成的传动部分组成。当变压器储油柜的油面升高或下降时，油位计的浮球或储油柜的隔膜随之上下浮动，使摆杆做上下摆动运动，从而带动传动部分转动，通过耦合磁钢使报警部分的磁铁(或凸轮)和显示部分的指针旋转，指针指到相应位置，当油位上升到最高油位或下降到最低油位时，磁铁吸合(或凸轮拨动)相应的舌簧开关(或微动开关)发出报警信号。

3.2 变压器的铭牌及其参数

1. 变压器的铭牌

每一台变压器都有一个铭牌，如图3.2.1所示，铭牌上标注着变压器的型号、额定数据及其他数据。

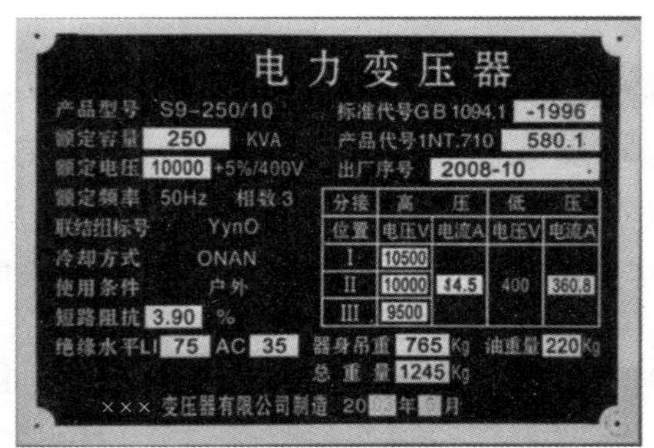

图3.2.1 变压器铭牌实物

如图3.2.1所示为变压器型号注释，半字线前是用字母表示的变压器基本类型信息。绕组耦合方式：自耦变压器用O表示；相数：单相用D表示，三相用S表示；冷却方式：油浸自冷式无表示符号，干式空气自冷式用G表示，干式浇注式绝缘用C表示，油浸风冷式用F表示，油浸水冷式用S表示，强迫油循环风冷式和水冷式分别用FP和SP表示；绕组数：双绕组无表示符号，三绕组用S表示；绕组导线材质：铜线无表示符号，铝线用L表示；调压方式：无载调压无表

示符号，有载调压用 Z 表示。半字线后第一组数字为额定容量(kV·A)，第二组数字为高压侧额定电压(kV)。

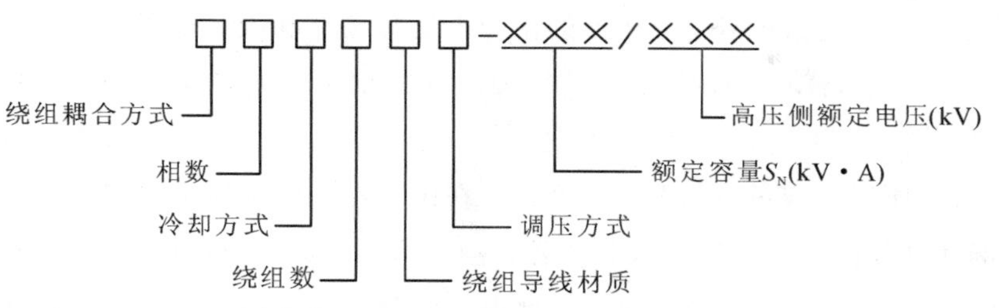

图 3.2.2 变压器型号注释

例如：OSFPSZ－250000/220 表明是自耦三相强迫油循环风冷三绕组铜线有载调压、额定容量为 250 000 kV·A、高压侧额定电压为 220 kV 的电力变压器；图 3.2.1 中的型号为 S9－250/10，表明是低损耗三相油浸自冷式电力变压器(设计序号为 9)，其额定容量为 250 kV·A，高压侧额定电压为 10 kV。

2. 变压器的主要参数

1）额定容量 S_N

额定容量就是变压器的额定视在功率，单位为 V·A 或 kV·A。由于变压器效率高，通常把一、二次绕组的容量设计为相等的。

2）额定电压 U_{1N}/U_{2N}

额定电压都是指线电压，单位为 V 或 kV。一次绕组额定电压 U_{1N} 是指加到一次绕组上的电源线电压的额定值；二次绕组额定电压 U_{2N} 是指当一次绕组接额定电压、变压器空载运行时二次绕组的线电压。

3）额定电流 I_{1N}/I_{2N}

额定电流是变压器在额定运行时一、二次绕组中的线电流，单位为 A。根据额定容量 S_N 和额定电压 U_{1N} 和 U_{2N} 可以计算出额定电流 I_{1N} 及 I_{2N}。

单相变压器

$$I_{1N}=\frac{S_N}{U_{1N}} \tag{3.2.1}$$

$$I_{2N}=\frac{S_N}{U_{2N}} \tag{3.2.2}$$

三相变压器

$$I_{1N}=\frac{S_N}{\sqrt{3}U_{1N}} \tag{3.2.3}$$

$$I_{2N}=\frac{S_N}{\sqrt{3}U_{2N}} \tag{3.2.4}$$

4) 额定频率 f_N

我国规定工业用电标准频率为 50 Hz。

除了上述额定数据外，变压器的铭牌上还标注有相数、效率、温升、短路电压标幺值、使用条件、冷却方式、接线图及连接组别、总重量、变压器油重量及器身重量等。

电力变压器的容量等级和电压等级，在国家标准中都作了规定。

【例 3.2.1】 一台三相电力变压器，额定容量 $S_N=2000\ \text{kV}\cdot\text{A}$，额定电压 $U_{1N}/U_{2N}=6\ \text{kV}/0.4\ \text{kV}$，Yd 接法，试求一次绕组额定电流 I_{1N} 与二次绕组额定电流 I_{2N}。

解： 根据式(3.2.3)与式(3.2.4)，可知一次绕组额定电流 I_{1N} 与二次绕组额定电流 I_{2N} 分别为

$$I_{1N}=\frac{S_N}{\sqrt{3}U_{1N}}=\frac{2000\times10^3}{\sqrt{3}\times6\times10^3}\approx192.5\ \text{A}$$

$$I_{2N}=\frac{S_N}{\sqrt{3}U_{2N}}=\frac{2000\times10^3}{\sqrt{3}\times0.4\times10^3}\approx2886.8\ \text{A}$$

3.3 变压器的空载运行

如果变压器的一次绕组接三相对称电压，二次绕组接三相对称负载(三相负载阻抗相等)，则称变压器的这种运行状况为对称运行。

分析对称运行的三相变压器，只需分析其中一相的运行情况即可，其余两相的情况由对称关系便可确定。这样，一台对称运行的三相变压器就可以简化为一台单相变压器进行分析。因此本章分析变压器运行理论和特性时，都是针对单相变压器的，所涉及的参数都是指单相值，分析结果不仅适用于单相变压器，也适用于三相变压器，只是在分析三相变压器时要注意参数的相值与线值的关系。

变压器一次绕组接额定交流电源，二次绕组不接负载的运行方式称为空载运行；二次绕组接负载的运行方式称为负载运行。分析时，先分析简单的空载运行，再分析负载运行。

3.3.1 变压器空载运行时的电磁关系

变压器空载运行原理图如图 3.3.1 所示。在图中一次绕组的匝数为 N_1，其首、末端对应的端点用大写字母 U_1 和 U_2 表示；二次绕组的匝数为 N_2，其首、末端对应的端点用小写字母 u_1 和 u_2 表示。空载运行时，二次绕组 u_1u_2 开路，一次绕组 U_1U_2 接到电压为 $\dot{U}_1$ 的交流电源上。于是有电流 $\dot{I}_0$ 流过，$\dot{I}_0$ 称为空载电

流，亦称励磁电流，产生的磁动势 $\dot{I}_0 N_1$ 称为空载磁动势，亦称励磁磁动势。

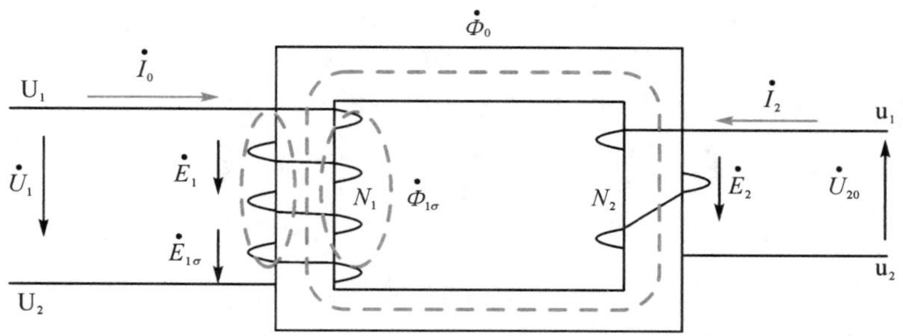

图 3.3.1　变压器空载运行原理图

在空载磁动势作用下，会在变压器中产生磁通 Φ。磁通的绝大部分经过铁芯形成的闭合磁路，称为主磁通$\dot{\Phi}_0$，主磁通$\dot{\Phi}_0$ 同时与一、二次绕组相交链，会在一、二次绕组中产生感应电动势$\dot{E}_1$及$\dot{E}_2$；只有极小部分磁通经过由变压器油或空气形成的磁路，称为漏磁通$\dot{\Phi}_{1\sigma}$，漏磁通只与一次绕组相交链，只在一次绕组中产生漏感电动势$\dot{E}_{1\sigma}$。

另外，空载电流$\dot{I}_0$还将在一次绕组产生电阻压降 $R_1\dot{I}_0$。各电磁量间的关系如图 3.3.2 所示。

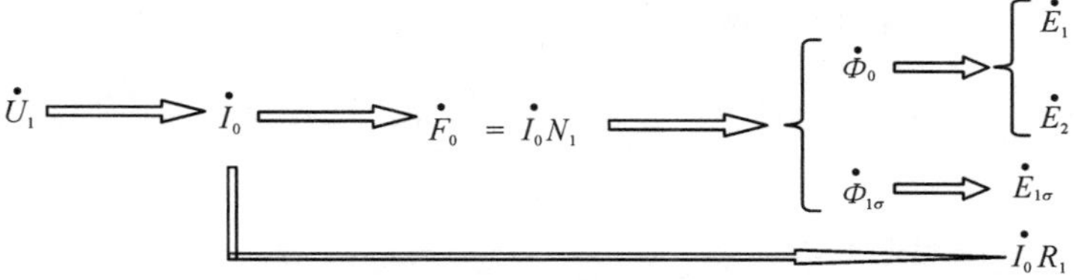

图 3.3.2　变压器空载运行时的电磁关系图

由于路径不同，主磁通和漏磁通存在很大差异。

(1) 主磁通磁路由铁磁材料组成，具有饱和特性。$\dot{\Phi}_0$ 与$\dot{I}_0$呈非线性关系，而漏磁通磁路不饱和，$\dot{\Phi}_{1\sigma}$与$\dot{I}_0$为线性关系。

(2) 因为铁芯的磁导率比空气(或变压器油)的磁导率大很多，铁芯磁阻小，因此磁通的绝大部分通过铁芯而闭合，因此主磁通远大于漏磁通，一般主磁通可占总磁通的 99%以上，而漏磁通仅占 1%以下。

(3) 主磁通在一次绕组和二次绕组中都产生感应电动势，若接负载，有电功率输出，起了传递能量的媒介作用；而漏磁通只在一次绕组中产生感应电动势，仅起漏抗压降的作用。在分析变压器时，把这两部分磁通分开，便于考虑它们在电磁关系上的特点。

3.3.2 电磁量的参考方向

变压器接交流电源运行时，各电磁量都按电源的频率进行交变。为了便于表达电磁量之间的关系，习惯地规定了各电磁量的参考方向，如图 3.3.1 所示。

(1) 电源电压$\dot{U}_1$的参考方向自一次绕组的首端 U_1 指向末端 U_2。

(2) 一次绕组接电源，是接收电能的，按电动机惯例，规定一次绕组电流$\dot{I}_0$的参考方向为顺电压降$\dot{U}_1$的方向，即自 U_1 点流入，经一次绕组由 U_2 点流出。

(3) 由励磁电流$\dot{I}_0$的参考方向来确定所产生的主磁通$\dot{\Phi}_0$和漏磁通$\dot{\Phi}_{1\sigma}$的参考方向时，用右手螺旋定则。

(4) 由磁通的参考方向确定感应电动势的参考方向亦用右手螺旋定则。由主磁通$\dot{\Phi}_0$的参考方向确定$\dot{E}_1$及$\dot{E}_2$的参考方向用右手螺旋定则；由漏磁通$\dot{\Phi}_{1\sigma}$的参考方向确定$\dot{E}_{1\sigma}$的参考方向也用右手螺旋定则。

(5) 二次绕组首、末端与$\dot{E}_2$的关系类似于一次绕组首、末端与$\dot{E}_1$的关系，$\dot{E}_2$的参考方向应由 u_1 指向 u_2，由$\dot{E}_2$的参考方向可确定二次绕组的首端 u_1 及末端 u_2。

(6) 由$\dot{E}_2$的参考方向可确定$\dot{U}_2$的参考方向，空载时$\dot{U}_{20}$就是$\dot{U}_2$，并且$\dot{U}_2=\dot{E}_2$。

3.3.3 变压器的感应电动势

假设变压器中的主磁通按正弦规律变化，即

$$\Phi_0=\Phi_m\sin\omega t \tag{3.3.5}$$

式中，Φ_m 为主磁通的幅值。

根据楞次定律，交变的主磁通在一次绕组中产生的感应电动势 e_1 为

$$\begin{aligned} e_1&=-N_1\frac{\mathrm{d}\varphi}{\mathrm{d}t}=-\omega N_1\Phi_m\cos\omega t=\omega N_1\Phi_m\sin(\omega t-90°) \\ &=E_{1m}\sin(\omega t-90°)=\sqrt{2}E_1\sin(\omega t-90°) \end{aligned} \tag{3.3.6}$$

式中，e_1 的幅值为 $E_{1m}=\omega N_1\Phi_m$，而有效值 E_1 为

$$E_1=\frac{E_{1m}}{\sqrt{2}}=\frac{\omega N_1\Phi_m}{\sqrt{2}}=\frac{2\pi f N_1\Phi_m}{\sqrt{2}}=4.44fN_1\Phi_m \tag{3.3.7}$$

式(3.3.7)表明：绕组中感应电动势的有效值与磁通幅值成正比，与磁通交变频率及绕组匝数成正比。

一个正弦量，如正弦感应电动势$e_1=E_{1m}\sin(\omega t-90°)=\sqrt{2}E_1\sin(\omega t-90°)$用相量来表示较为简单。相量的书写方式是，在表示正弦量有效值的大写字母上加一圆点，就是该正弦量的有效值相量；在表示正弦量幅值的大写字母上加一圆点，就是该正弦量的幅值相量。因此，$\dot{E}_1$和$\dot{E}_{1m}$分别是正弦量 e_1 的有效值相量和

幅值相量。

变压器中各电磁量之间的关系错综复杂，当用相量表示时就简单明了。例如式(3.3.7)表示了感应电动势 E_1 与主磁通之间的大小关系，式(3.3.6)还表示了两者的相位关系，即 e_1 比 φ 滞后 90°。将两式合并用相量来表示就很简单，即有

$$\dot{E}_1 = -\mathrm{j}4.44 f N_1 \dot{\Phi}_\mathrm{m} \tag{3.3.8}$$

式中，$-\mathrm{j}$ 表示在相位上相量 $\dot{E}_1$ 比主磁通滞后 90°；在大小关系上，$E_1 = 4.44 f N_1 \Phi_\mathrm{m}$。同理，交变的主磁通在二次绕组中的感应电动势 e_2 写成相量的形式为

$$\dot{E}_2 = -\mathrm{j}4.44 f N_2 \dot{\Phi}_\mathrm{m} \tag{3.3.9}$$

$\dot{E}_2$ 在相位上亦滞后主磁通 90°，与 $\dot{E}_1$ 同相位；在大小关系上，有

$$E_2 = 4.44 f N_2 \Phi_\mathrm{m} \tag{3.3.10}$$

在变压器中，一、二次绕组感应电动势有效值 E_1 与 E_2 之比，就是变压器的变比 K，即

$$K = \frac{E_1}{E_2} = \frac{4.44 f N_1 \Phi_\mathrm{m}}{4.44 f N_2 \Phi_\mathrm{m}} = \frac{N_1}{N_2} \tag{3.3.11}$$

变比 K 等于一、二次绕组匝数之比。

在忽略绕组电阻和漏磁通时，根据电路的基尔霍夫电压定律，空载运行的变压器一、二次侧电压分别为

$$\dot{U}_1 = -\dot{E}_1 \tag{3.3.12}$$

$$\dot{U}_{20} = \dot{E}_2 \tag{3.3.13}$$

仅仅比较一、二次绕组电压的大小，就得到

$$\frac{U_1}{U_2} = \frac{U_1}{U_{20}} = \frac{E_1}{E_2} = K \tag{3.3.14}$$

由于正弦相量能同时表示正弦量之间的大小关系和相位关系，因而可以将多个同频率的正弦相量表示在一张图上，这样的图称为相量图(后续详解)。

3.3.4 变压器的空载电流与损耗

1. 变压器空载电流的作用与组成

变压器的空载电流 $\dot{I}_0$ 包含两个分量，一个是励磁分量，其作用是建立主磁通 $\dot{\Phi}_0$，其相位与主磁通 $\dot{\Phi}_0$ 相同，为无功电流，用 $\dot{I}_{0\mathrm{r}}$ 表示；另一个是铁损耗分量，其作用是供给铁损耗，此电流为有功分量，用 $\dot{I}_{0\mathrm{a}}$ 表示。因此空载电流 $\dot{I}_0$ 可写成

$$\dot{I}_0 = \dot{I}_{0\mathrm{r}} + \dot{I}_{0\mathrm{a}} \tag{3.3.15}$$

$$I_0 = \sqrt{I_{0\mathrm{r}}^2 + I_{0\mathrm{a}}^2} \tag{3.3.16}$$

2. 变压器空载电流的性质与大小

变压器空载电流的无功分量总是远大于有功分量，即励磁分量远大于铁损耗分量，$\dot{I}_{0r} \gg \dot{I}_{0a}$。当忽略$\dot{I}_{0a}$时，则$\dot{I}_0 \approx \dot{I}_{0r}$，因此有时把空载电流近似地称为励磁电流。

空载电流越小越好，其大小常用百分值 $I_0\%$表示，即

$$I_0\% = \frac{I_0}{I_N} \times 100\% \tag{3.3.17}$$

空载电流的大小与磁路的饱和程度及磁阻大小有关，由于铁芯采用导磁性能良好的硅钢片或非晶合金电工钢片叠成，其磁阻很小，因此空载电流也很小，通常为额定电流的 2%～10%。变压器容量越大，空载电流的百分值越小，大型变压器的空载电流小于额定电流的 1%。

3. 变压器空载损耗

变压器空载运行时，二次侧没有功率输出，一次侧从电源吸取的有功功率 $U_1 I_{0a}$全部转化为空载损耗 P_0。空载损耗 P_0 包括两部分，一部分是空载电流在一次绕组电阻上产生的铜损耗 $P_{Cu0} = R_1 I_0^2$；另一部分是空载电流产生的交变磁通在铁芯中引起的铁损耗 P_{Fe}。由于 I_0 和 R_1 都很小，P_{Cu0}可忽略不计，因此可认为空载损耗近似等于铁损耗，即 $P_0 \approx P_{Fe}$。

铁损耗与磁通密度幅值的平方成正比，与磁通交变频率的 1.3 次方成正比，即 $P_{Fe} \propto B_m^2 f^{1.3}$。变压器的空载损耗约占额定容量的 0.2%～1%，而且随着变压器容量的增大而减小。

3.3.5 变压器空载运行时电动势方程、相量图与等效电路

1. 变压器空载运行时的电动势平衡方程

变压器空载运行时，励磁电流$\dot{I}_0$产生的磁通包括主磁通$\dot{\Phi}_0$ 和漏磁通$\dot{\Phi}_{1\sigma}$，主磁通和漏磁通都与一次绕组相交链，会在一次绕组中分别产生感应电动势$\dot{E}_1$及$\dot{E}_{1\sigma}$。

$\dot{E}_1 = -\mathrm{j}4.44 f N_1 \dot{\Phi}_m$表示$\dot{E}_1$和$\dot{\Phi}_m$ 的关系，$\dot{E}_{1\sigma}$与$\dot{\Phi}_{1\sigma}$的关系与之类似，因此

$$\begin{aligned}\dot{E}_{1\sigma} &= -\mathrm{j}4.44 f N_1 \dot{\Phi}_{1\sigma} = -\mathrm{j}\left(\frac{\omega}{\sqrt{2}}\right) N_1 \dot{\Phi}_{1\sigma} = -\mathrm{j}\left(\frac{\omega}{\sqrt{2}}\right) N_1 \dot{\Phi}_{1\sigma} \frac{\dot{I}_0}{\dot{I}_0} \\ &= -\mathrm{j}\omega L_{1s} \dot{I}_0 = -\mathrm{j} X_1 \dot{I}_0\end{aligned} \tag{3.3.18}$$

式中，$X_1 = \omega L_{1s}$是一次绕组的漏电抗，L_{1s}为漏电感。

由图3.3.1可知，根据基尔霍夫电压定律，可得一次绕组的电动势平衡方程式为

$$\dot{U}_1=-\dot{E}_1-\dot{E}_{1\sigma}+R_1\dot{I}_0=-\dot{E}_1+\mathrm{j}X_1\dot{I}_0+R_1\dot{I}_0=-\dot{E}_1+Z_1\dot{I}_0 \tag{3.3.19}$$

式中，$Z_1=R_1+\mathrm{j}X_1$，为一次绕组的漏阻抗。

式(3.3.19)中的漏阻抗压降I_0Z_1很小，分析时常忽略不计，即

$$U_1\approx-E_1=4.44fN_1\Phi_\mathrm{m} \tag{3.3.20}$$

$$\Phi_\mathrm{m}\approx\frac{U_1}{4.44fN_1} \tag{3.3.21}$$

式(3.3.21)表明，影响变压器主磁通大小的因素有两种，一种是电源因素，即电压和频率；另一种是绕组匝数N_1。当变压器接到固定频率的电源上运行时，主磁通幅值仅与外加电压成正比。若外加电压不变，则主磁通幅值基本不变。

变压器空载时，$\dot{I}_2=0$，二次绕组的开路电压$\dot{U}_{20}$就等于感应电动势$\dot{E}_2$，即二次绕组的电动势平衡方程式为

$$\dot{U}_{20}=\dot{E}_2 \tag{3.3.22}$$

变比K定义为一、二次绕组主电动势之比，即

$$K=\frac{E_1}{E_2}=\frac{N_1}{N_2}\approx\frac{U_1}{U_{20}}=\frac{U_{1\mathrm{N}}}{U_{2\mathrm{N}}} \tag{3.3.23}$$

对于三相变压器，变比指一、二次相电动势之比，近似为一、二次额定相电压之比。而三相变压器额定电压指线电压，因此其变比与一、二次额定电压之间的关系为

$$K=\frac{U_{1\mathrm{N}}}{\sqrt{3}U_{2\mathrm{N}}}\quad(\text{Y d联结}) \tag{3.3.24}$$

$$K=\frac{\sqrt{3}U_{1\mathrm{N}}}{U_{2\mathrm{N}}}\quad(\text{D y联结}) \tag{3.3.25}$$

而对于Y y和D d联结，其关系式与式(3.3.23)相同。

2. 变压器空载运行时的相量图

变压器空载运行时的基本方程式归纳如下：

$$\left.\begin{aligned}
&\dot{U}_1=-\dot{E}_1+\dot{I}_0(R_1+\mathrm{j}X_1)\\
&\dot{U}_{20}=\dot{E}_2\\
&\dot{E}_1=-\mathrm{j}4.44fN_1\dot{\Phi}_\mathrm{m}\\
&\dot{E}_2=-\mathrm{j}4.44fN_2\dot{\Phi}_\mathrm{m}\\
&\dot{I}_0=\dot{I}_{0\mathrm{a}}+\dot{I}_{0\mathrm{r}}\\
&\dot{I}_0=-\dot{E}_1/Z_\mathrm{m}
\end{aligned}\right\} \tag{3.3.26}$$

根据基本方程式，可以画出空载运行时的相量图，如图 3.3.3 所示。从相量图上可以直观地看出变压器各电磁量之间的相位关系。

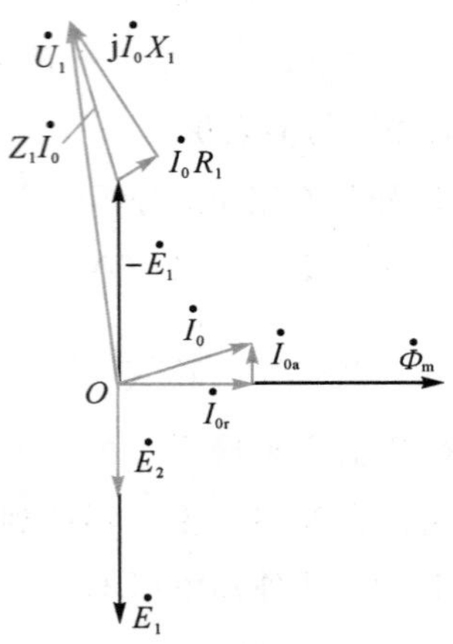

图 3.3.3　变压器空载运行时的相量图

作相量图步骤如下：

(1) 以$\dot{\Phi}_m$为参考相量，画于水平线上；

(2) 由基本方程式(3.3.26)中的第三、第四式作出电动势$\dot{E}_1$、$\dot{E}_2$滞后$\dot{\Phi}_m$ 90°；

(3) 由第六式可作出$\dot{I}_0$滞后$(-\dot{E}_1)$ φ_m 角度。由第五式可知，$\dot{I}_0$也可看成是$\dot{I}_{0r}$和$\dot{I}_{0a}$的相量和，其中，$\dot{I}_{0r}$与$\dot{\Phi}_m$同相，$\dot{I}_{0a}$超前$\dot{\Phi}_m$ 90°；

(4) 由第一式作出电源电压$\dot{U}_1$，其中$\dot{I}_0R_1$与$\dot{I}_0$同相，$\mathrm{j}\dot{I}_0X_1$超前$\dot{I}_0$ 90°；

(5) 由第二式作出二次端电压$\dot{U}_{20}=\dot{E}_2$。

由图 3.3.3 可见，变压器空载运行时的功率因数角，即$\dot{U}_1$与$\dot{I}_0$之间的夹角φ_0接近 90°，说明变压器空载运行时的功率因数 $\cos\varphi_0$ 很低。一般 $\cos\varphi_0$ 取 0.1～0.2。

3. 变压器空载运行时的等效电路

在变压器的分析和计算中，常将变压器内部的电磁关系用一个模拟电路的形式来等效，使得分析和计算工作大为简化，这个等效的模拟电路就称为等效电路。

空载电流$\dot{I}_0$流过一次绕组产生的漏磁通$\dot{\Phi}_{1\sigma}$感应出的电动势$\dot{E}_{1\sigma}$，在数值上可用空载电流 I_0 在漏电抗X_1上的压降I_0X_1表示。同理，空载电流$\dot{I}_0$产生的主磁通$\dot{\Phi}_0$感应出的电动势$\dot{E}_1$，在数值上也可以用 I_0 在某一参数上的压降来表示。但考虑到交变主磁通在铁芯中引起铁损耗，因此不能单纯地引入一个电抗X_m参数，还需要引入一个电阻R_m参数，用$I_0^2R_m$来反映铁损耗。这样，可引入一个阻抗参

数$Z_m=R_m+jX$，把主磁通产生的感应电动势$\dot{E}_1$用空载电流$\dot{I}_0$在Z_m上的压降$I_0^2Z_m$来表示，即

$$\dot{E}_1=-\dot{I}_0Z_m=-\dot{I}_0(R_m+jX_m) \quad (3.3.27)$$

式中，$Z_m=R_m+jX_m$称为励磁阻抗，R_m称为励磁电阻，是反映铁损耗的等效电阻，铁损耗可表示为$P_{Fe}=I_0^2R_m$；X_m称为励磁电抗，是反映主磁通大小的电抗。

将式(3.3.27)代入式(3.3.19)，得

$$\dot{U}_1=-\dot{E}_1+\dot{I}_0Z_1=\dot{I}_0Z_m+\dot{I}_0Z_1 \quad (3.3.28)$$

式(3.3.28)对应的电路即为变压器空载运行时的等效电路，如图3.3.4所示。

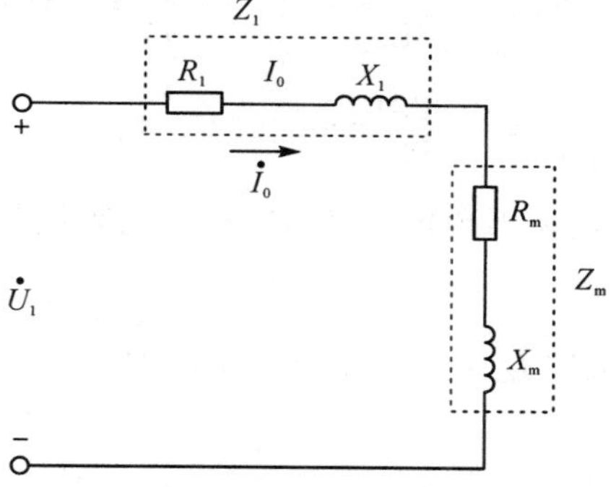

图 3.3.4 空载运行时等效电路图

由于$E_{1\sigma}\propto\Phi_{1\sigma}\propto I_0$，因此$X_1=E_{1\sigma}/I_0=$常数，一次绕组漏阻抗$Z_1=R_1+jX_1$为常数。虽然$E_1\propto\Phi_m$，但是主磁通$\Phi_m$与空载电流$I_0$却是非线性(饱和特性)关系，因此励磁阻抗$Z_m=R_m+jX_m=\dot{E}_1/\dot{I}_0$不为常数，它与铁芯的饱和程度及电源电压的高低有关。当电压升高，铁芯饱和程度增大时，比值Φ_m/I_0减小，即$Z_m=\dot{E}_1/\dot{I}_0$减小。但变压器正常运行时，外施电压为额定值不变，主磁通幅值基本不变，磁路饱和程度也不变，因此可认为Z_m为常数。

对于电力变压器，$R_1\ll R_m$，$X_1\ll X_m$，当忽略Z_1时，变压器空载电流I_0的大小主要取决于励磁阻抗Z_m的大小，而$X_m\gg R_m$，因此I_0的大小最主要是由X_m的大小决定的。不难证明$X_m=\omega N_1^2\Lambda_m$，其中$\Lambda_m$为主磁路的磁导。因此增大主磁路的磁导$\Lambda_m$和一次绕组的匝数$N_1$，可以增大励磁电抗$X_m$。因此变压器铁芯采用高磁导率的硅钢片叠成，而且一次绕组具有较多的匝数，其目的就是为了增大励磁电抗，减小励磁电流和铁损耗。

【例3.3.1】一台三相电力变压器，一、二次绕组均为星形联结，额定容量$S_N=100$ kV·A，额定电压$U_{1N}/U_{2N}=6000$ V/400 V，一次绕组漏阻抗$Z_1=(4.2+j9)\ \Omega$，励磁阻抗$Z_m=(514+j5526)\Omega$。求：

(1) 励磁电流及其与额定电流的比值；

(2) 空载运行时的输入功率；

（3）空载运行时一次绕组的相电压、相电动势及漏阻抗压降，并比较它们的大小。

解：（1）一次绕组漏阻抗与励磁阻抗之和为

$$Z_1+Z_m=(4.2+j9)+(514+j5526)=518.2+j5535\approx5559.2\angle84.65°\Omega$$

励磁电流相值为

$$I_{m\varphi}=\frac{U_{1N\varphi}}{|Z_1+Z_m|}=\frac{U_{1N}/\sqrt{3}}{|Z_1+Z_m|}=\frac{6000/\sqrt{3}}{5559.2}\approx0.6231\ \text{A}$$

一次额定相电流值为

$$I_{1N\varphi}=I_{1N}=\frac{S_N}{\sqrt{3}U_{1N}}=\frac{100\times10^3}{\sqrt{3}\times6000}\approx9.623\ \text{A}$$

$$\frac{I_{m\varphi}}{I_{1N\varphi}}\approx\frac{0.6231}{9.623}\approx0.06475=6.475\%$$

（2）空载运行时的功率因数角 φ_1 为 Z_1+Z_m 的阻抗角，即 $\varphi_1=84.65°$，则视在功率为

$$S_1=\sqrt{3}U_{1N}I_{m\varphi}\approx\sqrt{3}\times6000\times0.6231\approx6475\ \text{V}\cdot\text{A}$$

有功功率为

$$P_1=S_1\cos\varphi_1\approx6475\times\cos84.65°\approx603.8\ \text{W}$$

无功功率为

$$Q_1=S_1\sin\varphi_1\approx6475\times\sin84.65°\approx6447\ \text{Var}$$

（3）空载运行时一次绕组相电压为

$$U_1=\frac{U_{1N}}{\sqrt{3}}=\frac{6000}{\sqrt{3}}\approx3464\ \text{V}$$

一次绕组相电动势为

$$E_1=I_{m\varphi}|Z_m|\approx0.6231\times\sqrt{514^2+5526^2}\approx3458\ \text{V}$$

一次绕组每相漏阻抗压降为

$$I_{m\varphi}|Z_1|\approx0.6231\times\sqrt{4.2^2+9^2}\approx6.188\ \text{V}$$

三者大小的比较为

$$I_{m\varphi}|Z_1|\ll E_1,E_1\approx U_1$$

3.4 变压器的负载运行

变压器的一次绕组接在额定频率、额定电压的交流电源上，二次绕组接上负载时的运行状态，称为变压器的负载运行。此时，二次绕组有电流 $\dot{I}_2$ 流过，电能从变压器一次侧传递到了二次侧。

3.4.1　变压器负载运行时的电磁关系

图 3.4.1 为单相变压器负载运行示意图。变压器负载运行时的电磁关系将在空载的基础上发生如下变化。

二次绕组接上负载后，在电动势$\dot{E}_2$的作用下，二次绕组便有电流$\dot{I}_2$流过，从而建立二次绕组磁动势$\dot{F}_2=\dot{I}_2N_2$。$\dot{F}_2$也作用在主磁路铁芯上，它将使空载主磁通$\dot{\Phi}_0$趋于变化。但事实上$\dot{\Phi}_0$基本上是由外加电压$\dot{U}_1$决定的，当$\dot{U}_1$不变时，主磁通$\dot{\Phi}_0$基本不变。因此$\dot{F}_2$的出现将导致一次绕组电流由空载时的$\dot{I}_0$增大到负载时的$\dot{I}_1=\dot{I}_0+\dot{I}_{1F}$；一次绕组磁动势由空载时的$\dot{F}_0$增大到负载时的$\dot{F}_1=\dot{F}_0+\dot{F}_{1F}$。$\dot{F}_{1F}=\dot{I}_{1F}N_1$称为一次绕组磁动势的负载分量，它恰好与二次绕组磁动势$\dot{F}_2$相抵消，从而保持主磁通$\dot{\Phi}_0$基本不变。

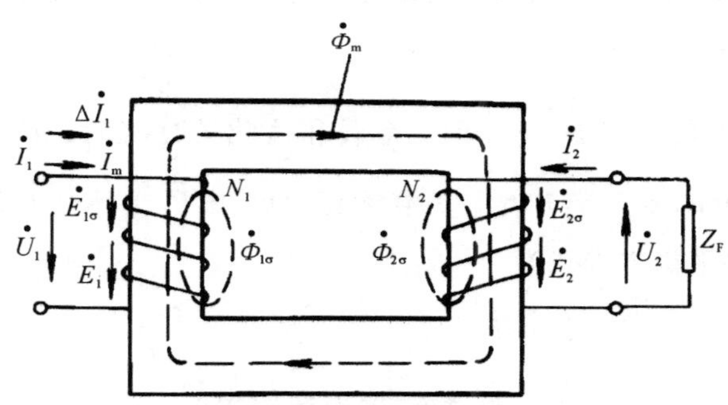

图 3.4.1　变压器负载运行原理图

变压器负载运行时，由合成磁动势$\dot{F}_1+\dot{F}_2$产生主磁通$\dot{\Phi}_0$，并在一、二次绕组中感应电动势$\dot{E}_1$和$\dot{E}_2$，同时$\dot{F}_1$和$\dot{F}_2$还分别产生只交链自身绕组的漏磁通$\dot{\Phi}_{1\sigma}$和$\dot{\Phi}_{2\sigma}$，并分别在一、二次绕组中感应漏磁电动势$\dot{E}_{1\sigma}$和$\dot{E}_{2\sigma}$。另外，一、二次绕组电流$\dot{I}_1$和$\dot{I}_2$分别在各自绕组的电阻上产生电阻压降$\dot{I}_1R_1$和$\dot{I}_2R_2$。变压器负载运行时各电磁量之间的关系如图 3.4.2 所示。

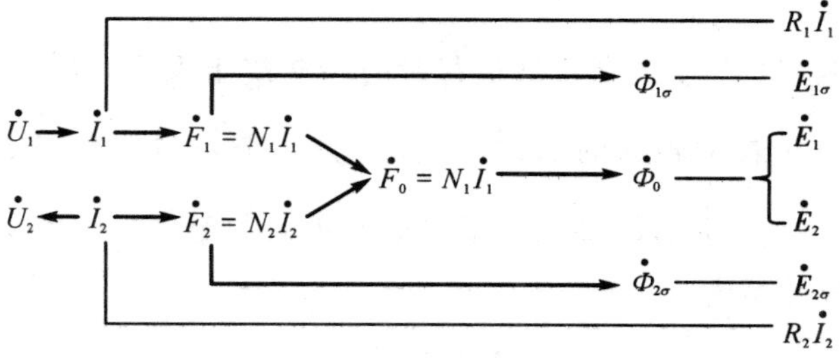

图 3.4.2　变压器负载运行时的电磁关系

3.4.2 变压器负载运行时电动势、磁动势的平衡方程

1. 电动势平衡方程

由图 3.4.2 和基尔霍夫电压定律，可得一、二次绕组电动势平衡方程式为

$$\dot{U}_1=-\dot{E}_1-\dot{E}_{1\sigma}+R_1\dot{I}_1=-\dot{E}_1+\mathrm{j}X_1\dot{I}_1+R_1\dot{I}_1$$

$$=-\dot{E}_1+(R_1+\mathrm{j}X_1)\dot{I}_1=-\dot{E}_1+Z_1\dot{I}_1 \tag{3.4.1}$$

式中，$\dot{E}_{1\sigma}$为一次漏磁电动势，$\dot{E}_{1\sigma}=-\mathrm{j}\dot{I}_1X_1$；

$$\dot{U}_2=\dot{E}_2+\dot{E}_{2\sigma}-R_2\dot{I}_2=\dot{E}_2-\mathrm{j}X_2\dot{I}_2-R_2\dot{I}_2$$

$$=\dot{E}_2-(R_2+\mathrm{j}X_2)\dot{I}_1=\dot{E}_2-Z_2\dot{I}_2 \tag{3.4.2}$$

式中，$\dot{E}_{2\sigma}$为二次漏磁电动势，$\dot{E}_{2\sigma}=-\mathrm{j}\dot{I}_2X_2$；$X_2$为二次漏电抗，$Z_2$为二次漏阻抗，$Z_2=R_2+\mathrm{j}X_2$为变压器负载阻抗$Z_F$上的电压，即二次端电压为$\dot{U}_2=Z_F\dot{I}_2$。

2. 磁动势平衡方程

由前文分析可知，当$\dot{U}_1$不变时，空载和负载运行时的主磁通$\dot{\Phi}_0$基本不变。空载运行时$\dot{\Phi}_0$由$\dot{F}_0=\dot{I}_0N_1$产生；负载运行时$\dot{\Phi}_0$由$\dot{F}_1+\dot{F}_2=\dot{I}_1N_1+\dot{I}_2N_2$产生，因此可得磁动势平衡方程式为

$$\left.\begin{aligned}&\dot{F}_0=\dot{F}_1+\dot{F}_2\\&\dot{F}_1=\dot{F}_0+(-\dot{F}_2)=\dot{F}_0+\dot{F}_{1F}\end{aligned}\right\} \tag{3.4.3}$$

式(3.4.3) 表明，变压器负载运行时，一次绕组磁动势$\dot{F}_1$由两个分量组成：一个是励磁磁动势$\dot{F}_0$，用来产生负载运行时的主磁通$\dot{\Phi}_0$；另一个是负载分量磁动势$\dot{F}_{1F}=-\dot{F}_2$，用来抵消二次绕组磁动势对主磁通的影响，以保持主磁通不变。

磁动势平衡方程式可用电流表达为

$$\dot{I}_0N_1=\dot{I}_1N_1+\dot{I}_2N_2$$

$$\dot{I}_1=\dot{I}_0+\left(-\frac{N_2}{N_1}\dot{I}_2\right)=\dot{I}_0+\left(-\frac{1}{K}\dot{I}_2\right)=\dot{I}_0+\dot{I}_{1F} \tag{3.4.4}$$

与磁动势相对应，变压器负载运行时的一次绕组电流$\dot{I}_1$也由两个分量组成：一个是用来建立负载主磁通的励磁电流$\dot{I}_0$；另一个是与二次绕组电流相平衡的负载分量电流$\dot{I}_{1F}=-\dot{I}_2/K$，变压器负载运行时，由于$\dot{I}_0\ll\dot{I}_1$，因此可忽略$\dot{I}_0$，这样一、二次电流关系为

$$\dot{I}_1\approx-\frac{1}{K}\dot{I}_2$$

$$\frac{\dot{I}_1}{\dot{I}_2} \approx -\frac{1}{K} = \frac{N_2}{N_1} \tag{3.4.5}$$

式(3.4.5)说明，一、二次电流的大小近似与绕组匝数成反比。可见两侧绕组匝数不同，不仅能变电压，同时也能变电流。

由此可见，一次绕组电流$\dot{I}_1$将随二次绕组电流$\dot{I}_2$正比变化。二次绕组电流的增加或减少，必然引起一次绕组电流的增加或减少；相应地，二次输出功率的增加或减少，必然引起一次侧从电网吸收功率的增加或减少。变压器通过磁动势平衡，将一、二次电流紧密联系起来，实现了电能由一次侧向二次侧的传递。

综上所述，将变压器负载运行时的基本电磁关系归纳起来，可得以下基本方程式组

$$\left.\begin{aligned}
&\dot{U}_1 = -\dot{E}_1 + \dot{I}_1(R_1 + \mathrm{j}\,X_1)\\
&\dot{U}_2 = \dot{E}_2 - \dot{I}_2(R_2 + \mathrm{j}\,X_2)\\
&\dot{I}_0 = \dot{I}_1 + \dot{I}_2/K\\
&\dot{E}_1 = K\,\dot{E}_2\\
&\dot{E}_1 = -\dot{I}_0(R_m + \mathrm{j}\,X_m)\\
&\dot{U}_2 = \dot{I}_2 Z_F
\end{aligned}\right\} \tag{3.4.6}$$

3.4.3 变压器的折算

变压器的基本方程式综合地反映了变压器内部的电磁关系，利用它可以对变压器进行定量计算。但是求解复数方程组(3.4.6)是相当困难和繁琐的，因此，对变压器进行定量计算，是通常采用折算的方法。

折算目的：将变比为 K 的变压器等效成变比为 1 的变压器，从而可以把一、二次分离的电路画在一起。折算时，既可把二次侧各量折算到一次侧，也可把一次侧各量折算到二次侧，通常都是把二次侧折算到一次侧，折算后的二次电磁量用原物理量加上标“′”来表示。

折算原则：保持折算前后二次绕组产生的电磁作用不变，即保持变压器内部的电磁关系不变。具体讲，就是二次绕组产生的磁动势、有功功率、无功功率、视在功率以及变压器的主磁通等均保持不变。下面根据折算原则导出二次侧各物理量的折算值。

1. 二次电动势的折算值

由于折算后二次绕组的匝数N_2用一次绕组的匝数N_1代替，根据折算前后主磁通不变，可得

$$\frac{E'_2}{E_2} = \frac{4.44 f N'_2 \Phi_m}{4.44 f N_2 \Phi_m} = \frac{N'_2}{N_2} = \frac{N_1}{N_2} \tag{3.4.7}$$

则$E'_2=KE_2$，同理$E'_{2\sigma}=KE_{2\sigma}$。

2. 二次电流的折算值

根据折算前后二次磁动势不变的原则，可得

$$N_1I'_2=N_2I_2$$

则

$$I'_2=\frac{N_2}{N_1}I_2=\frac{1}{K}I_2 \tag{3.4.8}$$

3. 二次漏阻抗的折算值

根据折算前后二次绕组铜损耗不变原则，可得

$$R'_2I'^2_2=R_2I_2^2$$

则

$$R'_2=\left(\frac{I_2}{I'_2}\right)^2R_2=K^2R_2 \tag{3.4.9}$$

根据折算前后二次绕组无功功率不变原则，可得

$$X'_2I'_2=X_2I_2^2$$

则

$$X'_2=\left(\frac{I_2}{I'_2}\right)^2X_2=K^2X_2 \tag{3.4.10}$$

二次绕组漏阻抗的折算值为

$$Z'_2=\sqrt{R'^2_2+X'^2_2}=K^2\sqrt{R_2^2+X_2^2}=K^2Z_2 \tag{3.4.11}$$

4. 二次电压的折算值

$$\dot{U}'_2=\dot{E}'_2-\dot{Z}'_2\dot{I}'_2=KE_2-K^2Z_2\frac{1}{K}\dot{I}_2=K(\dot{E}_2-Z_2\dot{I}_2)=K\dot{U}_2 \tag{3.4.12}$$

5. 负载阻抗的折算值

因阻抗为电压与电流之比，便有

$$Z'_F=\frac{\dot{U}'_2}{\dot{I}'_2}=\frac{K\dot{U}_2}{\frac{1}{K}\dot{I}_2}=K^2\frac{\dot{U}_2}{\dot{I}_2}=K^2Z_F \tag{3.4.13}$$

综上所述，二次绕组向一次绕组折算有如下规律：

(1) 单位为 V 的物理量，其折算值等于实际值乘以 K；

(2) 单位为 A 的物理量，其折算值等于实际值除以 K；

(3) 单位为 Ω 的物理量，其折算值等于实际值乘以K^2。

对二次绕组折算后，变压器的基本方程式变为

$$\left.\begin{aligned}&\dot{U}_1=Z_1\dot{I}_1-\dot{E}_1\\&\dot{U}'_2=\dot{E}'_2-Z'_2\dot{I}'_2\\&\dot{E}_1=\dot{E}'_2\\&\dot{I}_1+\dot{I}'_2=\dot{I}_0\\&-\dot{E}_1=Z_m\dot{I}_0\\&\dot{U}'_2=Z'_F\dot{I}'_2\end{aligned}\right\}\tag{3.4.14}$$

3.4.4　变压器负载运行时的相量图与等效电路

变压器负载运行时的电磁关系，可以用相量图来表示。相量图直观地反映了变压器中各物理量的大小和相位关系。图 3.4.3 是变压器带感性负载时的相量图，其画图步骤如下：

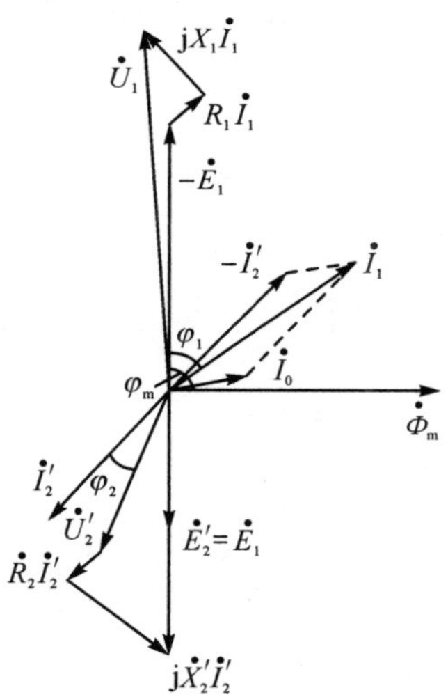

图 3.4.3　变压器带感性负载时的相量图

(1) 画相量$\dot{U}'_2$、$\dot{I}'_2$，$\dot{I}'_2$滞后负载功率因数角φ_2(感性负载($\varphi_2>0°$))；

(2) 由$\dot{E}'_2=\dot{U}'_2+\dot{I}'_2(R'_2+\mathrm{j}X'_2)$求得相量$\dot{E}_1=\dot{E}'_2$；

(3) 画相量$\dot{\Phi}_m$或超前$\dot{E}_1$ 90°；

(4) 画相量$\dot{I}_0$超前$\dot{\Phi}_m$铁损耗角α_{Fe}；

(5) 由$\dot{I}_1=\dot{I}_0+(-\dot{I}'_2)$求得相量$\dot{I}_1$；

(6) 由$\dot{U}_1=-\dot{E}_1+\dot{I}_1(R_1+\mathrm{j}X_1)$求得相量$\dot{U}_1$，$\dot{U}_1$超前$\dot{I}_1$的$\varphi_1$角为变压器一次功率因数角。

图 3.4.4 是对应简化等效电路的相量图(变压器带感性负载)。选$-\dot{U}'_2$为参考相量，根据负载性质作出相量$\dot{I}_1$和$-\dot{I}'_2$，根据$\dot{U}_1=\dot{I}_1R_S+\mathrm{j}\ \dot{I}_1X_S+(-\dot{U}'_2)$可确定相量$\dot{U}_1$，其中，$\dot{U}'_2=Z'_L\dot{I}'_2$，$\dot{I}_1=-\dot{I}'_2$。

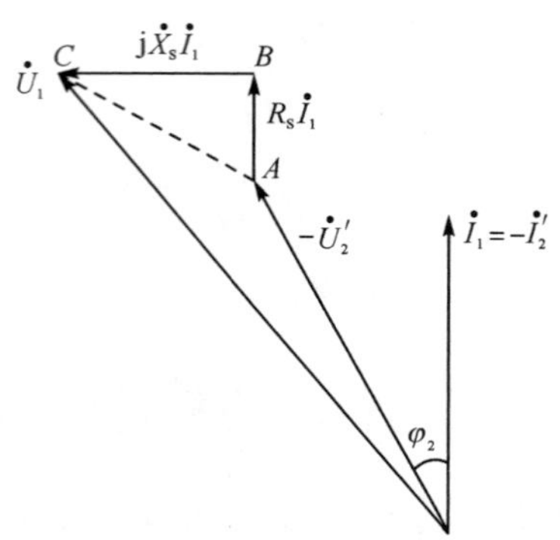

图 3.4.4 变压器带感性负载时的简化相量图

将方程组(3.4.14)进行整理，可以推导出与之等效的等值电路方程组(3.4.15)：

$$\left.\begin{aligned}\dot{I}_1&=\dot{I}_0-\dot{I}'_2\\ \dot{I}_0&=\frac{-\dot{E}_1}{Z_m}\\ \dot{I}'_2&=\frac{\dot{E}'_2}{Z'_F+Z'_2}\end{aligned}\right\}\tag{3.4.15}$$

可得到$\dot{E}_1$的表达式为

$$-\dot{E}_1=\frac{\dot{I}'_1}{\dfrac{1}{Z_m}+\dfrac{1}{Z'_2+Z'_F}}\tag{3.1.16}$$

将(3.4.16) 代入式 $\dot{U}_1=Z_1\dot{I}_1-\dot{E}_1$，可得

$$\frac{\dot{U}_1}{\dot{I}_1}=Z_1+\frac{1}{\dfrac{1}{Z'_m}+\dfrac{1}{Z'_2+Z'_F}}=Z_d\tag{3.4.17}$$

其中，$Z_d=Z_1+\dfrac{Z_m(Z'_2+Z'_F)}{Z_m+(Z'_2+Z'_F)}$，可以看作是从电网看变压器时的等效阻抗，显然是由 4 个阻抗串并联组成，即 Z'_2与 Z'_F串联后与 Z_m 并联，然后再与 Z_1 串联接至电源电压 $\dot{U}_1$，从电源吸收电流$\dot{I}_1$，其等值电路如图 3.4.5 所示，图中 Z_1、Z'_2及 Z'_m所在的三条支路呈 T 字形，因此称为 T 型等值电路。

由等值电路图可知，变压器经过折算后变成了一个由串并联元件组成的交

流电路，便于参数计算和运行情况分析。

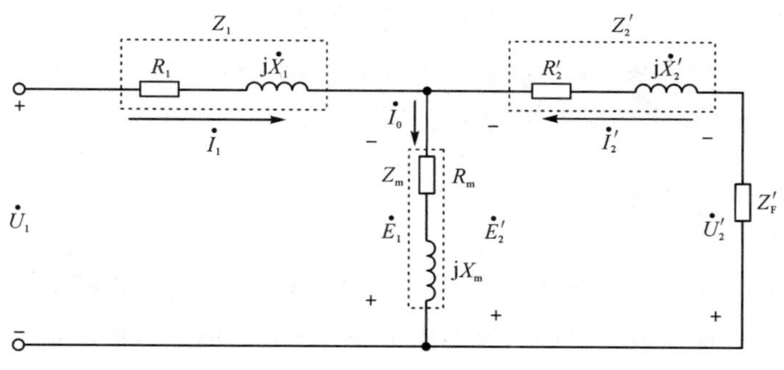

图 3.4.5　T 型等效电路

由于一般变压器的空载电流很小，在有些计算中可忽略不计，此时可将等效电路中的励磁支路去掉，得到简化等效电路，如图 3.4.6 所示。

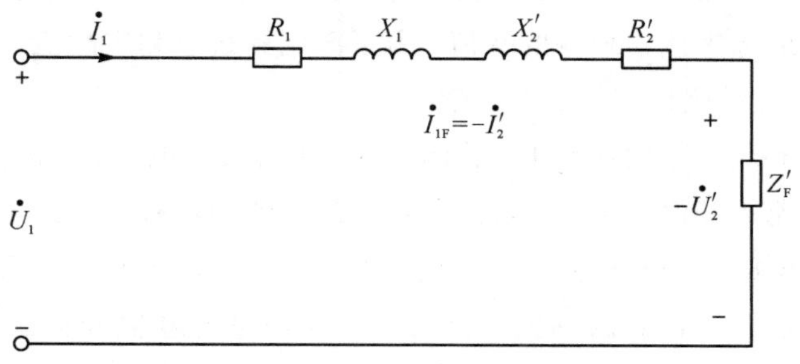

(a) 变压器的近似等效电路

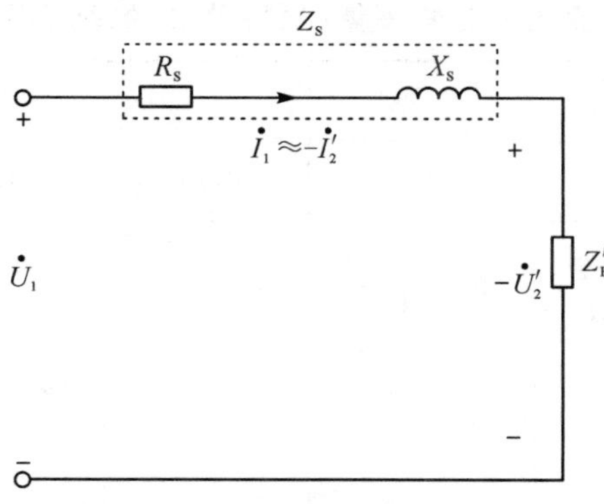

(b) 变压器的简化等效电路

图 3.4.6 变压器简化等效电路的演变

图 3.4.6 中的 R_S、X_S、Z_S 的表达式如下：

$$\left.\begin{aligned} R_S &= R_1 + R'_2 \\ X_S &= X_1 + X'_2 \\ Z_S &= R_S + \mathrm{j}X_S \end{aligned}\right\} \tag{3.4.18}$$

式中，R_S 称为短路电阻；X_S 称为短路电抗；Z_S 称为短路阻抗。

短路阻抗 Z_S 是变压器的重要参数之一，其大小直接影响着变压器的运行性能。当变压器发生短路时，稳态短路电流 $I_S=U_1/Z_S$，其中 Z_S 越大，I_S 就越小，因此从限制稳态短路电流的角度来看，Z_S 越大越好。但是，从变压器作为电源对负载供电的角度来看，电源的短阻抗 Z_S 越小越好。因为 Z_S 越小，内阻抗压降 I'_2Z_S 就越小，输出的端电压就越稳定。

3.4.5 标幺值

在工程计算中，各物理量(如电压、电流、阻抗、功率等)除了采用实际值来表示和计算外，有时也采用标幺值来表示和计算。所谓标幺值是指某一物理量的实际值与该物理量的基值之比，即

$$标幺值=\frac{实际值}{基值}$$

标幺值实际就是一种相对值，它没有单位。其基值是人为选取的，通常把某物理量的额定值选为该物理量的基值。为了区别标幺值和实际值，在物理量符号右上角加“*”表示该物理量的标幺值。

在变压器等效电路的计算中，有四个基本物理量：电压、电流、阻抗和功率。其中电压和电流的基值选定后，阻抗和功率的基值则可根据电路定律来确定。由于变压器等效电路为一相电路，其中的电压、电流、阻抗和功率等均为一相值，因此取相额定值作为它们的基值。变压器各物理量的基值和标幺值如表 3.4.1 所示。

表 3.4.1 变压器各物理量(每相参数)的基值及其标幺值

一次侧			二次侧		
实际值	基值	标幺值	实际值	基值	标幺值
相电压 U_1	额定相电压 $U_{1B}=U_{1N}$	$U_1^*=\frac{U_1}{U_{1N}}$	相电压 U_2	额定相电压 $U_{2B}=U_{2N}$	$U_2^*=\frac{U_2}{U_{2N}}$
相电流 I_1	额定相电流 $I_{1B}=I_{1N}$	$I_1^*=\frac{I_1}{I_{1N}}$	相电流 I_2	额定相电流 $I_{2B}=I_{2N}$	$I_2^*=\frac{I_2}{I_{2N}}$
电阻 R_1 电抗 X_1	$Z_{1B}=\frac{U_{1N}}{I_{1N}}$	$R_1^*=\frac{R_1}{Z_{1B}}$ $X_1^*=\frac{X_1}{Z_{1B}}$	电阻 R_2 电抗 X_2	$Z_{2B}=\frac{U_{2N}}{I_{2N}}$	$R_2^*=\frac{R_2}{Z_{2B}}$ $X_2^*=\frac{X_2}{Z_{2B}}$
视在功率 S、有功功率 P、无功功率 Q 的基值：$S_N=U_NI_N$，$P=P^*S_N$，$Q=Q^*S_N$					

上述求取标幺值的公式均是针对单相变压器的，对于三相变压器，选取阻抗基值应用额定相电压和相电流的比值来计算，如 $Z_{1B}=\frac{U_{1NP}}{I_{1NP}}$，$Z_{2B}=\frac{U_{2NP}}{I_{2NP}}$，而电压、电流的基值取线值还是取相值，可根据实际值而定，实际值是线值的，基值

也取线值，实际值是相值的，基值也取相值。而功率 S、P、Q 的基值选取依实际值而定，实际值是三相功率的，基值也取三相额定功率，实际值是单相功率的，基值也取单相额定功率。

用以上方法选取基值并求标幺值，就可使采用标幺值表示的基本方程式与采用实际值表示的方程式在形式上保持一致，也就是说，在有名单位制中的各公式可直接用于标幺值中的计算，如求取励磁阻抗的公式可写成

$$\left.\begin{aligned} Z_m^* &= \frac{U_{1N}^*}{I_0^*} = \frac{1}{I_0^*} \\ R_m^* &= \frac{P_0^*}{I_0^{*2}} \\ X_m^* &= \sqrt{Z_m^{*2} - R_m^{*2}} \end{aligned}\right\} \tag{3.4.19}$$

求取短路阻抗的公式可写成

$$\left.\begin{aligned} Z_S^* &= \frac{U_{SN}^*}{I_N^*} = U_{SN}^* \\ R_S^* &= \frac{P_{SN}^*}{I_N^{*2}} = P_{SN}^* = \frac{P_{SN}}{S_N} \\ X_S^* &= \sqrt{Z_S^{*2} - R_S^{*2}} \end{aligned}\right\} \tag{3.4.20}$$

式中，U_{SN}^* 为短路电压的标幺值，后续会详细讲解。

已知各物理量的标幺值和基值，很容易求得实际值：

$$实际值=标幺值\times基值$$

标幺值的特点如下：

(1) 无论变压器(或电机)容量及电压的等级差别有多大，采用标幺值表示时，各个参数及重要的性能数据通常都在一定范围内，因此便于比较和分析。例如，电力变压器的短路阻抗标幺值 $Z_S^*=0.04\sim0.175$；空载电流标幺值 $I_0^*=0.02\sim0.1$。

(2) 因为折算前后的标幺值相等，因此采用标幺值表示参数时，不必进行折算。例如：

$$Z_2'^* = \frac{Z'_2}{Z_{1B}} = \frac{Z'_2}{\dfrac{U_{1N}}{I_{1N}}} = \frac{k^2 Z_2}{\dfrac{k^2 U_{2N}}{I_{2N}}} = \frac{Z_2}{\dfrac{U_{2N}}{I_{2N}}} = \frac{Z_2}{Z_{2B}} = Z_2^* \tag{3.4.21}$$

需要注意，上式中的阻抗 Z'_2 是折算到一次侧的值，因此其基值为一次侧的阻抗基值 Z_{1B}。

(3) 采用标幺值可使计算得到简化。例如，额定值的标幺值等于1；短路电阻的标幺值等于短路损耗的标幺值；短路阻抗的标幺值等于短路电压的标幺值，等等。例如：

$$R_S^* = \frac{P_S^*}{I_S^{*2}} = \frac{P_S^*}{I_{1N}^{*2}} = \frac{P_S^*}{1} = P_S^* \tag{3.4.22}$$

$$Z_S^* = \frac{Z_S}{U_{1N}/I_{1N}} = \frac{I_{1N}Z_S}{U_{1N}} = \frac{U_S}{U_{1N}} = U_S^* \tag{3.4.23}$$

同理知 $R_S^* = U_{Sa}^*$，$X_S^* = U_{Sr}^*$。

另外，线电压和线电流的标幺值与相电压和相电流的标幺值相等；单相功率的标幺值与三相功率的标幺值相等。

(4) 采用标幺值表示电压和电流，可以直观地反映变压器的运行状况。例如 $U_2^* = 0.9$ 表示变压器二次电压低于额定值；而 $I_2^* = 1.1$，表示变压器已过载 10%。

(5) 标幺值没有量纲(单位)，物理概念不够清晰，也无法用量纲来检查计算结果是否正确。

3.5 变压器参数的测定

在用等效电路计算变压器运行性能时，必须首先知道变压器的基本参数，即励磁参数和短路参数 R_S、X_S。在设计变压器时，可通过计算确定出这些参数；而对于已经制成的变压器，可以通过空载试验和短路试验求取这些参数。

3.5.1 空载试验

空载试验的目的是通过测量空载电流 I_0、一次电压 U_1、二次电压 U_{20} 及空载损耗 P_0 来计算变比 K、空载电流百分值 $I_0\%$、铁损耗 P_{Fe} 和励磁阻抗 $Z_m = R_m + jX_m$ 等。

单相变压器空载试验的接线图如图 3.5.1 所示。空载试验可以在任何一侧做，为了试验安全和读数方便，通常在低压侧进行，即低压侧加电压、高压侧开路。接线时需要注意：因空载功率因数很低，为减小功率的测量误差，应选用低功率因数功率表来测量空载损耗 P_0；因空载电流 I_0 很小，为了减小电流的测量误差，应把电流表串联在变压器线圈侧。

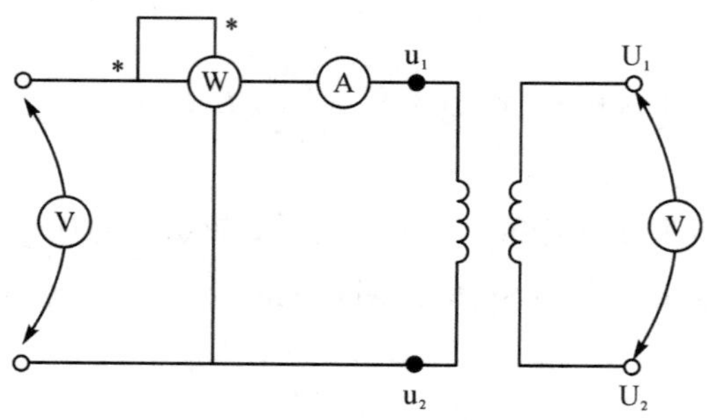

图 3.5.1 单相变压器空载试验接线图

为了测出空载电流和空载损耗随电压变化的关系，外加电压在 0～$1.2U_{1N}$范围内调节，在不同的外加电压下，分别测出所对应的U_{20}、I_0及P_0值，便可画出曲线$I_0=f(U_1)$和$P_0=f(U_1)$，如图 3.5.2 所示。

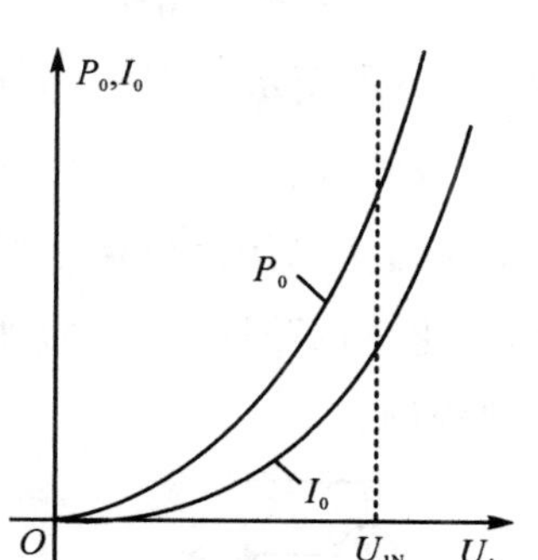

图 3.5.2 变压器空载特性曲线

由所测数据可求得

$$\left.\begin{aligned} &K=\frac{U_{20}(\text{高压})}{U_1(\text{低压})} \\ &I_0\times100\%=\frac{I_0}{I_{1N}}\times100\% \\ &P_{Fe}=P_0 \end{aligned}\right\} \tag{3.5.1}$$

空载试验时，变压器没有输出功率，此时输入的空载损耗P_0包含一次绕组铜损耗$R_1I_0^2$和铁芯中的铁损耗$P_{Fe}=I_0^2R_m$两部分。由于$R_1\ll R_m$，因此$P_0\approx P_{Fe}$。

由空载等效电路，忽略R_1、X_1可求得

$$\left.\begin{aligned} &Z_m=\frac{U_{1N}}{I_0} \\ &R_m=\frac{P_0}{I_0^2} \\ &X_m=\sqrt{Z_m^2-R_m^2} \end{aligned}\right\} \tag{3.5.2}$$

应当注意，因空载电流、铁损耗及励磁阻抗均随电压大小而变，即与铁芯饱和程度有关，因此，空载电流和空载功率常取额定电压时的值，并以此求取励磁阻抗的值。若要求取折算到高压侧的励磁阻抗，必须乘以变比的平方，即高压侧的励磁阻抗为K^2Z_m。

对于三相变压器，应用式(3.5.2)时，必须采用每相值，即一相的损耗以及相电压和相电流等来进行计算，而K值也应取相电压之比。

3.5.2 短路试验

短路试验的目的是通过测量短路电流 I_S、短路电压 U_S 及短路功率 P_S 来计算短路电压百分值 $U_S\%$、铜损耗 P_{Cu} 和短路阻抗 $Z_S=R_S+jX_S$。

短路试验的试验接线如图 3.5.3 所示。短路试验也可以在任何一侧做，为试验方便和安全起见，通常在高压侧进行，即高压侧加电压、低压侧短路。由于变压器的短路阻抗很小，为了避免过大的短路电流损坏绕组，外加电压必须很低($4\%U_{1N}\sim10\%U_{1N}$)。为了减小电压的测量误差，接线时应注意把电压表和功率表的电压线圈并联在变压器线圈侧。

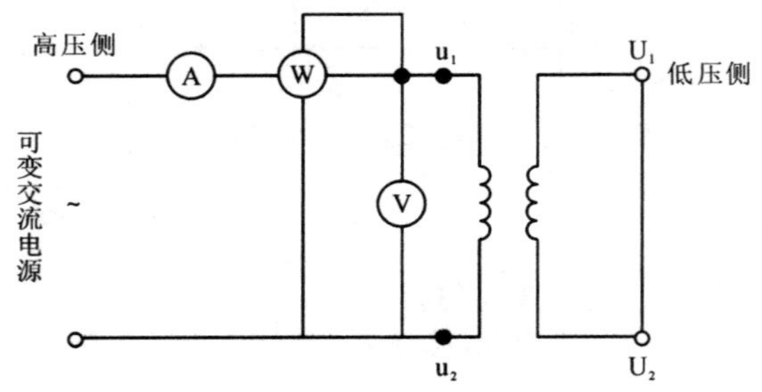

图 3.5.3 变压器短路试验接线图

通过调节外加电压，使电流在 $0\sim1.3I_{1N}$ 范围内变化，分别测出它所对应的 I_S、U_S 和 P_S 值。试验时，同时记录试验时的室温 θ(℃)，并且画出 I_S、P_S 随 U_S 变化的短路特性曲线 $I_S=f(U_S)$ 和 $P_S=f(U_S)$，如图 3.5.4 所示。

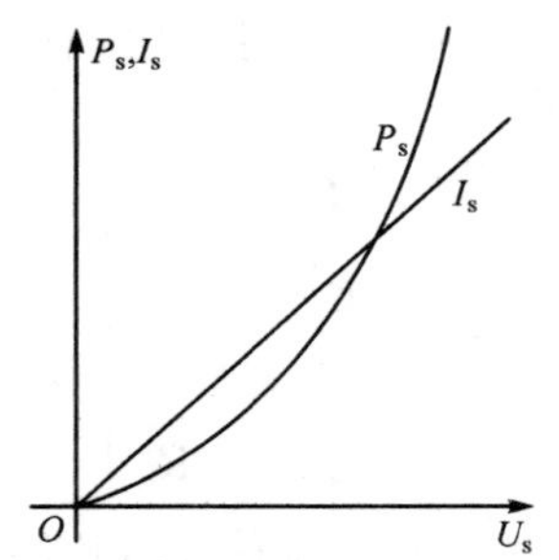

图 3.5.4 变压器短路特性曲线

由于短路试验时外加电压较额定值低得多，铁芯中主磁通很小，励磁电流和铁损耗均很小，可略去不计，认为短路损耗即为一、二次绕组电阻上的铜损耗，即 $P_S\approx P_{Cu}$，也就是说，可以认为等效电路中的励磁支路处于开路状态，即可用简化等效电路分析。

短路试验时，使短路电流为额定电流时一次侧所加的电压，称为额定短路电压，记作 U_{SN}，U_{SN} 为额定电流在短路阻抗上的电压降，也称为阻抗电压。于是，

由所测数据可求得短路参数

$$\left.\begin{aligned} Z_S &= \frac{U_S}{I_{1N}} = \frac{U_{SN}}{I_{1N}} \\ R_S &= \frac{P_S}{I_S^2} = \frac{P_{SN}}{I_N^2} \\ X_S &= \sqrt{Z_S^2 - R_S^2} \end{aligned}\right\} \tag{3.5.3}$$

对于 T 型等效电路，可认为 $R_1 \approx R'_2 = \frac{1}{2}R_S$，$X_1 \approx X'_2 = \frac{1}{2}X_S$。

由于绕组电阻随温度而变化，而短路试验一般在室温下进行，因此测得的电阻应该换算成基准工作温度时的数值。按国家标准规定，油浸变压器的短路电阻应换算成 75 ℃时的数值。

对于铜线变压器

$$R_{S75℃} = \frac{234.5 + 75}{234.5 + \theta} R_S \tag{3.5.4}$$

式中，θ 为实验时的室温。

75℃时的短路阻抗为

$$Z_{S75℃} = \sqrt{R_{S75℃}^2 + X_S^2} \tag{3.5.5}$$

对于铝线变压器，式(3.5.4)中的常数 234.5 应改为 228。短路损耗 P_S 和短路电压 U_S，也应换算到 75 ℃时的数值，即 $P_{S75℃} = R_{S75℃} I_{1N}^2$，$U_{S75℃} = Z_{S75℃} I_{1N}$。

应当注意，由于短路试验一般在高压侧进行，因此测得的短路参数是高压侧的数值，若需要折算到低压侧时，应除以 K^2。

和空载试验一样，对于三相变压器，在应用式(3.5.3)时，U_S、I_S 和 P_S 应该采用每相值来计算。

由等效电路得

$$U_{SN} = Z_{S75℃} I_{1N} \tag{3.5.6}$$

短路电压通常以额定电压的百分值表示，即

$$\left.\begin{aligned} U_S\% &= \frac{I_{1N} Z_{S75℃}}{U_{1N}} \times 100\% \\ U_{Sa}\% &= \frac{I_{1N} R_{S75℃}}{U_{1N}} \times 100\% \\ U_{Sr}\% &= \frac{I_{1N} X_S}{U_{1N}} \times 100\% \end{aligned}\right\} \tag{3.5.7}$$

式中，$U_S\%$ 为短路电压百分值；$U_{Sa}\%$ 为短路电压有功分量百分值；$U_{Sr}\%$ 为短路电压无功分量百分值。

一般中小型电力变压器的 $U_S\%$ 取值 4%～10.5%，大型电力变压器的 $U_S\%$ 取值 12.5%～17.5%。

3.6 变压器的运行特性

运行中的变压器是向负载供电的，从负载看变压器相当于发电机。与发电机一样，描述变压器运行性能的是外特性和效率特性。

3.6.1 电压变化率与外特性

1. 变压器的电压变化率

变压器输出端电压 U_2 随负载电流 I_2 的变化而波动的大小用电压变化率来表示。当一次侧的电压为额定电压及负载功率因数为常数不变时，二次绕组的开路电压与带负载后的电压差值相对于开路电压的百分比值，称为电压变化率，用 ΔU 表示为

$$\Delta U=\frac{U_{20}-U_2}{U_{20}}\times 100\%=\frac{U_{2N}-U_2}{U_{2N}}\times 100\%=\frac{U_{1N}-U_2'}{U_{1N}}\times 100\% \tag{3.6.1}$$

电压变化率 ΔU 是描述变压器运行性能的重要指标，它反映了供电电压的稳定性。通过简化相量图 3.6.1 可以推导出电压变化率的计算公式。

$$\begin{aligned}\Delta U &=\frac{U_{1N}-U_2'}{U_{1N}}\times 100\%=\left(\frac{I_1R_S\cos\varphi_2+I_1X_S\sin\varphi_2}{U_{1N}}\right)\times 100\% \\ &=\beta\left(\frac{I_{1N}R_S\cos\varphi_2+I_{1N}X_S\sin\varphi_2}{U_{1N}}\right)\times 100\%\end{aligned} \tag{3.6.2}$$

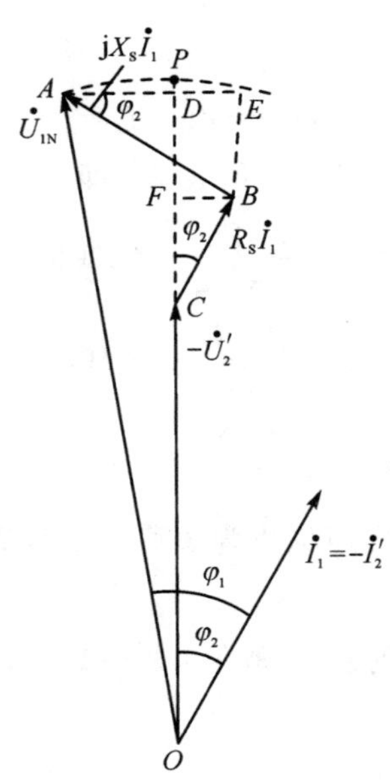

图 3.6.1 变压器感性负载简化相量图

式中，$\beta=\frac{I_1}{I_{1N}}=\frac{I_2}{I_{2N}}=I_2^*$，为负载电流的标幺值，又称负载系数。$\beta=1$ 时的电压变化率称为额定电压变化率。

2. 变压器的外特性

当变压器的一次侧电压不变及二次侧的负载功率因数不变时，二次侧输出端电压 U_2 随负载电流 I_2 变化的规律，称为变压器的外特性，即 $U_2=f(I_2)$。

图 3.6.2 表示了不同功率因数时的外特性曲线，对电阻性和电感性负载而言，U_2 随负载电流的增加而减少，外特性是向下倾斜的；对电容性负载而言，U_2 随负载电流的增加而增加，外特性是上翘的。

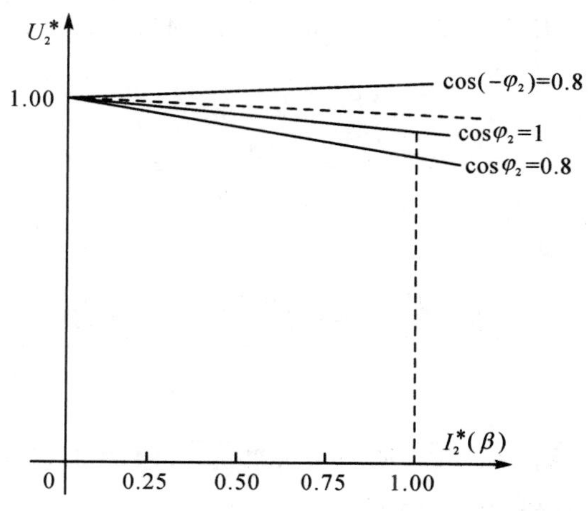

图 3.6.2　变压器的外特性曲线

一般而言，$\cos\varphi_2=0.8$(滞后)时，额定电压变化率为 5%。为了弥补端电压 U_2 随负载增加而下降，高压绕组引出了几个抽头，可以用分接开关进行微调。

【例 3.6.1】 一台三相电力变压器 Yy 联结，额定容量 $S_N=750$ kV·A，额定电压 $U_{1N}/U_{2N}=10$ kV/0.4 kV；在低压侧做空载试验时，$U_{20}=400$ V，$I_0=60$ A，空载损耗 $P_0=3.8$ kW；在高压侧做短路试验时，$U_{1K}=400$ V，$I_{1K}=I_{1N}=43.3$ A，短路损耗 $P_K=10.9$ kW，铝线绕组，室温 20 ℃，试求：

(1) 变压器各阻抗参数，求阻抗参数时认为 $R_1\approx R_2'$，$X_1\approx X_2'$，并画出 T 型等值电路图；

(2) 带额定负载，$\cos\varphi_2=0.8$(滞后) 时的电压变化率 ΔU 及二次电压 U_2；

(3) 带额定负载，$\cos\varphi_2=0.8$(超前) 时的电压变化率 ΔU 及二次电压 U_2。

解： (1) 变比为

$$K=\frac{U_1}{U_2}=\frac{U_{1N}/\sqrt{3}}{U_{2N}/\sqrt{3}}=\frac{U_{1N}}{U_{2N}}=\frac{10\times10^3}{0.4\times10^3}=25$$

低压侧的励磁电阻为

$$R_m=\frac{P_0/3}{I_0^2}=\frac{3.8\times10^3/3}{60^2}\approx0.352\ \Omega$$

励磁阻抗为

$$Z_m=\frac{U_2}{I_0}=\frac{400/\sqrt{3}}{60}\approx3.85\ \Omega$$

励磁电抗为

$$X_m=\sqrt{Z_m^2-R_m^2}=\sqrt{3.85^2-0.352^2}\approx3.834\ \Omega$$

折算到高压侧的励磁阻抗为

$$Z'_m=K^2Z_m=25^2\times(0.352+j3.834)=220+j2396\ \Omega$$

短路阻抗为

$$Z_K=\frac{U_{1K}/\sqrt{3}}{I_{1K}}=\frac{400}{\sqrt{3}\times43.3}\approx5.33\ \Omega$$

短路电阻为

$$R_K=\frac{P_K/3}{I_{1K}^2}=\frac{10.9\times10^3}{3\times43.3^2}\approx1.94\ \Omega$$

短路电抗为

$$X_K=\sqrt{Z_K^2-R_K^2}=\sqrt{5.33^2-1.94^2}\approx4.96\ \Omega$$

折算到 75 ℃时的短路电阻为

$$R_{K75\,℃}=\frac{228+75}{228+\theta}R_K=\frac{228+75}{228+20}\times1.94\approx2.37\ \Omega$$

折算到 75 ℃时的短路阻抗为

$$Z_{K75\,℃}=\sqrt{R_{K75\,℃}^2+X_K^2}=\sqrt{2.37^2+4.96^2}\approx5.5\ \Omega$$

$$R_K=R_1+R'_2=2R_1,\ R_1=\frac{R_{K75\,℃}}{2}=\frac{2.37}{2}\approx1.185\ \Omega$$

同理可得

$$X_1=\frac{X_K}{2}=\frac{4.96}{2}=2.48\ \Omega$$

$$Z_1=R_1+jX_1=1.185+j2.48\ \Omega$$

$$R_2=\frac{R'_2}{K^2}=\frac{R_1}{K^2}=\frac{1.185}{25^2}\approx0.0019\ \Omega$$

$$X_2=\frac{X'_2}{K^2}=\frac{X_1}{K^2}=\frac{2.48}{25^2}\approx0.004\ \Omega$$

$$Z_2=R_2+jX_2=0.0019+j0.004\ \Omega$$

T 型等值电路图如图 3.5.5 所示。

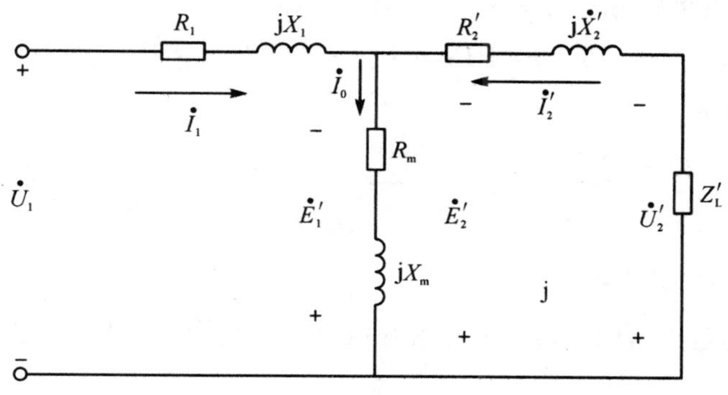

图 3.5.5　T 型等效电路

(2) $\Delta U=\beta\left(\dfrac{I_{1N}R_K\cos\varphi_2+I_{1N}X_K\sin\varphi_2}{U_1}\right)\times100\%$

$$=\frac{43.3\times2.37\times0.8+43.3\times4.96\times0.6}{10\times10^3/\sqrt{3}}\times100\%\approx3.65\%$$

$$U_2=(1-\Delta U)\times\frac{U_{2N}}{\sqrt{3}}=\frac{400\times(1-0.0365)}{\sqrt{3}}\approx222.5\text{V}$$

(3) $\Delta U=\dfrac{43.3\times2.37\times0.8-43.3\times4.96\times0.6}{10\times10^3/\sqrt{3}}\times100\%\approx-0.81\%$

$$U_2=\frac{400\times(1+0.0081)}{\sqrt{3}}\approx232.8\text{ V}$$

3.6.2　效率与效率特性

1. 变压器的损耗

变压器运行时一直存在着损耗，主要损耗是铁损耗和铜损耗。铁损耗与电源电压的大小有关，与负载大小无关，称为不变损耗。变压器在额定电压下的铁损耗近似地等于在额定电压下做空载试验时的空载损耗 P_0，即 $P_{Fe}\approx P_0$。

由简化等值电路可知铜损耗为

$$P_{Cu}=P_{Cu1}+P_{Cu2}=(R_1+R_2')I_1^2=R_SI_1^2=(\beta I_{1N})^2R_S=\beta^2P_{SN}$$

式中，$P_{SN}=I_{1N}^2R_S$ 是做短路试验时的短路损耗。由上式可见，铜损耗与负载系数的平方成正比，称为可变损耗。

2. 变压器的效率

对单相变压器而言，输出有功功率 P_2，为

$$P_2=U_2I_2\cos\varphi_2\approx U_{2N}(\beta I_{2N})\cos\varphi_2=\beta(U_{2N}I_{2N})\cos\varphi_2=\beta S_N\cos\varphi_2$$

同理，三相变压器输出有功功率 P_2，亦为 $P_2=\beta S_N\cos\varphi_2$。

从能量平衡的观点看，变压器从电源输入的有功功率 P_1，等于铜损耗 P_{Cu}、铁损耗 P_{Fe} 和输出的有功功率 P_2 三者之和，即

$$P_1 = P_2 + P_{Fe} + P_{Cu} = P_2 + P_0 + \beta^2 P_{SN}$$

变压器的效率为

$$\eta = \frac{P_2}{P_1} = \frac{P_1 - \sum P}{P_1} = 1 - \frac{\sum P}{P_2 + \sum P} = 1 - \frac{P_0 + \beta^2 P_{KN}}{\beta S_N \cos\varphi_2 + P_0 + \beta^2 P_{KN}}$$

3. 变压器的效率特性

变压器的效率 η 随负载的变化规律就是变压器的效率特性，即 $\eta = f(\beta)$，如图 3.6.3 所示。

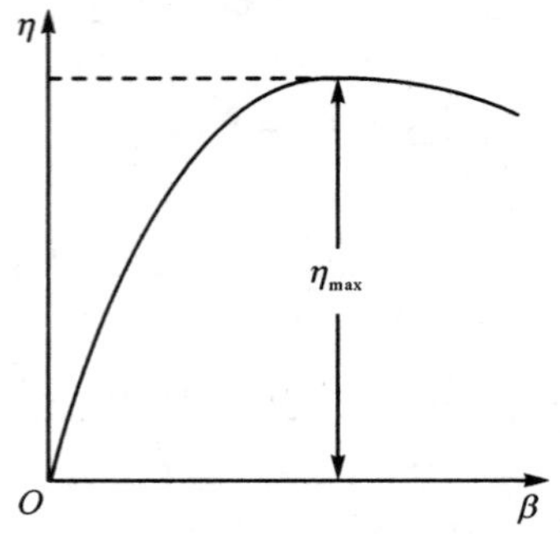

图 3.6.3 变压器的效率特性曲线

从图 3.6.3 可以看出，空载时 $\beta=0$，$P_2=0$，$\eta=0$；负载增大时，效率增加很快；当负载达到某一数值时，效率最大，然后又开始降低。这是因为随负载 P_2 的增大，铜损耗 P_{Cu} 按 β 的平方成正比增大，超过某一负载之后，效率随 β 的增大反而变小了。

令 $\frac{d\eta}{d\beta}=0$，即可求出最大效率时的 β_m，即 $\beta_m = \sqrt{\frac{P_0}{P_{SN}}}$，说明在不变损耗（铁损耗）与可变损耗（铜损耗）相等时变压器效率最高。

3.7 三相变压器与联结组

1. 三相变压器

三相变压器可以用三个同容量的单相变压器组成，这种三相变压器称为三相变压器组，还有一种由铁轭把三个铁芯柱连在一起的三相变压器，称为三相芯式变压器。从运行原理来看，三相变压器在对称负载下运行时，各相电压、电流大小相等，相位上彼此相差 120°，就其一相来说，和单相变压器没有什么区别。因此单相变压器的基本方程式、等效电路、相量图以及运行特性的分析方法与结论等完全适用于三相变压器。本节主要讨论三相变压器的特殊问题。

三相变压器组是由三台单相变压器组成的，相应的磁路称为组式磁路。由于每相的主磁通各沿自己的磁路闭合，彼此不相关联。当一次侧外施三相对称电压时，各相的主磁通必然对称，由于磁路三相对称，显然其三相空载电流也是对称的。三相组式变压器的磁路系统如图 3.7.1 所示。

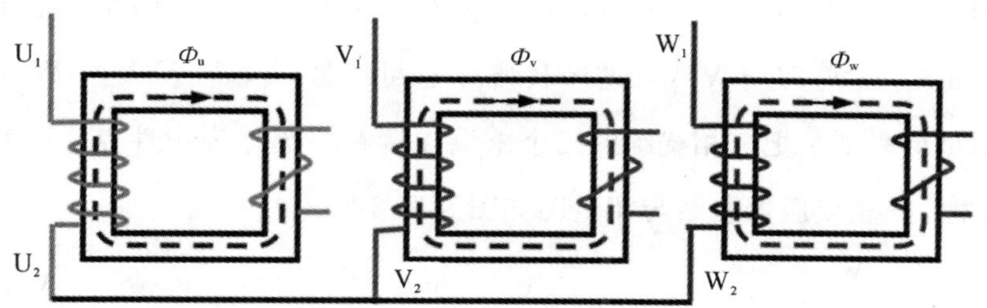

图 3.7.1 三相组式变压器磁路图

三相芯式变压器每相有一个铁芯柱，三个铁芯柱用铁轭连接起来，构成三相铁芯，如图 3.7.2 所示。这种磁路的特点是三相磁路彼此相关。从图 3.7.2 可以看出，任何一相的主磁通都要通过其他两相的磁路作为自己的闭合磁路。三相芯式变压器可以看成是由三相组式变压器演变而来的。

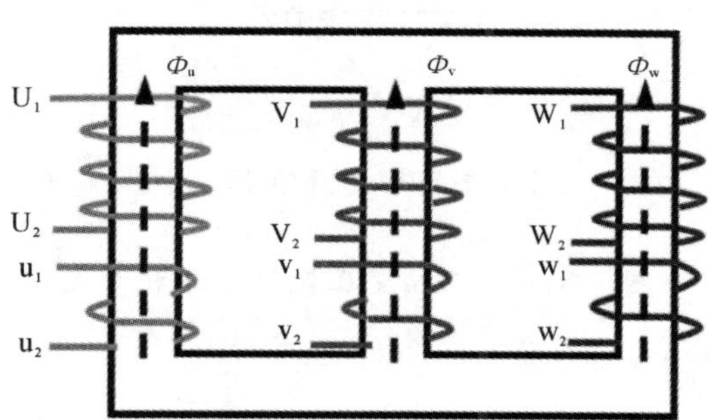

图 3.7.2 三相芯式变压器磁路图

为了在使用变压器时能正确连接而不发生错误，变压器绕组的每个出线端都有一个标志，或以国际通用方法标注，或以国内行业通用方法标注。电力变压器绕组首、末端的标志如表 3.7.1 所示，这里采用国际通用法标注。

表 3.7.1 三相变压器的标号

绕组名称	单相变压器		三相变压器		中性点
	首端	末端	首端	末端	
高压绕组	U_1	U_2	U_1、V_1、W_1	U_2、V_2、W_2	N
低压绕组	u_1	u_2	u_1、v_1、w_1	u_2、v_2、w_2	n
中压绕组	U_{1m}	U_{2m}	U_{1m}、V_{1m}、W_{1m}	U_{2m}、V_{2m}、W_{2m}	N_m

2. 三相变压器的联结

1) 三相变压器的联结方法

三相变压器绕组有两种联结方法，三角形联结和星形联结。三角形联结是把一相绕组的末端与另一相绕组的首端依次连接起来构成闭合回路，连接的顺序可以是$U_1U_2-W_1W_2-V_1V_2$(逆序联结)；也可以是$U_1U_2-V_1V_2-W_1W_2$(顺序联结)。星形联结是把三相绕组的三个末端连接在一起作为中性点，三个首端作为出线端。三相变压器联结与相量图如图 3.7.3 所示。

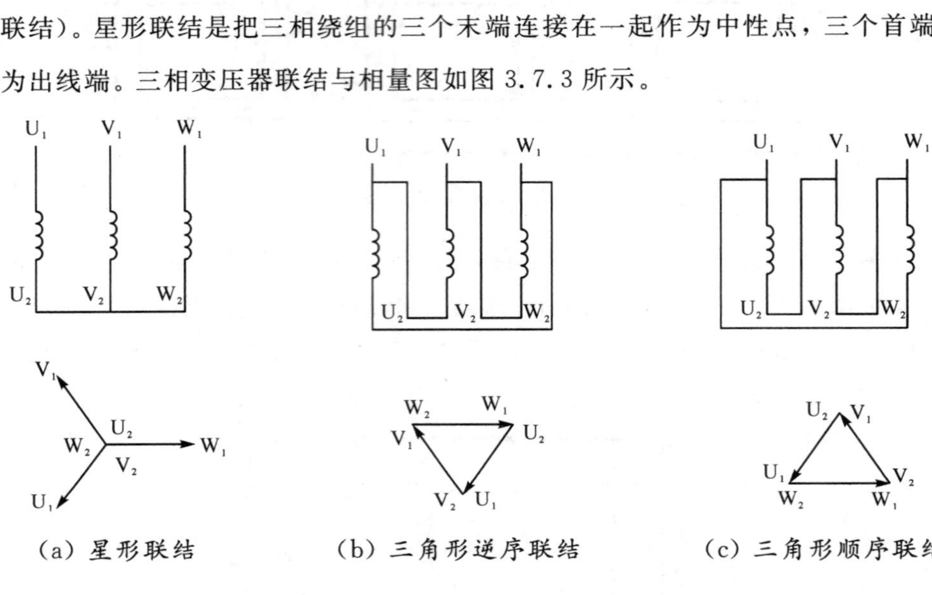

图 3.7.3 三相变压器联结与相量图

2) 三相变压器的联结组标号

变压器不仅能变电压$\left(U_2=\dfrac{U_1}{K}\right)$、变电流($I_2=KI_1$)、变阻抗($Z'_F=K^2Z_F$)，还能变相位，即改变一、二次绕组线电动势的相位差。影响线电动势相位差有三个因素：接线方法，绕组的绕向及首、末端标记。

常用联结组标号来表示一、二次绕组的接线方法和一、二次绕组线电动势的相位差。

表示一、二次绕组线电动势的相位差通常采用时钟表示法，把一次绕组线电动势相量作为时钟的长针，始终指向钟面的"12"，而以二次绕组线电动势相量作为短针，它所指向的钟面上的时钟数就是联结组标号的标号数，标号数表示了一、二次绕组线电动势之间的相位差。标号数乘以 30°就是一、二次绕组线电动势实际的相位差值。

联结组标号的书写形式是：用大、小写字母分别表示一、二次绕组的联结方

法，星形联结用 Y 或 y 表示，有中性线时用 YN 或 yn 表示，三角形联结用 D 或 d 表示，在最后的字母后边写上标号数。例如联结组标号 Yd1，表示变压器的一次绕组接成星形，二次绕组接成三角形，一、二次绕组均无中性线引出，标号数为 1，说明一、二次绕组线电动势的相位差为 $1\times30°=30°$。

下面分析如何确定变压器的联结组标号。

(1) 首端和末端标记。为了在使用变压器时能正确连线，对每一个绕组的出线端必须给一个标记。一般用大写字母作为高压绕组的首端和末端的标记，对应的小写字母作为低压绕组的首端和末端标记。对单相变压器，以 U_1、U_2 作为高压绕组首、末端标记；以 u_1、u_2 作为低压绕组首、末端标记。对于三相变压器，以 U_1、U_2 和 V_1、V_2 及 W_1、W_2 作为三相高压绕组首、末端标记；以 u_1、u_2 和 v_1、v_2 及 w_1、w_2 作为三相低压绕组首、末端标记。

(2) 单相变压器的联结组标号。在单相变压器中，一、二次绕组被同一个主磁通所交链，在任一瞬间，在一次绕组的两个端点之间产生的感应电动势中，必有一个端点为高电位，同时二次绕组的两个端点中也必有一个端点为高电位，这两个同为高电位的对应端点称为同极性端，也称为同名端，用在对应的端点旁加“·”表示同极性端。

一次和二次绕组的绕向决定同极性端。如图 3.7.4(a)所示，绕在同一个铁芯柱上的绕向相同的两个绕组，它们的上端点为同极性端（当然两个下端点也是同极性端）；在图 3.7.4(b)中，两绕组的绕向相反，则一个绕组的上端点与另一个绕组的下端点为同极性端。

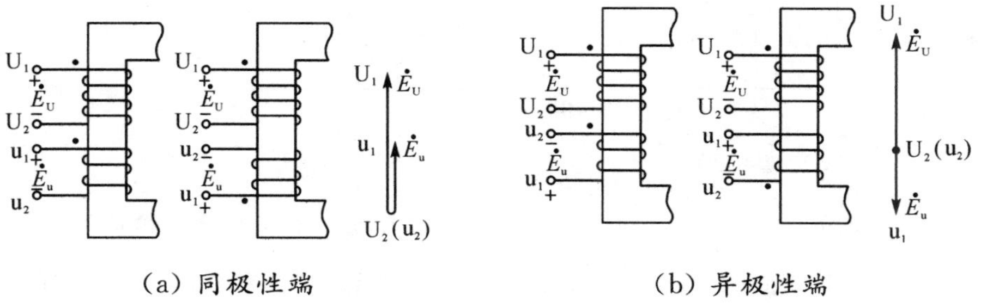

(a) 同极性端　　　　(b) 异极性端

图 3.7.4　出线端与感应电动势的相位关系

为了形象地表示高、低压绕组电动势之间的相位关系，采用所谓“时钟表示法”，即把高压绕组电动势相量 $\dot{E}_U$ 作为时钟的长针，并固定在“12”上，低压绕组电动势相量 $\dot{E}_u$ 作为时钟的短针，其所指的数字即为单相变压器联结组的组别号，图 3.7.4(a)可写成：I I0；图 3.7.4(b)可写成：I I6，其中 I I 表示高、低压绕组均为单相绕组，0 表示两绕组的电动势(电压)同相位，6 表示反相位。我国国家标准规定，单相变压器以 I I0 作为标准联结组。

(3) 三相变压器的联结组标号。当三相变压器一、二次绕组接线方法和绕组出线端标记及同极性端都已知时，利用一、二次绕组的电动势相量图，采用时钟表示法，可以确定其联结组标号的标号数，从而确定三相变压器的联结组标号。

如图 3.7.5(b)所示为 Yy0 联结的三相变压器。图中同极性端子在对应端，这时一、二次侧对应的相电动势同相位，同时一、二次侧对应的线电动势 $\dot{E}_{UV}$ 与 $\dot{E}_{uv}$ 也同相位。这时如把 $\dot{E}_{UV}$ 指向“12”上，则 $\dot{E}_{uv}$ 也指向“12”，因此其联结组写成 Yy0。如高压绕组三相标志不变，而将低压绕组三相标志依次后移一个铁芯柱，在相位图上相当于把各相应的电动势顺时针方向转了 120°(即 4 个点)，则得 Yy4 联结；如后移两个铁芯柱，则得 8 点钟接线，记为 Yy8 联结。

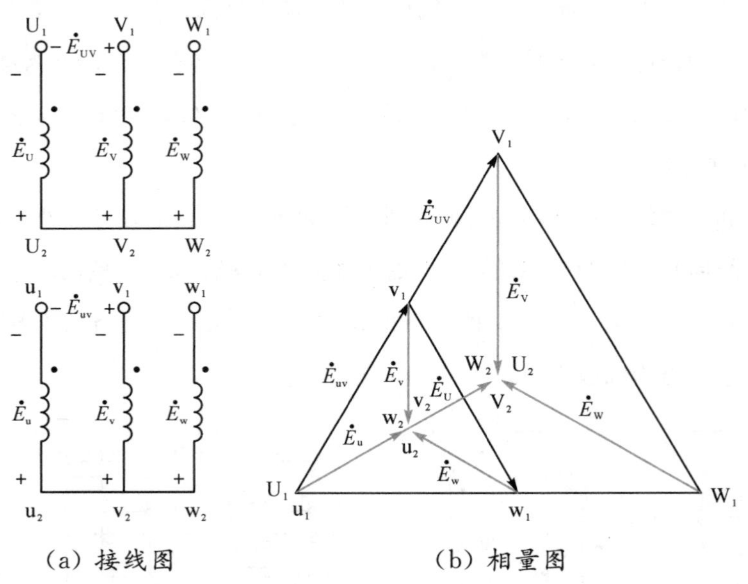

(a) 接线图　　　　(b) 相量图

图 3.7.5　联结组标号为 Yy0 的变压器接线图和电动势相量图

图 3.7.6(a)是三相变压器 Yd 联结时的接线图。图中将一、二次绕组的同极性端标为首端(或末端)，二次绕组则按 $u_1u_2-W_1W_2-V_1V_2$ 顺序作三角形联结，这时一、二次侧对应的相电动势也同相位，但线电动势 $\dot{E}_{UV}$ 与 $\dot{E}_{uv}$ 的相位差为 330°，如图 3.7.6(b)所示，当 $\dot{E}_{UV}$ 指向“12”时，则 $\dot{E}_{uv}$ 指向“11”，因此其组号为 11，用 Yd11 表示。同理，高压侧三相绕组不变，而相应改变低压侧三相绕组

的标号，则得 Yd3 和 Yd7 联结组。

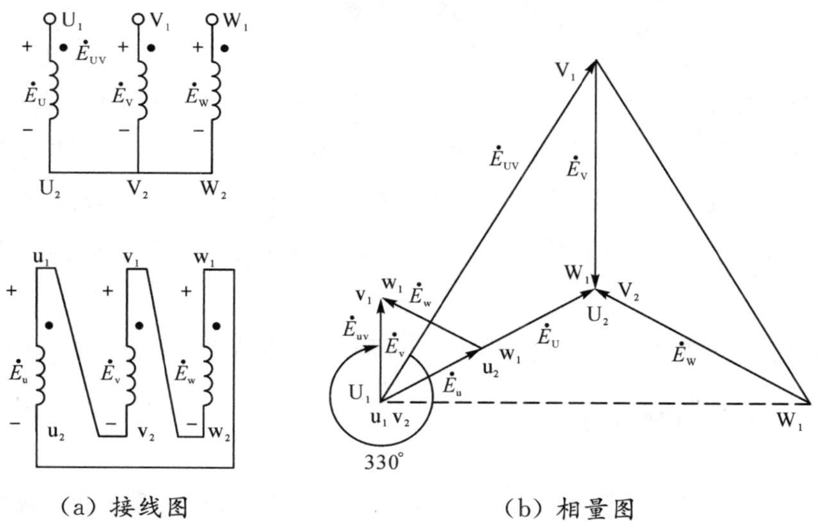

(a) 接线图　　(b) 相量图

图 3.7.6　联结组标号为 Yd11 的变压器接线图和电动势相量图

如将二次绕组按 $u_1u_2—w_1w_2—v_1v_2$ 顺序作三角形联结，其组号为 1，则得到 Yd1 联结组。同理，将低压绕组三相标志依次后移一个或两个铁芯柱，则得 Yd5 和 Yd9 联结组。

综上分析可知，Yd 联结的变压器共有 1、3、5、7、9、11 六个奇数组别。

对于 Dd 联结的变压器，和 Yy 联结一样，同样可得 0(12 点)、2、4、6、8、10 六个偶数组别；而对于 Dy 联结的变压器，则和 Yd 联结一样，同样可得 1、3、5、7、9、11 六个奇数组别。

三相变压器的联结组别很多，为便于制造、使用和并联运行，国家标准规定：同一铁芯柱上的高、低压绕组为同一相绕组，其绕向和标志均相同。电力变压器的标准联结组为 Yyn0；Yd11；YNd11；YNy0；Yy0 五种，其中前三种最为常用。Yyn0 的二次绕组可以引出中性线，构成三相四线制供电方式，用在低压侧为 400 V 的配电变压器中，供给三相动力负载和单相照明负载，高压侧额定电压不超过 35 kV。Yd11 用于低压侧电压超过 400 V，高压侧电压在 35 kV 以下的变压器中。YNd11 用在高压侧需要将中性点接地的变压器中，电压一般在 35～110 kV 及以上。YNy0 用在高压侧中性点需要接地的场合。Yy0 用在只供三相负载的场合。

3.8 特种变压器

变压器除了作交流电压的变换外，还有其他各种用途，如改变电源的频率，作整流设备的电源、电焊设备的电源、电炉电源或作电压互感器、电流互感器等。由于这些变压器的工作条件、负荷情况和一般变压器不同，因此不能用一般变压器的计算方法进行计算。因而，将具有特殊用途的变压器通称为特种变压器。

特种变压器基本工作原理与电力变压器相同，本节将着重分析它们的特性。

3.8.1 自耦变压器

一、二次侧共用一部分绕组的变压器称为自耦变压器。自耦变压器也有单相和三相之分。图 3.8.1 是一台单相自耦变压器结构示意图。在其铁芯上只绕一个一次绕组 AX，一次绕组中有一个抽头 a，由抽头 a 引出的部分绕组 cd 兼做二次绕组使用。这样，cd 是一、二次侧共用的公共绕组，除此以外的绕组 bc 是专门用作一次绕组的。由于共用一部分绕组，自耦变压器一、二次绕组之间既有磁的耦合，又有电的联系。

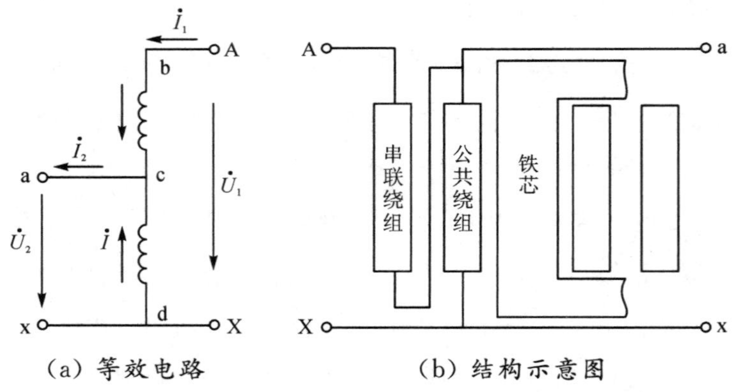

(a) 等效电路　　(b) 结构示意图

图 3.8.1　单相自耦变压器

自耦变压器原理接线图如图 3.8.2 所示，图中各电磁量参考方向的选取与双绕组电力变压器相同，一次绕组 U_1U_2 的匝数为 N_1，公共绕组 $u'U_2$ 的匝数为 N_2。当一次绕组外接额定电压 U_{1N}时，二次侧电压为 U_{2N}，则有

$$\frac{U_{1N}}{U_{2N}}=\frac{E_1}{E_2}=\frac{N_1}{N_2}=K>1 \tag{3.8.1}$$

式中，K 是自耦变压器的变比，$K>1$ 为降压自耦变压器。有时为了使用方便，

令 $K_A=\frac{1}{K}=\frac{N_2}{N_1}$，称 K_A 为自耦变压器的降压比。

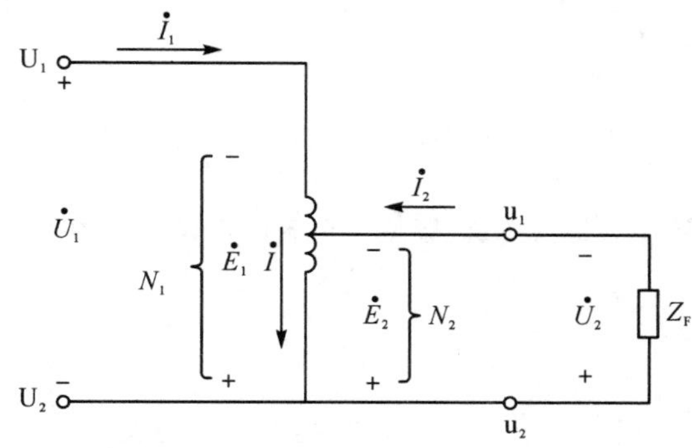

图 3.8.2　自耦变压器原理接线图

当二次绕组接上负载时，就有负载电流 $\dot{I}$ 流过，设这时流过一次绕组的电流为 $\dot{I}_1$，流过公共绕组的电流为 $\dot{I}$。根据空载时的磁动势等于负载时的磁动势，得到磁动势平衡方程式为

$$\left.\begin{aligned}(N_1-N_2)\dot{I}_1+N_2\dot{I}&=N_1\dot{I}_0\\ \dot{I}&=\dot{I}_1+\dot{I}_2\end{aligned}\right\}\tag{3.8.2}$$

将式(3.8.2)中两式联立可得 $(N_1-N_2)\dot{I}_1+N_2(\dot{I}_1+\dot{I}_2)=N_1\dot{I}_0$，如果忽略励磁磁动势 $N_1\dot{I}_0$，就得到 $N_1\dot{I}_1+N_2\dot{I}_2=0$，即 $\dot{I}_2=-\dot{K}I_1$。式(3.8.2)表明，$\dot{I}_1$ 与 $\dot{I}_2$ 是反相的，其大小关系为 I_2 是 I_1 的 K 倍。

在普通双绕组变压器中，流过负载的电流就是流过二次绕组的电流；而式 $\dot{I}_2=-\dot{K}I_1$ 表明，在自耦变压器中，流过负载的二次侧输出电流 I_2 等于流过二次绕组电流 I 与流过一次绕组电流 I_1 之和。I_1 是由电源经一次绕组直接流入负载的，称为传导电流，因此自耦变压器带负载的能力增强了，容量增大了。

变压器的额定容量(铭牌容量)是由绕组容量(又称电磁容量或设计容量)决定的。普通双绕组变压器的一、二次绕组之间只有磁的联系，功率的传递全靠电磁感应，因此普通双绕组变压器的额定容量等于一次绕组或二次绕组的容量。

自耦变压器则不同，一、二次绕组之间既有磁的联系又有电的联系。从一次侧到二次侧的功率传递，一部分是通过电磁感应，一部分是直接传导，二者之和是铭牌上标注的额定容量。

自耦变压器的额定容量(铭牌容量)是指输入容量或输出容量，二者相等，为

$$S_N = U_{1N} I_{1N} = U_{2N} I_{2N} \tag{3.8.3}$$

自耦变压器的输出容量 S_{out} 等于二次侧输出电压 U_2 与输出电流 I_2 的乘积，即

$$S_{out} = I_2 U_2 = (I_1 + I) U_2 = I U_2 + I_1 U_2 = S_2 + S_C \tag{3.8.4}$$

式中，S_C 称为传导容量，是由 I_1 直接传给负载的，其大小为 $S_C = I_1 U_2 = \frac{1}{K} I_2 U_2 = \frac{1}{K} S_{out}$。

S_2 为二次绕组容量，等于二次侧输出电压 U_2 与流过二次绕组电流 I 的乘积，即 $S_2 = IU_2$。自耦变压器的输出容量中，传导容量占 $1/K$，绕组容量仅占 $(K-1)/K$。普通双绕组变压器的容量就等于绕组容量，因此绕组容量相等的自耦变压器的容量大于普通变压器的容量，其增大的容量来自传导容量，这是自耦变压器的优点。如果二次侧的端点能沿着一次绕组滑动并与之接触，使二次侧输出电压是连续可调的，这种自耦变压器称为自耦接触式调压器。在实际的调压器中，绕组沿着环形铁芯绕制，在绕组的裸铜线表面一侧放置一组可滑动的电刷。当一次侧外接电源电压 U_1 时，移动电刷，便可平滑地调节输出电压 U_2。

3.8.2 互感器

互感器又称为仪用变压器，是电压互感器和电流互感器的统称，它的工作原理与变压器相同。能将高电压变成低电压、大电流变成小电流，用于量测或保护系统。

互感器是在电气测量中经常使用的一种特殊变压器，使用互感器有两个目的：一是为了用小量程的电压表和电流表测量高电压和大电流；二是为了使测量回路与高压线路隔离，以保障工作人员和测试设备的安全。

互感器的主要性能指标是测量精度，影响测量精度的重要因素是互感器的线性度，即一、二次电压或电流的线性程度。为了保证测量精度，通常互感器靠采用不同于普通变压器的特殊结构来保证线性度。下面分别介绍电压互感器和电流互感器。

1. 电压互感器

使用电压互感器测量高压线路的高电压时，把电压互感器的一次绕组接在

高压线路上，二次绕组接电压表或功率表的电压线圈，其实物图如图 3.8.3(a)所示，接线图如图 3.8.3(b)所示。

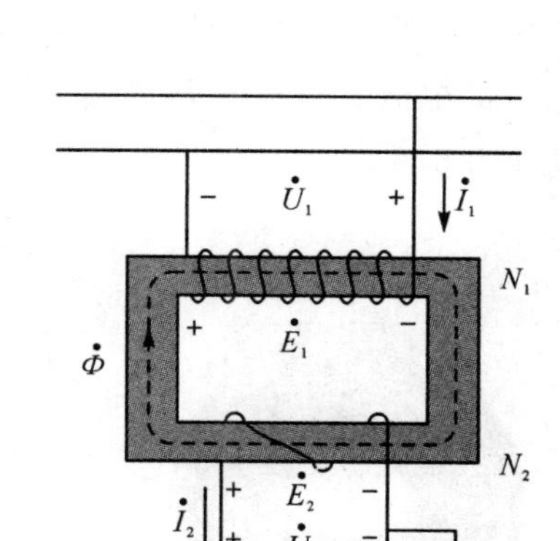

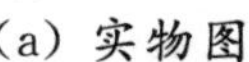
(a) 实物图

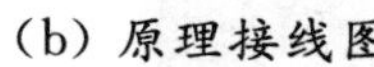
(b) 原理接线图

图 3.8.3　电压互感器

电压互感器被设计成一次绕组匝数 N_1 很多，二次绕组匝数 N_2 很少的降压变压器，且二次侧额定电压规定为 100 V。由于二次侧接电压表，而电压表的内阻很大，因而电压互感器的运行状态相当于变压器的空载运行。如果忽略一、二次绕组的漏阻抗，则有

$$\frac{U_1}{U_2}=\frac{E_1}{E_2}=\frac{N_1}{N_2}=K_u \tag{3.8.5}$$

式中，K_u 称为电压互感器的电压比，由上式就得到 $U_1=K_uU_2$。在测量中，只需把电压互感器二次侧接的电压表的读数 U_2，乘以电压比 K_u 就得到被测的实际电压值 U_1。若测量用的电压表是按 K_uU_2 刻度的，从表上就直接读出被测电压值。

在使用电压互感器时，二次侧不允许短路，否则会因漏阻抗很小，将产生很大的短路电流而将绕组烧坏。为了设备和人身安全，二次绕组要接地。

2. 电流互感器

电流互感器的一次绕组由一匝或数匝截面较大的导体绕制，与被测电路相串联；二次绕组匝数较多，外接阻抗很小的电流表或功率表的电流线圈，其实物图如图 3.8.4(a)所示，接线图如图 3.8.4(b)所示。

由于二次绕组接的是阻抗很小的电流表或功率表的电流线圈，因此电流互感器的运行状态相当于变压器的短路运行。

电流互感器的磁动势平衡方程式为 $N_1\dot{I}_1+N_2\dot{I}_2=N_1\dot{I}_0$，在制造电流互感器时，采取了许多措施来减少 $\dot{I}_0$，使 $\dot{I}_0$ 小到可以忽略，于是有 $N_1\dot{I}_1+N_2\dot{I}_2=0$，

可以导出 $\dot{I}_1=-\frac{N_2}{N_1}\dot{I}_2=-K_i\dot{I}_2$。$K_i=\frac{N_2}{N_1}$称为电流互感器的电流比，是常数。把电流互感器二次侧接的电流表的读数 I_2，乘以电流比 K_2，就是被测实际电流 I_1 的值。若测量 I_2 的电流表是按 K_iI_2 刻度，从表上就可直接读出 I_1 的值，一般 I_2 的额定电流设计为 5 A。

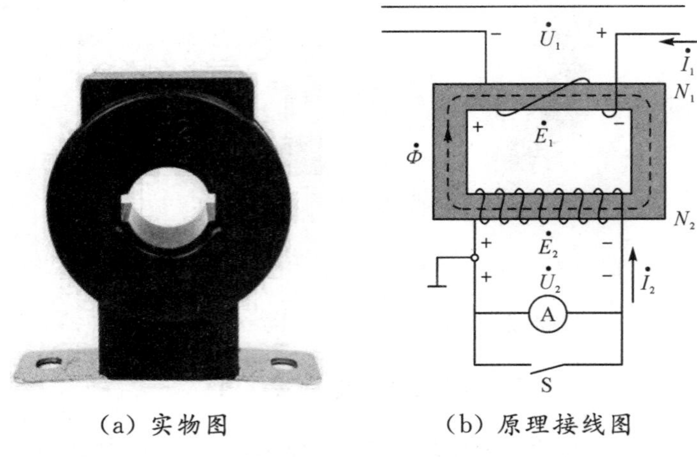

（a）实物图　　（b）原理接线图

图 3.8.4　电流互感器

使用电流互感器时，要注意以下两点。

（1）二次绕组回路绝对不允许开路。若二次侧开路，则 $I_2=0$，磁动势方程式变为 $N_1\dot{I}_1=N_1\dot{I}_0$，被测的一次侧大电流 I_1 全部作为励磁电流，比正常工作的励磁电流大数百倍，使铁芯中的磁通增加，铁损耗增加，使绕组过热而烧坏；铁芯磁通增加，还会使二次侧出现很高的尖峰电压，有可能将绝缘击穿，甚至危及设备和操作人员的安全。为了避免出现二次侧开路，常用一个开关 S 与电流表并联，要换接电流表，先将开关 S 合上，换好后，正常工作时再将 S 打开。

（2）二次绕组及铁芯也必须可靠接地，以防止绝缘击穿后，一次回路的高电压危及二次回路的设备及操作人员的安全。

习　题　3

一、填空题

1. 变压器是一种＿＿＿＿＿＿的电气设备，它利用电磁感应原理将一种电压等级的交流电转变成同频率的另一种电压等级的交流电。

2. 电力变压器按冷却介质可分为＿＿＿＿＿和干式两种。

3. 变压器的铁芯是＿＿＿＿＿部分。

4. 变压器铁芯的结构一般分为＿＿＿＿＿和壳式两类。

5. 变压器的铁芯一般采用__________叠制而成。

6. 三相变压器 Dyn11 绕组接线表示一次绕组接成__________。

二、选择题

1. 变压器一、二次侧绕组因匝数不同将导致一、二次侧绕组的电压高低不等，匝数多的一边电压(　　)。

A. 高　　B. 低　　C. 可能高也可能低　　D. 不变

2. 变压器(　　)铁芯的特点是铁轭靠着绕组的顶面和底面，但不包围绕组的侧面。

A. 圆式　　B. 壳式　　C. 芯式　　D. 球式

3. 变压器的铁芯硅钢片(　　)。

A. 片厚则涡流损耗大，片薄则涡流损耗小

B. 片厚则涡流损耗大，片薄则涡流损耗大

C. 片厚则涡流损耗小，片薄则涡流损耗小

D. 片厚则涡流损耗小，片薄则涡流损耗大

4. 电力变压器利用电磁感应原理将(　　)。

A. 一种电压等级的交流电转变为同频率的另一种电压等级的交流电

B. 一种电压等级的交流电转变为另一种频率的另一种电压等级的交流电

C. 一种电压等级的交流电转变为另一种频率的同一电压等级的交流电

D. 一种电压等级的交流电转变为同一种频率的同一电压等级的交流电

5. 变压器接在电网上运行时，变压器(　　)将由于种种原因发生变化，影响用电设备的正常运行，因此变压器应具备一定的调压能力。

A. 二次侧电压　　B. 一次侧电压　　C. 最高电压　　D. 额定电压

6. 当变压器二次绕组开路，一次绕组施加额定频率的额定电压时，一次绕组中所流过的电流称为(　　)。

A. 励磁电流　　B. 整定电流　　C. 短路电流　　D. 空载电流

7. 在给定负载功率因数下二次空载电压和二次负载电压之差与二次额定电压的(　　)，称为电压调整率。

A. 和　　B. 差　　C. 积　　D. 比

8. 变压器的效率为输出的(　　)与输入的有功功率之比的百分数。

A. 有功功率　　B. 无功功率　　C. 额定功率　　D. 视在功率

9. 当铁损耗和铜损耗相等时，变压器处于最经济运行状态，一般在其带额定容量的(　　)时。

A. 20%～30%　　B. 30%～40%　　C. 40%～60%　　D. 50%～70%

10. 变压器运行时各部件的温度是不同的，(　　)温度最高。

A. 铁芯　　B. 变压器油　　C. 绕组　　D. 环境温度

11. 变压器的稳定温升大小与周围环境温度(　　)。

A. 正比　　B. 反比　　C. 有关　　D. 无关

12. 在不损害变压器(　　)和降低变压器使用寿命的前提下，变压器在较短时间内所能输出的最大容量为变压器的过负载能力。

A. 绝缘　　B. 线圈　　C. 套管　　D. 铁芯

13. 变压器油是流动的液体，可充满油箱内各部件之间的气隙，排除空气，从而防止各部件受潮而引起绝缘强度的(　　)。

A. 升高　　B. 降低　　C. 时高时低　　D. 不变

三、简答题

1. 电力变压器的主要用途有哪些？为什么电力系统中变压器的安装容量比发电机的安装容量大？

2. 变压器能改变交流电的电压和电流，能不能改变直流电的电压和电流？为什么？

3. 变压器空载运行时，功率因数为什么很低？这时从电源吸收的有功功率和无功功率都消耗在什么地方？

4. 在一次侧和二次侧做空载试验时，从电源吸收的有功功率相同吗？测出的参数相同吗？短路试验的情况又怎样？

四、计算题

1. 一台三相电力变压器 Yd 接法，额定容量 $S_N=1000\ \text{kV}\cdot\text{A}$，额定电压 $U_{1N}/U_{2N}=10\ \text{kV}/3.3\ \text{kV}$，短路阻抗标幺值 $Z_K^*=0.053$，二次侧的负载接成三角形 $Z_F=(50+\text{j}85)\Omega$，试求一次侧电流、二次侧电流和二次侧电压。

2. 一台三相变压器，额定容量 $S_N=5000\ \text{kW}\cdot\text{A}$，额定电压 $U_{1N}/U_{2N}=10\ \text{kV}/6.3\ \text{kV}$，Yd 联结，试求：

(1) 一、二次侧的额定电流；

(2) 一、二次侧的额定相电压和相电流。

3. 一台单相双绕组变压器，额定容量为 $S_N=600\ \text{kV}\cdot\text{A}$，$U_{1N}/U_{2N}=35\ \text{kV}/6.3\ \text{kV}$，当有额定电流流过时，漏阻抗压降占额定电压的 6.5%，绕组中的铜损耗为 9.5 kW(75℃)，当一次绕组接额定电压时，空载电流占额定电流的 5.5%，功率因数为 0.10。试求：

(1) 变压器的短路阻抗和励磁阻抗；

(2) 当一次绕组接额定电压，二次绕组接负载 $Z_F=80\angle 40°\Omega$ 时的 U_2、I_1 及 I_2。

4. 一台单相变压器，已知：$R_1=2.19\ \Omega$，$X_{1\sigma}=15.4\ \Omega$，$R_2=0.15\ \Omega$，$X_{2\sigma}=0.964\ \Omega$，$R_m=1250\ \Omega$，$X_m=12\ 600\ \Omega$，$N_1/N_2=876/260$。当二次侧电压 $U_2=6000$ V，电流 $I_2=180$ A，且 $\cos\varphi_2=0.8$(滞后)时：

(1) 画出归算到高压侧的 T 型等效电路；

(2) 用 T 型等效电路和简化等效电路求 $\dot{U}_1$ 和 $\dot{I}_1$，并比较其结果。

5. 一台 1000 kV·A，10 kV 的单相变压器，在额定电压下的空载损耗为 4900 W，空载电流为 0.05(标幺值)，额定电流下 75 ℃时的短路损耗为 14 000 W，短路电压为 5.2%(百分值)。设归算后一次和二次绕组的电阻相等，漏抗亦相等，试计算：

(1) 归算到一次侧时 T 型等效电路的参数；

(2) 用标幺值表示时近似等效电路的参数；

(3) 负载功率因数为 0.8(滞后)时，变压器的额定电压调整率和额定效率；

(4) 变压器的最大效率，发生最大效率时负载的大小($\cos\varphi_2=0.8$)。

6. 一台三相变压器，$S_N=5600$ kV·A，$U_{1N}/U_{2N}=10$ kV/6.3 kV，Yd11 联结组。变压器的开路及短路试验数据为

试验名称	线电压/V	线电流/A	三相功率/W	备注
开路试验	6300		6800	电压加在低压侧
短路试验	550	323	18 000	电压加在高压侧

试求一次侧加额定电压时：

(1) 归算到一次侧时近似等效电路的参数(实际值和标幺值)；

(2) 满载且 $\cos\varphi_2=0.8$(滞后)时，二次侧电压 $\dot{U}_2$ 和一次侧电流 $\dot{I}_1$；

(3) 满载且 $\cos\varphi_2=0.8$(滞后)时的额定电压调整率和额定效率。

第4章　三相异步电动机

学习目标

(1) 掌握三相异步电动机的工作原理和机械结构，以及三相异步电动机的特性。

(2) 了解三相异步电动机的铭牌数据。

(3) 掌握三相异步电动机定子绕组的磁动势、磁场及电动势。

(4) 掌握三相异步电动机运行的电磁转换过程。

(5) 掌握三相异步电动机运行过程中的等效电路及相量图。

(6) 掌握三相异步电动机的功率和转矩。

(7) 掌握三相异步电动机的工作特性及测取方法。

重难点

(1) 三相异步电动机定子绕组的磁动势、磁场及电动势。

(2) 三相异步电动机的电磁转换过程。

(3) 三相异步电动机的等效电路及相量图。

(4) 三相异步电动机的功率和转矩分析与计算。

(5) 三相异步电动机的工作特性。

思维导图

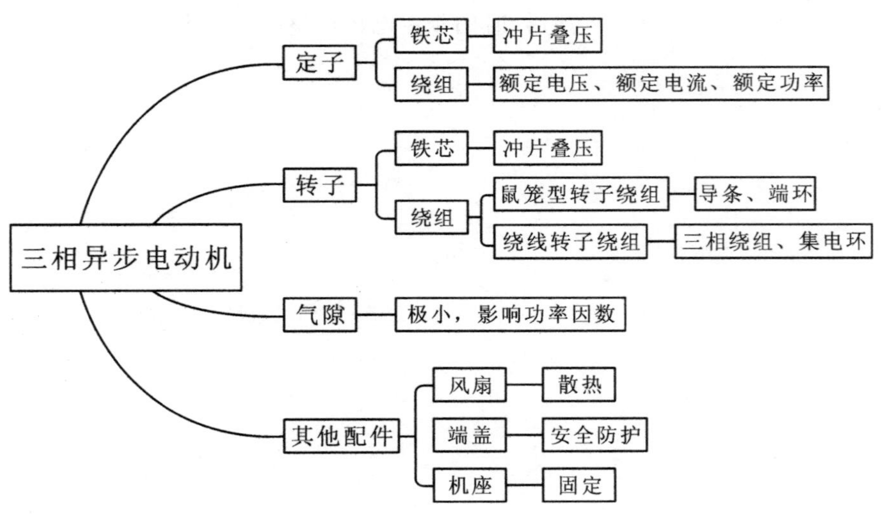

交流电机可分为异步电机和同步电机两大类。其中，异步电机又分为异步电动机和异步发电机。

异步电动机主要用于拖动多种机械负载。在工业生产中，异步电动机用于拖动中小型轧钢设备、金属切削机床、轻工机械和矿上机械等；在农业生产中，异步电动机用于拖动水泵、脱粒机、粉碎机以及其他农副产品的加工机械；在民用电器方面，异步电动机用于拖动电风扇、洗衣机、电冰箱、空调机等。

异步发电机一般只用于小型水力发电和风力发电等特殊场合。

按相数的不同，异步电动机主要分为三相异步电动机、两相异步电动机和单相异步电动机三类。三相异步电动机是当前工农业生产中应用最普遍的电动机；两相异步电动机通常用作特殊电机；而单相异步电动机由于容量较小、性能较差，一般用于实验室和家用电器中。

本章主要讨论三相异步电动机的相关内容。

4.1　三相异步电动机的基本结构

三相异步电动机主要由定子和转子两大部分组成。转子装在定子腔内，定、转子之间有一缝隙，称为气隙。图 4.1.1 所示为三相异步电动机的结构图。

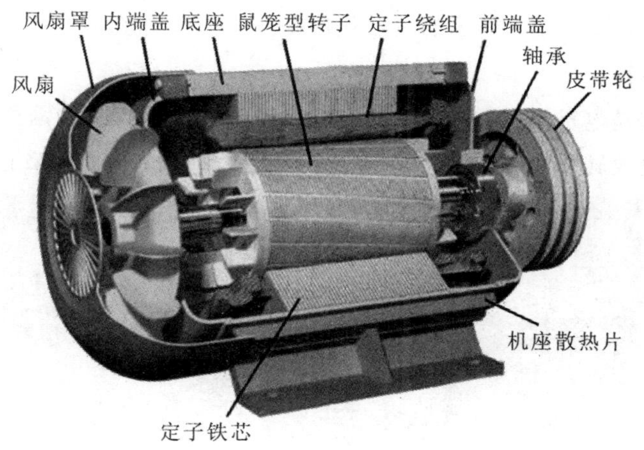

图 4.1.1　三相异步电动机的结构

1. 定子部分

定子部分主要由定子铁芯、定子绕组和机座组成。

定子铁芯是电机磁路的一部分。为减少铁损耗，定子铁芯一般由 0.5 mm 厚的导磁性能较好的硅钢片叠成，安放在机座内。定子铁芯叠片冲有嵌放绕组的槽，故又称为冲片。中小型电机的定子铁芯通常采用整圆冲片如图 4.1.2 所示。大中型电机常采用扇形冲片拼成一个圆。为了冷却铁芯，在大容量电机中，定子

铁芯分成很多段，每两段之间留有径向通风槽，作为冷却空气的通道。

定子绕组是电机的电路部分，它嵌放在定子铁芯的内圆槽内。定子绕组分单层和双层两种。一般小型异步电动机采用单层绕组，大中型异步电动机采用双层绕组。

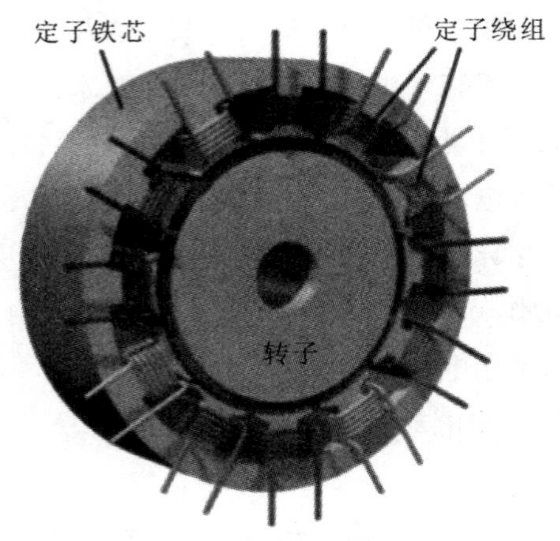

图 4.1.2　定子的结构

2. 转子部分

转子部分主要由转子铁芯、转子绕组和转轴组成，如图 4.1.3 所示。整个转子靠端盖和轴承支撑着。转子的主要作用是产生感应电流，形成电磁转矩，以实现机电能量转换。

转子铁芯是电机磁路的一部分，一般也用 0.5 mm 厚的硅钢片叠成。转子铁芯叠片冲有嵌放转子绕组的槽。转子铁芯固定在转轴或转子支架上。

图 4.1.3　转子的结构

转子绕组，按结构形式的不同，可分为鼠笼型转子绕组和绕线转子绕组两种。

1）鼠笼型转子绕组

在转子铁芯的每个槽中插入一根裸导条，在铁芯两端分别用两个短路环把导条连接成一个整体，形成一个自身闭合的多相对称短路绕组。如去掉转子铁芯，整个绕组就犹如一个“鼠笼子”，由此得名鼠笼型转子绕组，如图 4.1.4 所示。

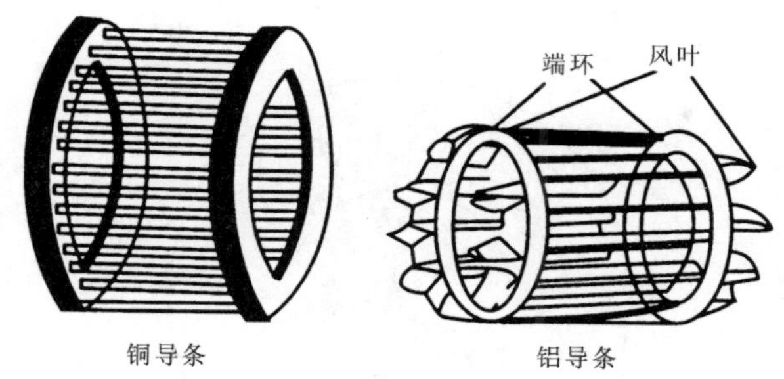

图 4.1.4　鼠笼型转子绕组

2）绕线转子绕组

绕线转子绕组与定子绕组相似，它是在绕线转子铁芯的槽内嵌入绝缘导线组成的三相对称绕组。这个三相对称绕组连接成星形后，其三个端头分别接在与转轴绝缘的三个滑环上，再经一套电刷引出来与外电路相连，如图 4.1.5 所示。

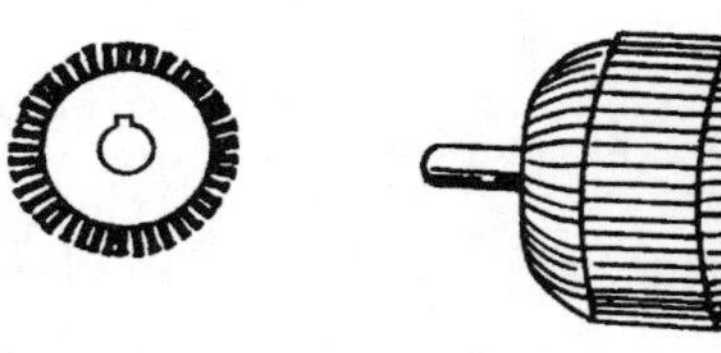

(a) 硅钢片

(b) 转子

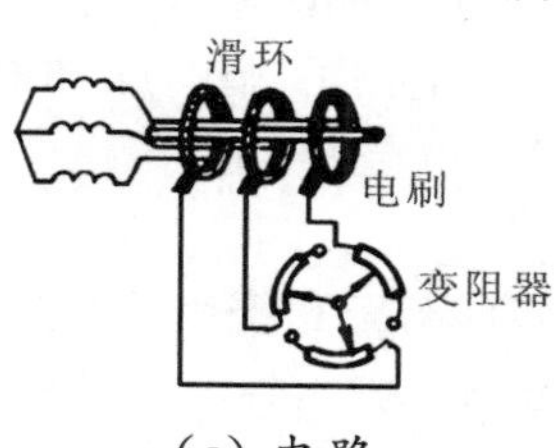

(c) 电路

图 4.1.5　绕线转子绕组

绕线转子绕组的特点是：通过滑环和电刷可在转子电路中接入附加电阻或其他控制装置，以便改善电动机的启动性和调速性能。为减少电动机在运行中电刷的摩擦损耗，中等容量以上的异步电动机还装有提刷装置。转轴用强度和刚度较高的低碳钢制成。

3. 气隙

异步电动机的气隙是均匀的。气隙大小对异步电动机的运行性能和参数影响较大。由于励磁电流由电网供给，气隙越大，励磁电流也就越大，而励磁电流又属无功性质，它会影响电网的功率因数，因此异步电动机的气隙大小往往为机械条件所能允许达到的最小数值。中小型电机的气隙长度一般为 0.2～1.5 mm。

4.2 三相异步电动机的基本工作原理

1. 基本工作原理

图 4.2.1 所示为一台三相笼型异步电动机的原理示意图。在定子铁芯里嵌放着对称的三相绕组 U_1—U_2、V_1—V_2、W_1—W_2。转子槽内放有导条，导条两端用短路环短接起来，形成一个笼型闭合绕组。定子三相绕组可接成星形，也可

接成三角形。

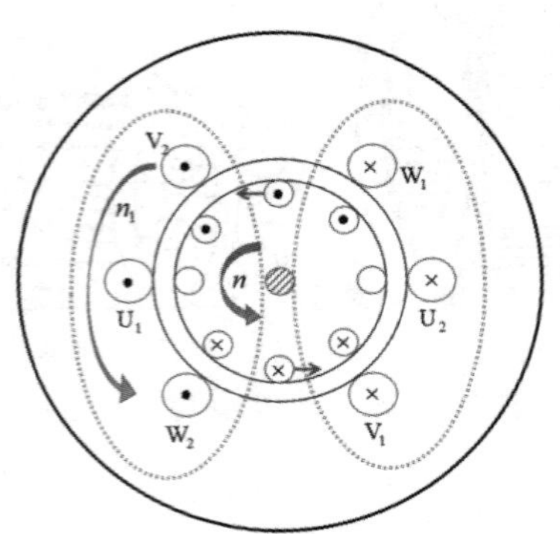

图 4.2.1　三相笼型异步电动机的原理示意图

如果定子对称三相绕组被施以对称的三相电压，就有对称的三相电流流过，并且会在电机的气隙中形成一个旋转的磁场。这个磁场的转速 n_1 称为同步转速。它与电网的频率 f_1 和电机的极对数 p 的关系为

$$n_1=\frac{60f_1}{p} \tag{4.2.1}$$

转向与三相绕组的排列以及三相电流的相序有关。若 U、V、W 相以逆时针方向排列，则当定子绕组中通入 U、V、W 相序的三相电流时，定子旋转磁场为逆时针转向。由于转子是静止的，因此相当于磁场不动而转子做反向运动。又因为转子绕组自身闭合，所以相当于转子导体切割定子磁场，进而产生感应电动势，转子绕组内便有电流流过。

转子有功电流与转子感应电动势同相位，其方向可由“右手定则”确定。载有有功分量电流的转子绕组在定子旋转磁场作用下，将产生电磁力 $\boldsymbol{F}$，其方向由“左手定则”确定。电磁力对转轴形成一个电磁转矩，其作用方向与旋转磁场方向一致，拖着转子顺着旋转磁场的旋转方向旋转，将输入的电能变成旋转的机械能。若电动机轴上带有机械负载，则机械负载随着电动机的旋转而旋转，电动机对机械负载做功。

综上分析可知，三相异步电动机转动的基本工作原理是：

(1) 三相对称绕组中通入三相对称电流，产生圆形旋转磁场；

(2) 转子导体切割定子旋转磁场，产生感应电动势和电流；

(3) 转子载流导体在磁场中受到电磁力的作用，从而形成电磁转矩，驱使电动机转子转动。

异步电动机的旋转方向始终与旋转磁场方向一致，而旋转磁场方向又取决于异步电动机的三相电流相序，因此，三相异步电动机的转向与电流的相序一致。要改变转向，只需改变电流的相序即可，即任意对调电动机的两根电源线，便可使电动机反转。

异步电动机的转速 n 恒小于旋转磁场转速n_1，因为只有这样，转子绕组才能

产生电磁转矩，使电动机旋转。若 $n=n_1$，则转子绕组与定子磁场之间无相对运动，从而转子绕组中无感应电动势和感应电流产生。可见，$n<n_1$ 是异步电动机工作的必要条件。由于电动机转速 n 与旋转磁场转速 n_1 不同步，因此，电动机称为异步电动机。又因为异步电动机的转子电流是通过电磁感应作用产生的，所以异步电动机又称为感应电动机。

2. 转差率

同步转速与转子转速之差(n_1-n)和同步转速 n_1 的比值称为转差率，用字母 s 表示，即

$$s=\frac{n_1-n}{n_1} \tag{4.2.2}$$

转差率 s 是异步电机的一个基本物理量，它反映异步电机的各种运行情况。对异步电动机而言，在转子尚未转动（如启动瞬间）时，$n=0$，转差率 $s=1$；当转子转速接近同步转速（空载运行）时，$n\approx n_1$，转差率 $s\approx 0$。由此可见，作为异步电动机，转速 n 在 $0\sim n_1$ 范围内变化，转差率 s 在 $1\sim 0$ 范围内变化。

异步电动机负载越大，转速就越慢，其转差率就越大；反之，负载越小，转速就越快，其转差率就越小。故转差率的大小直接反映了转子转速的快慢或电动机负载的大小。异步电动机的转速可由式(4.2.2)推算，即

$$n=(1-s)\ n_1 \tag{4.2.3}$$

在正常运行范围内，转差率的数值很小，一般在 0.01～0.06 之间，即异步电动机的转速很接近同步转速。

3. 异步电机的三种运行状态

根据转差率的大小和正负情况，异步电机有如图 4.2.2 所示的三种运行状态，其中 T_{em} 为电磁转矩，T_0 为空载转矩。

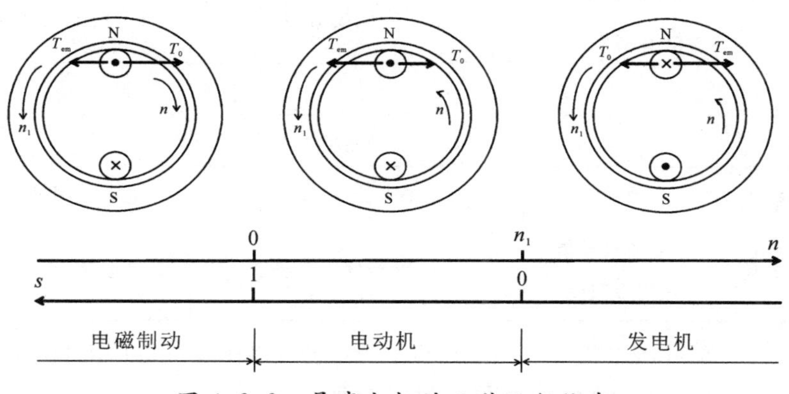

图 4.2.2 异步电机的三种运行状态

1）电动机运行状态

异步电机定子绕组接至电源，转子就会在电磁转矩的驱动下旋转，电磁转矩

为驱动转矩，其转向与旋转磁场方向相同。此时电机从电网取得电功率，并将电功率转变成机械功率，由转轴传输给负载。电动机转速范围为 $0<n<n_1$，转差率范围为 $0<s\leqslant1$。

2）发电机运行状态

异步电机定子绕组仍接至电源，该电机的转轴不再接机械负载，而是用一台原动机拖动异步电动机的转子以大于同步转速（$n>n_1$）的速度顺着旋转磁场方向转动。显然，此时电磁转矩方向与转子转向相反，起制动作用，为制动转矩。为克服电磁转矩的制动作用而使转子继续旋转，并保持 $n>n_1$，电机必须不断从原动机吸收机械功率，把机械功率转变为输出的电功率，因此这种运行状态称为发电机运行状态。此时，$n>n_1$，转差率 $s<0$。

3）电磁制动运行状态

异步电机定子绕组仍接至电源，如果用外力拖着电机逆着旋转磁场方向转动，则此时电磁转矩方向与电机旋转方向相反，起制动作用。电机定子仍从电网吸收电功率，同时转子从外力吸收机械功率，这两部分功率都在电机内部以损耗的方式转化成热能消耗掉。这种运行状态称为电磁制动运行状态。此种情况下，n 为负值，即 $n<0$，转差率 $s>1$。

由此可知，区分这三种运行状态的依据是转差率 s 的大小：① 若 $0<s<1$，则为电动机运行状态；② 若 $s<0$，则为发电机运行状态；③ 若 $s>1$，则为电磁制动运行状态。表 4.2.1 给出了异步电机三种运行状态小结。

表 4.2.1　异步电机三种运行状态小结

状态	电磁制动	电动机	发电机
操作	外力使电机沿磁场反方向旋转	定子绕组接对称电源	外力使电机快速旋转
转速	$n<0$	$0<n<n_1$	$n>n_1$
转差率	$s>1$	$0<s\leqslant1$	$s<0$
电磁转矩	制动	驱动	制动
能量关系	电能和机械能转变为内能	电能转变为机械能	机械能转变为电能

综上所述，异步电机可以作电动机运行，也可以作发电机运行和电磁制动运行，但一般作电动机运行，异步发电机很少使用。电磁制动是异步电机在完成某一生产过程中出现的短时运行状态，例如，起重机下放重物时，为了安全、平稳，需限制下放速度，就使异步电动机短时处于电磁制动状态。异步电动机的电磁制动状态将在第 9 章中详细讲述。

4.3　三相异步电动机的铭牌及其参数

1. 三相异步电动机的铭牌

每台三相异步电动机的铭牌上都标注了电机的相关参数，如图 4.3.1 所示。铭牌上的额定值及有关技术数据是正确选择、使用和检修电动机的依据。

三相异步电动机

型号 YSJ7124	功率　370 W	编号
电压　220/380 V	频率　50 Hz	绝缘等级　B级
电流　1.94/1.12 A	效率　0.70	防护等级　IP55
转速　1400 r/min	功率因数　0.72	冷却方式　IC411
重量　6.8　kg	工作制　S1	环境温度　40 ℃

×××电机有限公司

图 4.3.1　异步电动机的铭牌

2. 三相异步电动机的主要参数

1) 型号

异步电动机的型号主要包括产品代号、设计序号、规格代号和特殊环境代号等。产品代号表示电动机的类型，用大写印刷体的汉语拼音字母表示。如 Y 表示异步电动机，YS 表示三相异步电动机，YR 表示绕线转子异步电动机等。设计序号是指电动机产品设计的顺序，用阿拉伯数字表示。规格代号用中心高、铁芯外径、机座号、机座长度、铁芯长度、功率、转速或极数表示。

如 Y112M－4 中的“Y”表示异步电动机，“112”表示电动机的中心高为 112 mm，“M”表示中机座(L 表示长机座，S 表示短机座)，“4” 表示磁极数为 4，即 4 个磁极。

有些电动机型号在机座代号后面还有一位数字，代表铁芯号，如 Y132S2－2 型号中 S 后面的“2”表示 2 号铁芯长(1 为 1 号铁芯长)。

2) 额定功率 P_N

电动机的额定功率又称额定容量，它表示这台电动机在额定工作状况下运行时，机轴上所能输出的机械功率，单位为瓦(W)。

3) 额定频率 f_N

电动机在额定运行状态下，定子绕组所接电源的频率，称为额定频率。我国电网的频率(即工频)规定为 50 Hz。

4) 额定电压 V_N

额定电压是指电动机在额定运行状态下加在定子绕组上的线电压，单位为伏(V)。通常铭牌上标有两种电压，如 220/380 V，表示这台电动机既可用于线电压为 220 V 的三相电源，也可用于线电压为 380 V 的三相电源。通常，电动机只有在额定电压下运行时才能输出额定功率。Y 系列电动机的额定电压都是 380 V。

5）额定电流 I_N

电动机的额定电流是指电动机在额定电压、额定频率和额定负载下定子绕组的线电流，单位为安(A)。电动机定子绕组为三角形(△)接法时，线电流是相电流的$\sqrt{3}$倍；为星形(Y)接法时，线电流等于相电流。Y、△接法如图 4.3.2 所示。一般电动机电流受外加电压、负载等因素影响较大，因此，了解电动机所允许通过的最大电流为正确选择导线、开关以及电动机上所加的熔断器和热继电器提供了依据。

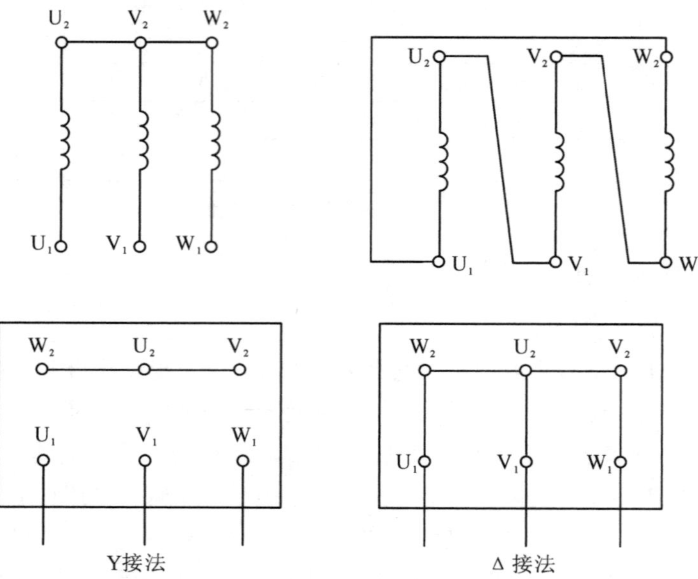

图 4.3.2　Y 接法与△接法

对于额定电压为 380 V、容量不超过 55 kW 的三相异步电动机，其额定电流的安培数近似等于额定功率千瓦数的 2 倍，通常称为“1 千瓦 2 安培关系”。例如，10 kW 电动机的额定电流约为 20 A，17 kW 电动机的额定电流约为 34 A。

6）额定转速 n_N

额定转速是指电动机在额定电压、额定频率和额定功率情况下运行时，转子每分钟所转的圈数，单位为转/分钟(r/min)。通常额定转速比同步转速低 2%～6%。同步转速、电源频率和电动机磁极对数有如下关系：

同步转速＝60×频率/磁极对数

如：二极电动机(一对磁极)的同步转速＝60×50/1＝3000(r/min)，二极电动机的额定转速约为 2930 r/min；四极电动机(二对磁极)的同步转速＝60×50/2＝1500(r/min)，四极电动机的额定转速约为 1440 r/min。

7）防护等级

防护等级是指电动机外壳(含接线盒等)防护电动机电路部分的能力，在铭

牌中以 IPxy 形式表示。其中，IP 是国际通用的防护等级代码；x 和 y 均为一个数字，x 为 0～6，代表防固体的能力，y 为 0～8，代表防液体(一般指水)的能力，数字越大，防护能力越强。

例如，防护标志 IP44 的含义如下：

IP——特征字母，为“国际防护”的缩写。

44——4 级防固体(防止直径大于 1 mm 的固体进入电动机)；4 级防水(任何方向溅水无有害影响)。

8) LW 值

LW 值指电动机的总噪声等级。LW 值越小，说明电动机运行的噪声越低。噪声单位为分贝(dB)。

9) 工作制

工作制指电动机的运行方式，一般分为“连续”(代号为 S1)、“短时”(代号为 S2)、“断续”(代号为 S3)。

10) 温升

温升是指电动机长期连续运行时的工作温度比周围环境温度高出的数值。我国规定电动机周围环境的温度最高为 40℃。例如，若电动机的允许温升为 65℃，则其允许的工作温度为 65℃＋40℃＝105℃。电动机的允许温升与所用绝缘材料等级有关。如果电动机运行中的温度超过极限温升，就会使绝缘材料加速老化，缩短电动机的使用寿命。

11) 接法

电动机定子绕组的常用接法有星形(Y)和三角形(△，也可用字母 D 表示)两种。定子绕组的接线方式与电动机的额定电压有关。当铭牌上标明 220/380 V，接线方式为△/Y 时，表示电动机用于 220 V 线电压时，三相定子绕组应接成三角形；用于 380 V 线电压时，三相定子绕组需接成星形。接线时不能任意改变接法，否则会损坏电动机。

具体采用哪种接线方式取决于相绕组能承受的电压设计值。例如，一台相绕组能承受 220 V 电压的三相异步电动机，铭牌上额定电压为 220/380 V、D/Y 联结，这时采用什么接线方式应视电源电压而定。若电源电压为 220 V，则用三角形联结；若电源电压为 380 V，则用星形联结。在这两种情况下，每相绕组实际上都只承受 220 V 电压。凡功率小于 3 kW 的电机，其定子绕组均为星形联结，4 kW以上的电机均为三角形联结。

【例 4.3.1】设一台三相异步电动机的铭牌上标明了其额定频率 $f_N=50$ Hz，额定转速 $n_N=965$ r/min，问电动机的极对数和额定转差率各为多少？若另一台三相异步电动机的极对数为 $p=5$，额定频率 $f_N=50$ Hz，额定转差率 $s_N=0.04$，问该电动机的额定转速为多少？

解：额定频率 $f_N=50$ Hz，额定转速 $n_N=965$ r/min 的电动机，其同步转速

$n_1=1000$ r/min，由 $n_1=60f/p$ 可知极对数为

$$p=\frac{60f}{n_1}=\frac{60\times50}{1000}=3$$

额定转差率为

$$s_N=\frac{n_1-n_N}{n_1}=\frac{1000-965}{1000}=0.035$$

当电动机的极对数 $p=5$，额定频率 $f_N=50$ Hz，额定转差率 $s_N=0.04$ 时，电动机的额定转速为

$$n_N=n_1(1-s_N)=\frac{60f}{p}(1-s_N)=\frac{60\times50}{5}\times(1-0.04)=576\ \text{r/min}$$

【例 4.3.2】已知一台三相异步电动机的额定功率 $P_N=10$ kW，额定电压 $U_N=380$ V，额定功率因数 $\cos\varphi_N=0.75$，额定效率 $\eta_N=86\%$，问其额定电流 I_N 为多少？

解：由 $P_N=\sqrt{3}U_NI_N\cos\varphi_N\eta_N$ 得

$$I_N=\frac{P_N}{\sqrt{3}U_N\eta_N\cos\varphi_N}=\frac{10\times10^3}{\sqrt{3}\times380\times0.86\times0.75}\approx23.6\ \text{A}$$

3. 三相异步电动机的主要系列

我国生产的异步电动机种类很多，现有老系列和新系列之分。老系列电动机已不再生产，现有的将逐步被新系列电动机所取代。新系列电动机都符合国际电工委员会(IEC)标准，具有国际通用性，技术、经济指标更高。

我国生产的异步电动机主要产品系列如下。

Y 系列：一般用途的小型笼型全封闭自冷式三相异步电动机。其额定电压为 380 V，额定频率为 50 Hz，功率范围为 0.55 kW～315 kW，同步转速为 600～3000 r/min，外壳防护形式有 IP44 和 IP23 两种。该系列异步电动机主要用于金属切削机床、通用机械、矿山机械和农业机械等，也可用于拖动静止负载或惯性负载大的机械，如压缩机、传送带、磨床、锤击机、粉碎机、小型起重机、运输机械等。

Y2 和 Y3 系列：Y2 系列电动机是 Y 系列的升级换代产品，是采用新技术而开发出的新系列，具有噪声低、效率和转矩高、启动性能好、结构紧凑、使用维修方便等特点，能广泛应用于机床、风机、泵类、压缩机和交通运输、农业、食品加工等各类机械传动设备中；Y3 系列电动机是 Y2 系列电动机的升级产品，它采用冷轧硅钢片作为导磁材料，用铜用铁量略低于 Y2 系列；噪声限值比 Y2 系列低。

YR 系列：三相绕线转子异步电动机。该系列异步电动机用在电源容量小、不能用同容量笼型异步电动机启动的生产机械上。

YD 系列：变极多速三相异步电动机。

YQ 系列：高启动转矩异步电动机。该系列异步电动机用在启动静止负载或惯性负载较大的机械上，如压缩机、粉碎机等。

YZ 和 YZR 系列：起重和冶金用三相异步电动机，YZ 是笼型转子异步电动机，YZR 是绕线转子异步电动机。

YB 系列：防爆式笼型异步电动机。

YCT 系列：电磁调速异步电动机。该系列异步电动机主要用于纺织、印染、化工、造纸、船舶及要求变速的机械上。

4.4　三相异步电机的定子绕组

三相异步电机的定子绕组是实现机电能量转换的重要部件。对发电机而言，定子绕组的作用是产生感应电动势和输出电功率。对电动机而言，定子绕组的作用是通电后建立旋转磁场，该旋转磁场切割转子导体，在转子导体中形成感应电流，彼此相互作用产生电磁转矩，使电机旋转，输出机械能。三相异步电机的定子绕组实物图如图 4.4.1 所示。

图 4.4.1　三相异步电机的定子绕组实物图

三相异步电机的定子绕组按绕法的不同，可分为叠绕组和波绕组；按槽内导体层数的不同，可分为单层绕组和双层绕组；按绕组节距的不同，可分为整距绕组和短距绕组。汽轮发电机和大中型异步电动机的定子绕组，一般采用双层短距叠绕组；水轮发电机定子绕组和绕线转子异步电动机转子绕组常采用双层短距波绕组，而小型异步电动机则采用单层绕组。

4.4.1　三相异步电机的相关概念

1. 极距 τ

如图 4.4.2 所示，两个相邻磁极轴线之间沿定子铁芯内圆的距离称为极距 τ。极距一般用每个极面下所占的槽数来表示。若电机的极对数为 p，定子槽数为 Z，转子直径为 D，则

$$\tau=\frac{Z}{2p}\quad 或\quad \tau=\frac{\pi D}{2p} \tag{4.4.1}$$

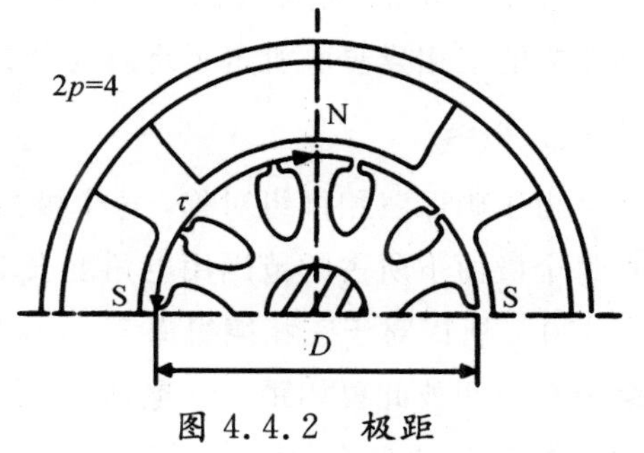

图 4.4.2　极距

2. 线圈节距 y

如图 4.4.3 所示，一个线圈的两个有效边之间所跨过的距离称为线圈节距 y。节距一般用线圈跨过的槽数表示。为使每个线圈具有尽可能大的电动势或磁动势，节距 y 应等于或接近于极距 τ。将 $y=\tau$ 的绕组称为整距绕组，$y<\tau$ 的绕组称为短距绕组，$y>\tau$ 的绕组称为长距绕组。

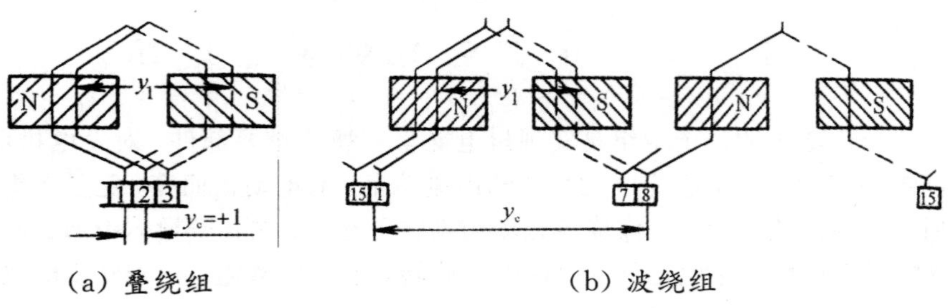

图 4.4.3 叠绕组和波绕组示意图

3. 电角度

电机圆周的几何角度为 360°，称为机械角度。从电磁观点看，若转子上有一对磁极，它旋转一周，定子导体每掠过一对磁极，导体中的感应电动势就变化一个周期，即 360°电角度。若电机的极对数为 p，则转子转一周，定子导体中感应电动势就变化 p 个周期，即变化 $p\times360°$，因此电机整个圆周对应的机械角度为 360°，而对应的电角度为 $p\times360°$，于是有：

$$电角度=p\times机械角度$$

4. 槽距角 α

相邻两个槽之间的电角度称为槽距角 α。若电机的极对数为 p，定子槽数为 Z，则 $\alpha=\dfrac{p\times360°}{Z}$。

5. 每极每相槽数 q

每一个极面下每相所占有的槽数为 q，若绕组相数为 m，则 $q=\dfrac{Z}{2pm}$。

若 q 为整数，则相应的三相异步电机定子绕组为整数槽绕组；若 q 为分数，则相应的三相异步电机定子绕组为分数槽绕组。

6. 相带

为了确保三相绕组对称，每个极面下的导体必须平均分给各相。每一相绕组在每个极面下所占的范围用电角度表示，称为相带。因为每个磁极占有的电角度是 180°，所以对于三相绕组而言，一相占有 60°电角度，称为 60°相带。由于三相绕组在空间彼此要相距 120°电角度，且相邻磁极下导体感应电动势方向相反，因此根据节距的概念，沿一对磁极对应的定子内圆相带的划分依次为 U_1、W_2、

V_1、U_2、W_1、V_2，如图 4.4.4 所示。

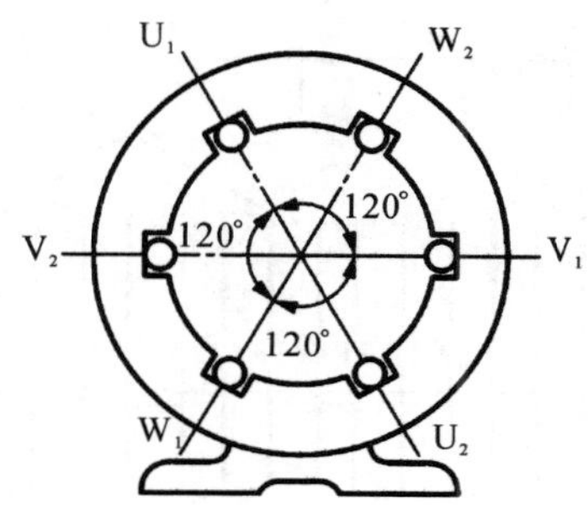

图 4.4.4　120°相带

4.4.2　三相单层绕组

单层绕组的每个槽内只放置一个线圈边，整台电机的线圈总数等于槽数的一半。单层绕组可分为单层整距叠绕组、单层链式绕组及其他形式的绕组。

这里以 $Z=36$，绕成 $2p=6$，$m=3$ 的单层绕组为例，说明单层绕组的排列和连接规律。

1. 单层整距叠绕组

单层整距叠绕组是一分布($q>1$)整距($y=\tau$)的等元件绕组，单层整距叠绕组的相关参数计算方法与步骤如下。

(1) 计算绕组参数，即

$$\tau=\frac{Z}{2p}=\frac{36}{6}=6 \tag{4.4.2}$$

$$q=\frac{Z}{2pm}=\frac{36}{2\times3\times3}=2 \tag{4.4.3}$$

电角度(槽距角)：

$$\alpha=\frac{p\times360^\circ}{Z}=\frac{2\times360^\circ}{36}=10^\circ \tag{4.4.4}$$

(2) 划分相带。将槽依次编号，按 60°相带的排列次序将各相带包含的槽填入表 4.4.1 中。

表 4.4.1　相带与槽号对照表(60°相带)

第一对极	相带	U_1	W_2	V_1	U_2	W_1	V_2
	槽号	1，2	3，4	5，6	7，8	9，10	11，12
第二对极	相带	U_1	W_2	V_1	U_2	W_1	V_2
	槽号	13，14	15，16	17，18	19，20	21，22	23，24

(3) 组成线圈组。如图 4.4.5 所示，将属于 U 相的 1 号槽的线圈边和 7 号槽的线圈边组成一个线圈($y=\tau=6$)，2 号槽与 8 号槽的线圈边组成一个线圈，再将上面两个线圈串联成一个线圈组(又称极相组)。同理，将 13 号槽与 19 号槽，

以及14号槽与20号槽中的线圈边分别组成线圈后再串联成一个线圈组。

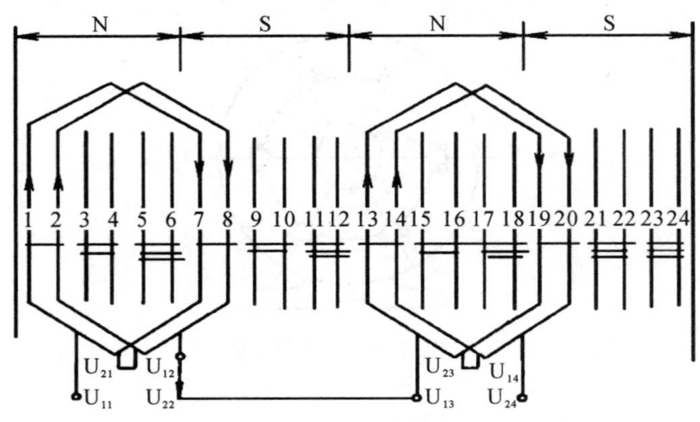

图 4.4.5　单层整距叠绕组

(4) 构成一相绕组。同一相的两个线圈组串联或并联可构成一相绕组。U相的两个线圈组采用串联形式，每相只有一条支路。

可见，其中每相线圈组数恰好等于极对数，可以证明，单层绕组每相共有 p 个线圈组。这 p 个线圈组所处的磁极位置完全相同，它们可以串联也可以并联。在此引入并联支路数的概念，用 a 表示并联支路数，对于图 4.4.5，则有 $a=1$。可见，单层绕组的每相最大并联支路数 $a_{max}=p$。

2. 单层链式绕组

为了缩短绕组端部连线，节省用铜和便于嵌线、散热，在实际应用中，常将单层整距叠绕组改进成单层链式绕组。

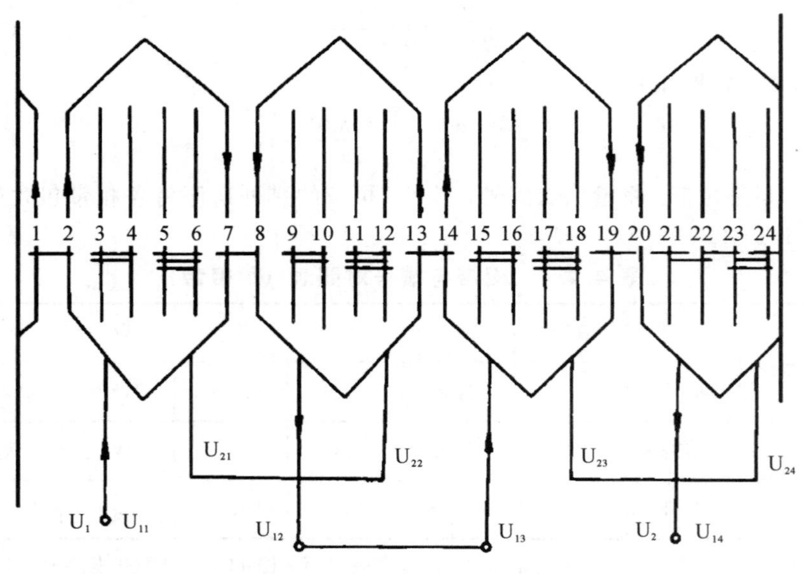

图 4.4.6　单层链式绕组

以单层整距叠绕组中的U相绕组为例，将属于U相的2－7、8－13、

14—19、20—1 号线圈边分别连接成 4 个节距相等的线圈，并按电动势相加的原则，将 4 个线圈按“头接头，尾接尾”的规律相连，构成 U 相绕组，展开图如图 4.4.6所示。此种绕组就整个外形来看，形如长链，故称为链式绕组。

同样，V、W 两相绕组的首端依次与 U 相首端相差 120°和 240°空间电角度，可画出 V、W 两相展开图。

可见，链式绕组的每个线圈节距相等并且制造方便；线圈端部连线较短，因而省铜。链式绕组主要用于 $q=2$ 的 4、6、8 极小型三相异步电动机中。

$q=3$、$p>2$ 的单层绕组常改进成交叉式绕组。$q=4$、6、8 等偶数的 2 极小型三相异步电动机常采用单层同心式绕组。

单层绕组的优点是：首先，它不存在层间绝缘问题，不会在槽内发生层间或相间绝缘击穿故障；其次，它的线圈数仅为槽数的一半，故绕线及嵌线所费工时较少，工艺简单，因而被广泛应用于 10 kW 以下的异步电动机中。

4.4.3　三相双层绕组

双层绕组每个槽内放置上下两层线圈的有效边，线圈的一个有效边放置在某一槽的上层，另一个有效边放置在另一槽的下层，两个有效边的相隔节距为 y。整台电机的线圈总数等于槽数。双层绕组中所有线圈尺寸相同，这有利于绕制；端部排列整齐，有利于散热。通过合理地选择节距，还可以改善电动势和磁动势的波形。

同直流电机中叠绕组和波绕组的连接方式一样，三相异步电机的定子双层绕组也按线圈形状和端部连接线的连接方式不同分为双层叠绕组和双层波绕组。双层短距叠绕组 U 相绕组展开图，如图 4.4.7 所示。

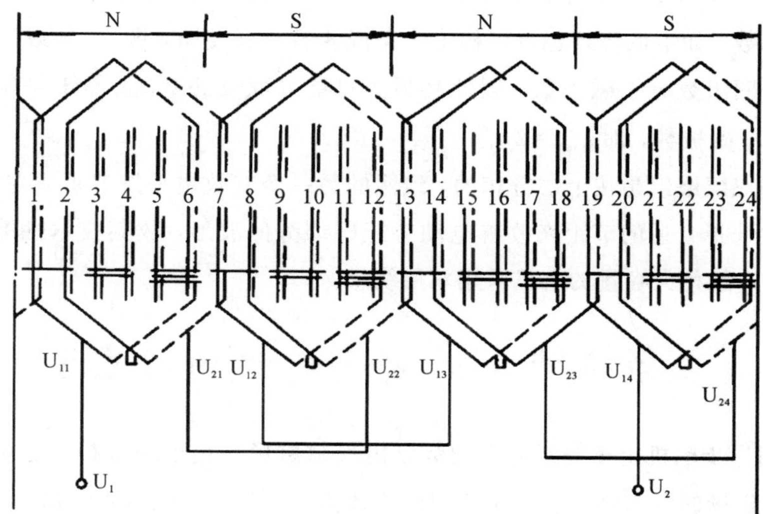

图 4.4.7　双层短距叠绕组 U 相绕组展开图

根据 $q=3$，按 60°相带次序 U_1、W_2、V_1、U_2、W_1、V_2，对上层线圈的有效边进行分相，即 1、2、3 三个槽为 U_1；4、5、6 三个槽为 W_2；7、8、9 三个槽为 V_1……以此类推，如表 4.4.2 所示。

表 4.4.2　按双层 60°相带排列表

第一对极	相带	U_1	W_2	V_1	U_2	W_1	V_2
	槽号或上层线圈的有效边	1、2、3	4、5、6	7、8、9	10、11、12	13、14、15	16、17、18
第二对极	相带	U_1	W_2	V_1	U_2	W_1	V_2
	槽号或上层线圈的有效边	19、20、21	22、23、24	25、26、27	28、29、30	31、32、33	34、35、36

根据上述对上层线圈有效边的分相以及双层绕组的嵌线特点，一个线圈的一个有效边放在上层，另一个有效边放在下层。如 1 号线圈一个有效边放在 1 号槽上层(实线表示)，则另一个有效边根据节距应放在 9 号槽下层(用虚线表示)，以此类推。一个极面下属于 U 相的 1、2、3 号三个线圈顺向串联起来构成一个线圈组(也称极相组)，再将第二个极面下属于 U 相的 10、11、12 号三个线圈串联构成第二个线圈组。按照同样的方法，另两个极面下属于 U 相的 19、20、21 号和 28、29、30 号线圈分别构成第三、第四个线圈组，这样每个极面下都有一个属于 U 相的线圈组，所以双层绕组的线圈组数和磁极数相等。然后根据电动势相加的原则把 4 个线圈组串联起来，组成 U 相绕组。V、W 相类同。

各线圈组也可以采用并联形式，用 a 来表示每相绕组的并联支路数。对于图 4.4.7，$a=1$，即有一条并联支路。随着电机容量的增加，要求增加每相绕组的并联支路数。如本例绕组也可以构成 2 条或 4 条并联支路，即 $a=2$ 或 $a=4$。由于每相线圈组数等于磁极数，因此其最大可能并联支路数 a_{max} 等于每相线圈组数，也等于磁极数，即 $a_{max}=2p$。

由于双层绕组是按上层分相的，线圈的另一个有效边是按节距放在下层的，可以任意选择合适的节距来改善电动势或磁动势的波形，故其技术性能优于单层绕组。一般稍大容量的电机采用双层绕组。

4.5　三相异步电机定子绕组的感应电动势

三相异步电机定子绕组的电动势是由气隙磁场与定子绕组相对运动而产生的，气隙磁场的分布情况及定子绕组的构成方法，对电动势的波形和大小影响很大。本节中假定磁场在气隙空间分布为正弦分布、幅值不变，并用下标表示所有正弦基波量。

4.5.1　定子绕组线圈的感应电动势

1. 一根导体的感应电动势

图 4.5.1 是一台交流发电机的原理示意图。定子槽内放置一根导体 A，转子磁极以恒定转速沿某一方向旋转时，定子导体将切割磁场感应出具有一定频率和大小的正弦波电动势。

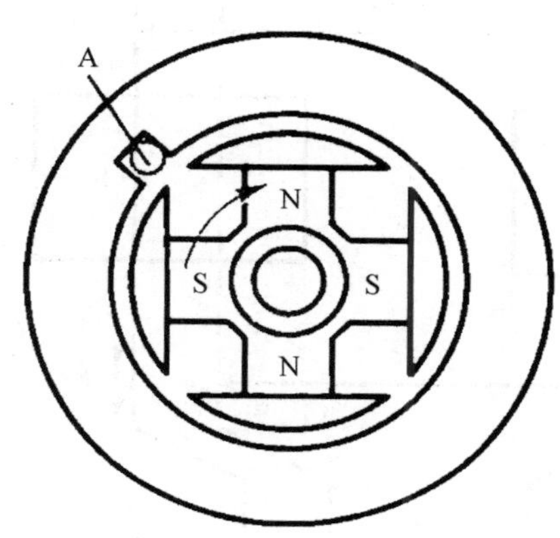

图 4.5.1　交流发电机原理示意图

1）感应电动势的频率

每当转子转过一对磁极，导体电动势就经历一个周期的变化。若电机有 p 对磁极，则转子旋转一周，导体电动势就经历 p 个周期。若转子以转速 n(单位为 r/min)旋转，则导体感应电动势频率为

$$f=\frac{pn}{60} \tag{4.5.1}$$

2）感应电动势的大小

感应电动势的大小根据电磁感应定律确定，其最大值为

$$E_{\mathrm{em1}}=B_{\mathrm{m1}}lv \tag{4.5.2}$$

式中，B_{m1} 为正弦分布的气隙磁通密度的幅值。B_{m1} 用每极磁通 Φ_1 表示可写为

$$B_{\mathrm{m1}}=\frac{\pi}{2}\cdot\frac{1}{l\tau}\cdot\Phi_1 \tag{4.5.3}$$

将式(4.5.2)与式(4.5.3)联立，可得一根导体感应电动势的有效值为

$$E_{\mathrm{c1}}=\frac{1}{\sqrt{2}}E_{\mathrm{em1}}=\frac{1}{\sqrt{2}}\frac{\pi\Phi_1}{2l\tau}\cdot l\cdot 2f\tau=\frac{\pi}{\sqrt{2}}f\Phi_1\approx 2.22f\Phi_1 \tag{4.5.4}$$

取磁通 Φ_1 单位为 Wb，频率 f 单位为 Hz，则电动势 E_{c1} 单位为 V。

2. 整距线圈的电动势

一个定子绕组的线圈由 N_{c} 个相同的线匝组成。对于 $y=\tau$ 的整距线圈来说，

两个有效边内的感应电动势瞬时值大小相等而方向相反，线圈电动势为两个有效边的合成电动势。若两个有效边的电动势参考方向都规定为从上到下，则用相量表示时，两个相量相位差为 180°，如图 4.5.2 所示。

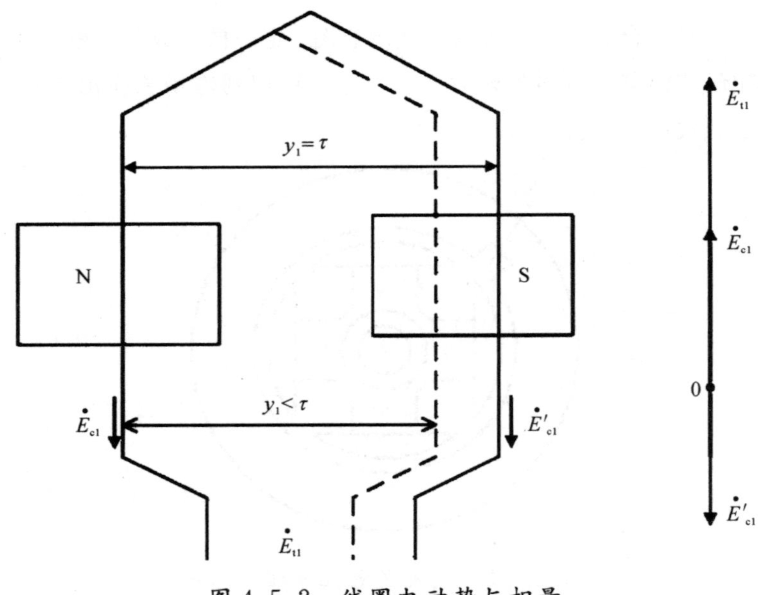

图 4.5.2　线圈电动势与相量

在一个线圈内，每个线匝电动势的大小、相位都是相同的，所以整距线圈的电动势有效值为

$$\left.\begin{aligned}\dot{E}_{y1}&=N_c\dot{E}_{t1}\\E_{y1}&=4.44fN_c\Phi_1\end{aligned}\right\}\tag{4.5.5}$$

3. 短距线圈的电动势

节距 $y<\tau$ 的线圈称为短距线圈，在图 4.5.2 中用虚线表示短距线圈。$\dot{E}_{c1}$ 和 $\dot{E}'_{c1}$ 相位差不是 180°，而是 γ。γ 是线圈节距，对应的电角度为 $\gamma=\dfrac{y}{\tau}\times 180°$。单匝线圈电动势为

$$\dot{E}_{t1(y<\tau)}=\dot{E}_{c1}-\dot{E}'_{c1}=\dot{E}_{c1}+(-\dot{E}'_{c1})\tag{4.5.6}$$

有效值为

$$\dot{E}_{t1(y<\tau)}=2E_{c1}\sin\frac{\gamma}{2}=2E_{c1}k_{y1}\tag{4.5.7}$$

式中，$k_{y1}=\sin\dfrac{\gamma}{2}$，称为基波节距因数。

设每个线圈的匝数为 N_c，则短距线圈电动势为

$$\dot{E}_{t1(y<\tau)}=4.44fN_c\Phi_1k_{y1}\tag{4.5.8}$$

由此可见

$$k_{y1}=\frac{\dot{E}_{t1(y<\tau)}}{4.44fN_c\Phi_1}=\frac{\dot{E}_{t1(y<\tau)}}{\dot{E}_{t1(y=\tau)}} \tag{4.5.9}$$

显然，$k_{y1}<1$，即采用短距线圈后基波电动势将有所减小，但通过适当地选择节距可以在基波电动势减小不多的情况下，大大削弱某些谐波电动势，从而有效地改善电动势的波形。对于整距线圈，可以看成短距线圈在 $k_{y1}=1$ 时的一种特例。

4.5.2　定子绕组线圈组的感应电动势

一个定子绕组的线圈组由 q 个线圈串联组成，若是集中绕组(q 个线圈均放在同一槽中)，则每个线圈的电动势大小和相位都相同，线圈组电动势为

$$E_{q1(q=1)}=qE_{y1}=4.44fN_ck_{y1}\Phi_1 \tag{4.5.10}$$

式中，$q=1$ 为集中绕组，N_c 为线圈的匝数。

对于分布绕组，q 个线圈嵌放在槽距角为 α 的相邻的 q 个槽中，各线圈电动势的大小相同，但相位依次相差 α 电角度。线圈组电动势为 q 个线圈电动势的相量和，如图 4.5.3 所示，设 $q=3$，则有

$$\dot{E}_{q1(q>1)}=\dot{E}_1+\dot{E}'_2+\dot{E}''_3 \tag{4.5.11}$$

式中，$q>1$ 指分布绕组，$E_{q1}=q\dot{E}_{q1}k_{q1}$。

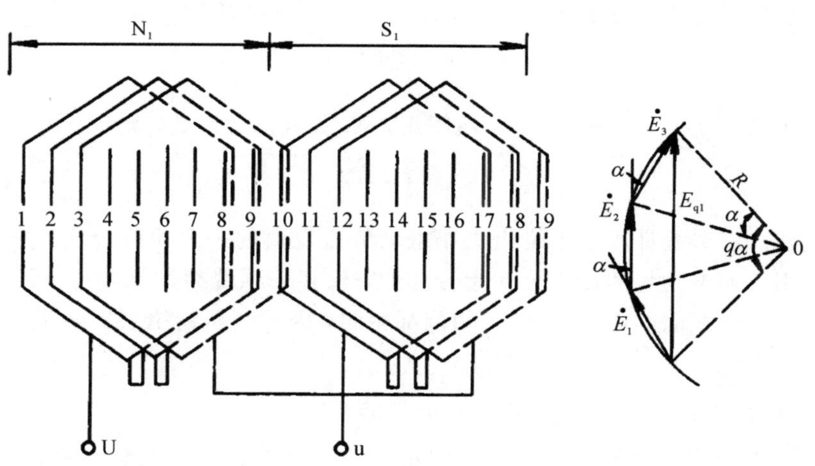

图 4.5.3　线圈组及感应电动势相量图

显然，$\dot{E}_{q1(q>1)}<\dot{E}_{q1(q=1)}$，利用数学方法可得

$$\left.\begin{aligned}E_{q1(q>1)}&=qE_{y1}\cdot\frac{\sin\frac{q\alpha}{2}}{q\cdot\sin\frac{\alpha}{2}}\\E_{q1(q>1)}&=4.44fqN_ck_{y1}k_{q1}\Phi_1\end{aligned}\right\} \tag{4.5.12}$$

式中，k_{q1}为基波分布因数，它的计算方法是

$$k_{q1}=\frac{\sin\frac{q\alpha}{2}}{q\cdot\sin\frac{\alpha}{2}} \tag{4.5.13}$$

可见，$k_{q1}<1$，因此分布绕组的线圈组电动势相当于集中绕组线圈组的电动势减小了，以此衡量分布绕组对基波电动势大小的影响。通过适当地选择q值，也可以在基波电动势变化不大的情况下，明显削弱某些谐波电动势。

综上所述，若考虑线圈短距和分布影响，则线圈组的基波电动势计算公式为

$$E_{q1}=4.44fqN_ck_{y1}k_{q1}\Phi_1=4.44fqN_ck_{w1}\Phi_1 \tag{4.5.14}$$

式中，k_{w1}称为基波绕组因数，它表示三相异步电机定子绕组采用短距和分布后对基波电动势大小的影响程度。

4.5.3 定子绕组一相绕组的感应电动势

1. 一相绕组的基波电动势

一相绕组有a条支路，一条支路由若干个线圈组串联组成。因此一相绕组的电动势等于a条支路的合电动势；而a条支路的合电动势等于该支路所串联的线圈组电动势之和。由此可写出相绕组电动势有效值的计算公式：

$$E_{p1}=4.44fNk_{w1}\Phi_1 \tag{4.5.15}$$

式中，N为每相串联总匝数。

对于单层绕组，一相有p个线圈组，N_c为线圈的匝数，则

$$N=\frac{pqN_c}{a} \tag{4.5.16}$$

对于双层绕组，一相有$2p$个线圈组，N_c为线圈的匝数，则

$$N=\frac{2pqN_c}{a} \tag{4.5.17}$$

式(4.5.15)是计算定子绕组每相电动势有效值的一个普遍公式。它与变压器中绕组感应电动势的计算公式十分相似，仅多一项绕组因数k_{w1}。其实，变压器绕组中每个线圈的电动势大小、相位都相同，因此变压器绕组实际上是集中整距绕组，即$k_{w1}=1$。

2. 短距绕组、分布绕组对电动势波形的影响

上述关于相电动势的分析是在假定气隙磁场按正弦分布的基础上进行的，实际上气隙磁场不可能完全按照正弦分布，除基波以外，还含有一系列高次谐波磁场。这样绕组感应电动势中也会含有一系列高次谐波电动势。一般情况下，这些谐波电动势对相电动势的大小影响不大，主要是影响电动势的波形。而采用短距绕组和分布绕组可以有效地改善电动势的波形。现分析如下。

1）采用短距绕组

根据基波电动势的推导方法可推出高次谐波电动势表达式为

$$E_{q\nu}=4.44f_\nu Nk_{q\nu}k_{y\nu}\Phi_\nu \tag{4.5.18}$$

其中：

$$\left.\begin{aligned} k_{yv} &= \sin\frac{vy}{2} \\ k_{qv} &= \frac{\sin\left(v\frac{q\alpha}{2}\right)}{q\sin\left(v\frac{\alpha}{2}\right)} \end{aligned}\right\} \tag{4.5.19}$$

式中，k_{yv}、k_{qv}分别为 v 次谐波的节距因数和分布因数，$v=\frac{y}{\tau}\times180°$。

由式(4.5.19)可知，若要消除 v 次谐波电动势，只要令$k_{yv}=0$。推得 $y=\frac{v-1}{v}\tau$，其节距只要缩短 v 次谐波的一个极距即可。对三相绕组，常采用星形或三角形联结，线电动势中不存在三次或三的倍数次谐波。因此，在选择节距时，主要考虑削弱五次和七次谐波电动势。通常选 $y=\frac{5}{6}\tau$，便可使五次、七次谐波得到最大限度地削弱，而对基波电动势影响不大。例如，采用 $y=\frac{5}{6}\tau$ 的短距绕组时，有

$$\left.\begin{aligned} k_{y1} &= \sin\left(\frac{v}{2\tau}\times180°\right)=0.966 \\ k_{y5} &= \sin\left(\frac{v}{2\tau}\times5\times180°\right)=0.259 \\ k_{y7} &= \sin\left(\frac{v}{2\tau}\times7\times180°\right)=0.259 \end{aligned}\right\} \tag{4.5.20}$$

对于更高次谐波，由于其幅值不大，可不必考虑。

2) 采用分布绕组

采用分布绕组，同样可以起到削弱高次谐波的作用。由分布因数计算式(4.5.13)和式(4.5.19)可得：当 $\alpha=30°$，$q=2$ 时，$k_{q1}=0.966$，$k_{q5}=0.259$，$k_{q7}=0.259$；而当 $\alpha=12°$，$q=5$ 时，$k_{q1}=0.957$，$k_{q5}=0.2$，$k_{q7}=0.149$。

可见，每极每相槽数 q 增加，基波电动势减小不多，而高次谐波电动势显著下降，如 $q=2$ 时，五次、七次谐波下降到原来的 1/4 左右，而基波电动势为原来的 96.6%。

但随着 q 的增大，电动机槽数增多，制造成本提高，并且当 $q>6$ 时，高次谐波分布因数的下降已不明显，所以交流电动机的 q 值一般取 2～6，小型异步电动机的 q 值一般取 2～4。

【例 4.5.1】一台频率为 50 Hz 的三相异步电动机，定子绕组为双层短距分布绕组。已知定子槽数 $Z=48$，极对数 $p=2$，线圈的节距$y_1=\frac{5}{6}\tau$，每个线圈的匝数$N_c=20$，并联支路数 $a=2$，每极气隙基波磁通$\Phi_1=6.5\times10^{-3}$ Wb。试求：

(1) 导体电动势E_{c1}；

（2）单匝线圈电动势E_{t1}；

（3）线圈电动势E_{y1}；

（4）线圈组电动势E_{q1}；

（5）相电动势E_{p1}。

解:(1)导体电动势为

$$E_{c1}=2.22f\Phi_1=2.22\times50\times6.5\times10^{-3}\approx0.72\ \text{V}$$

（2）极距为

$$\tau=\frac{Z}{2p}=\frac{48}{2\times2}=12\ 槽$$

节距为

$$y_1=\frac{5}{6}\tau=\frac{5}{6}\times12=10\ 槽$$

节距因数为

$$k_{y1}=\sin\left(\frac{y_1}{\tau}\times90^\circ\right)=\sin\left(\frac{10}{12}\times90^\circ\right)\approx0.966$$

则单匝线圈电动势为

$$E_{t1}=2E_{c1}k_{y1}=2\times0.72\times0.966\approx1.39\ \text{V}$$

（3）线圈电动势为

$$E_{y1}=4.44fN_c\Phi_1k_{y1}=4.44\times50\times20\times6.5\times10^{-3}\times0.966\approx27.88\ \text{V}$$

（4）每极每相槽数和槽距角分别为

$$q=\frac{Z}{2pm}=\frac{48}{2\times2\times3}=4$$

$$\alpha=\frac{p\times360^\circ}{Z}=\frac{2\times360^\circ}{48}=15^\circ$$

于是，分布因数为

$$k_{q1}=\frac{\sin\left(\frac{q\alpha}{2}\right)}{q\sin\left(\frac{\alpha}{2}\right)}=\frac{\sin\left(\frac{4\times15^\circ}{2}\right)}{q\sin\left(\frac{15^\circ}{2}\right)}\approx0.958$$

绕组因数为

$$k_{w1}=k_{y1}\cdot k_{q1}=0.966\times0.958\approx0.925$$

线圈组电动势为

$$E_{q1}=4.44fN_cqk_{w1}\Phi_1=4.44\times50\times20\times4\times0.925\times6.5\times10^{-3}\approx106.78\ \text{V}$$

（5）每相串联匝数为

$$N=\frac{2pqN_c}{a}=\frac{2\times2\times4\times20}{2}=160\ 匝$$

则相电动势为

$$E_{p1}=4.44fNk_{w1}\Phi_1=4.44\times50\times160\times0.925\times6.5\times10^{-3}\approx213.56\ \text{V}$$

4.6　三相异步电机定子绕组的磁动势

在三相异步电机的定子绕组中通入交流电流，会产生电枢磁动势，它对电机能量转换和运行性能都有很大影响。本节讨论单相绕组和三相绕组磁动势的性质、大小和分布情况。

4.6.1　单相绕组的脉动磁动势

1. 整距集中绕组基波磁动势

设有一台两极异步电机，气隙是均匀的。其中一个整距绕组 A、X 通过正弦交流电流 i_c，线圈磁动势在某瞬间的分布如图 4.6.1(a)所示，为两极磁场。若线圈的匝数为N_y，则由全电流定律知，每根磁感线所包围的全电流为

$$\oint H\mathrm{d}l = \sum i = N_y i_c \tag{4.6.1}$$

取 A、X 绕组的轴线位置作为坐标原点。若忽略铁芯磁阻，则绕组磁动势完全降落在两段气隙上，每个气隙磁动势均为$\frac{1}{2}N_y i_c$。显然，整距绕组所产生的磁动势在空间分布曲线为一矩形波，如图 4.6.1(b)所示，幅值为$\frac{1}{2}N_y i_c$。

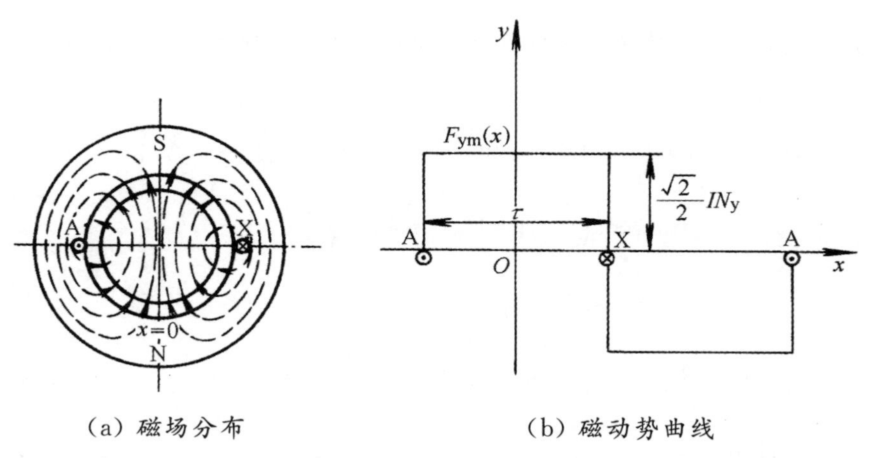

(a) 磁场分布　　(b) 磁动势曲线

图 4.6.1 整距线圈的磁场分布与磁动势曲线

设绕组中电流的大小按正弦规律变化，即$i_c=\sqrt{2}I\sin\omega t$，则整距绕组磁动势的表达式为

$$f_y(x,t)=\frac{1}{2}N_y i_c=\frac{\sqrt{2}}{2}N_y I\sin\omega t \tag{4.6.2}$$

如图 4.6.2 所示，矩形波的幅值随时间按正弦规律变化，变化的频率即为交流电流的频率。当电流为零时，矩形波的幅值也为零；当电流最大时，矩形波的

幅值也最大；电流改变方向时，磁动势也随之改变方向。磁动势在任何瞬间，空间分布总是一个矩形波。这种空间位置固定，而幅值和方向随时间而变的磁动势称为脉动磁动势。

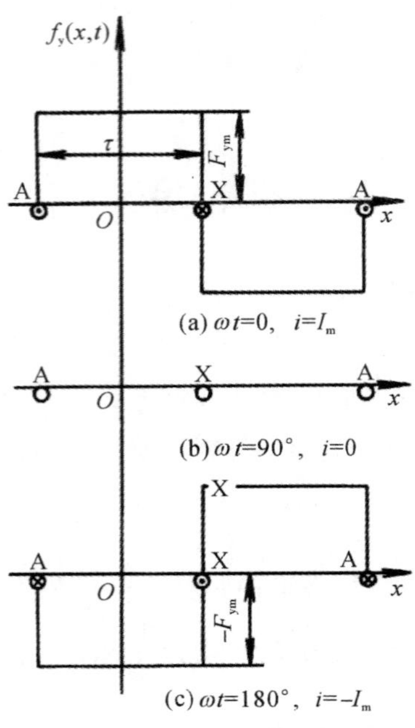

图 4.6.2　三个瞬间的磁动势

矩形波磁动势可按傅里叶级数分解为基波和一系列奇次谐波的磁动势，其展开式为

$$
\begin{aligned}
f_c(x,t) &= f_{ym1}\cos\left(\frac{\pi}{\tau}x\right)+f_{ym3}\cos\left(\frac{3\pi}{\tau}x\right)+\cdots+f_{ym\upsilon}\cos\left(\frac{\upsilon\pi}{\tau}x\right)+\cdots \\
&= F_{ym1}\sin\omega t\cos\left(\frac{\pi}{\tau}x\right)+F_{ym3}\sin\omega t\cos\left(\frac{\pi}{\tau}x\right)+\cdots+ \\
&\quad F_{ym\upsilon}\sin\omega t\cos\left(\frac{\upsilon\pi}{\tau}x\right)+\cdots
\end{aligned}
\tag{4.6.3}
$$

式中：υ 为谐波次数，$\frac{\pi x}{\tau}$ 为用电角度表示的空间距离；$F_{ym1}=\frac{4}{\pi}\times\frac{\sqrt{2}}{2}N_y I=0.9\ N_y$，为基波磁动势的最大幅值；$F_{ym\upsilon}=\frac{1}{\upsilon}F_{ym1}=\frac{1}{\upsilon}0.9\ N_y I$ 为 υ 次谐波磁动势的最大幅值。

傅里叶级数展开式中的第一项即为基波分量磁动势，可见，整距绕组的基波磁动势在空间按余弦分布，其最大幅值位于绕组轴线，零值位于线圈边，空间每一点磁动势的大小均随时间按正弦规律变化，故整距绕组的磁动势的基波仍是脉动磁动势，其磁动势的幅值为F_{ym1}，如图 4.6.3 所示。

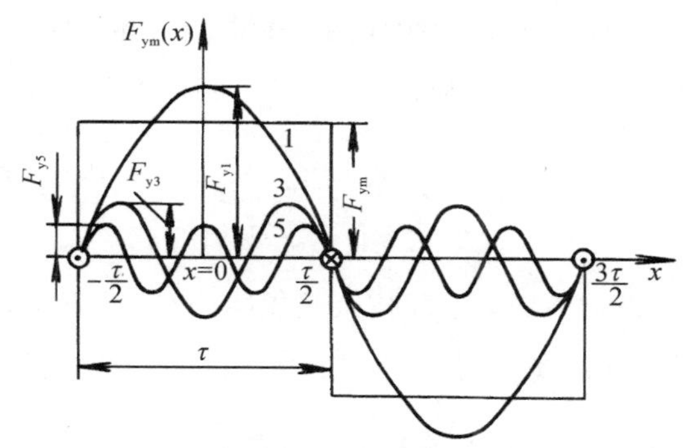

图 4.6.3　以 2τ 为周期的矩形磁动势波的傅里叶级数分解

2. 单相脉动磁动势

1）整距分布绕组的磁动势

每个绕组由 q 个相同匝数的线圈串联组成，各线圈依次沿定子圆周在空间错开一个槽距角 α。因此，每个线圈所产生的基波磁动势幅值相同，而幅值在空间位置相差 α 电角度。又由于基波磁动势在空间按余弦规律分布，故它可用空间矢量表示。绕组的基波磁动势为 q 个线圈基波磁动势空间矢量和。

整距分布绕组基波磁动势的计算与电动势的一样，因此引入同一基波分布因数来计算绕组分布对基波磁动势的影响，于是得到整距分布绕组基波磁动势的最大幅值为

$$F_{qm1}=qF_{ym1}k_{q1}=0.9(qN_yI)k_{q1} \tag{4.6.4}$$

2）一组双层短距分布绕组的基波磁动势

因为采用的是短距绕组，所以同一相的上、下层导体要错开一个距离，这个距离即是绕组节距所缩短的电角度 $180°-\gamma$。

磁动势大小和波形只取决于槽内线圈组边的分布及电流的情况，而与各线圈组边的连接次序无关，因此可将上层线圈组边等效地看成是一个单层整距分布线圈组，下层线圈组边等效地看成是另一个单层整距分布线圈组，且上、下两层线圈组在空间相差 180°电角度。双层短距分布绕组基波磁动势如同电动势一样，其大小为两个等效绕组基波磁动势的矢量和，因此引入短距系数来计算绕组短距对其波磁动势的影响，于是双层短距分布绕组基波磁动势的最大幅值为

$$\begin{aligned}F_{pm1}&=2F_{qm1}k_{y1}=2(0.9qN_yI)k_{y1}\\&=0.9(2qN_y)k_{y1}k_{q1}I=0.9(2qN_y)k_{w1}I\end{aligned} \tag{4.6.5}$$

3）相绕组的磁动势

若电机有 p 对磁极，则有 p 条并联的对称分支磁路，故一相绕组基波磁动势幅值便是该相绕组在一对极下线圈所产生的基波磁动势幅值。

相绕组基波磁动势幅值仍可用式（4.6.5）来计算。为了使用更方便，一般

用相电流I_p和每相串联匝数N来代替线圈中的电流I和线圈匝数N_y。若绕组并联支路数为a，则式(4.6.5)改写为

$$F_{pm1}=0.9\frac{Nk_{w1}}{p}I_p \tag{4.6.6}$$

式中$I_p=aI$。

单相绕组的基波磁动势仍为空间按余弦规律分布、幅值大小随时间按正弦规律变化的脉动磁动势，其表达式为

$$f_{p1}(x,t)=F_{pm1}\sin\omega t\cos\left(\frac{\pi}{\tau}x\right) \tag{4.6.7}$$

3. 单相脉动磁动势的分解

根据三角函数公式$\sin A\cos B=\frac{1}{2}\sin(A-B)+\frac{1}{2}\sin(A+B)$，可将式(4.6.7)分解为

$$\begin{aligned}f_{p1}(x,t)&=F_{pm1}\sin\omega t\cos\left(\frac{\pi}{\tau}x\right)\\&=\frac{1}{2}F_{pm1}\sin\left(\omega t-\frac{\pi}{\tau}x\right)+\frac{1}{2}F_{pm1}\sin\left(\omega t+\frac{\pi}{\tau}x\right)\\&=f_{p1}^{+}(x,t)+f_{p1}^{-}(x,t)\end{aligned} \tag{4.6.8}$$

可见，一个脉动磁动势可分解成正向旋转磁动势$f_{p1}^{+}(x,t)$和反向旋转磁动势$f_{p1}^{-}(x,t)$。

下面分析$f_{p1}^{+}(x,t)$和$f_{p1}^{-}(x,t)$这两个磁动势的性质。

(1) 随着时间的推移，$f_{p1}^{+}(x,t)$朝x轴正向移动，故$f_{p1}^{+}(x,t)$称为正向旋转磁动势。

(2) 正向旋转磁动势的幅值为单相基波脉动磁动势最大幅值的一半，即$\frac{1}{2}F_{pm1}$。

(3) 线速度为

$$v=\frac{dx}{dt}=2f\tau(\text{cm/s}) \tag{4.6.9}$$

因圆周长为$2p\tau$，故旋转速度为

$$n_1=\frac{2f\tau}{2p\tau}=\frac{f}{p}(\text{r/s})=\frac{60f}{p}(\text{r/min}) \tag{4.6.10}$$

(4) 单相绕组的基波磁动势为一正弦脉动磁动势，它可分解为大小相等、转速相同而转向相反的两个旋转磁动势。

(5) 满足性质(4)的两个旋转磁动势的合成即为脉动磁动势。

(6) 由于$f_{p1}^{+}(x,t)$和$f_{p1}^{-}(x,t)$在旋转过程中，其大小不变，两矢量顶点所描绘的轨迹均为一圆形，故又称这两个磁动势为圆形旋转磁动势。

4.6.2　三相绕组的旋转磁动势

交流发电机以及电动机绝大多数都是三相电机，它们都有三相绕组，绕组又都流过三相对称电流，因此分析三相异步电机定子绕组磁动势是研究异步电机的理论基础。

U、V、W 三个单相绕组在空间相差 120°电角度。设流过三相绕组的电流为三相对称交流电流。取 U 相绕组的轴线位置作为空间坐标原点，以相序的方向作为 x 的参考方向;取 U 相电流为零时作为时间起点，分别写出 U、V、W 三相基波磁动势的表达式：

$$\left.\begin{aligned} f_{U1}(x,t)&=F_{pm1}\sin\omega t\cos\left(\frac{\pi}{\tau}x\right) \\ f_{V1}(x,t)&=F_{pm1}\sin(\omega t-120^\circ)\cos\left(\frac{\pi}{\tau}x-120^\circ\right) \\ f_{W1}(x,t)&=F_{pm1}\sin(\omega t+120^\circ)\cos\left(\frac{\pi}{\tau}x+120^\circ\right)\end{aligned}\right\} \tag{4.6.11}$$

利用三角函数公式将式(4.6.11)各自分解得

$$\left.\begin{aligned} f_{U1}(x,t)&=\frac{1}{2}F_{pm1}\sin\left(\omega t-\frac{\pi}{2}x\right)+\frac{1}{2}F_{pm1}\sin\left(\omega t+\frac{\pi}{2}x\right) \\ f_{V1}(x,t)&=\frac{1}{2}F_{pm1}\sin\left(\omega t-\frac{\pi}{\tau}x\right)+\frac{1}{2}F_{pm1}\sin\left(\omega t+\frac{\pi}{\tau}x+120^\circ\right) \\ f_{W1}(x,t)&=\frac{1}{2}F_{pm1}\sin\left(\omega t-\frac{\pi}{\tau}x\right)+\frac{1}{2}F_{pm1}\sin\left(\omega t+\frac{\pi}{\tau}x-120^\circ\right)\end{aligned}\right\} \tag{4.6.12}$$

上式可合成为

$$f_1(x,t)=3\times\frac{1}{2}F_{pm1}\sin\left(\omega t-\frac{\pi}{\tau}x\right)=F_{m1}\sin\left(\omega t-\frac{\pi}{\tau}x\right) \tag{4.6.13}$$

式中，F_{m1} 为三相基波合成磁动势的幅值，$F_{m1}=\frac{3}{2}F_{pm1}$。

当三相对称绕组中通入三相对称交流电流时，其三相基波合成磁动势是一个幅值恒定不变的旋转磁动势，其幅值为单相脉动磁动势幅值的 $\frac{3}{2}$ 倍。转速为同步转速，即 $n_1=\frac{60f}{p}$，转向与正向旋转磁动势 $f_{p1}^{+}(x,\ t)$ 转向一致。

图 4.6.4 为 $\omega t=0$ 与 $\omega t=\theta_0$ 时的磁动势波形。该图表明：三相合成基波磁动势公式表示的是一个在空间按余弦规律分布、幅值 F_1 恒定不变、随时间而正向旋转的磁动势波。若改变异步电动机定子三相绕组与电源连接的相序，即将定子三相绕组三个出线端中的任意两个出线端与电源的连接对调，则图 4.6.4 中的磁动势波将向左移动，是反向旋转的磁动势波。磁动势波的旋转方向取决于定子三相绕组与电源连接的相序，改变三相绕组与电源连接的相序就能改变磁动势波的转向。

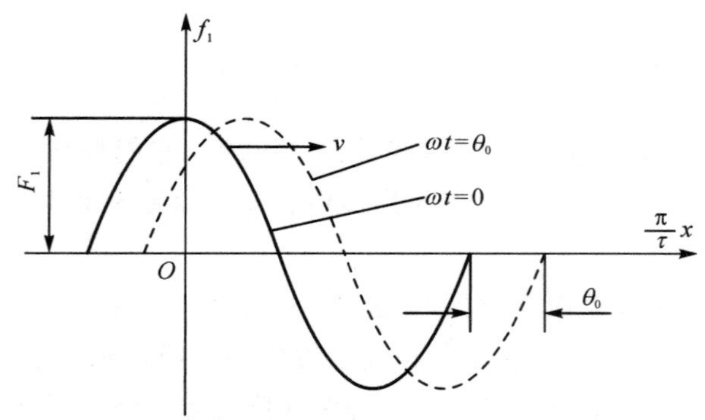

图 4.6.4　$\omega t=0$ 与 $\omega t=\theta_0$ 时的磁动势波形

综上可知，三相对称绕组中通入三相对称电流后产生的基波合成磁动势具有以下性质：

(1) 三相基波合成磁动势是一个沿空间(电机气隙圆周)正弦分布、幅值恒定的圆形旋转磁动势。

(2) 幅值为单相脉动磁动势最大幅值的$\frac{3}{2}$倍，即

$$F_{m1}=\frac{3}{2}F_{pm1}=\frac{3}{2}\times 0.9\frac{Nk_{w1}}{p}I_p=1.35\frac{Nk_{w1}}{p}I_p \tag{4.6.14}$$

(3) 转速为

$$n_1=\frac{60f}{p}(\text{r/min}) \tag{4.6.15}$$

即电流频率所对应的同步转速。对已制成的电机，极对数已确定，则$n_1\propto f$，即决定旋转磁动势转速的唯一因素是电流频率。

(4) 转向由电流相序决定，或者说由载有电流超前相转向电流滞后相。

(5) 当某相电流达到最大值时，旋转磁动势恰好转到该相绕组的轴线上。

产生圆形旋转磁动势的条件为：① 三相或多相绕组在空间上对称；② 三相或多相电流在时间上对称。如果这两个条件中有一条不成立，则产生椭圆形旋转磁动势(分析从略)。所谓椭圆形旋转磁动势，就是其幅值时大时小，为一变值，转速也时快时慢，而当幅值大时其转速较慢，幅值小时其转速较快。

综合 4.4 节至 4.6 节的内容，我们从设计制造和运行性能两个方面考虑，对定子绕组提出如下几点基本要求：

(1) 三相异步电机定子绕组要匝数相同，空间位置互差 120°电角度；

(2) 在导体数一定的情况下，力求获得最大的电动势和磁动势；

(3) 绕组的电动势和磁动势波形力求接近于正弦波；

(4) 端部连线应尽可能短，以节省用铜量；

(5) 绕组的绝缘和机械强度可靠，散热条件好；

(6) 工艺简单，便于制造、安装和检修。

4.7　三相异步电动机的空载运行

三相异步电动机的定子和转子之间只有磁的耦合，没有电的直接联系，它是靠电磁感应作用，将能量从定子传递到转子的。这一点和变压器完全相似。三相异步电动机的定子绕组相当于变压器的一次绕组，转子绕组则相当于变压器的二次绕组。因此，分析变压器内部电磁关系的三种基本方法(电压方程式、等效电路和相量图)也同样适用于异步电动机。

三相异步电动机的定子绕组接在对称的三相电源上，转子轴上不带机械负载时的运行状态，称为空载运行。

4.7.1　空载运行时的电磁关系

1. 主、漏磁通的分布

为便于分析电磁关系，根据磁通经过的路径和性质的不同，异步电动机的磁通可分为主磁通和漏磁通两大类。

1）主磁通$\dot{\Phi}_0$

当三相异步电动机定子绕组中通入三相对称交流电流时，将产生旋转磁动势，该磁动势产生的磁通绝大部分穿过气隙，并同时交链于定子绕组、转子绕组，这部分磁通称为主磁通，用$\dot{\Phi}_0$ 表示。其路径为：定子铁芯→气隙→转子铁芯→气隙→定子铁芯，构成闭合磁路，如图 4.7.1 所示。

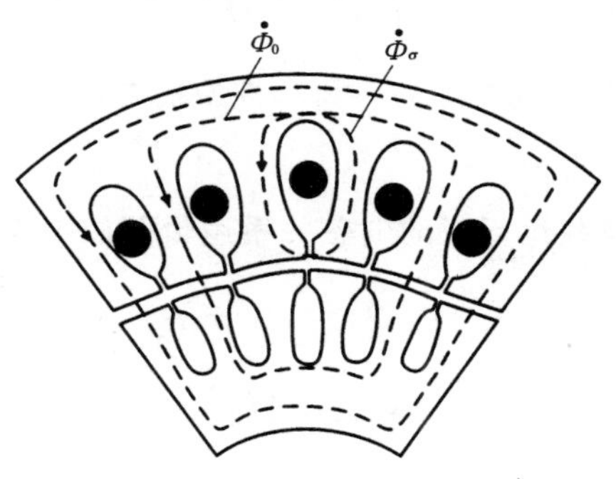

图 4.7.1　主磁通$\dot{\Phi}_0$ 与漏磁通$\dot{\Phi}_\sigma$

主磁通同时交链于定子绕组、转子绕组并在其中分别产生感应电动势。转子绕组为三相或多相短路绕组，在电动势的作用下，转子绕组中有电流通过。转子电流与定子磁场相互作用产生电磁转矩，实现异步电动机的机电能量转换，因此，主磁通起转换能量的媒介作用。

2）漏磁通$\dot{\Phi}_\sigma$

除主磁通外的磁通称为漏磁通，它包括定子绕组的槽部漏磁通和端部漏磁通，以及由高次谐波磁动势所产生的高次谐波磁通。如图 4.7.1 所示，前两项漏磁通只交链于定子绕组，而不交链于转子绕组，而高次谐波磁通实际上穿过气隙，同时交链于定子绕组、转子绕组。

主磁通与漏磁通的高次谐波磁通对转子不产生有效转矩，另外，它在定子绕组中感应电动势又很小，且其频率和定子前两项漏磁通在定子绕组中感应电动势的频率又相同，它也具有漏磁通的性质，所以把它当作漏磁通来处理，故称为谐波漏磁通。

由于漏磁通沿磁阻很大的空气隙形成闭合回路，因此它比主磁通小很多。漏磁通仅在定子绕组上产生漏电动势，因此不能起能量转换的媒介作用，只起电抗压降的作用。

2. 空载电流和空载磁动势

异步电动机空载运行时的定子电流称为空载电流，用$\dot{I}_0$表示。

当异步电动机空载运行时，定子三相绕组中有空载电流通过，三相空载电流将产生一个旋转磁动势，这个磁动势称为空载磁动势，用$\dot{F}_0$表示，其基波幅值为

$$\dot{F}_0=\frac{m_1}{2}\times 0.9\times\frac{Nk_{w1}}{p}I_0 \tag{4.7.1}$$

异步电动机空载运行时，由于轴上不带机械负载，其转速很高，接近同步转速，即$n\approx n_1$，转差率s很小。此时，定子旋转磁场与转子之间的相对速度几乎为零，于是转子感应电动势$E_2\approx 0$，转子电流$I_2\approx 0$，转子磁动势$F_2\approx 0$。

空载电流$\dot{I}_0$由两部分组成，一部分是专门用来产生主磁通的无功分量$\dot{I}_{0r}$，另一部分是专门用来供给铁损耗的有功分量$\dot{I}_{0a}$，即

$$\dot{I}_0=\dot{I}_{0r}+\dot{I}_{0a} \tag{4.7.2}$$

由于$\dot{I}_{0r}\gg\dot{I}_{0a}$，故空载电流基本上为一无功性质的电流，即$\dot{I}_0\approx\dot{I}_{0r}$。

3. 空载运行时的电磁关系

三相异步电动机空载运行时的电磁关系逻辑图如图 4.7.2 所示。

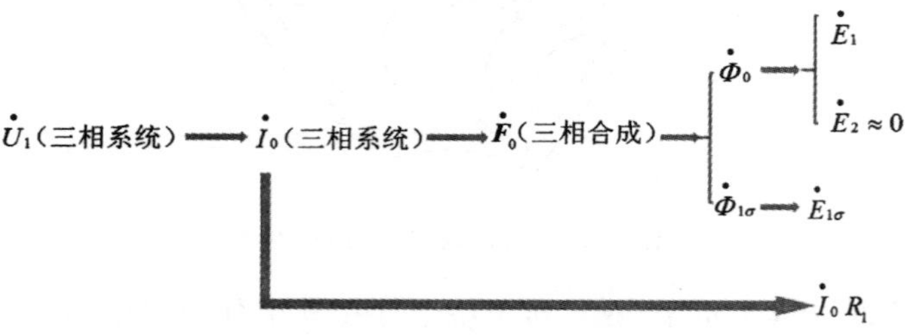

图4.7.2　空载运行时的三相异步电动机电磁关系逻辑图

4.7.2　空载运行时的电压平衡方程式与等效电路

1. 主、漏磁通感应的电动势

主磁通在定子绕组中感应的电动势为

$$\dot{E}_1 = -\mathrm{j}4.44 q f_1 N_1 k_{w1} I_c \dot{\Phi}_0 \tag{4.7.3}$$

式中，I_c 为基波电流有效值。

和变压器一样，定子漏磁通在定子绕组中感应的漏磁电动势可用漏抗压降的形式表示，即

$$\dot{E}_{1\sigma} = -\mathrm{j} X_1 \dot{I}_0 \tag{4.7.4}$$

式中，X_1 称为定子漏电抗，它是对应于定子漏磁通的电抗。

2. 空载运行时的电压平衡方程式与等效电路

设定子绕组上外加电压为$\dot{U}_1$，相电流为$\dot{I}_0$，主磁通为$\dot{\Phi}_0$，在定子绕组中感应的电动势为$\dot{E}_1$，定子漏磁通在定子每相绕组中感应的电动势为$\dot{E}_{1\sigma}$，定子每相电阻为R_1，类似于变压器空载运行时的一次侧，根据基尔霍夫第二定律，可列出电动机空载运行时每相的定子电压方程式为

$$\begin{aligned}\dot{U}_1 &= -\dot{E}_1 - \dot{E}_{1\sigma} + R_1 \dot{I}_0 = -\dot{E}_1 + \mathrm{j} X_1 \dot{I}_0 + R_1 \dot{I}_0 \\ &= -\dot{E}_1 + (R_1 + \mathrm{j} X_1)\dot{I}_0 = -\dot{E}_1 + Z_1 \dot{I}_0\end{aligned} \tag{4.7.5}$$

式中，Z_1 为定子绕组的漏阻抗，$Z_1 = R_1 + \mathrm{j} X_1$。

与分析变压器时相似，可写出

$$\dot{E}_1 = -(R_m + \mathrm{j} X_m)\dot{I}_0 \tag{4.7.6}$$

式中，$R_m + \mathrm{j} X_m = Z_m$ 为励磁阻抗，其中R_m为励磁电阻，是反映铁损耗的等效电阻，X_m为励磁电抗，与主磁通$\dot{\Phi}_0$ 相对应。

由式(4.7.3)～式(4.7.6)可画出三相异步电动机空载运行时的等效电路，如图 4.7.3 所示。

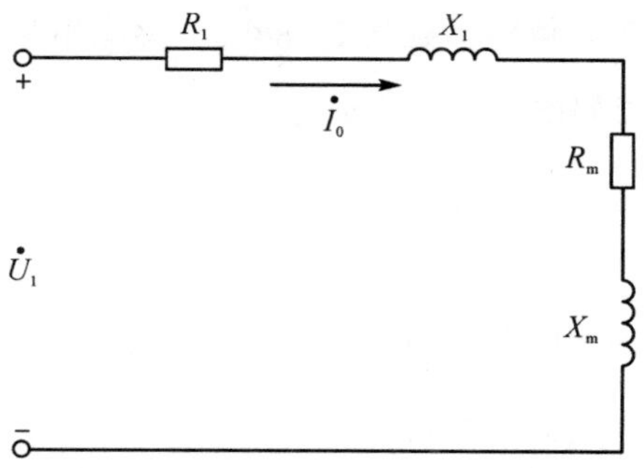

图 4.7.3　三相异步电动机空载运行时的等效电路图

总结三相异步电动机空载运行时的电磁关系，可以看出：

(1) 主磁场性质不同，三相异步电动机主磁场为旋转磁场。

(2) 三相异步电动机空载运行时，$E_2 \approx 0$，$I_2 \approx 0$，即实际有微小的数值。

(3) 由于三相异步电动机存在气隙，因此主磁路磁阻大，建立磁通所需励磁电流大，励磁电抗小。如大容量电动机的I_0(%)为 20%～30%，小容量电动机的I_0(%)可达 50%，而变压器的I_0(%)仅为 2%～10%，大型变压器的I_0(%)则在 1%以下。

(4) 由于气隙的存在，加之绕组结构形式的不同，三相异步电动机的漏磁通较大，其所对应的漏抗也大。

(5) 三相异步电动机通常采用短距绕组和分布绕组，故设计电动机时需考虑绕组因数。

4.8 三相异步电动机的负载运行

三相异步电动机的定子外接对称三相电压，转子轴上带机械负载时的运行状态，称为负载运行。

4.8.1 负载运行时的电磁关系

异步电动机空载运行时，转子转速接近同步转速，转子侧$\dot{E}_2 \approx 0$，此时转子绕组几乎不产生磁场，气隙主磁通$\dot{\Phi}_0$主要由定子磁动势$\dot{F}_0$产生。

当异步电动机带上机械负载时，转子转速下降，定子旋转磁场切割转子绕组的相对速度$\Delta n = n_1 - n$增大，转子感应电动势$\dot{E}_2$和转子电流$\dot{I}_2$增大。此时，定子三相电流$\dot{I}_1$合成产生基波旋转磁动势$\dot{F}_1$，转子对称的多相（或三相）电流$\dot{I}_2$合成产生基波旋转磁动势$\dot{F}_2$，这两个旋转磁动势共同作用于气隙中，两者同速、同向旋转，处于相对静止状态，形成合成磁动势$\dot{F}_1 + \dot{F}_2 = \dot{F}_0$。

电动机在合成磁动势作用下产生交链于定子绕组、转子绕组的主磁通$\dot{\Phi}_0$，并分别在定子绕组、转子绕组中感应电动势$\dot{E}_1$和$\dot{E}_{2s}$（$\dot{E}_2$）。同时，定、转子磁动势$\dot{F}_1$和$\dot{F}_2$分别产生只交链于本侧的漏磁通$\dot{\Phi}_{1\sigma}$和$\dot{\Phi}_{2\sigma}$，感应出相应的漏磁电动势$\dot{E}_{1\sigma}$和$\dot{E}_{2\sigma}$，其电磁关系逻辑图如图 4.8.1 所示。

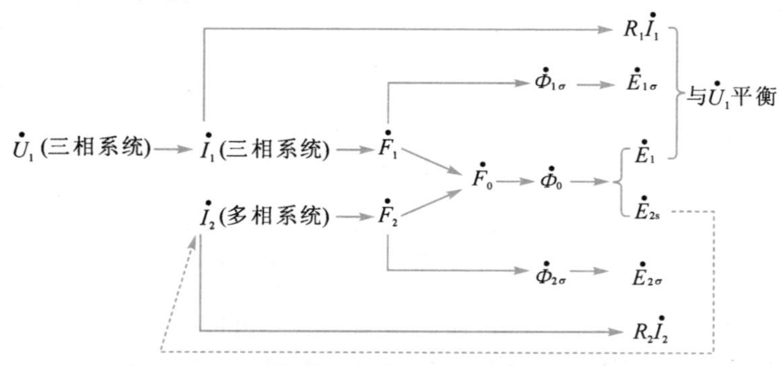

图 4.8.1 负载运行时的电磁关系逻辑图

4.8.2 转子绕组各电磁量

转子不转时，气隙旋转磁场以同步转速n_1切割转子绕组，当转子以转速 n 旋转后，旋转磁场就以$(n_1 - n)$的相对速度切割转子绕组，因此，当转子转速 n 变

化时，转子绕组各电磁量将随之变化。

1. 转子绕组的电动势频率

感应电动势的频率正比于导体与磁场的相对切割速度，故转子绕组的电动势频率为

$$f_2=\frac{p(n_1-n)}{60}=\frac{pn_1}{60}\frac{(n_1-n)}{n_1}=sf_1 \tag{4.8.1}$$

式中，f_1为电网频率，为一定值，故转子绕组的电动势频率f_2与转差率 s 成正比。

当转子不转(如启动瞬间)时，$n=0$，$s=1$，则$f_2=f_1$，即转子不转时转子绕组的电动势频率与定子绕组的电动势频率相等。

当转子接近同步速(如空载运行)时，$n\approx n_1$，$s\approx 0$，则$f_2\approx 0$。

异步电动机在额定情况下运行时，转差率很小，通常在 0.01～0.06 之间，若电网频率为 50 Hz，则转子绕组的电动势频率仅为 0.5～3 Hz，所以异步电动机正常运行时，转子绕组的电动势频率很低。

2. 转子绕组的感应电动势

转子旋转时的转子绕组感应电动势E_{2s}为

$$E_{2s}=4.44f_2N_2k_{w2}\Phi_0 \tag{4.8.2}$$

若转子不转，其感应电动势频率$f_2=f_1$，故此时感应电动势 E_2 为

$$E_2=4.44f_1N_2k_{w2}\Phi_0 \tag{4.8.3}$$

将式(4.8.1)～式(4.8.3)联立，得

$$E_{2s}=sE_2 \tag{4.8.4}$$

当电源电压U_1一定时，Φ_0就一定，故E_2为常数，从而$E_{2s}\propto sE_2$，即转子绕组感应电动势与转差率成正比。

当转子不转时，转差率 $s=1$，主磁通切割转子的相对速度最快，此时转子电动势最大。当转子转速增加时，转差率将随之减小。因正常运行时转差率很小，故转子绕组感应电动势也就很小。

3. 转子绕组的漏阻抗

由于电抗与频率成正比，故转子旋转时的转子绕组漏电抗X_{2s}为

$$X_{2s}=2\pi f_2L_2=2\pi sf_1L_2=sX_2 \tag{4.8.5}$$

式中，$X_2=2\pi f_1L_2$为转子不转时的漏电抗。显然，X_2是个常数，故转子旋转时的转子绕组漏电抗也正比于转差率 s。

同样，当转子不转(如启动瞬间)时，$s=1$，转子绕组漏电抗最大。当转子转动时，它随转子转速的升高而减小。

转子绕组每相漏阻抗为

$$Z_{2s}=R_2+\mathrm{j}X_{2s}=R_2+\mathrm{j}sX_2 \tag{4.8.6}$$

式中，R_2为转子绕组电阻。

4. 转子绕组的电流

异步电动机的转子绕组正常运行时处于短接状态，其端电压$U_2=0$，所以，

转子绕组电动势平衡方程为

$$\dot{E}_{2s}-Z_{2s}\dot{I}_2=0\ \text{或}\ \dot{E}_{2s}=(R_2+\text{j}X_{2s})\dot{I}_2 \tag{4.8.7}$$

转子每相电流$\dot{I}_2$为

$$\dot{I}_2=\frac{\dot{E}_{2s}}{Z_{2s}}=\frac{\dot{E}_{2s}}{R_2+\text{j}X_{2s}}=\frac{s\dot{E}_2}{R_2+\text{j}sX_2} \tag{4.8.8}$$

其有效值为

$$I_2=\frac{sE_2}{\sqrt{R_2^2+(sX_2)^2}} \tag{4.8.9}$$

上式说明，转子绕组电流I_2也与转差率s有关。当$s=0$时，$I_2=0$；当转子转速降低时，转差率s增大，转子电流也随之增大。

5. 转子绕组的功率因数

转子绕组的功率因素用于描述转子电阻和转子电抗之间的关系。当三相异步电动机带上负载运行时，要输出机械功率，故转子绕组上以有功功率为主。转子回路的功率因数取决于阻抗和感抗的比例，阻抗占比较大时功率因数较高，转子的转矩也较大。转子绕组的功率因数计算如下：

$$\cos\varphi_2=\frac{R_2}{\sqrt{R_2^2+(sX_2)^2}} \tag{4.8.10}$$

转子回路功率因数也与转差率s有关。当$s=0$时，$\cos\varphi_2=1$；当s增大时，$\cos\varphi_2$减小。

6. 转子绕组的旋转磁动势

异步电动机的转子为多相(或三相)绕组，它通过多相(或三相)电流，也将产生旋转磁动势。

(1) 幅值为

$$F_2=\frac{m_2}{2}\times 0.9\,\frac{Nk_{w2}}{p}I_2 \tag{4.8.11}$$

(2) 转向与转子电流相序一致。可以证明，转子电流相序与定子旋转磁动势方向一致，由此可知，转子旋转磁动势转向与定子旋转磁动势转向一致。

(3) 转子磁动势相对于转子的转速为

$$n_2=\frac{60f_2}{p}=\frac{60sf_1}{p}=sn_1=n_1-n \tag{4.8.12}$$

即转子磁动势的转速也与转差率成正比。

转子磁动势相对于定子的转速为

$$n_2+n=(n_1-n)+n=n_1 \tag{4.8.13}$$

由此可见，无论转子转速怎样变化，定、转子磁动势总是以同速、同向在空间旋转，两者在空间始终保持相对静止。

综上所述，转子各电磁量除R_2外，其余各量均与转差率s有关，因此说转差

率 s 是异步电动机的一个重要参数。转子各电磁量随转差率变化的情况如图 4.8.2所示。

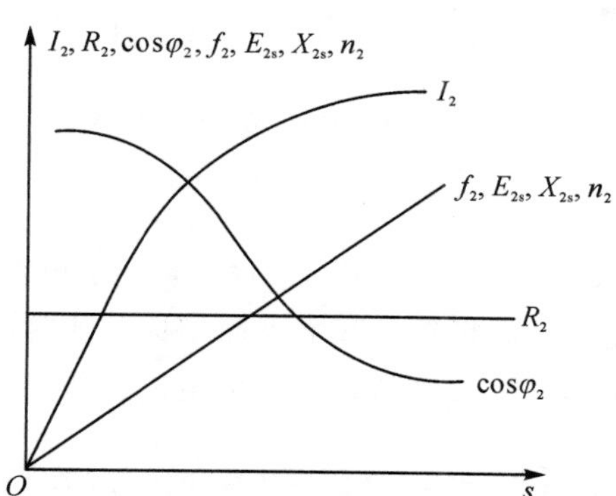

图 4.8.2　转子各电磁量随转差率变化的情况

4.8.3　负载运行时的磁动势平衡方程式

异步电动机空载运行时，气隙主磁通 $\dot{\Phi}_0$ 仅由定子励磁磁动势 $\dot{F}_0$ 单独产生；而负载运行时，气隙主磁通 $\dot{\Phi}_0$ 由定子磁动势 $\dot{F}_1$ 和转子磁动势 $\dot{F}_2$ 共同产生。

因为外施电压 U_1 不变时，主磁通 $\dot{\Phi}_0$ 基本不变，所以，异步电动机在空载和负载运行时的气隙主磁通 $\dot{\Phi}_0$ 基本是同一数值。因此，负载运行时 $\dot{F}_2$ 与 $\dot{F}_1$ 的合成磁动势应等于空载时的励磁磁动势 $\dot{F}_0$，即负载运行时的磁动势平衡方程式为

$$\dot{F}_1+\dot{F}_2=\dot{F}_0 \text{或} \dot{F}_1=\dot{F}_0+(-\dot{F}_2)=\dot{F}_0+\dot{F}_{1L} \tag{4.8.14}$$

式中，$\dot{F}_{1L}=-\dot{F}_2$，为定子磁动势的负载分量。

式(4.8.14)说明，负载运行时定子磁动势包含两个分量：一个是励磁磁动势 $\dot{F}_0$，用来产生气隙磁通 $\dot{\Phi}_0$；另一个是负载分量磁动势 $\dot{F}_{1L}$，用来平衡转子磁动势 $\dot{F}_2$，即用来抵消转子磁动势对主磁通的影响。

异步电动机由空载到负载，其定、转子磁动势所发生的变化还可以进一步解释为：负载后转子绕组中有电流流过，产生一个同步旋转磁动势 $\dot{F}_2$，$\dot{F}_2$ 也将产生主磁通，这将使气隙主磁通 $\dot{\Phi}_0$ 发生变化，但由于电源电压 U_1 不变，因此气隙主磁通 $\dot{\Phi}_0$ 不可能变化。

定子磁动势在原励磁磁动势 $\dot{F}_0$ 的基础上新增加了一个负载分量 $\dot{F}_{1L}$，$\dot{F}_{1L}$ 与 $\dot{F}_2$ 相抵消，从而保证了气隙主磁通 $\dot{\Phi}_0$ 不变。

将多相对称绕组磁动势公式代入式(4.8.14)，可得

$$\frac{m_1}{2}\times 0.9\,\frac{N_1 k_{w1}}{p}\dot{I}_0=\frac{m_1}{2}\times 0.9\,\frac{N_1 k_{w1}}{p}\dot{I}_1+\frac{m_2}{2}\times 0.9\,\frac{N_2 k_{w2}}{p}\dot{I}_2 \tag{4.8.15}$$

式中，m_1、m_2分别为定、转子绕组的相数。整理后可得

$$\dot{I}_1+\frac{1}{k_i}\dot{I}_2=\dot{I}_0 \text{或} \dot{I}_1=\dot{I}_0+\left(-\frac{1}{k_i}\dot{I}_2\right)=\dot{I}_0+\dot{I}_{1L} \tag{4.8.16}$$

式中，$k_i=\dfrac{m_1N_1k_{w1}}{m_2N_2k_{w2}}$为异步电动机的电流变比，$\dot{I}_{1L}=-\dfrac{\dot{I}_2}{k_i}$为定子电流的负载分量。

当异步电动机空载运行时，转子电流$\dot{I}_2\approx 0$，定子电流$\dot{I}_1=\dot{I}_0$，主要为励磁电流；负载运行时，定子电流将随负载增大而增大。显然，异步电动机定、转子之间的电流关系与变压器一、二次绕组之间的电流关系相似。

4.8.4 负载运行时的电动势平衡方程式

在定子电路中，主电动势$\dot{E}_1$、漏磁电动势$\dot{E}_{1\sigma}$、定子绕组电阻压降$R_1\dot{I}_1$，与外加电源电压$\dot{U}_1$平衡。负载运行时定子电压的平衡关系与空载运行时的相似，只是定子电流由$\dot{I}_0$变成了$\dot{I}_1$。在转子电路中，由于转子为短路绕组，故主电动势$\dot{E}_{2s}$、漏磁电动势$\dot{E}_{2\sigma}$和转子绕组电阻压降$R_2\dot{I}_2$相平衡。因此，负载运行时定子、转子的电动势平衡方程式为

$$\left.\begin{aligned}\dot{U}_1&=-\dot{E}_1+(R_1+\mathrm{j}X_1)\dot{I}_1=-\dot{E}_1+Z_1\dot{I}_1\\0&=\dot{E}_{2s}-(R_2+\mathrm{j}X_{2s})\dot{I}_2=\dot{E}_{2s}-Z_2\dot{I}_2\end{aligned}\right\} \tag{4.8.17}$$

式中，$\dot{E}_1=4.44f_1N_1k_{w1}\Phi_0$。

转子不动时的转子绕组感应电动势$\dot{E}_2=4.44f_1N_2k_{w2}\Phi_0$。$\dot{E}_1$与$\dot{E}_2$之比用$k_e$来表示，称为电动势变比，即

$$\frac{\dot{E}_1}{\dot{E}_2}=\frac{N_1k_{w1}}{N_2k_{w2}}=k_e \tag{4.8.18}$$

4.9 三相异步电动机的折算、等效电路和相量图

分析变压器运行原理时常用到等值电路和相量图。三相异步电动机的运行原理与变压器的相同，都是运用电磁感应原理，所以在异步电动机的分析和计算中也经常要用到等值电路和相量图。

4.9.1 折算

1. 频率折算

频率折算就是要寻求一个等效的转子电路来代替实际旋转的转子系统，而该等效的转子电路应与定子电路有相同的频率。只有当转子静止时，转子电路才与定子电路有相同的频率。所以频率折算的实质就是把旋转的转子等效成静止

的转子。

当然在等效过程中，要保持电机的电磁效应不变，因此折算的原则有两条：一是保持转子电路对定子电路的影响不变，而这一影响是通过转子磁动势$\dot{F}_2$来实现的，所以进行频率折算时，应保持转子磁动势$\dot{F}_2$不变，要达到这一点，只要使被等效静止的转子电流大小和相位与原转子旋转时的电流大小和相位一样即可；二是被等效转子电路的功率和损耗与原转子旋转时的一样。

转子旋转时的转子电流为

$$\dot{I}_2=\frac{\dot{E}_{2s}}{R_2+jX_{2s}}=\frac{s\dot{E}_2}{R_2+jsX_2}（频率为f_2） \tag{4.9.1}$$

将上式分子、分母同除以 s，得

$$\dot{I}_2=\frac{\dot{E}_2}{\dfrac{R_2}{s}+jX_2} \tag{4.9.2}$$

可见，频率折算方法只要把原转子电路中的R_2变换为$\frac{R_2}{s}$，即在原转子旋转的电路中串入一个$\frac{R_2}{s}=R_2+\frac{1-s}{s}R_2$的附加电阻即可。

由此可知，变换后的转子电路中多了一个附加电阻$\frac{1-s}{s}R_2$。实际旋转的转子在转轴上有机械功率输出并且转子还会产生机械损耗。而经频率折算后，因转子等效为静止状态，转子就不再有机械功率输出及机械损耗了，但在电路中多了一个附加电阻$\frac{1-s}{s}R_2$。根据能量守恒及总功率不变原则，该电阻所消耗的功率$m_2I_2^2\frac{1-s}{s}R_2$应等于转轴上的机械功率和转子的机械损耗之和，这部分功率称为总机械功率，附加电阻$\frac{1-s}{s}R_2$称为模拟总机械功率的等值电阻。

从等效电路角度，可把$\frac{1-s}{s}R_2$看成是异步电动机的“负载电阻”，把转子电流$\dot{I}_2$在该电阻上的电压降看成是转子回路的端电压，即$\dot{U}_2=\dot{I}_2\frac{1-s}{s}R_2$，这样转子回路电动势平衡方程就可写成

$$\dot{U}_2=\dot{E}_2-(R_2+jX_2)\dot{I}_2 \tag{4.9.3}$$

2. 转子绕组折算

转子绕组的折算就是用一个和定子绕组具有相同相数m_1、匝数N_1及绕组因数k_{w1}的等效转子绕组来取代相数为m_2、匝数为N_2及绕组因数为k_{w2}的实际转子绕组。其折算原则和方法与变压器的基本相同。

根据折算前后转子磁动势不变、传递到转子侧的视在功率不变、转子铜损耗不变、磁场储能不变的原则，可得

$$\frac{m_1}{2}\times 0.9\,\frac{N_1 k_{w1}}{p}I'_2=\frac{m_2}{2}\times 0.9\,\frac{N_2 k_{w2}}{p}I_2$$

$$m_1 E'_2 I'_2=m_2 E_2 I_2$$

$$m_1 I'^2_2 R'_2=m_2 I_2^2 R'_2$$

折算后的转子各电气量方程组为

$$\left.\begin{aligned}
I'_2&=\frac{m_2 N_2 k_{w2}}{m_1 N_1 k_{w1}}I_2=\frac{1}{k_i}I_2\\
E'_2&=\frac{N_1 k_{w1}}{N_2 k_{w2}}E_2=k_e E_2\\
R'_2&=\frac{m_2}{m_1}\left(\frac{I_2}{I'_2}\right)^2 R_2=\frac{m_2}{m_1}\left(\frac{m_1 N_1 k_{w1}}{m_2 N_2 k_{w2}}\right)^2 R_2=k_e k_i R_2\\
X'_2&=k_e k_i X_2
\end{aligned}\right\}\tag{4.9.4}$$

式中：$k_i=\dfrac{m_1 N_1 k_{w1}}{m_2 N_2 k_{w2}}$为电流变比；$k_e=\dfrac{N_1 k_{w1}}{N_2 k_{w2}}$为电动势变比；$k_e k_i$为阻抗变比。

简化后，可得基本方程组为

$$\left.\begin{aligned}
&\dot{U}_1=-\dot{E}_1+(R_1+jX_1)\dot{I}_1\\
&\dot{U}'_2=\dot{E}'_2-(R'_2+jX'_2)\dot{I}'_2\\
&\dot{I}_1+\dot{I}'_2=\dot{I}_0\\
&\dot{E}_1=-(R_m+jX_m)\dot{I}_0\\
&\dot{E}'_2=\dot{E}_1\\
&\dot{U}'_2=\dot{I}'_2\,\frac{1-s}{s}R'_2
\end{aligned}\right\}\tag{4.9.5}$$

4.9.2 等效电路

根据方程组(4.9.5)，再仿照变压器的分析方法，可画出异步电动机的 T 型等效电路，如图 4.9.1 所示。

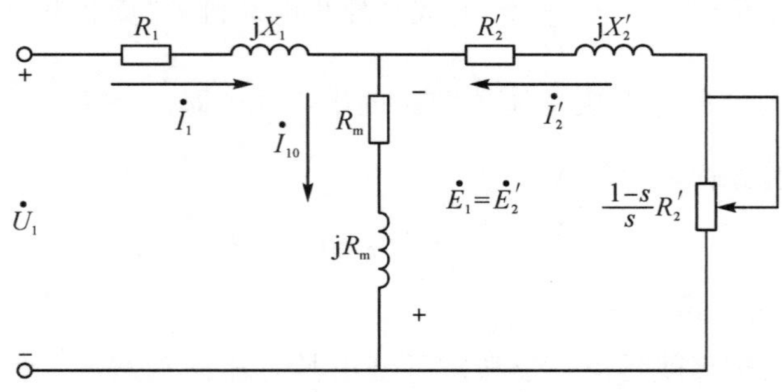

图 4.9.1 异步电动机的 T 型等效电路

下面用等效电路分析异步电动机的几个特殊运行状态。

(1) 当电动机发生堵转(短路)或在启动瞬间，$n=0$，$s=1$，$\frac{1-s}{s}R'_2=0$，等效

电路处于短路状态。此时，转子电流、定子电流都很大。如果电动机长期堵转运行，将会烧毁电动机。

(2) 当电动机空载运行时，$n\approx n_1$，$s\approx 0$，$\frac{1-s}{s}R'_2\approx\infty$，等效电路近似为开路状态。此时，转子电流近似为零，定子电流主要是励磁电流，电动机的功率因数很低，所以应避免长期空载或轻载运行。

(3) 异步电动机正常运行时，转差率很小，通常 $s=0.01\sim0.06$，此时模拟总机械功率的等效电阻$\frac{1-s}{s}R'_2$也很大，表示从转轴上输出机械功率。机械负载的变化在等效电路中是由转差率 s 来体现的。负载增加时，转差率 s 增大，等效电阻$\frac{1-s}{s}R'_2$减小，转子电流增大，根据磁动势平衡关系，定子电流也随之增大。此时转子电流产生的电磁转矩与负载转矩保持平衡，电动机从电网吸取电功率供给电动机本身损耗和转轴上的机械功率输出，从而实现能量转换与功率平衡。

(4) 异步电动机的等效电路是一个阻感性电路。这表明电动机需要从电网吸收感性无功电流来激励主磁通和漏磁通，因此定子电流总是滞后于定子电压，即异步电动机的功率因数总是滞后的。异步电动机正常运行时的功率因数较高。

4.9.3　相量图

根据异步电动机的等效电路图和简化方程组，可画出相应的异步电动机相量图，如图 4.9.2 所示。其作图方法和步骤与变压器的完全一样，这里不再赘述。

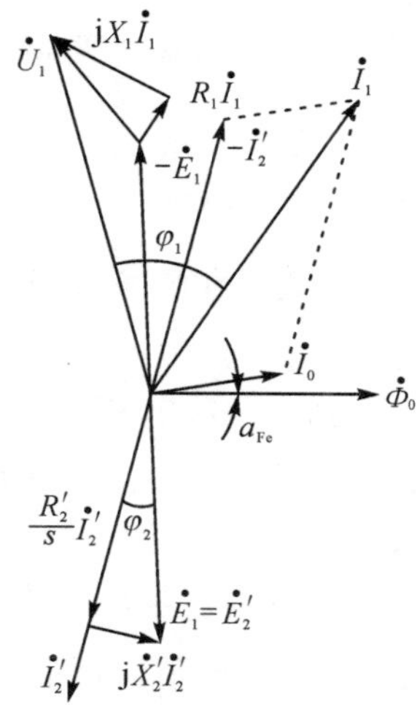

图 4.9.2　异步电动机相量图

从相量图可以看出，定子电流$\dot{I}_1$总是滞后于电源电压$\dot{U}_1$，即异步电动机的功率因数总是滞后的。还可以看出，当电动机轴上所带机械负载增加时，转速 n 降低，转差率 s 增大，从而$\dot{I}'_2$增大，$\dot{I}_1$也随之增大，电动机从电源吸收更多的电功率，实现由电能到机械能的转换。

4.10 三相异步电动机的功率和转矩

4.10.1 功率关系

三相异步电动机将电能转换为机械能，当电动机的轴上带负载稳定运行时，功率变换和传递过程可用 4.9 节推出的 T 型等效电路来进行分析和讨论。

异步电动机运行时，定子从电网吸收电功率，转子向拖动的机械负载输出机械功率。电动机在实现机电能量转换的过程中，必然会产生各种损耗。根据能量守恒定律，输出功率应等于输入功率减去总损耗。

由电网供给电动机的功率称为输入功率，其计算公式为

$$P_1 = m_1 U_1 I_1 \cos\varphi_1 \tag{4.10.1}$$

定子电流流过定子绕组时，电流I_1在定子绕组电阻R_1上的功率损耗称为定子铜损耗，其计算公式为

$$P_{Cu1} = m_1 R_1 I_1^2 \tag{4.10.2}$$

旋转磁场在定子铁芯中还将产生铁损耗(因转子频率很低，一般为 1～3 Hz，故转子铁损耗很小，可忽略不计)，其值可看成励磁电流I_0在励磁电阻上所消耗的功率$P_{Fe} = m_1 R_m I_0^2$，从输入功率P_1中减去定子铜损耗P_{Cu1}和定子铁损耗P_{Fe}，剩余的功率便是由气隙磁场通过电磁感应关系由定子传递到转子侧的电磁功率P_{em}，即

$$P_{em} = P_1 - (P_{Cu1} + P_{em}) \tag{4.10.3}$$

由等效电路可得

$$P_{em} = m_1 E_2' I_2' \cos\varphi_2 = m_1 I_2'^2 \frac{R_2'}{s} \tag{4.10.4}$$

转子电流流过转子绕组时，电流I_2在转子绕组电阻R_2上的功率损耗称为转子铜损耗，其计算式为

$$P_{Cu2} = m_1 R_2' I_2'^2 \tag{4.10.5}$$

传递到转子的电磁功率减去转子铜损耗后的功率为电动机的总机械功率P_{MEC}，即

$$P_{MEC} = P_{em} - P_{Cu2} \tag{4.10.6}$$

由等效电路可知，P_{MEC}就是转子电流消耗在附加电阻上的电功率，即

$$P_{MEC} = m_1 I_2'^2 \frac{1-s}{s} R_2' \tag{4.10.7}$$

由式(4.10.4)和式(4.10.5)可得

$$\frac{P_{Cu2}}{P_{em}} = s \text{ 或 } P_{Cu2} = s P_{em} \tag{4.10.8}$$

由式(4.10.4)和式(4.10.7)可得

$$\frac{P_{MEC}}{P_{em}}=1-s\text{ 或 }P_{MEC}=(1-s)P_{em} \tag{4.10.9}$$

由定子经空气隙传递到转子侧的电磁功率有一小部分 sP_{em} 转变为转子铜损耗，其余绝大部分 $(1-s)P_{em}$ 转变为总机械功率。

电动机运行时，还会产生轴承及风阻等摩擦所引起的机械损耗 P_{mec}，另外还有由定、转子开槽和谐波磁场引起的附加损耗 P_{ad}。电动机的附加损耗很小，一般在大型异步电动机中，P_{em} 约为 0.5% P_N；而在小型异步电动机中，满载时，P_{ad} 可达(1%～3%)P_N 或更大。

总机械功率 P_{MEC} 减去机械损耗 P_{mec} 和附加损耗 P_{ad}，才是电动机转轴上输出的机械功率 P_2，即

$$P_2=P_{MEC}-(P_{mec}+P_{ad}) \tag{4.10.10}$$

可见异步电动机运行时，从电源输入电功率 P_1 到转轴上输出功率 P_2 的全过程为

$$P_2=P_1-(P_{Cu1}+P_{Fe}+P_{Cu2}+P_{mec}+P_{ad})=P_1-\sum P \tag{4.10.11}$$

式中，$\sum P$ 为异步电动机的总损耗。

异步电动机的功率流程如图 4.10.1 所示。

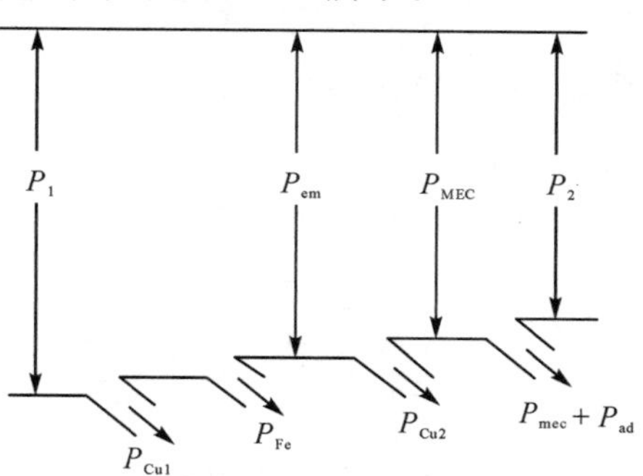

图 4.10.1　异步电动机功率流程图

4.10.2　转矩关系

由动力学可知，旋转体的机械功率等于作用在旋转体上的转矩与其机械角速度 Ω 的乘积，$\Omega=\frac{2\pi n}{60}$(rad/s)。将式(4.10.10)的两边同除以转子机械角速度 Ω，便得到稳态时异步电动机的转矩平衡方程式

$$\frac{P_2}{\Omega}=\frac{P_{MEC}}{\Omega}-\frac{P_{mec}+P_{ad}}{\Omega}$$

即

$$T_2=T_{em}-T_0\text{ 或 }T_{em}=T_2+T_0 \tag{4.10.12}$$

式中：$T_{em}=\frac{P_{MEC}}{\Omega}$ 为电动机电磁转矩，为驱动性质转矩；$T_2=\frac{P_2}{\Omega}$ 为电动机轴上输

出的机械负载转矩，为制动性质转矩；$T_0=\dfrac{P_{mec}+P_{ad}}{\Omega}$为对应于机械损耗和附加损耗的转矩，称为空载转矩，它也为制动性质转矩。

式(4.10.12)说明，电磁转矩与输出机械转矩T_{em}和空载转矩T_2相平衡。从式(4.10.9)可推得

$$T_{em}=\frac{P_{MEC}}{\Omega}=\frac{(1-s)P_{em}}{\dfrac{2\pi n}{60}}=\frac{P_{em}}{\dfrac{2\pi n_1}{60}}=\frac{P_{em}}{\Omega_1} \qquad (4.10.13)$$

式中，Ω_1为同步机械角速度，$\Omega_1=\dfrac{2\pi n_1}{60}$(rad/s)。

由此可知，电磁转矩从转子方面看，它等于总机械功率除以转子机械角速度；从定子方面看，它又等于电磁功率除以同步机械角速度。

在计算中，若功率的单位为 W，机械角速度的单位为 rad/s，则转矩的单位为 N·m。

【例 4.10.1】 一台三相异步电动机，额定数据为$U_N=380$ V，$f_N=50$ Hz，$P_N=7.5$ kW，$n_N=962$ r/min，定子绕组为三角形联结，$\cos\varphi_N=0.827$，$P_{Cu1}=470$ W，$P_{Fe}=234$ W，$P_{ad}=80$ W，$P_{mec}=45$ W。

试求：(1) 电动机极数；(2) 额定运行时的s_N和f_2；(3) 转子铜损耗P_{Cu2}；(4) 效率η_N；(5)定子电流I_1。

解：(1)$n_N=962$ r/min 的电动机，其同步转速$n_1=1000$ r/min，于是

$$p=\frac{60f}{n_1}=\frac{60\times50}{1000}=3$$

故电动机是 6 极电机。

(2)
$$s_N=\frac{n_1-n_N}{n_1}=\frac{1000-962}{1000}=0.038$$

$$f_2=s_Nf_N=0.038\times50=1.9\ \text{Hz}$$

(3) $P_{MEC}=P_N+P_{mec}+P_{ad}=7500+45+80=7625$ W

由$P_{MEC}:P_{em}:P_{Cu2}=1:(1-s):s$，可得$\dfrac{P_{Cu2}}{P_{em}}=\dfrac{s}{1-s}$，故

$$P_{Cu2}=\frac{s}{1-s}P_{em}=\frac{0.038}{1-0.038}\times7625\approx301\ \text{W}$$

(4)
$$\begin{aligned}P_1&=P_N+P_{Cu1}+P_{Fe}+P_{Cu2}+P_{mec}+P_{ad}\\&=7500+470+234+301+45+80=8630\ \text{W}\end{aligned}$$

$$\eta_N=\frac{P_N}{P_1}=\frac{7500}{8630}\approx0.87$$

(5)
$$I_1=\frac{P_1}{\sqrt{3}U_N\cos\varphi_N}=\frac{8630}{\sqrt{3}\times380\times0.872}\approx15.86\ \text{A}$$

4.10.3　三相异步电动机的工作特性

异步电动机的工作特性是指在额定电压和额定频率下，电动机的转速 n、输出转矩 T_2、定子电流 I_1、功率因数 $\cos\varphi_1$、效率 η 等随输出功率 P_2 变化的关系曲线。图 4.10.2 为三相异步电动机的工作特性图。现分别介绍如下。

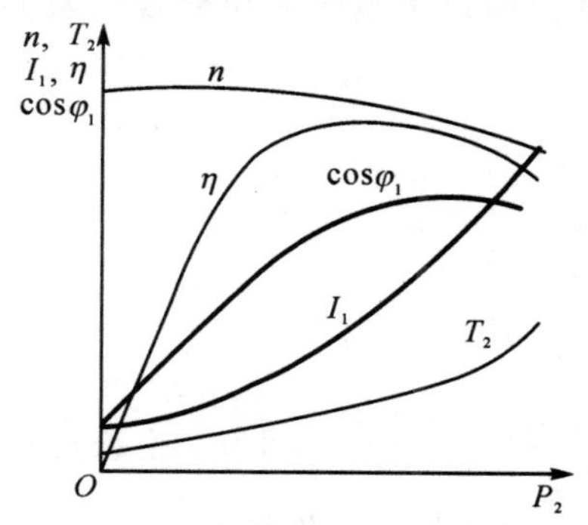

图 4.10.2　三相异步电动机的工作特性图

1. 转速特性 $n=f(P_2)$

空载运行时，输出功率 $P_2=0$，转子转速接近于同步转速，即 $n\approx n_1$。负载增加时，转速 n 将下降，旋转磁场以较大的转差速度 $\Delta n=n_1-n$ 切割转子，使转子导体中的感应电动势及电流增加，以便产生较大的电磁转矩与机械负载转矩相平衡。额定运行时，转差率很小，一般 $s_N=0.01\sim0.06$，相应的转速 $n_N=(1-s_N)n_1=(0.99\sim0.94)n_1$。这表明负载由空载增加到额定负载时，转速 n 仅下降 1%～6%，故转速特性 $n=f(P_2)$ 是一条稍微向下倾斜的曲线。

2. 转矩特性 $T_2=f(P_2)$

由输出转矩 $T_2=\dfrac{P_2}{2\pi n/60}$ 可知，若 n 为常数，则 T_2 与 P_2 成正比，即 $T_2=f(P_2)$ 应该是一条通过原点的直线。但随负载的增加，转速 n 略有下降，故转矩特性 $T_2=f(P_2)$ 是一条略微上翘的曲线。

3. 定子电流特性 $I_1=f(P_2)$

由磁动势平衡方程式 $\dot{I}_1=\dot{I}_0+(-\dot{I}'_2)$ 可知，空载运行时，转子电流 $\dot{I}'_2\approx0$，定子电流 $I_1\approx I_0$，当负载增加时，转速下降，转子电流增大，定子电流也相应增加。因此定子电流 I_1 随输出功率 P_2 增加而增加，故定子电流特性 $I_1=f(P_2)$ 是一条向上弯曲的曲线。

4. 定子功率因数特性 $\cos\Phi_1=f(P_2)$

空载运行时，定子电流主要是无功性质的励磁电流，故功率因数很低，为 0.2左右。负载增加后，由于要输出一定的机械功率，根据功率平衡关系可知，输入功率将随之增加，即定子电流中的有功分量随之增加，所以功率因数逐渐提高。在额定负载附近，功率因数将达到最大数值，一般为0.8～0.9。负载超过额定值后，由于转速下降较多，转差率 s 增大较多，转子漏抗迅速增大，转子功率因数角 $\varphi_2=\arctan\dfrac{sX_2}{R_2}$ 增大较快，故转子功率因数 $\cos\varphi_2$ 将下降，于是转子电流无功分量增大，与之相平衡的定子电流无功分量也增大，致使电动机功率因数 $\cos\varphi_1$ 下降，故定子功率因数特性 $\cos\varphi_1=f(P_2)$ 是一条向下弯曲的曲线。

5. 效率特性 $\eta=f(P_2)$

电动机在正常运行范围内，其主磁通和转速变化很小，铁损耗 P_{Fe} 和机械损耗 P_{mec} 基本不变，故称为不变损耗；而铜损耗 $P_{Cu1}+P_{Cu2}$ 和附加损耗 P_m 是随负载变化而变化的，所以称为可变损耗。

根据效率公式 $\eta=\dfrac{P_2}{P_1}=1-\dfrac{\sum P}{P_2+\sum P}$ 可知，空载运行时，$P_2=0$，$\eta=0$；负载运行时，随着 P_2 的增加，η 也增加。当负载增加到可变损耗与不变损耗相等时，效率达最大值。此后负载增加，由于定、转子电流增加，可变损耗增加很快，效率反而降低，故效率特性 $\eta=f(P_2)$ 是一条向下弯曲且曲度较大的曲线。对中小型异步电动机，通常在(0.7～1)P_N 范围内效率最高。异步电动机的效率通常为74%～94%，电动机的容量越大，其额定效率越高。

由于额定负载附近的功率因数和效率均较高，因此电动机应运行在额定负载附近。电动机容量的选择要与负载容量相匹配，若电动机容量选择过大，则电动机长期处于轻载运行状态，效率及功率因数均较低，很不经济。所以，在选用电动机时，应注意其容量与负载相匹配。

习 题 4

一、填空题

1. 电动机是将__________能转换为__________能的设备。

2. 三相异步电动机主要由__________和__________两部分组成。

3. 三相异步电动机的定子铁芯是用薄的硅钢片叠装而成的，它是定子的__________路部分，其内表面冲有槽孔，用来嵌放线圈。

4. 三相异步电动机的转子有__________式和__________式两种形式。

5. 三相异步电动机旋转磁场的转速称为__________转速，它与电源频率和__________有关。

6. 三相异步电动机旋转磁场的转向是由__________决定的，运行中若旋转磁场的转向改变了，转子的转向__________。

7. 一台三相四极异步电动机，若电源的频率 $f_1=50$ Hz，则定子旋转磁场

每秒在空间转过__________转。

8. 三相异步电动机的转速取决于__________、__________和电源频率 f。

9. 电动机的额定转矩应__________最大转矩。

10. 三相异步电动机的额定功率是额定状态时电动机转子轴上输出的机械功率，额定电流是满载时定子绕组的__________电流，其转子的转速__________旋转磁场的速度。

11. 电动机铭牌上所标额定电压是指电动机绕组的__________。

12. 某三相异步电动机的额定电压为 380/220 V，当电源电压为 220 V 时，定子绕组应接成__________接法；当电源电压为 380 V 时，定子绕组应接成__________接法。

二、选择题

1. 三相异步电动机的三相定子绕组是定子的(　　)部分。

A. 电路　　B. 磁路　　C. 励磁　　D. 铁损耗

2. 三相异步电动机的三相定子绕组通以(　　)，则会产生(　　)。

A. 直流电；直流励磁磁场　　B. 任意交流电；不定向磁场

C. 三相交流电流；旋转磁场　　D. 三相交流电流；定向磁场

3. 三相六极异步电动机，接到频率为 50 Hz 的电网上额定运行时，其转差率 $s_N=0.04$，额定转速为(　　)。

A. 1000 r/min　　B. 960 r/min　　C. 40 r/min　　D. 0 r/min

4. 三相异步电动机铭牌上标明“额定电压 380/220V，接法 Y/△”。当电网电压为 380 V 时，这台三相异步电动机应采用(　　)。

A. △接法　　B. Y 接法

C. △、Y 接法都可以　　D. △、Y 接法都不可以

5. 一台星形接法的交流电机接到三相电源时，有一相绕组断线，则电机内部产生的磁动势为(　　)。

A. 静止磁动势　　B. 脉振磁动势

C. 圆形旋转磁动势　　D. 椭圆旋转磁动势

三、简答题

1. 三相异步电动机的结构主要有哪几部分？它们分别起什么作用？

2. 异步电动机的基本工作原理是什么？为什么异步电动机在电动运行状态时，其转子的转速总是低于同步转速？

3. 什么叫转差率？三相异步电动机的额定转差率为多少？为什么转差率是异步电动机最重要的一个技术参数？

4. 为什么要进行频率折算？折算应遵循什么样的基本原则？

5. 三相异步电动机等效电路中，参数 R_1、X_1、R_2'、X_2'、R_m、X_m 各代表什么意义？三相异步电动机转子附加电阻 $[(1-s)/s]R_2'$ 是如何产生的？它代表什么物理意义？

四、计算题

1. 已知一台 Y180L－6 型三相异步电动机，在额定工作情况下的转速为 960 r/min，频率为 50 Hz，问:电机的同步转速是多少？有几对磁极对数？转差率是多少？

2. 已知一台三相异步电动机的数据为:定子三角形联结，4 极，$P_N=17$ kW，$U_N=380$ V，$I_N=19$ A，$f_N=50$ Hz。额定运行时，转子铜损耗 $P_{Cu2}=500$ W，定子铜损耗 $P_{Cu1}=470$ W；附加损耗 $P_{ad}=200$ W，铁损耗 $P_{Fe}=450$ W，机械损耗 $P_{mec}=150$ W。试求：

(1) 电动机的额定转速 n_N；

(2) 负载转矩 T_2；

(3) 空载转矩 T_0；

(4) 电磁转矩 T_{em}。

3. 一台四极三相异步电动机，额定功率 $P_N=55$ kW，额定电压 $U_N=380$ V，额定负载运行时，电动机的输入功率 $P_1=59.5$ kW，定子铜损耗 $P_{Cu1}=1091$ W，铁损耗 $P_{Fe}=972$ W，机械损耗 $P_{mec}=600$ W，附加损耗 $P_{ad}=1100$ W。求额定负载运行时：

(1) 额定转速；

(2) 电磁转矩；

(3) 输出转矩；

(4) 空载转矩。

第5章　同步电机

学习目标

(1) 理解同步电机的基本工作原理和结构。

(2) 掌握同步电机的电枢反应与电磁关系。

(3) 掌握同步电动机和三相异步电动机之间的区别。

(4) 理解同步电机的功率与转矩的关系。

(5) 了解同步电动机的工作特性。

重难点

(1) 理解同步电机的工作原理和结构。

(2) 掌握同步电机的电枢反应和电磁关系。

思维导图

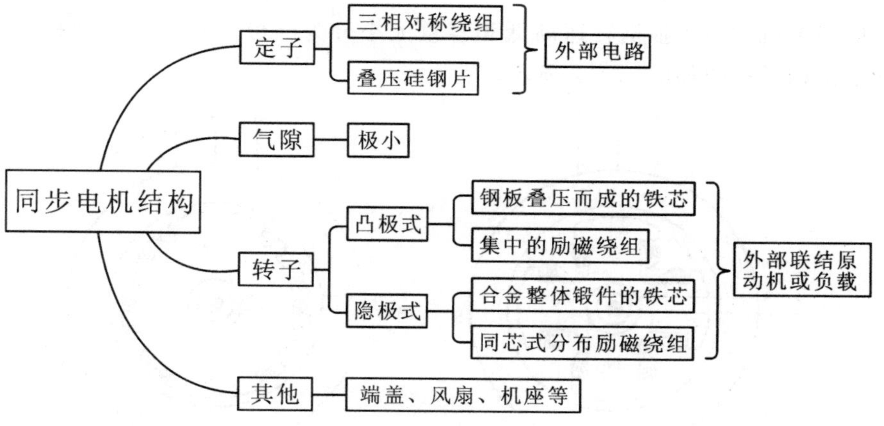

同步电机属于交流电机，定子绕组与异步电机相同。同步电机在电网中主要作为发电机使用，目前电力系统中的主要电能是通过发电厂的同步发电机产生的。同步电机也可以作为电动机使用，在一些大型设备中，如大型鼓风机、水泵、球磨机、压缩机、轧钢机等，常用同步电动机驱动。同步电动机其转速不随负载变化而变化，永远保持与电网频率所对应的同步转速，通过调节励磁电流还可以改善电网的功率因数，这是同步电动机的主要优点。本章主要介绍同步电机的基本结构、工作原理与电磁关系等。

5.1 同步电机的基本结构

从电磁的角度看，同步电机主要由电枢和磁极组成。装有三相对称绕组的部分称为电枢，装有直流励磁绕组的部分称为主磁极。按照电枢和主磁极的安装位置，同步电机可以分为旋转电枢式和旋转磁极式两类。前者的电枢装在转子上，主磁极装在定子上，这种结构在小容量同步电机中得到了一定的应用。对于高压、大容量的同步电机，长期的制造和运行经验表明，采用旋转磁极式结构比较合理。由于励磁部分的容量和电压通常较电枢低很多，把电枢装设在定子上，主磁极装设在转子上，电刷和集电环的负荷就大为减轻，工作条件得以改善。所以目前旋转磁极式结构已成为中大型同步电机的基本结构形式。

同步电机也主要由定子和转子两部分组成，定子和转子之间为气隙。

1. 定子

定子由定子铁芯、定子绕组、机座、端盖等部分组成。

定子铁芯是构成磁路的部件，由硅钢片叠装而成，目的是减少磁滞和涡流损耗；定子绕组与异步电动机的相同，是三相对称交流绕组，多为双层短距分布绕组。

2. 转子

同步电机的转子根据转速高低和容量大小分为凸极式和隐极式两种。这两种转子结构示意图如图 5.1.2 所示。

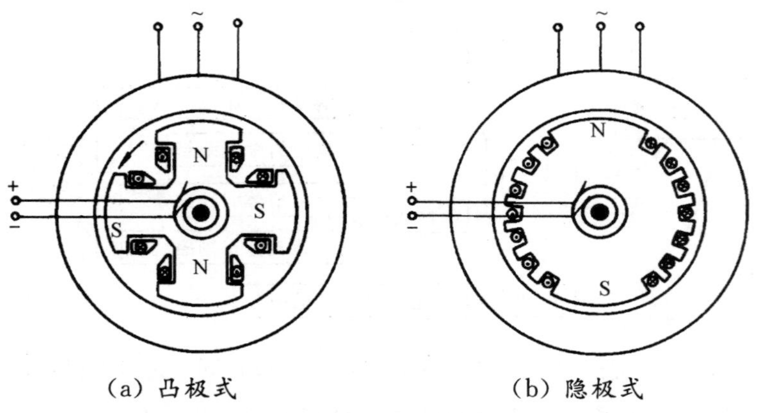

(a) 凸极式　　(b) 隐极式

图 5.1.1　同步电机的转子结构示意图

凸极式转子由转子铁芯、转子绕组和集电环组成。励磁绕组通入直流励磁电流，转子产生固定极性的磁极。凸极式转子具有明显的磁极，磁极铁芯上放置的是集中绕组。

凸极式转子的特点是：定、转子之间的气隙不均匀，结构简单、制造方便，机械强度较差，适用于低速同步电动机。

隐极式转子呈圆柱形，无明显的磁极，转子和转轴由整块的钢材加工成统一

体。励磁绕组也是通过电刷和集电环与直流电源相连。

隐极式转子的特点是：定、转子之间的气隙均匀，制造工艺比较复杂，机械强度较好，适用于高速同步电动机。

在同步电动机转子表面，都装有类似笼型异步电动机的转子短路绕组（笼型绕组），是为了让同步电动机以异步方式启动，所以称为启动绕组。

5.2　同步电机的基本工作原理

当同步电机的电枢绕组中通过对称三相电流时，将产生一个以同步转速转动的旋转磁场，称为电枢磁场。励磁电流流过励磁绕组产生的磁场称为主极磁场。在稳定运行的情况下，同步电机的转速恒为同步转速。于是，定子旋转磁场与直流励磁的转子主极磁场保持相对静止，二者叠加称为合成磁场。

同步电机有 3 种运行状态：发电机状态、补偿机状态和电动机状态。

发电机状态把机械能转换为电能；补偿机状态中没有有功功率的转换，专门发出或吸收无功功率、调节电网的功率因数；电动机状态把电能转换为机械能。同步电机运行于哪一种状态取决于合成磁场与主极磁场的相对位置，合成磁场与主极磁场轴线之间的夹角 δ 称为功率角。功率角是同步电机的一个基本变量。如图 5.2.1 所示为同步电机的三种工作状态示意图。

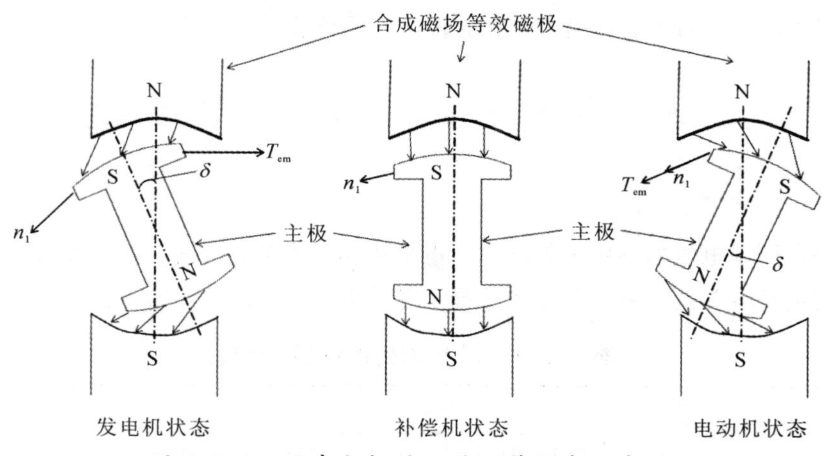

图 5.2.1　同步电机的三种工作状态示意图

定子也称为电枢，定子绕组就称为电枢绕组。转子上装有励磁绕组，通入直流电流就形成磁极，由于磁极可以随转子一起旋转，故而称为旋转磁极式同步电动机。

同步电动机中的旋转磁场转速称为同步转速 n_1，如图 5.2.1 中，旋转磁场用 N、S 极来表示。

$$n_1=\frac{60f_1}{p} \tag{5.2.1}$$

式中，f_1 为三相电源的频率；p 为电动机的极对数。

1. 发电机状态

若转子主极磁场超前于合成磁场，即 $\delta>0$，此时转子上将受到一个与其旋转方向相反的电磁转矩 T_{em}，如图 5.2.1 中“发电机状态”所示。为使转子能以同步转速持续旋转，转子必须从原动机输入驱动转矩。此时转子输入机械功率，定子绕组向电网或负载输出电功率，电机作为发电机运行。

2. 补偿机状态

若转子主极磁场与合成磁场的轴线重合，即 $\delta=0$，此时转子受到的电磁转矩为零，如图 5.2.1 中“补偿机状态”所示。由于电机内没有有功功率的转换，电机处于补偿机状态或空载状态。

3. 电动机状态

若转子主极磁场滞后于合成磁场，即 $\delta<0$，则转子上将受到一个与其转向相同的电磁转矩，如图 5.2.1 中“电动机状态”所示。此时转子输出机械功率，定子从电网吸收电功率，电机作为电动机运行。

当转子励磁绕组通入了直流励磁电流 I_f 后，转子具有了固定的磁极极性(N、S)，I_f 不变，转子磁极的极性和磁场的大小就不变，并且极对数与定子基波旋转磁场的极对数相同，也就是电动机的极对数。

当电动机的极对数 p 和电源的频率 f_1 一定时，转子的转速 $n=n_1$ 为常数，因此同步电动机具有恒转速特性，它的转速不随负载转矩而改变。

5.3 同步电机的铭牌及其参数

1. 同步电机的铭牌

每台同步电机的铭牌上都标注了电机的相关参数，如表 5.3.1 所示。铭牌上的额定值及有关技术数据是正确选择、使用和检修电机的依据。

表 5.3.1 同步电机的铭牌(示例)

三相同步电机			
型号	TYB225M－4	编号	15C149
额定功率	45 kW	额定电压	380 V
额定频率	50 Hz	防护等级	IP54
额定电流	74.8 A	生产日期	2022 年 11 月
额定转速	1500 r/min	定额	S1
绝缘等级	F	重量	245 kg
×××生产厂家			

2. 同步电机的主要参数

1）型号

同步电机的型号是对同步电机的产品名称、规格等叙述的一种代号，且与三相异步电动机一章中的型号定义一致。最大的区别是同步电机型号的首字母为T，第二个字母Y表示永磁，第三个字母B表示变频。第二个和第三个字母根据实际情况进行标示，并不要求必须同时具备。

2）额定电压U_N(V或kV)

额定电压是指加在定子绕组上的线电压的有效值。

3）额定励磁电压U_f(V)

额定励磁电压是指同步电动机在额定运行时，转子励磁绕组外加的直流励磁电压。

4）额定电流I_N(A)

额定电流是指同步电机额定运行时，定子绕组流过的线电流的有效值。

5）额定励磁电流I_f(A)

额定励磁电流是指同步电机额定运行时，转子绕组流入的直流励磁电流。

6）额定容量P_N(kW)

额定容量P_N是指额定运行时电机的输出功率。同步发电机的额定容量既可用视在功率表示，也可用有功功率表示；同步电动机的额定功率是指轴上输出的机械功率；同步补偿机则用无功功率表示。

7）额定转速n_N(r/min)

额定转速是指同步电机额定运行时的转子转速，是与额定频率相对应的同步转速。

8）额定功率因数$\cos\varphi_N$

额定功率因数是指同步电机额定运行时，电机的功率因数。

9）额定效率η_N

额定效率对于同步电动机，是指额定运行时，转轴输出的机械功率与定子绕组输入的电功率的比值；对于同步发电机，是指额定运行时，定子绕组输出的电功率与转轴输入的机械功率的比值。

10）额定频率f_N(Hz)

额定频率是指同步电机额定运行时，定子绕组电气量的频率。

同步电动机的额定值之间满足：

$$P_N=\sqrt{3}U_N I_N(\cos\varphi_N)\eta_N \tag{5.3.1}$$

此外，同步电机的铭牌上还给出了电机的绝缘等级、冷却方式、温升、防护等级、重量等。

5.4 同步发电机的空载磁场与电枢反应

5.4.1 同步发电机的空载磁场

同步发电机被原动机拖动以同步转速旋转，励磁绕组通入直流励磁电流，电枢绕组开路时称为空载运行。空载运行时，由于电枢电流为零，同步发电机内仅有由励磁电流所建立的主极磁场。如图 5.4.1 所示，为二分之一个 4 极凸极同步发电机的空载磁路。

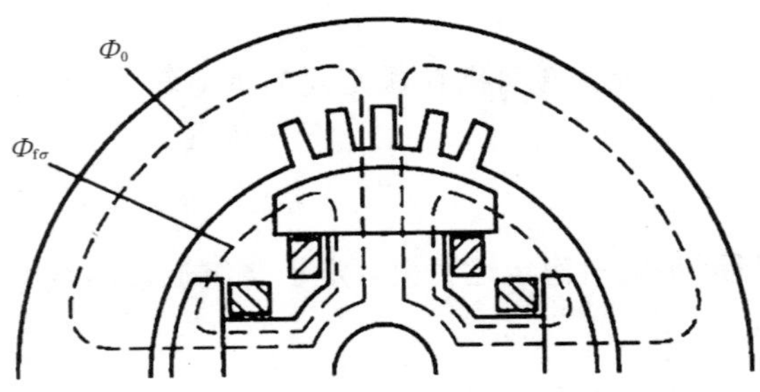

图 5.4.1　4 极凸极同步发电机的空载磁路

由图 5.4.1 可见，主极磁通分成主磁通 Φ_0 和主极漏磁通 $\Phi_{f\sigma}$ 两部分，前者通过气隙并与定子绕组相交链，能在定子三相绕组中感应交流电动势；后者不通过气隙，仅与励磁绕组相交链。主磁通所经过的路径称为主磁路。由图可见，主磁路包括空气隙、电枢齿、电枢轭、磁极极身和转子轭五部分。

当转子以同步转速旋转时，主极磁场就在气隙中形成一个旋转磁场，对于正常设计的电机，磁场中谐波含量很小，可忽略不计，其基波磁场切割对称的三相定子绕组，在定子绕组内感应出频率 $f=pn/60$ 的对称三相电动势，称为励磁电动势(也称为空载电动势)，用相量表示为

$$\left.\begin{aligned}\dot{E}_{0A}&=E_0\angle 0^\circ\\ \dot{E}_{0B}&=E_0\angle -120^\circ\\ \dot{E}_{0C}&=E_0\angle -240^\circ\end{aligned}\right\}\tag{5.4.1}$$

式中，E_0 为励磁电动势(相电动势)的有效值，其大小为

$$E_0=4.44fN_1k_{w1}\Phi_0\tag{5.4.2}$$

式中，Φ_0 为每极的主磁通。

由式(5.4.2)可知，改变直流励磁电流 I_f 便可得到不同的主磁通 Φ_0 和相应的励磁电动势 E_0，从而得到 E_0 与 I_f 之间的关系曲线 $E_0=f(I_f)$，称为同步发电机的空载特性，如图 5.4.2 所示。

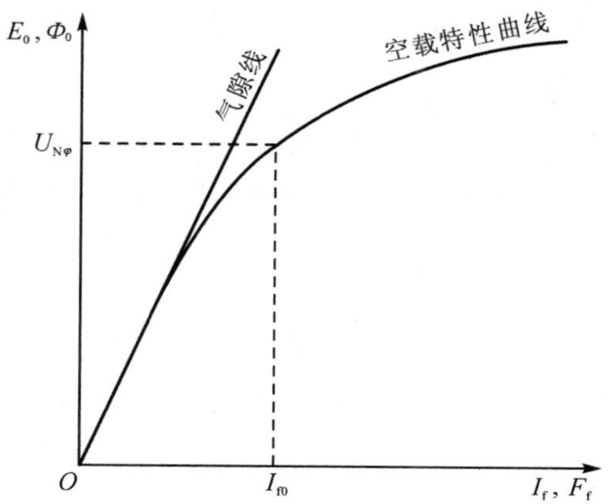

图 5.4.2　同步发电机空载特性曲线

当主磁通 Φ_0 较小时，整个磁路处于不饱和状态，所以空载特性曲线的下部是一条直线。与空载特性曲线下部相切的直线称为气隙线。随着主磁通 Φ_0 的增大，铁芯逐渐饱和，空载特性曲线则逐渐弯曲。为合理利用材料，通常将空载电压等于额定电压的点设计在空载特性曲线开始弯曲处(俗称为“膝点”)附近。

空载特性是发电机的基本特性之一，它一方面表征了电机磁路的饱和情况，另一方面还能与其他特性曲线配合使用，确定电机的相关参数和基本运行数据。

由于励磁电动势 E_0 和主磁通 Φ_0 存在比例关系，而励磁磁动势 $F_f = N_f I_f$(N_f 为励磁绕组的每极匝数)，因此，空载特性实质上就是电机的磁化曲线 $\Phi_0 = f(F_f)$。电机的磁化曲线实际上只取决于电机各段铁芯和气隙的尺寸以及铁心材料，当电机制成后，磁化曲线即确定不变。

5.4.2　对称负载时的电枢反应

空载时，同步发电机中只有一个以同步速旋转的主极磁场，它在电枢绕组内感应出对称三相电动势。

负载时，电枢绕组接对称三相负载，电枢绕组中流过三相对称电流，电枢绕组就会产生电枢磁动势及相应的电枢磁场。

若仅考虑其基波，则它与转子的转速和转向相同，相对于转子静止。负载时，电机气隙内的磁场由电枢磁动势和励磁磁动势共同作用所产生。与空载时相比，电机的气隙磁场发生了变化。电枢磁动势的基波对气隙基波磁场的影响称为电枢反应。

应当注意，在分析同步发电机的基本电磁关系时，无论是主极磁场还是电枢反应磁场，都是考虑基波磁场的相互作用。

电枢反应使气隙磁场的幅值和空间相位发生变化，除了直接关系到机电能量转换之外，还有去磁或助磁作用，会对同步发电机的运行性能产生重要影响。电枢反应的性质(助磁、去磁或交磁)取决于电枢磁动势和主极磁场在空间的相对位置。分析表明，这一相对位置与励磁电动势 $\dot{E}_0$ 和负载电流 $\dot{I}$ 之间的相位差

ψ_0(内功率因数角)有关。下面根据 ψ_0 值的不同，分成两种情况加以分析。

1. 电枢电流 $\dot{I}$ 与励磁电动势 $\dot{E}_0$ 同相位

$\psi_0=0°$时，同步发电机的电枢反应如图 5.4.3 所示。其中，图 5.4.3(a)为一台 2 极同步发电机的带负载空间矢量图。为简明表示，图中电枢绕组每一相均用一个集中线圈来表示，主磁极画成凸极式。电枢绕组中电动势和电流的正方向规定为从首端流出、从末端流入。

在图 5.4.3(a)所示的瞬间，主极轴线(直轴)与电枢 A 相绕组的轴线正交，A 相链过的主磁通为零。因为电动势滞后于产生它的磁通 90°，故 A 相励磁电动势 $\dot{E}_{0A}$ 的瞬时值此时达到正的最大值，其方向如图中所示(从 X 入，从 A 出)；B、C 两相的励磁电动势 $\dot{E}_{0B}$ 和 $\dot{E}_{0C}$ 分别滞后于 A 相电动势 120°和 240°，如图 5.4.3(b)所示。

若电枢电流 $\dot{I}$ 与励磁电动势 $\dot{E}_0$ 同相位，即内功率因数角 $\psi_0=0°$，则在图 5.4.3(a)瞬间，A 相电流也将达到正的最大值，B 相和 C 相电流分别滞后于 A 相电流 120°和 240°，如图 5.4.3(b)所示。由第 3 章可知，在对称三相绕组中通以对称三相电流时，若某相电流达到最大值，则在同一瞬间，三相基波合成磁动势的幅值(轴线)将与该相绕组的轴线重合。因此在图 5.4.3(a)所示瞬间，基波电枢磁动势 F_a 的轴线应与 A 相绕组轴线重合。相对于主磁极而言，此时电枢磁动势的轴线与转子的交轴重合。由于电枢磁动势和主磁极均以同步转速旋转，它们之间的相对位置始终保持不变，所以在其他任意瞬间，电枢磁动势的轴线恒与转子交轴重合。

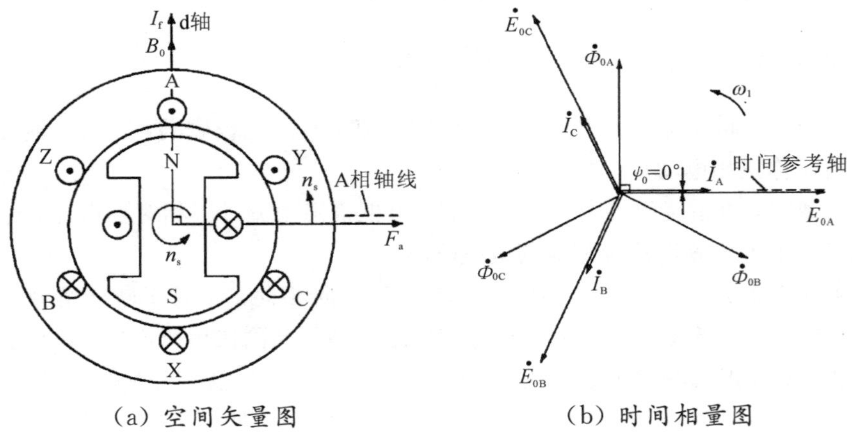

(a) 空间矢量图　　(b) 时间相量图

图 5.4.3　$\psi_0=0°$时同步发电机的电枢反应

由此可见，$\psi_0=0°$时，电枢磁动势是一个纯交轴磁动势，即

$$F_a(\psi_0=0°)=F_{aq} \tag{5.4.3}$$

交轴电枢磁动势所产生的电枢反应称为交轴电枢反应。由于交轴电枢反应的存在，气隙合成磁场 B 与主极磁场 B_0 之间形成一定的空间相位差，并且幅值有所增加，称之为交磁作用。

由于交轴电枢反应的存在，使主磁极受到力的作用，从而产生一定的电磁转矩。对于同步发电机，当 $\psi_0=0°$时，主极磁场将超前于气隙合成磁场，于是主磁极上将受到一个制动性质的电磁转矩。所以，交轴电枢磁动势与电磁转矩的产生及能量转换直接相关。

由图 5.4.3(a)和(b) 可见，用电角度表示时，主极磁场 B_0 与电枢磁动势 F_a 之间的空间相位关系，恰好与链过 A 相的主磁通$\dot{\Phi}_{0A}$与 A 相电流$\dot{I}_A$之间的时间相位关系相一致，且图5.4.3(a)的空间矢量与图 5.4.3(b)的时间相量均为同步旋转。于是，若把图 5.4.3(b)中的时间参考轴与图 5.4.3(a)中的 A 相绕组轴线取为重合，就可以把图 5.4.3(a)和(b)合并，得到一个时一空矢量图，如图 5.4.4 所示。

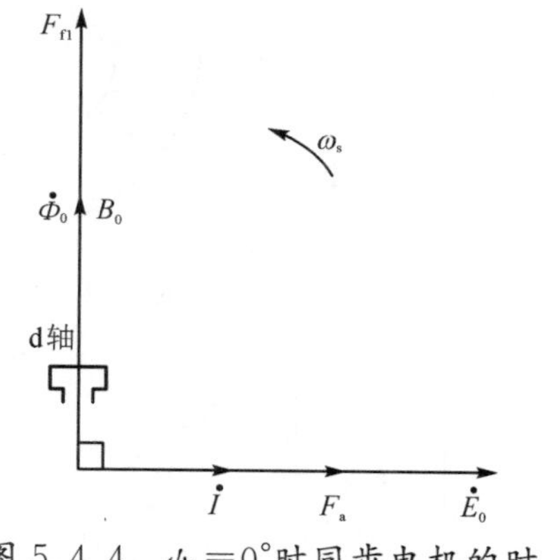

图 5.4.4　$\psi_0=0°$时同步电机的时一空矢量图

由于三相电动势和电流均为对称，所以在矢量图中仅画出 A 相的励磁电动势、电流和与之交链的主磁通，并把下标 A 省略，写成$\dot{E}_0$、$\dot{I}$ 和$\dot{\Phi}_0$。在统一矢量图中，F_{f1}既代表主极基波磁动势的空间矢量，也表示时间相量$\dot{\Phi}_0$的相位；$\dot{I}$ 既代表 A 相电流相量，也表示电枢磁动势 F_a 的空间相位。需要注意的是，在统一矢量图中，空间矢量是指整个电枢(三相)或主磁极的作用，而时间相量仅对一相(A 相)而言。

2. 电枢电流 $\dot{I}$ 与励磁电动势$\dot{E}_0$不同相位

现在进一步分析电枢电流 $\dot{I}$ 与励磁电动势$\dot{E}_0$不同相位时的情况。$\psi_0\neq0°$时同步电机的电枢反应如图 5.4.5 所示。

在图 5.4.5(a)所示瞬间，A 相绕组的励磁电动势$\dot{E}_0$达到正的最大值。若电枢电流滞后于励磁电动势某一相位角 ψ_0($0°<\psi_0<90°$)，则 A 相电流在经过时间 $t=\psi_0/\omega_s$ 后才达到其正的最大值。换言之，在 $t=\psi_0/\omega_s$ 时，电枢磁动势的幅值才与 A 相绕组轴线重合。所以在图 5.4.5(a)所示瞬间，电枢磁动势 F_a 应在距离 A 相轴线 ψ_0 电角度处，即 F_a 滞后于励磁磁动势 F_{f1} 以 $\psi_0+90°$电角度。由于电枢磁动势与励磁磁动势同方向、同速旋转，所以它们之间的相对位置将一直保持不变。

不难看出，此时电枢磁动势 F_a 可以分成两个分量，一个为交轴电枢磁动势 F_{aq}，另一个为直轴电枢磁动势 F_{ad}，即

$$F_a=F_{aq}+F_{ad} \tag{5.4.4}$$

式中，$F_{ad}=F_a\sin\psi_0$；$F_{aq}=F_a\cos\psi_0$。

直轴电枢磁动势所产生的直轴电枢反应，对主磁极而言，其作用可为去磁，亦可为助磁，视 ψ_0 角的正、负而定。由图 5.4.5(b)和(c)不难看出，对于同步发

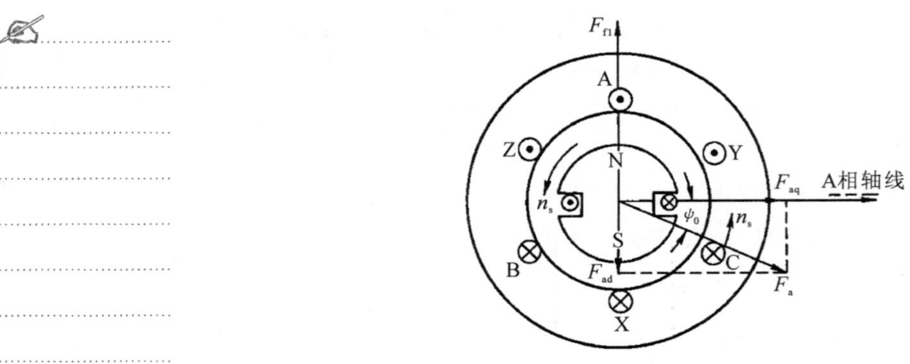

(a) $\dot{I}$ 滞后于$\dot{E}_0$时的空间矢量图

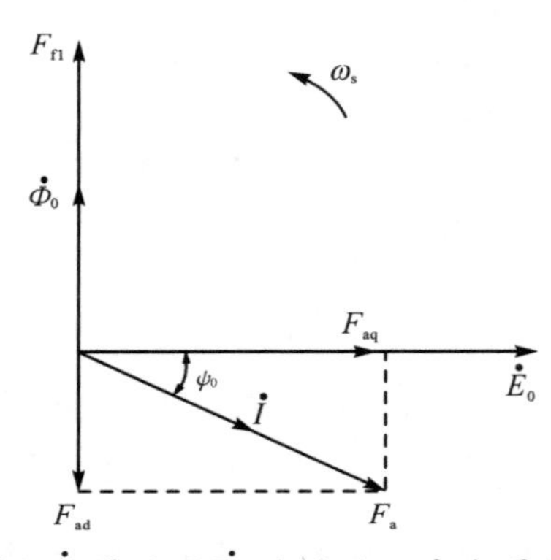

(b) $\dot{I}$ 滞后于$\dot{E}_0$时的时一空矢量图

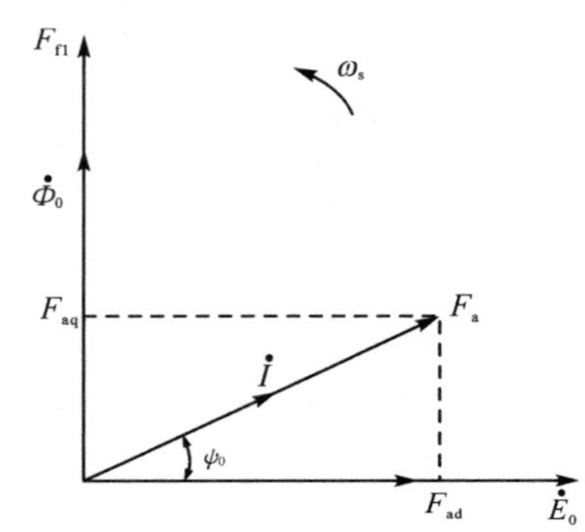

(c) $\dot{I}$ 超前于$\dot{E}_0$时的时一空矢量图

图 5.4.5 $\psi_0 \neq 0°$时同步电机的电枢反应

电机，若电枢电流 $\dot{I}$ 滞后于励磁电动势$\dot{E}_0$，则直轴电枢反应磁动势 F_{ad}与励磁磁动势 F_{f1}反向，直轴电枢反应是去磁的；若 $\dot{I}$ 超前于$\dot{E}_0$，则直轴电枢反应磁动势 F_{ad}与励磁磁动势 F_{f1}同向，直轴电枢反应将是助磁的。直轴电枢反应对同步发电机的运行性能影响很大。若同步发电机单独给对称负载供电，则带负载以后，去磁或助磁的直轴电枢反应将使气隙内的合成磁通减少或增加，从而使发电机的端电压产生变化。

5.5 同步电动机的电磁关系

5.5.1 同步电动机的磁动势

1. 隐极同步电动机的磁动势

隐极同步电动机稳态运行时，转子励磁绕组中的励磁电流 I_f 建立励磁磁场，励磁磁场产生磁动势 F_f，磁动势 F_f 产生主磁通 $\dot{\Phi}_0$ 和漏磁通 $\Phi_{f\sigma}$。

主磁通$\dot{\Phi}_0$与转子一同旋转，切割定子绕组，在定子绕组中感应电动势$\dot{E}_0$；而漏磁通$\Phi_{f\sigma}$只交链转子励磁绕组，但由于是恒定磁通，因此它不会在励磁绕组中感应电动势。定子三相电流 $\dot{I}$ 建立的定子旋转磁动势F_a产生电枢反应磁通$\dot{\Phi}_a$和漏磁通$\dot{\Phi}_\sigma$。

电枢反应磁通$\dot{\Phi}_a$以同步转速旋转(与转子转速相同)，在定子绕组中感应电枢反应电动势$\dot{E}_a$，但不能在转子励磁绕组中感应电动势。漏磁通只交链定子绕组，在定子绕组中感应漏电动势$\dot{E}_\sigma$。定子电流在定子绕组中产生电阻压降 $\dot{I}R_a$。隐极同步电动机的电磁关系如图 5.5.1 所示。

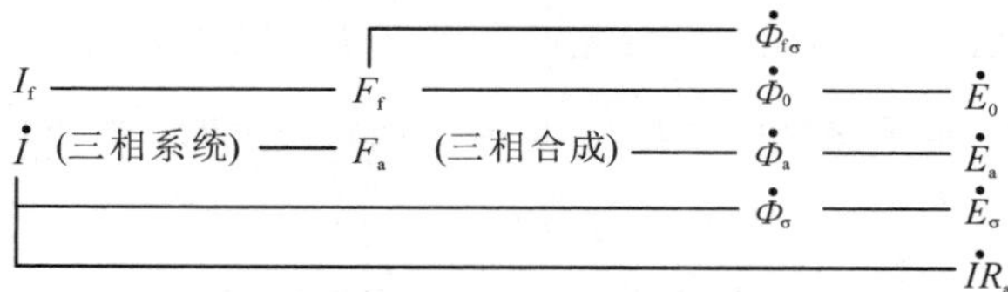

图 5.5.1　隐极同步电动机的电磁关系

2. 凸极同步电动机的磁动势

称转子主磁极轴线为直轴(也称纵轴、d 轴)，与直轴成 90°电角度的轴线为交轴(也称横轴、q 轴)，d 轴和 q 轴与转子一起同速旋转。凸极同步电动机的 d 轴和 q 轴如图 5.5.2 所示。

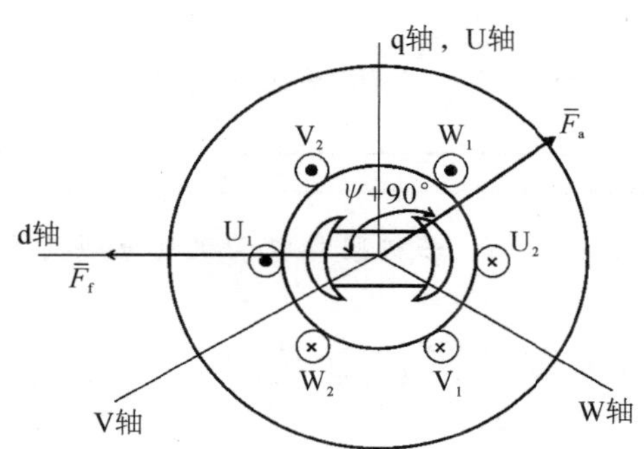

图 5.5.2　凸极同步电动机的 d 轴和 q 轴

电动机负载运行时，定子旋转磁动势F_a，虽然与励磁磁动势F_f，以同步转速旋转，但不一定同相位。

励磁磁动势F_f位于直轴方向，定子旋转磁动势F_a可能是任意位置，但二者之间无相对运动。在不考虑磁路饱和的条件下，可以把定子旋转磁动势F_a，分解成两分量：一个是直轴分量F_{ad}，作用在直轴方向，另一个是交轴分量F_{aq}，作用于交轴方向，如图 5.5.2 所示。矢量关系是

$$F_a = F_{ad} + F_{aq} \tag{5.5.1}$$

将定子磁动势F_a分解的目的，是让F_{ad}的位置固定于转子的直轴上，让F_{aq}的位置固定在转子的交轴上，解决了F_a处在不同位置时遇到的不同气隙、磁阻计算困难的问题。这种分析方法称为双反应法，它的理论基础是叠加定理。

可以证明(证明过程略)，定子磁动势F_a，与交轴之间的夹角为 Ψ 角，即为定子电流 $\dot{I}$ 与电动势$\dot{E}_0$之间的相位角，则有

$$\left.\begin{aligned} F_{ad}&=F_a\sin\Psi=0.9\frac{N}{p}k_{w1}I\sin\Psi=0.9\frac{N}{p}k_{w1}I_d \\ F_{aq}&=F_a\cos\Psi=0.9\frac{N}{p}k_{w1}I\cos\Psi=0.9\frac{N}{p}k_{w1}I_q \end{aligned}\right\} \tag{5.5.2}$$

式中，$I_d=I\sin\Psi$，称为定子直轴分量电流；$I_q=I\cos\Psi$，称为定子交轴分量电流。

若把定子电流 $\dot{I}$ 分解成两个分量$\dot{I}_d$和$\dot{I}_q$，则可以认为定子直轴磁动势F_{ad}是由三相$\dot{I}_d$产生的，定子交轴磁动势F_{aq}是由三相$\dot{I}_q$产生的。电流相量间的关系是

$$\dot{I}=\dot{I}_d+\dot{I}_q \tag{5.5.3}$$

凸极同步电动机的定子直轴磁动势F_{ad}和交轴磁动势F_{aq}分别产生的定子直轴分量磁通$\dot{\Phi}_{ad}$和交轴分量磁通$\dot{\Phi}_{aq}$，在定子绕组中分别感应直轴分量电动势$\dot{E}_{ad}$和交轴分量电动势$\dot{E}_{aq}$。另外，定子磁动势F_a产生的漏磁通$\dot{\Phi}_\sigma$在定子绕组中感应漏电动势$\dot{E}_\sigma$。定子电流还在定子绕组电阻R_a产生电阻压降 $\dot{I}R_a$。凸极同步电动机的电磁关系如图 5.5.3 所示。

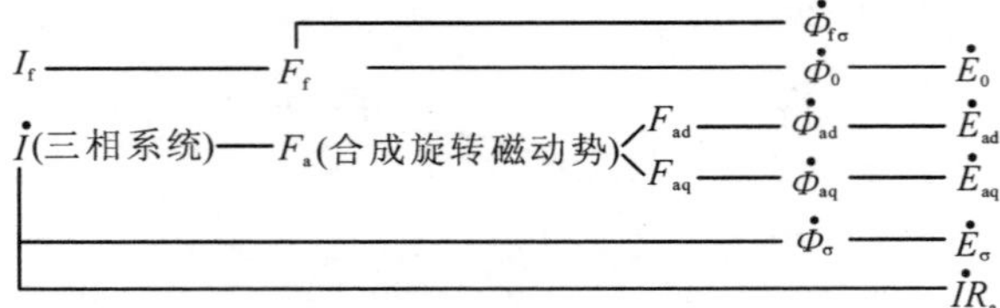

图 5.5.3　凸极同步电动机的电磁关系

5.5.2　同步电动机的电动势

1. 隐极同步电动机的电动势

假定同步电动机各物理量的参考方向如图 5.5.4 所示，则同步电动机定子回路满足

$$\dot{U}=\dot{E}-\dot{E}_a-\dot{E}_\sigma+\dot{I}R_a \tag{5.5.4}$$

依照变压器和异步电动机的分析方法，可以把$\dot{E}_a$和$\dot{E}_\sigma$用电抗压降来表示，即：

$$\left.\begin{aligned} \dot{E}_a&=-j\dot{I}X_a \\ \dot{E}_\sigma&=-j\dot{I}X_\sigma \end{aligned}\right\} \tag{5.5.5}$$

式中，X_a、X_σ分别为同步电动机的电枢反应电抗和漏电抗，分别反映定子旋转

磁场和漏磁场对电路的作用。

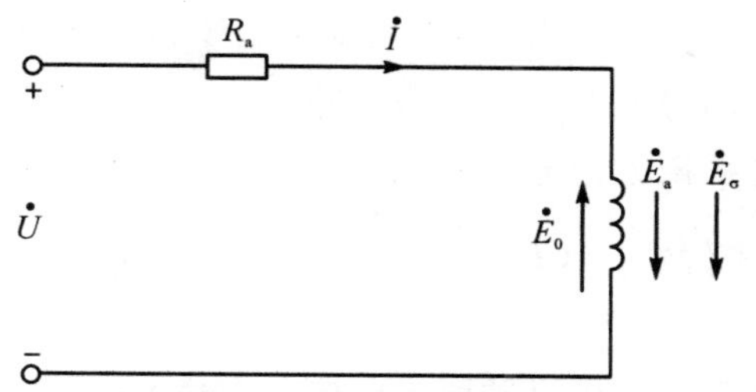

图 5.5.4　同步电动机各物理量的参考方向

由此，可以得到同步电动机定子回路的电动势平衡方程为

$$\dot{U}=\dot{E}_0+\mathrm{j}\dot{I}X_a+\mathrm{j}\dot{I}X_\sigma+\dot{I}R_a=\dot{E}_0+\mathrm{j}\dot{I}X_t+\dot{I}R_a \tag{5.5.6}$$

式中，X 为同步电抗，$X_t=X_a+X_\sigma$。

根据电动势平衡方程式还可以画出同步电动机的相量图，图 5.5.4 所示为定子电流 $\dot{I}$ 超前电压 $\dot{U}$ 时的相量图。如果忽略定子电阻，可以得到简化相量图。在相量图中，φ 是定子电流 $\dot{I}$ 和电源电压 $\dot{U}$ 之间的相位角，为电机的功率因数角，Ψ 是定子电流 $\dot{I}$ 和电动势$\dot{E}_0$之间的相位角，称为电动机的内功率因数角，δ 是电源电压 $\dot{U}$ 和电动势$\dot{E}_0$之间的相位角，称为功率角，简称功角。由相量图可知，三个角之间满足 $\Psi=\varphi+\delta$。

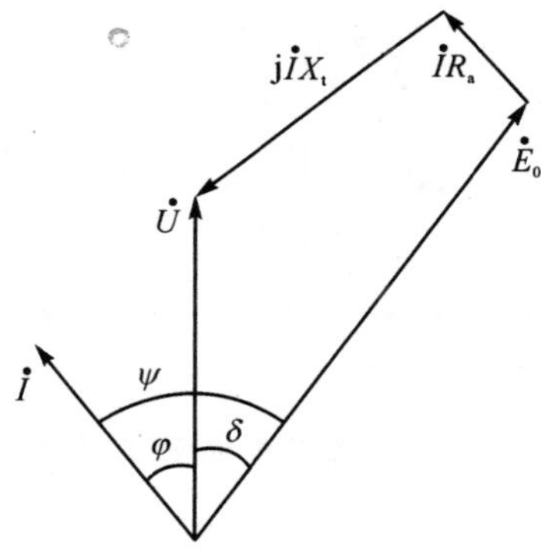

图 5.5.5　隐极同步电动机的相量图

2. 凸极同步电动机的电动势

按照变压器和异步电动机的分析方法，参照图 5.5.2，凸极同步电动机定子的直轴分量电动势$\dot{E}_{ad}$、交轴分量电动势及漏电动势$\dot{E}_{aq}$可以分别用电抗压降表示

$$\left.\begin{aligned}\dot{E}_{ad}&=-\mathrm{j}\,\dot{I}_d X_{ad}\\ \dot{E}_{aq}&=-\mathrm{j}\,\dot{I}_d X_{aq}\\ \dot{E}_\sigma&=-\mathrm{j}\dot{I}X_\sigma\end{aligned}\right\} \tag{5.5.7}$$

式中，X_{ad}称为定子直轴电枢反应电抗，X_{aq}称为定子交轴电枢反应电抗，X_{σ}称为定子漏抗，分别反映电动机定子直、交轴旋转磁场和漏磁场对电路的作用。

假定定子中各电动势和电压的参考方向如图 5.4.4 规定，则凸极同步电动机定子回路的电动势平衡方程为

$$\dot{U}=\dot{E}_0+\mathrm{j}\,\dot{I}_d X_{ad}+\mathrm{j}\,\dot{I}_q X_{aq}+(\dot{I}_d+\dot{I}_q)(R_a+X_{\sigma})=\dot{E}_0+\mathrm{j}\,\dot{I}_d X_d+\mathrm{j}\,\dot{I}_q X_q+\dot{I}\,R_s \tag{5.5.8}$$

式中，X_d称为凸极同步电动机直轴同步电抗，$X_d=X_{ad}+X_{\sigma}$；X_q称为凸极同步电动机交轴同步电抗，$X_q=X_{aq}+X_{\sigma}$。

由于凸极同步电动机直轴气隙小，交轴气隙大，因此有$X_{ad}>X_{aq}$和$X_d>X_q$。

从原理上看，隐极同步电动机可以看成是凸极同步电动机的一种特例，即气隙均匀，$X_{ad}=X_{aq}=X_1$。

根据凸极同步电动机的电动势平衡方程可以画出电动机的相量图，图5.5.6所示为凸极电动机 $\dot{I}$ 超前 $\dot{U}$ 时的简化相量图(忽略定子回路的电阻R_a)。

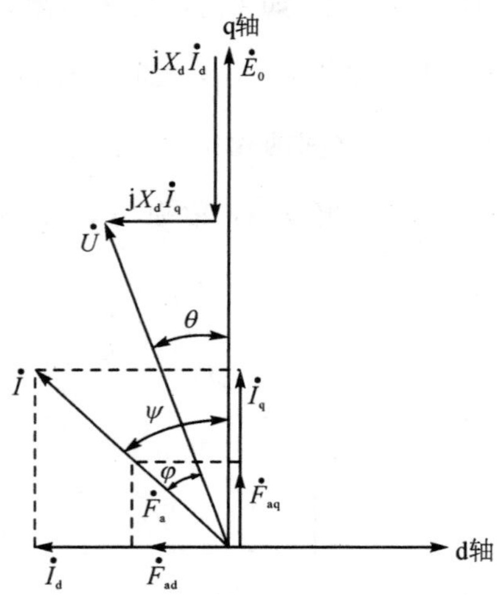

图 5.5.6　凸极同步电动机的相量图

在图 5.5.6 中，凸极同步电动机运行于电动状态在 $\varphi<0$(超前)，$\dot{U}$ 与 $\dot{I}$ 之间的夹角 φ 是功率因数角；$\dot{E}_0$和 $\dot{U}$ 之间的夹角 θ 与功率的大小有关，称为功率角，简称为功角。$\dot{E}_0$与 $\dot{I}$ 之间的夹角是 Ψ，Ψ 也是F_a与 q 轴的夹角。

Ψ 对电枢反应有重大影响，当 $\dot{I}$ 超前$\dot{E}_0$时，如图 5.5.6 所示，$\dot{I}_d$所产生的直轴磁动势F_{ad}与励磁磁动势F_f反相，电枢反应起去磁作用；当 $\dot{I}$ 落后$\dot{E}_0$时，$\dot{I}_d$所产生的F_{ad}与F_f同相，电枢反应起助磁作用；当 $\dot{I}$ 与$\dot{E}_0$同相时，即 $\Psi=0$，则$\dot{I}_d=0$，没有直轴磁动势F_{ad}，只有交轴磁动势F_{aq}，电枢反应既不去磁，也不助磁，仅仅是使气隙磁场发生偏移。

5.6 同步电动机的功率和转矩

5.6.1 同步电动机的功率和转矩平衡关系

同步电动机将电功率转化为轴上的机械功率，正常运行时，定子端输入电功率 P_1，扣除定子铜损耗P_{Cu1}后送到转子上的这部分功率称为电磁功率P_{em}，即

$$P_{em}=P_1-P_{Cu1}\approx mUI\cos\varphi \tag{5.6.1}$$

电磁功率除去空载损耗P_0(机械损耗P_{mec}、定子铁损耗P_{Fe}和附加损耗P_{ad})后为轴上输出的机械功率P_2，即

$$P_2=P_{em}-(P_{mec}+P_{Fe}+P_{ad})=P_{em}-P_0 \tag{5.6.2}$$

在上式两端同时除以同步角速度，就可以得到电动机稳定运行时的转矩平衡关系，即

$$T_2=T_{em}-T_0\text{或}T_{em}=T_2+T_0 \tag{5.6.3}$$

式中，T_{em}为对应电磁功率P_{em}的电磁转矩，为驱动性质；T_2为对应负载功率P_2的负载转矩，为制动性质；T_0为对应空载损耗P_0的空载转矩，为制动性质。

5.6.2 有功功率的功角特性和矩角特性

1. 功角特性和矩角特性

当保持电源电压U一定，同步电动机励磁电流一定(即E_0一定)、不考虑磁路饱和(X_d、X_q、X_t为常数)的情况下，电动机的电磁功率与功角δ之间的关系，即$P_{em}=f(\delta)$，称为同步电动机的有功功率功角特性。

参照式(5.6.1)，如果忽略定子电阻，即忽略定子的铜损耗，则同步电动机的电磁功率

$$P_{em}\approx P_1 mUI\cos\varphi \tag{5.6.4}$$

对于凸极同步电动机，根据其相量图，可以从式(5.6.4)推导出(推导过程略)有功功率的功角特性为

$$P_{em}=m\frac{E_0U}{X_d}\sin\delta+m\frac{U^2}{2}\left(\frac{1}{X_q}-\frac{1}{X_d}\right)\sin2\delta=P'_{em}+P''_{em} \tag{5.6.5}$$

式中，P'_{em}称为基本电磁功率；P''_{em}称为附加电磁功率。其中

$$\left.\begin{aligned}P'_{em}&=m\frac{E_0U}{X_d}\sin\delta\\P''_{em}&=m\frac{U^2}{2}\left(\frac{1}{X_q}-\frac{1}{X_d}\right)\sin2\delta\end{aligned}\right\} \tag{5.6.6}$$

对于隐极同步电动机，可以认为$X_d=X_q=X_t$，则有功功率的功角特性为

$$P_{em}=m\frac{E_0U}{X_1}\sin\delta \tag{5.6.7}$$

有了功角特性的表达式，可以得出同步电动机的矩角特性T_{em}，只要将电磁功率表达式除以同步角速度$\Omega_1=\dfrac{2\pi n_1}{60}$即可。

凸极同步电动机的矩角特性为

$$T_{em}=m\frac{E_0U}{\Omega_1X_d}\sin\delta+m\frac{U^2}{2\Omega_1}\left(\frac{1}{X_q}-\frac{1}{X_d}\right)\sin2\delta=T'_{em}+T''_{em} \tag{5.6.8}$$

式中，T'_{em}称为基本电磁转矩；T''_{em}称为附加电磁转矩。其中

$$\left.\begin{aligned}T'_{em}&=m\frac{E_0U}{\Omega_1X_d}\sin\delta\\T''_{em}&=m\frac{U^2}{2\Omega_1}\left(\frac{1}{X_q}-\frac{1}{X_d}\right)\sin2\delta\end{aligned}\right\} \tag{5.6.9}$$

隐极同步电动机的矩角特性为

$$T_{em}=m\frac{E_0U}{\Omega_1X_1}\sin\delta \tag{5.6.10}$$

从电动机的相量图5.5.6可知，功角δ是电动机的电压$\dot{U}$与电动势$\dot{E}_0$之间的时间相位角，经分析可以得到功角δ也是气隙合成磁极的磁极轴线与转子磁极轴线之间的空间夹角，可以把同步电动机等效成两对磁极，运行时，气隙合成磁极拖动转子磁极同步旋转。

2. 凸极同步电动机的附加电磁转矩特点

凸极同步电动机的附加电磁转矩的特点如下：

(1) 凸极同步电动机的附加电磁转矩与空载电动势E_0无关，即与转子励磁电流I_f无关；

(2) 凸极同步电动机的附加电磁转矩与凸极同步电动机$X_d\neq X_q$有关，是由于转子结构使得气隙不均匀引起的；

(3) 凸极同步电动机的附加电磁转矩与功角δ的倍角的正弦值成正比。磁感线由气隙合成磁场进入转子，无扭曲，磁路最短，只有磁吸力而无切向力，不产生转矩，$T''_{em}=0$。

当$0°<\delta<90°$时，磁感线进入转子，发生扭曲，磁路较长，磁阻较大。转子除继续受径向磁力外，还受切向磁力的作用，产生磁阻转矩(反应转矩)T''_{em}。δ越大，T''_{em}越大，其方向与δ增大方向一致，所以$T''_{em}>0$。

当$45°<\delta<90°$时，磁路太长，δ越大，T''_{em}越小，但$T''_{em}>0$，这从T''_{em}的表达式同样可得到此结论。

当$\delta=90°$时，磁感线正好走交轴磁路，但磁力无扭曲，磁路对称，$T''_{em}=0$。

当$90°<\delta<180°$时，与$0°<\delta<90°$时情况相似，但磁阻转矩方向却相反，即与δ增大方向相反，即$T''_{em}>0$。

当$\delta=180°$时，与$\delta=0°$时一样，$T''_{em}=0$。

在一些中、小型或微型同步电动机中，转子无励磁，也不是永磁，就是利用转子的凸极效应产生磁阻转矩使其正常运行，这种电动机称为磁阻式或反应式同步电动机。

5.7　同步电动机的工作特性和功率因数调节

5.7.1　同步电动机的工作特性

同步电动机的工作特性是指电网电压和频率恒定、保持励磁电流不变的情况下，转子转速 n、定子电流 I、电磁转矩 T_{em}、效率 η 和功率因数 $\cos\varphi$ 与输出功率 P_2 的关系，如图 5.7.1 所示。

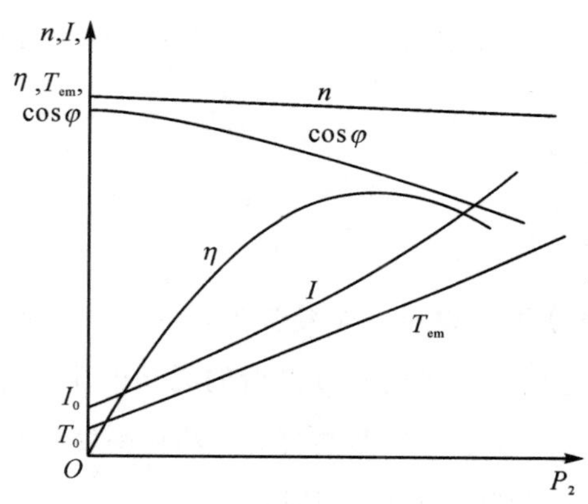

图 5.7.1　同步电动机的工作特性

同步电动机稳定运行时，转速不随负载的变化而变化，所以转速特性 $n=f(P_2)$ 为一条水平的直线。

由转矩平衡方程式得

$$T_{em}=T_2+T_0=9500\frac{P_2}{n}+T_0 \tag{5.7.1}$$

可见，转矩特性是一条纵轴截距为空载转矩 T_0 的直线。定子电流特性和效率特性与异步电动机相似。同步电动机的功率因数特性与异步电动机的特性有很大差异。异步电动机从电网吸收滞后的无功电流作为励磁电流，所以功率因数为滞后的。而同步电动机转子的直流励磁电流是可调的，所以功率因数也可调，可以超前，也可以滞后，这是同步电动机的最大优点。

图 5.7.2 所示为在不同励磁电流时，同步电动机的功率因数特性曲线。曲线 1 为空载时 $\cos\varphi=1$ 的情况，曲线 2 为增加励磁电流、半载时 $\cos\varphi=1$ 的情况，

曲线 3 为增加励磁电流、满载时 $\cos\varphi=1$ 的情况。

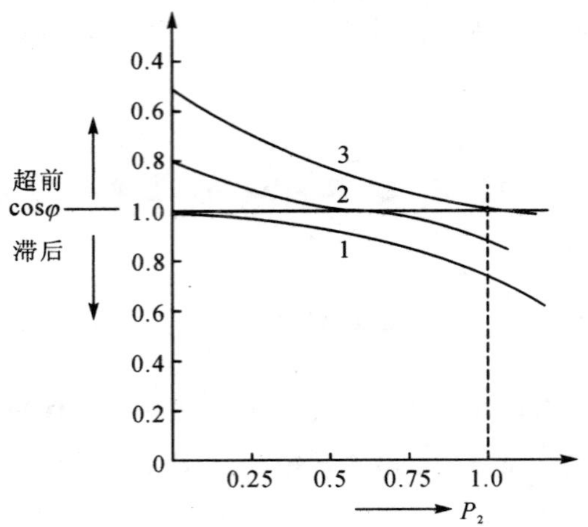

图 5.7.2　在不同励磁电流时，同步电动机的功率因数特性曲线

5.7.2　同步电动机的功率因数调节

1. 调节功率因数的意义

工矿企业的大部分用电设备，如异步电动机、变压器、电抗器和感应电炉等，都是感性负载，它们需从电网吸收滞后的无功电流，使得电网的功率因数降低。在一定的视在功率下，功率因数越低，有功功率就越小，于是，发电机容量、输电线路和电气设备容量就不能充分利用。

如某变电所变压器的容量为 1000 kV·A，当 $\cos\varphi=0.9$ 时，它传输的有功功率为 9000 kW，无功功率为 4359 kVar。而当 $\cos\varphi=0.7$ 时，它传输的有功功率为 7000 kW，无功功率为 7141 kVar。传输的有功功率减少了 2000 kW。

若负载一定，无功电流增加，则总电流增大，发电机及输电线路的电压降和铜损耗就增大。可见，提高电网的功率因数，在经济上有着十分重大的意义。

为了提高电网的功率因数，除了在变电站并联电力电容器外，还可为动力设备配置同步电动机来代替异步电动机。因为同步电动机不仅可输出有功功率，带动生产机械做功，还可以通过调节励磁电流使电动机处于过励状态，于是，同步电动机对电网呈容性，向电网提供无功功率，对其他设备所需无功功率进行补偿。

2. 有功功率恒定时的功率因数调节

在同步电动机定子所加电压、频率和电动机输出的功率恒定的情况下，调节转子励磁电流，定子电流的大小和相位也随之发生变化，因此改变电动机在电网

上的性质，可以提高和改善电网的功率因数。

下面以隐极同步电动机为例进行分析，所得结论同样适用于凸极同步电动机。

当输出有功功率不变时(忽略定子电阻，不计铁损耗和各种损耗的变化，不考虑磁路饱和)，则有

$$P_{em}=m\frac{E_0U}{X_1}\sin\delta=mUI\cos\delta=常数 \tag{5.7.2}$$

由于电网电压U、同步电抗X_1为常数，因此$P_{em}\propto I\cos\delta=$常数，$P_{em}\propto E_0\sin\delta=$常数。

根据同步电动机的电动势平衡方程式，则可以画出同步电动机的相量图，如图 5.7.3 所示。

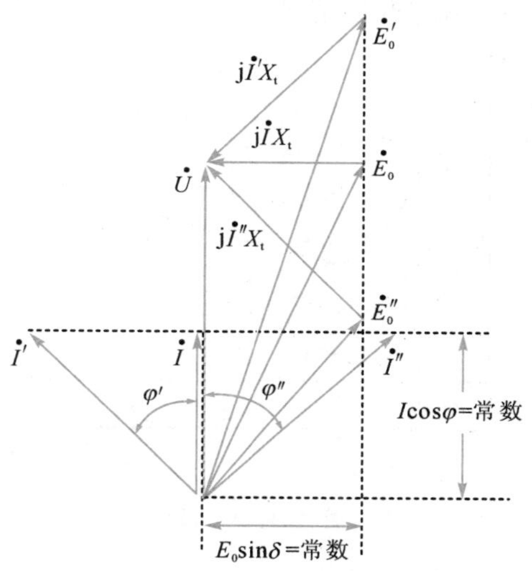

图 5.7.3　改变转子励磁电流时同步电动机的相量

(1) 调节I_f，使电动势为$\dot{E}_0$时，定子电流$\dot{I}$与电源电压$\dot{U}$同相位，$\varphi=0$，功率因数$\cos\varphi=1$，电枢电流全部为有功电流。对电源来说，电动机为阻性负载，电动机只从电网吸收有功功率，这种状态称为“正常励磁”状态。

(2) 增加励磁电流I_f，使电动势增大到$\dot{E}'_0$，定子电流$\dot{I}'$超前电源电压$\dot{U}\varphi'$角，$\varphi'<0$，$\cos\varphi$为超前，电枢电流中除了有功电流分量外，还有容性无功电流分量，说明电动机除了从电网吸收有功功率外，还吸收容性无功功率(或发出感性无功功率)。对电源来说，电动机为容性负载，这种状态称为“过励”状态。

(3) 减少励磁电流I_f，使电动势下降到$\dot{E}''_0$，定子电流$\dot{I}''$滞后电源电压$\dot{U}\varphi''$角，$\varphi''>0$，$\cos\varphi$为滞后，电枢电流中除了有功电流分量外，还有感性无功电流分量，说明电动机除了从电网吸收有功功率外，还从电网吸收感性无功功率(或发出容性无功功率)。对电源来说，电动机为感性负载，这种状态称为“欠励”

状态。

从以上分析可知，在保持有功功率不变条件下，调节同步电动机的励磁电流，有三种励磁状态。“正常励磁”状态时，电动机没有无功功率输入(输出)；“过励”状态时，电动机从电网吸取容性无功功率(或向电网发出感性无功功率)；“欠励”状态时，电动机从电网吸取感性无功功率(或向电网发出容性无功功率)。

5.7.3 V形曲线

在$U=U_N$，$f=f_N$以及P_{em}(或T_{em})一定的条件下，同步电动机的定子电流I与转子励磁电流I_f的关系$I=f(I_f)$曲线称为同步电动机的V形曲线，如图5.7.4所示。V形曲线反映的是在输出的有功功率一定的条件下，同步电动机定子电流和功率因数随转子励磁电流变化的情况。

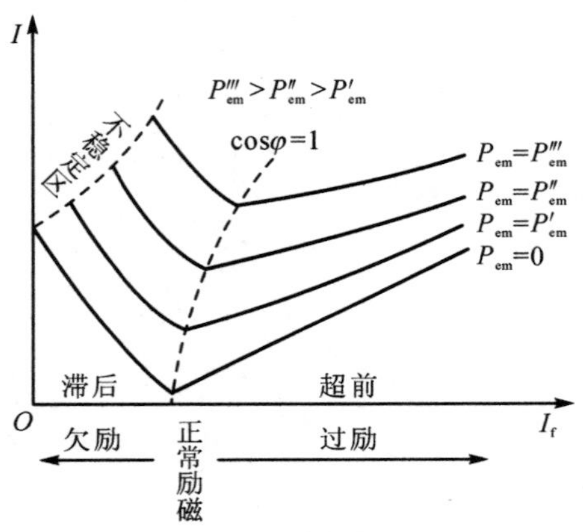

图 5.7.4 同步电动机的V形曲线

当电动机带有不同大小负载时，对应有一组V形曲线，负载的功率越大，曲线越向上移。图5.7.4中每条曲线有一个最低点，这点的励磁就是正常励磁，$\cos\varphi=1$。

将各曲线的最低点连接起来得到一条$\cos\varphi=1$的曲线。这条曲线向右倾斜，说明输出功率增大时必须相应增加一些励磁电流才能保持$\cos\varphi=1$不变。在这条曲线的右侧，电动机处于过励状态，$\cos\varphi$超前；在这条曲线的左侧，电动机处于欠励状态，$\cos\varphi$滞后。

当I_f减小到一定数值时，电动机会失去同步，所以V形曲线中存在不稳定区域。由于欠励状态更加接近不稳定区，所以电动机一般运行于过励状态。

调节励磁电流可以改变无功功率输出，可以改善电网的功率因数，这是同步电动机最可贵的特点。尤其是同步电动机在过励状态下，从电网吸收容性无功功率(或向电网发出感性无功功率)的特性，很有实际意义。但是要注意，定子电流不能超过电动机温升所允许的最大电流。

【例 5.7.1】一台三相六极同步电动机的数据为：额定功率 $P_N=250$ kW，额定电压 $U_N=380$ V，额定功率因数 $\cos\varphi_N=0.8$，额定效率 $\eta_N=90\%$，定子每相电阻 $R_1=0.025\ \Omega$，定子绕组为星形联结。试求：

(1) 额定运行时定子输入的功率；

(2) 额定电流；

(3) 额定运行时电磁功率；

(4) 额定电磁转矩。

解：(1) 额定运行时定子输入的功率为

$$P_1=\frac{P_N}{\eta_N}=\frac{250}{0.9}\approx 277.8\ \text{kW}$$

(2) 因为 $P_1=\sqrt{3}U_N I_N\cos\varphi_N$，所以额定电流为

$$I_N=\frac{P_1}{\sqrt{3}U_N\cos\varphi_N}=\frac{277.8\times 10^3}{\sqrt{3}\times 380\times 0.8}\approx 527.6\ \text{A}$$

(3) 额定运行时电磁功率为

$$\begin{aligned}P_{em}&=P_1-P_{Cu1}=P_1-3I_N^2R_1\\&=277.8-3\times 527.6^2\times 0.025\times 10^{-3}\\&=256.923\ \text{kW}\end{aligned}$$

(4) 额定电磁转矩为

$$T_{em}=\frac{P_{em}}{\Omega_1}=\frac{P_{em}}{2\pi n_1/60}=\frac{60\times 256.923\times 10^3}{2\times 3.1416\times 1000}\approx 2453\ \text{N}\cdot\text{m}$$

习 题 5

一、填空题

1. 凸极式转子由转子________、转子__________和________组成。

2. 励磁绕组通入________，转子产生__________的磁极。

3. 额定励磁电流是指同步电动机额定运行时，__________流入的直流励磁电流。

4. φ 是定子电流 $\dot{I}$ 和电源电压 $\dot{U}$ 之间的相位角，称为电机的__________。

5. 凸极同步电动机的附加电磁转矩与空载电动势 E_0 的关系是__________。

二、选择题

1. 同步发电机的额定功率指(　　)。

A. 转轴上输入的机械功率　　B. 转轴上输出的机械功率

C. 电枢端口输入的电功率　　D. 电枢端口输出的电功率

2. 同步发电机稳态运行时，若所带负载为感性，则其电枢反应的性质为（　　）。

A. 交轴电枢反应　　B. 直轴去磁电枢反应

C. 直轴去磁与交轴电枢反应　　D. 直轴增磁与交轴电枢反应

3. 同步发电机稳定短路电流不很大的原因是（　　）。

A. 漏阻抗较大　　B. 短路电流产生去磁作用较强

C. 电枢反应产生增磁作用　　D. 同步电抗较大

4. 同步补偿机的作用是（　　）。

A. 补偿电网电力不足　　B. 改善电网功率因数

C. 作为用户的备用电源　　D. 作为同步发电机的励磁电源

三、简答题

1. 什么叫同步电机？其感应电动势频率和转速有何关系？怎样由其极数决定它的转速？

2. 基波励磁磁动势矢量始终在S极中心所对的位置，这一结论的前提条件是什么？如果改变这些条件，对结论的影响是什么？

3. 如果电源频率是可调的，当频率为50 Hz及40 Hz时，六极同步电动机的转速各是多少？

4. 空载特性反映的是哪两个物理量之间的关系？使用时要注意什么？

5. 同步电动机在正常运行时，转子励磁绕组中是否存在感应电动势？在启动过程中是否存在感应电动势？为什么？

四、计算题

1. 有一台QFS－300－2的汽轮发电机，$U_N=18$ kV，$\cos\varphi_N=0.85$，$f_N=50$ Hz，试求：(1) 发电机的额定电流；

(2) 发电机在额定运行时能发的有功和无功功率。

2. 有一台隐极同步电动机，额定电压$U_N=6000$ V，额定电流$I_N=72$ A，额定功率因数$\cos\varphi_N=0.8$(超前)，定子绕组为星形联结，同步电抗$X_C=50\ \Omega$，忽略定子电阻R_1。当这台电动机在额定运行时，且功率因数$\cos\varphi_N=0.8$(超前)时，试求：

(1) 空载电动势E_0；

(2) 功角θ_N；

(3) 电磁功率P_M；

(4) 过载倍数λ_m。

第6章 特种电机

学习目标

(1) 了解伺服电动机、测速发电机、步进电动机的工作原理，以及各自的特点和结构。

(2) 掌握特种电机的控制方法。

重难点

(1) 特种电机的工作原理。

(2) 特种电机的控制方法。

思维导图

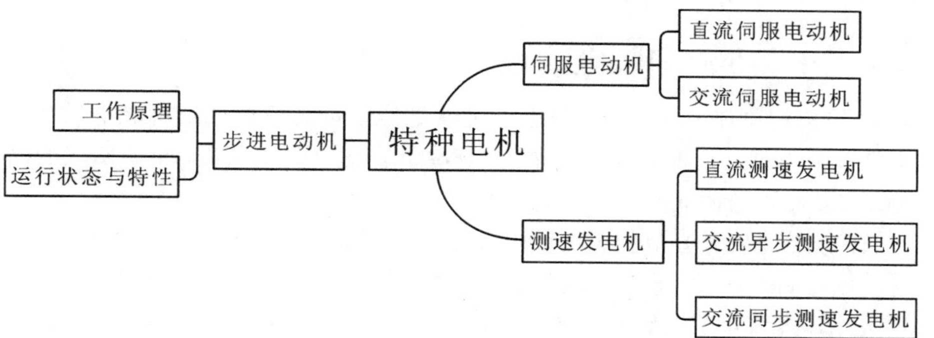

具有特殊结构、性能、用途的电机统称为特种电机。随着科学技术的不断发展，特种电机已经成为现代工业自动化、武器装备自动化、办公自动化和家庭生活自动化等领域中必不可少的重要元件。

驱动类电机和控制类电机都属于特种电机。其中，驱动类微电机主要有换向器电机、异步微电机、同步微电机、永磁无刷电机、超声波电机、直线电机和双凸极电机等，通常是单独使用。控制电机主要有伺服电机、测速发电机、步进电机、力矩电机、开关磁阻电机、直流无刷电机等，主要应用在自动控制系统中，作为测量、计算元件或执行元件，用于信号的检测、变换和传递。由于检测、变换和传输的是控制信号，所以控制电机功率小，体积小，重量轻，因而也被称作微特电机。

需要指出的是，有一些电机既可作为驱动类电机，又可作为控制类电机。

本章主要简单介绍伺服电动机、测速发电机、步进电动机的工作原理和应用。

6.1 伺服电动机

伺服电动机能把输入的控制电压信号变换成转轴上的机械角位移或角速度输出，改变输入电压的大小和方向就可以改变转轴的转速和转向，在自动控制系统中多用作执行元件，故又称为执行电动机。

自动控制系统对伺服电动机的基本要求是：

(1) 宽广的调速范围，机械特性和调节特性均为线性；

(2) 快速响应性能好；

(3) 灵敏度高，在很小的控制电压信号作用下，伺服电动机就能启动运转；

(4) 无自转现象，所谓自转就是转动中的伺服电动机在控制电压为零时还继续转动；无自转现象就是控制电压降到零时，伺服电动机立即自行停转。

根据使用电源性质的不同，伺服电动机分为直流伺服电动机和交流伺服电动机两大类。直流伺服电动机的输出功率通常为 1～600 W，用于功率较大的控制系统中；交流伺服电动机的输出功率一般为 0.1～100 W，电源频率为 50 Hz、400 Hz 等多种，用于功率较小的控制系统。

6.1.1 直流伺服电动机

从结构和原理上看，直流伺服电机就是低惯量的微型他励直流电动机。按定子磁极种类可分为永磁式和电磁式。永磁式的磁极是永久磁铁；电磁式的磁极是电磁铁，磁极外面套着励磁绕组。

按控制方式分，直流伺服电动机又分为电枢控制方式和磁场控制方式两种。采用电枢控制方式时，励磁绕组接在电压恒定的励磁电源上，电枢绕组接控制电压 U_c，用以控制电机的转速和转向，如图 6.1.1 所示。采用磁场控制方式时，电枢绕组接在电压恒定的电源上，而励磁绕组接控制电压 U_c。磁场控制方式性能较差，一般采用电枢控制方式，下文主要分析电枢控制方式的直流伺服电动机。

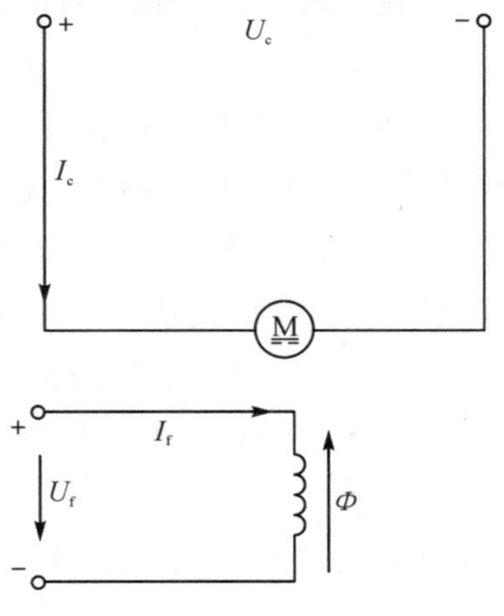

图 6.1.1 直流伺服电动机(电枢控制)

为了提高直流伺服电动机的快速响应能力，就必须减少转动惯量，所以直流伺服电动机的电枢或做成圆盘的形式，或做成空心杯的形式，分别称为盘形电枢直流伺服电动机和空心杯永磁式直流伺服电动机，它们在结构上的明显特点是转子轻、转动惯量小。

电枢控制方式的直流伺服电动机的工作原理与普通的直流电动机相似。当励磁绕组接在电压恒定的励磁电源上时，就有励磁电流 I_f 流过，并在气隙中产生主磁通 Φ；当有控制电压 U_c 作用在电枢绕组上时，就有电枢电流 I_c 流过，电枢电流 I_c 与磁通相互作用，产生电磁转矩 T_{em} 并带动负载运行。当控制信号消失时，电机自行停转，不会出现自转现象。

直流伺服电动机的主要运行特性是机械特性和调节特性。

1. 机械特性

机械特性是指控制电压恒定时，直流伺服电动机的转速随转矩变化的关系，即 $n=f(T_{em})$。直流伺服电动机的机械特性与普通的直流电动机的机械特性是相似的。

依照第2章分析的直流电动机的机械特性 $n=\dfrac{U}{C_E\Phi}-\dfrac{R}{C_EC_T\Phi^2}T_{em}$，其中 U 是电枢电压，R 是电枢回路的总电阻。在电枢控制方式的直流伺服电动机中，控制电压 U_c 加在电枢绕组上，即 $U=U_c$，代入机械特性公式中，可以得到直流伺服电动机的机械特性表达式为

$$n=\frac{U_c}{C_E\Phi}-\frac{R}{C_EC_T\Phi^2}T_{em}=n_0-\beta T_{em} \tag{6.1.1}$$

式中，$n_0=\dfrac{U_c}{C_E\Phi}$为理想空载转速；$\beta=\dfrac{R}{C_EC_T\Phi^2}$为过 n_0、T_{em} 的直线的斜率。

当控制电压 U_c 一定时，随着转矩 T_{em} 的增加，转速 n 成正比的下降，机械特性为向下倾斜的直线，如图6.1.2所示，所以直流伺服电动机机械特性的线性度很好。由于斜率 β 不变，当 U_c 不同时机械特性为一组平行线，随着 U_c 的降低，机械特性平行地向下移动，亦如图6.1.2所示，其中直线1、2、3分别表示不同的 U_c，直线1代表的 U_c 最高，直线3代表的 U_c 最低。

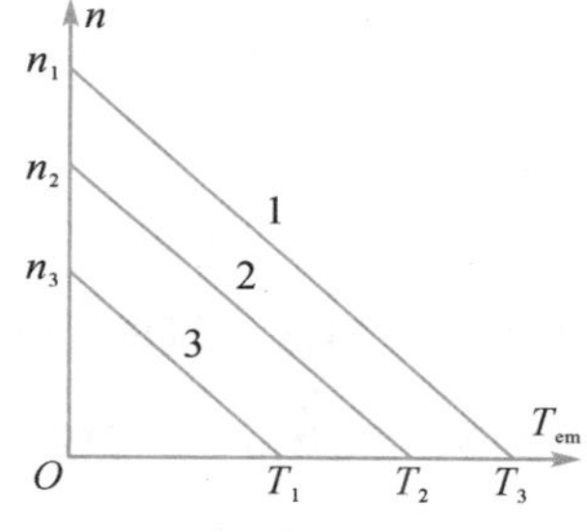

图6.1.2 直流伺服电动机的机械特性

2. 调节特性

调节特性是指转矩恒定时，电机的转速随控制电压变化的关系，即 T_{em} 等于常数时的 $n=f(U_c)$。调节特性也称为控制特性，直流伺服电机的调节特性也是直线，所以调节特性的线性度很好。如图 6.1.3 所示，其中 $T_1=0$，$T_2<T_3$。

调节特性与横坐标的交点($n=0$)，表示在一定负载转矩下电动机的始动电压。只有控制电压大于始动电压，电动机才能启动运转。在式(6.1.1)中令 $n=0$，能方便地计算出始动电压 $U_{c0}=\dfrac{RT_{em}}{C_T\Phi}$。

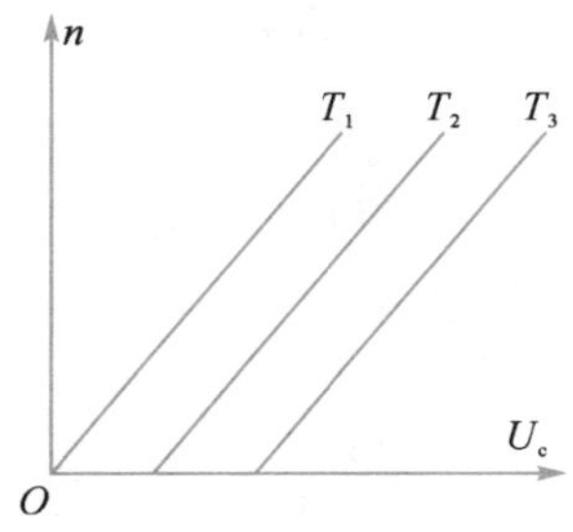

图 6.1.3　直流伺服电动机的调节特性

一般把调节特性上横坐标从零到始动电压这一范围称为失灵区。在失灵区以内，即使电枢有外加电压，电动机也转不起来。显而易见，失灵区的大小与负载转矩成正比，负载转矩大，失灵区也大。

直流伺服电动机启动转矩大、机械特性和调节特性的线性度好、调速范围大是其优点，其缺点是电刷和换向器之间的火花会产生无线电干扰信号，维修比较困难。

6.1.2　交流伺服电动机

按照工作原理，交流伺服电动机通常分为异步伺服电动机和同步伺服电动机。由于异步伺服电动机应用极其广泛，因此本节主要介绍异步伺服电动机的相关知识。

1. 异步伺服电动机的结构和工作原理

1) 异步伺服电动机的结构

异步伺服电动机是由定子和转子两部分组成，通常为两相异步电动机。定子上嵌放着在空间相差 90°电角度的两相绕组。一相作为励磁绕组，接在电压为 $\dot{U}_f$ 的交流电源上；另一相为控制绕组，接输入控制电压 $\dot{U}_c$，$\dot{U}_f$ 与 $\dot{U}_c$ 为同频率的交

流。异步伺服电动机的转子为笼型，电机的结构如图 6.1.4 所示。

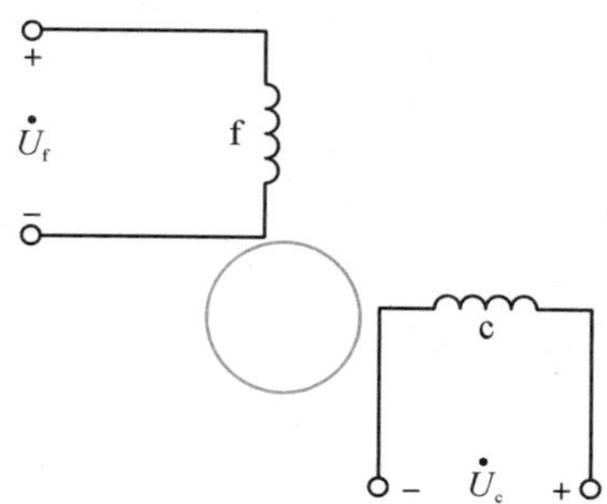

图 6.1.4 异步伺服电动机结构示意图

交流伺服电动机的转子结构形式主要有两种。

(1) 高电阻率导条的笼型转子。这种转子结构与三相笼型异步电动机类似，转子做得细而长以减小转动惯量。转子笼条和端环既可采用高电阻率的导电材料(如黄铜、青铜等)制造，也可采用铸铝转子。

(2) 非磁性空心杯型转子。这种结构的电机，其定子铁芯分外定子和内定子两部分，由硅钢片冲制后叠成。外定子铁芯槽中放置空间相距 90°电角度的两相绕组，内定子铁芯中不放绕组，仅作为磁路的一部分。空心杯型转子放在内、外定子铁芯之间，并固定在转轴上。转子的壁很薄，一般在 0.3 mm 左右，用非磁性材料(铝或铜)制成，具有较大的转子电阻和很小的转动惯量。其转子上无齿槽，故运行平稳，噪声小。

2) 异步伺服电动机的工作原理

异步伺服电动机控制电压为零时，只有励磁电流产生的脉动磁场，转子不能转动。有控制电压时，励磁绕组和控制绕组中的电流共同产生一个合成的旋转磁场，带动转子旋转。当控制电压为零时，电动机处于单相供电，并继续旋转，不能按要求停车，这样电动机就失去了控制，这就是交流伺服电动机的"自转"现象。

当控制绕组电流为零时，定子磁场完全由励磁电流产生，它是一个单相脉动磁场。脉动磁场可以分解为幅值相等、转速相同、转向相反的两个圆形旋转磁场，分别产生正向电磁转矩和反向电磁转矩。电动机的最大电磁转矩与转子电阻大小无关，但是，转子电阻的大小会对交流伺服电动机单相运行时机械特性曲线有影响。

异步伺服电动机的机械特性如图 6.1.5 所示，此时转子电阻 R_2 较小，临界转差率 s_m 很小。由图可知，在电动机运行范围内，合成转矩 T_{em} 绝大部分都是正的。当异步伺服电动机的控制电压信号，即 $U_c=0$ 时，只要阻转矩小于单相运行时的最大电磁转矩，电动机将继续旋转，产生了自转现象，造成失控。

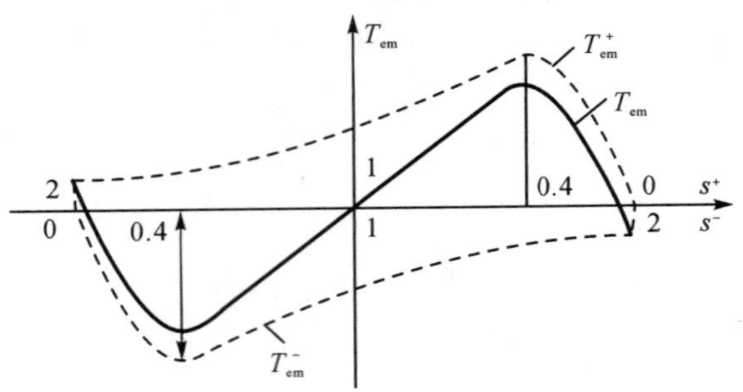

图 6.1.5　$s_m=0.4$ 时自转现象与转子电阻关系

如图 6.1.6 所示，当转子电阻增大到使临界转差率 $s_m>1$ 时，合成转矩曲线与横轴相交仅有一点，即 $s=1$。在电动机运行范围内，合成转矩为负值，成为制动转矩。因此当控制电压 $U_c=0$ 成为单相运行时，电动机立刻产生制动转矩，与负载转矩一起促使电动机迅速停转，这样就不会产生自转现象。

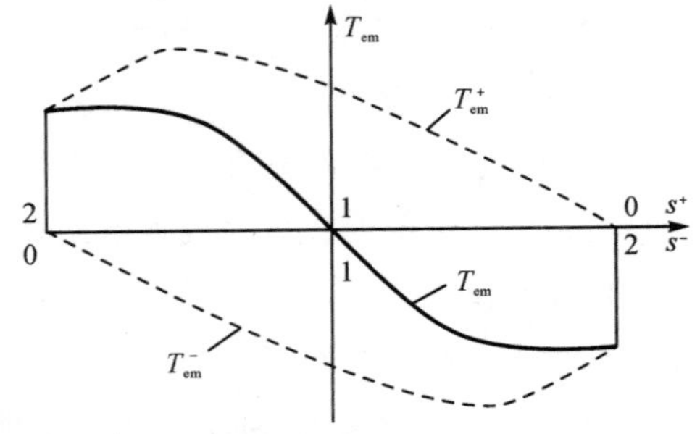

图 6.1.6　$s_m>1$ 时自转现象与转子电阻关系

2. 控制方式

改变控制电压 U_c 的大小和相位实现对交流伺服电机转速控制的方法有三种：幅值控制、相位控制和幅值—相位控制。

1）幅值控制

始终保持控制电压 $\dot{U}_c$ 和励磁电压 $\dot{U}_f$ 之间的相差为 90°，仅改变控制电压 $\dot{U}_c$ 的幅值来改变交流伺服电动机转速的控制方式称为幅值控制，其原理图如图 6.1.7所示。励磁绕组 f 接交流电源，控制绕组 c 通过电压移相器接至同一电源上，使 $\dot{U}_c$ 与 $\dot{U}_f$ 始终有 90°的相位差，且 $\dot{U}_c$ 的大小可调，改变 $\dot{U}_c$ 的幅值就改变了

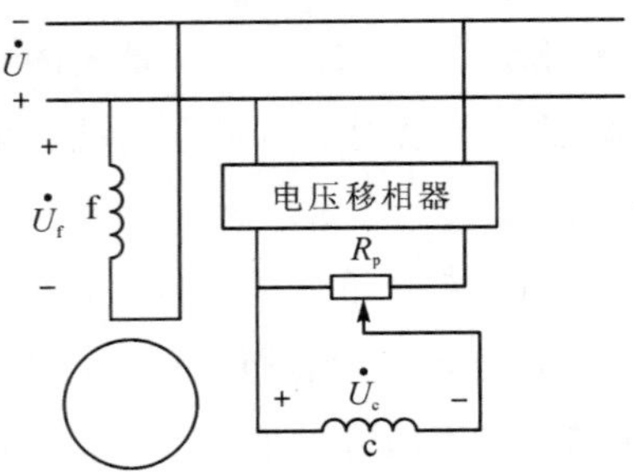

图 6.1.7　幅值控制原理图

电动机的转速。

令 $\alpha = U_c/U_f = U_c/U_N$ 为幅值控制时的信号系数，U_N 为电源电压的额定值，显而易见 $0 \leqslant \alpha \leqslant 1$。

2）相位控制

保持控制电压$\dot{U}_c$ 的幅值不变，通过改变控制电压$\dot{U}_c$ 与励磁电压$\dot{U}_f$ 的相位差来改变交流伺服电动机转速的控制方式称为相位控制，其原理图如图 6.1.8 所示。控制绕组通过移相器与励磁绕组接至同一交流电源上，$\dot{U}_c$ 的幅值不变，调节移相器可以使$\dot{U}_c$ 与$\dot{U}_f$ 的相位差在 0°～90°范围内变化，当相位差发生变化时，交流伺服电动机的转速也发生变化。

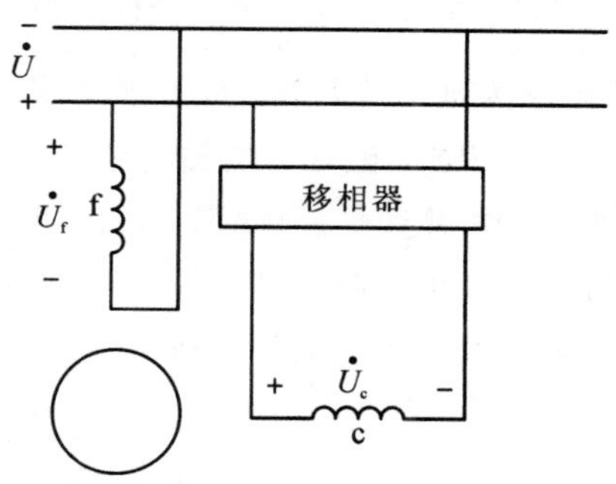

图 6.1.8　相位控制原理图

$\dot{U}_c$ 与$\dot{U}_f$ 的相位差 β 在 0°～90°范围内变化时，信号系数 α 是相位差为 90°的$\dot{U}_c$ 与$\dot{U}_f$ 之比，即 $\alpha = (U_c \sin\beta)/U_f = (U_N \sin\beta)/U_N = \sin\beta$，称 $\sin\beta$ 为相位控制时的信号系数。

3）幅值—相位控制

如图 6.1.9 所示，励磁绕组串入电容器后接交流电源，控制绕组通过电位器接至同一电源。控制电压$\dot{U}_c$ 与电源同频率、同相位，但其大小可以通过电位器 R_p 来调节。当改变$\dot{U}_c$ 的大小时，由于耦合作用，励磁绕组中的电流会发生变化，其电压$\dot{U}_f$ 也会发生变化。这样，$\dot{U}_c$ 与$\dot{U}_f$ 的大小和相位都会发生变化，电机的转

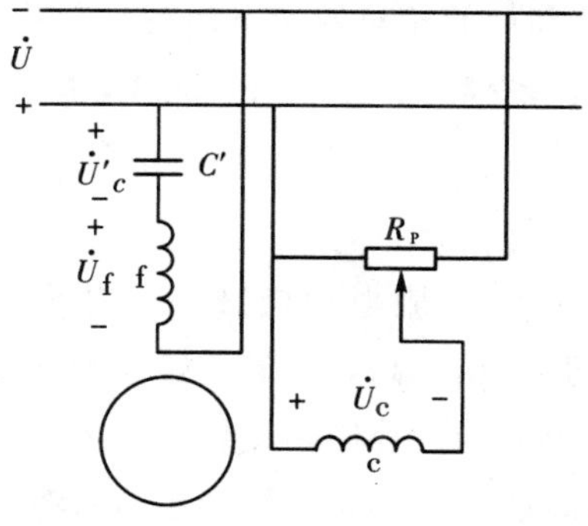

图 6.1.9　幅值—相位控制原理图

速也会发生变化，所以称这种控制方式为幅值一相位控制方式。

幅值一相位控制方式的机械特性和调节特性不如幅值控制和相位控制方式效果好，但由于其电路简单，不需要移相器，因此在实际应用中用得较多。

3. 机械特性和调节特性(以幅值控制方式为例)

这里转速、转矩和控制电压都采用标幺值。以同步转速 n_1 作为转速的基值；以圆形旋转磁场产生的启动转矩 T_{st0} 作为转矩的基值；以电源额定电压 U_N 作为控制电压的基值。则 $n^*=n/n_1$；$T^*=T_{em}/T_{st0}$；$U_c^*=U_c/U_N=\alpha$，信号系数 α 即为控制电压的标幺值。

幅值控制的机械特性，即 α 一定时 $T^*=f(n^*)$，如图 6.1.10 所示。当 $\alpha=1$，即 $U_c=U_N$，控制电压 $\dot{U}_c$ 的幅值达到最大值，$U_c=U_N=U_f$，且 $\dot{U}_c$ 与 $\dot{U}_f$ 的相位差为 90°，所以气隙磁场为圆形旋转磁场，电磁转矩最大。随着控制电压 $\dot{U}_c$ 的变小(α 值变小)，磁场变为椭圆形磁场，电磁转矩减少，机械特性随 α 的减少向小转矩、低转速方向移动。由幅值控制的调节特性，即 T^* 一定时 $n^*=f(\alpha)$ 曲线，可以看出调节特性是非线性的。调节特性是非线性的，只有在相对转速 n^* 和信号系数 α 都较小时，调节特性才近似为直线。

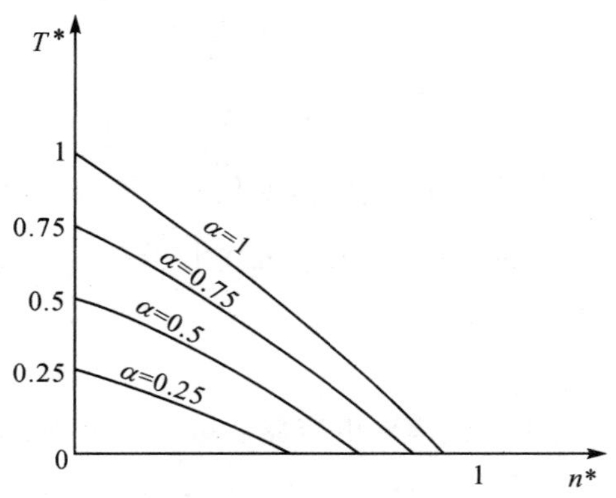

图 6.1.10　幅值控制时的机械特性曲线

在自动控制系统中，一般要求伺服电动机应有线性的调节特性，所以交流伺服电动机应在小信号系数和低的相对转速下运行。为了不使调速范围太小，可将交流伺服电动机的电源频率提高到 400 Hz，这样，同步转速 n_1 也成比例提高，电动机的运行转速 $n=n^*n_1$，尽管 n^* 较小，但 n_1 很大，因而 n 也大，就扩大了调速范围。

将直流伺服电动机和交流伺服电动机做一下对比。直流伺服电动机的机械特性是线性的，特性硬，控制精度高，稳定性好，无自转现象；交流伺服电动机的机械特性是非线性的，特性软，控制精度要差一些。交流伺服电动机转子电阻大、损耗大、效率低，只能适用于小功率控制系统；功率大的控制系统宜选用直流伺服电动机。

6.2　测速发电机

测速发电机能把转速转换成与之成正比的电压信号，在自动控制系统中可以用作测量转速的信号元件。

测速发电机有直流和交流两种。直流测速发电机分为永磁式直流测速发电机和电磁式直流测速发电机；交流测速发电机分为交流同步测速发电机和交流异步测速发电机。

6.2.1　直流测速发电机

直流测速发电机实际上就是微型直流发电机。按励磁方式的不同，其可分为永磁式直流测速发电机和电磁式直流测速发电机两种。永磁式直流测速发电机的磁极为永久磁铁，结构简单，使用方便。

1. 输出特性

输出特性是指励磁磁通 Φ 和负载电阻 R_L 都为常数时，直流测速发电机的输出电压 U 随转子转速 n 的变化规律，即 $U=f(n)$。

直流测速发电机的工作原理与直流发电机的工作原理相同，若忽略电枢反应，则电枢电动势为 $E_a=C_E\Phi n=k_E n$，加负载以后，电刷两端输出的电压为 $U_a=E_a-R_aI_a$，负载两端的电流和电压的关系为 $I_a=U/R_L$。因为电刷两端的输出电压和负载电压相等，于是得到直流测速发电机的输出特性表达式为 $U=E_a/(1+R_a/R_L)=Cn$，式中 $C=k_E/(1+R_a/R_L)$ 为测速发电机的输出特性斜率。直流测速发电机对应不同的负载电阻 R_L 可以得到不同的输出特性，如图6.2.1所示。

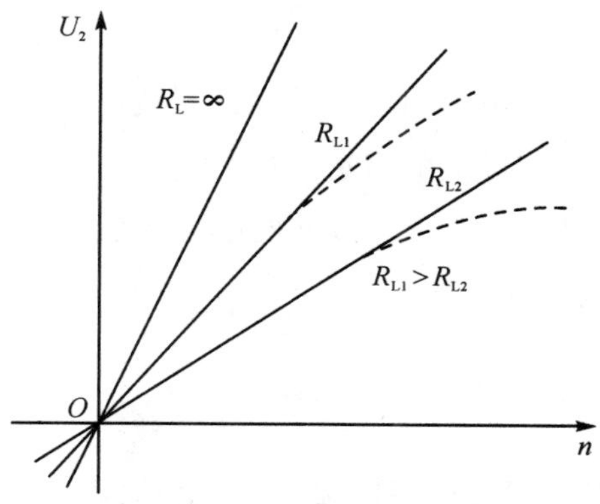

图 6.2.1　直流测速发电机对应不同负载电阻时的输出特性

2. 减小误差的方法

实际上直流测速发电机的输出特性并不是严格的线性特性，与真正的线性特性之间存在着误差。此误差的大小受多个因素的影响，下面介绍几种减小误差的方法。

1）削弱电枢反应

电枢反应使得主磁通发生变化。当负载电阻越小或转速越高时，电枢电流 I_a 就越大，从而电枢反应的去磁作用越强，气隙磁通减小得越多，输出电压下降越显著，致使输出特性向下弯曲，如图 6.2.1 中虚线所示。

为削弱电枢反应对电机输出特性的影响，可采用在定子磁极上安装补偿绕组、结构上适当加大发电机的气隙、规定发电机的最大工作转速和最小负载电阻值等方法。

2）减小电刷接触电阻

电刷接触电阻是非线性的，它随负载电流大小而变。当转速低、电流小时，接触电阻较大，这时虽有输入转速信号，但输出电压很小，输出特性在此区域内，对转速反应很不灵敏，这个区域称为不灵敏区。

为减小电刷接触电阻对电机输出特性的影响，可采用接触电阻较小的银—石墨电刷或含银金属电刷等方法。

3）减小发电机周围环境的温度

发电机周围环境温度的变化，使励磁绕组电阻变化。当发电机周围环境温度升高时，励磁绕组电阻随之增大，励磁电流和主磁通减小，导致输出电压降低。

为减小发电机周围温度变化对电机输出特性的影响，在设计发电机时，可把磁路设计得比较饱和，使励磁电流的变化所引起的磁通变化较小。此外，还可在励磁回路中串联一个比励磁绕组电阻大几倍的温度系数较低的附加电阻(如锰镍铜合金或镍铜合金)来稳定励磁电流。

4）减小纹波

直流测速发电机输出的电压并不是稳定的直流电压，而是带有微弱的脉动，把这种脉动称为纹波。引起纹波的因素很多，主要是发电机本身的固有结构及加工误差引起的。高精度系统是不允许纹波电压的存在的，为消除纹波的影响，可在电压输出电路中加入滤波电路。

6.2.2 交流异步测速发电机

交流测速发电机分为交流同步测速发电机和交流异步测速发电机两种。前者的输出电压和频率均随转速的变化而变化，一般用作指示元件，很少用于控制系统中的转速测量。后者的输出电压频率与转速无关，其输出电压与转速 n 成正比，因此在控制系统中得到广泛应用。

异步测速发电机分为笼型测速发电机和空心杯型测速发电机两种，空心杯型测速发电机比笼型测速发电机测量精度高，转动惯量小，性能稳定，适合于快速系统，因此空心杯型测速发电机应用比较广泛。

1. 空心杯型异步测速发电机的工作原理

空心杯型测速发电机的结构与异步伺服电动机的结构基本相同，其转子为杯型，且转子电阻较大。定子上安放着两相绕组，一相为励磁绕组，匝数为 N_f；另一相为输出绕组，匝数为 N_2，两相绕组在空间位置上严格相差 90°电角度。机座较小时，两相绕组都放在内定子上；机座较大时，常把励磁绕组放在外定子上，输出绕组放在内定子上。

图 6.2.2 所示为空心杯型异步测速发电机的工作原理图。当励磁绕组加上频率为 f 的交流电源 $\dot{U}_f$，在励磁绕组中就会有励磁电流 $\dot{I}_1$ 通过，并产生同频率的脉动磁动势 $\dot{F}_d$ 和脉动磁通 $\dot{\Phi}_d$，在励磁绕组的轴线方向脉动，称为直轴磁动势和直轴磁通。$\dot{\Phi}_d$ 在励磁绕组中感应电动势 $\dot{E}_f$，若忽略励磁绕组的电阻和漏抗，则有 $\Phi_d \propto U_f$。当电源电压 $\dot{U}_f$ 一定时，磁通 Φ_d 基本保持不变。

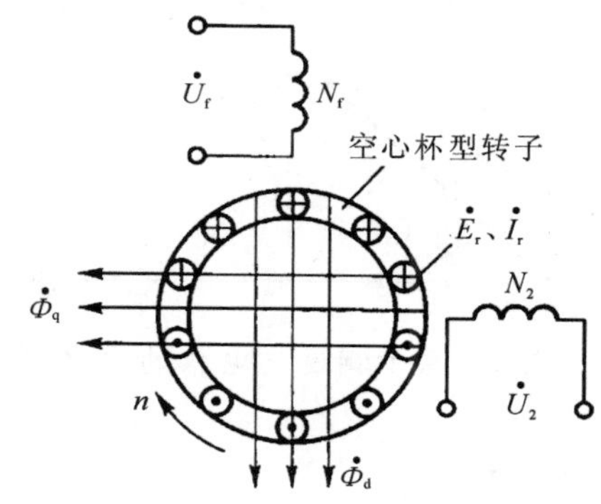

图 6.2.2 空心杯型异步测速发电机的工作原理

当 $n=0$ 时，磁通 $\dot{\Phi}_d$ 在转子中感应出电动势和电流，即变压器电动势。该电流产生的脉动磁通是直轴磁通，由于输出绕组与励磁绕组在空间相差 90°电角度，直轴磁通不能在输出绕组中感应出电动势，因此输出绕组的输出电压 $U_2=0$。

当转子以转速 n 转动时，转子中除上述变压器电动势外，还有转子切割磁通 $\dot{\Phi}_d$ 产生切割电动势 $\dot{E}_r$，它的大小为 $E_r=C_r\Phi_d n$，式中的 C_r 为转子电动势常数。若磁通幅值 $\dot{\Phi}_d$ 恒定，则转子电动势 E_r 与转速 n 成正比。

转子电动势 $\dot{E}_r$ 在转子中产生同频率的转子电流 $\dot{I}_r$。考虑转子漏抗的影响，转子电流 $\dot{I}_r$ 要滞后 $\dot{E}_r$ 一定的电角度。电流 $\dot{I}_r$ 产生脉动磁动势 F_r，它可分解为直轴磁

动势 F_{rd} 和交轴磁动势 F_{rq}。直轴磁动势将影响励磁磁动势并使励磁电流发生变化，交轴磁动势产生交轴磁通 $\dot{\Phi}_q$，并在输出绕组中产生与励磁电源频率相同的感应电动势 $\dot{E}_2$，且 E_2 正比于 Φ_q，进而正比于 n。若输出绕组开路，其两端电压为 $\dot{U}_2$，则 $U_2 = E_2 \propto n$，即输出绕组的感应电动势幅值正比于发电机的转速，其频率为励磁电源的频率，与转速无关。

2. 异步测速发电机的输出特性

在理想情况下，异步测速发电机的输出特性曲线是直线，但实际输出特性并非是线性的。当转速发生变化，励磁电流和励磁磁通都发生变化，即 $\dot{\Phi}_d$ 并非常数，这样就破坏了输出电压 $\dot{U}_2$ 与转速 n 之间的线性关系，即输出特性，如图6.2.3所示。

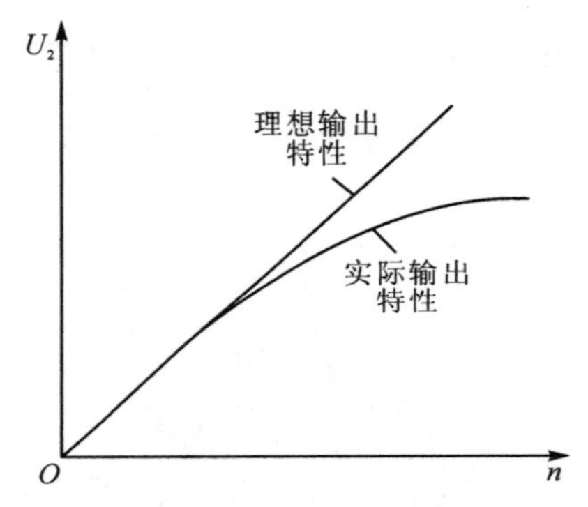

图 6.2.3　异步测速发电机的输出特性

3. 异步测速发电机的误差

1）幅值及相位误差

输出电压还与 $\dot{\Phi}_d$ 有关，若想输出电压严格正比于转速 n，则 $\dot{\Phi}_d$ 应保持为常数。当励磁电压一定时，由于励磁绕组的漏抗存在，使励磁绕组电动势与外加励磁电压有一个相位差。随着转速的变化使得 $\dot{\Phi}_d$ 的幅值和相位均发生变化，造成输出电压的误差。为减小该误差可增大转子电阻。

2）剩余电压误差

由于加工、装配过程中存在机械上的不对称及定子磁性材料性能的不一致性，当测速发电机转速为零时，实际输出电压并不为零，此时的输出电压称为剩余电压。由剩余电压存在而引起的测量误差称为剩余电压误差。

减小该误差的方法：选择高质量各方向特性一致的磁性材料，在加工和装配过程中提高机械精度，也可通过装配补偿绕组的方法加以补偿。使用者可通过电路补偿的方法消除剩余电压的影响。

6.2.3 交流同步测速发电机

同步测速发电机的转子为永磁式，定子上嵌放着单相输出绕组。当转子旋转时，输出绕组产生单相的交变电动势，其有效值为

$$E=4.44fNk_N\Phi=4.44\frac{pn}{60}Nk_N\Phi=cn$$

式中，N为绕组串联的匝数，k_N为绕组系数，Φ为每极磁通量，p为磁极对数，$c=4.44\frac{p}{60}Nk_N\Phi$。

同步测速发电机交变电动势的频率为$f=pn/60$。输出绕组产生的感应电动势E，其大小与转速成正比。但是其交变的频率也与转速成正比变化。因为当输出绕组接负载时，负载的阻抗会随频率而变，也就会随转速而变，不会是一个定值，使输出特性不能保持线性关系。由于存在这样的缺陷，同步测速发电机就不像异步测速发电机那样得到广泛的应用。如果用整流器将同步测速发电机输出的交流电压整流为直流电压输出，就可以消除频率随转速而变带来的缺陷，使输出的直流电压与转速成正比，这时用同步发电机测量转速就有较好的线性度。

6.3 步进电动机

步进电动机是将输入的电脉冲信号转换成转轴的角位移的一种特种电机，每输入一个脉冲，这种电动机就会转动一定的角度或前进一步，所以被称为步进电动机或脉冲电动机。

步进电动机前进一步转过的角度称为步距角，电动机的角位移量与脉冲数成正比，转速则与输入的脉冲频率成正比，控制输入的脉冲频率就能准确地控制步进电动机的转速。步进电动机可以在宽广的范围内精确地调速，特别适合于数字控制系统，如数控机床等装置。

步进电动机的种类很多。按结构分，步进电动机有反应式步进电动机、永磁式步进电动机和混合式步进电动机。其中反应式步进电动机具有步距角小、结构简单和寿命长等特点，应用比较广泛，如各种数控机床、自动记录仪、计算机外围设备、绘图机构等。

应用最多的步进电动机是反应式(磁阻式)步进电动机，这种步进电机的定子上有多相绕组，而转子上没有绕组，结构比较简单。

6.3.1 反应式步进电动机的工作原理

1. 结构特点

图6.3.1是三相反应式步进电动机结构原理图，其定子和转子均由硅钢片做成凸极结构。定子磁极上套有集中绕组，起控制作用，也称控制绕组。相对的

两个磁极上的绕组组成一相，如 U_1 和 U_2 组成 U 相，V_1 和 V_2 组成 V 相，W_1 和 W_2 组成 W 相。

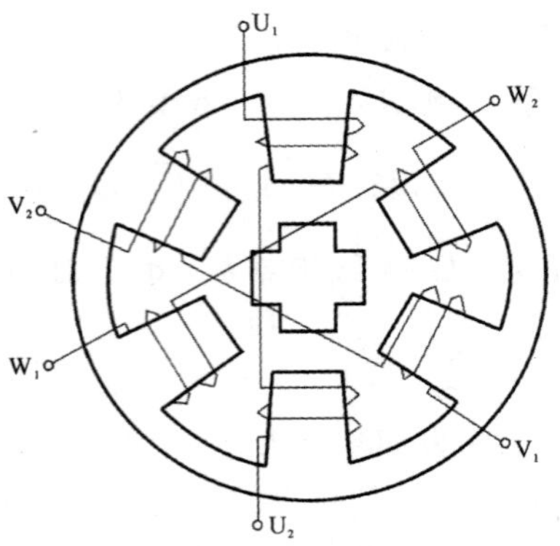

图 6.3.1　三相反应式步进电动机的结构示意图

同相的两个绕组可以串联，也可以并联，无论是串联或并联，形成的两个磁极的极性必须相反。一般的情况是，若绕组相数为 m，则定子磁极数为 $2m$，所以三相绕组有六个磁极。转子上没有绕组，只有齿(齿数为 Z_r)。转子上相邻两齿轴线间所对应的角度定义为齿距角 θ_r，$\theta_r=360°/Z_r$。

2. 工作原理

图 6.3.2 是三相反应式步进电动机的原理图。定子铁芯为凸极式，共有三对磁极，每两个相对的磁极上绕有控制绕组，组成一相。转子用软磁材料制成，也是凸极结构，只有四个齿，齿宽等于定子的极靴宽，没有绕组。

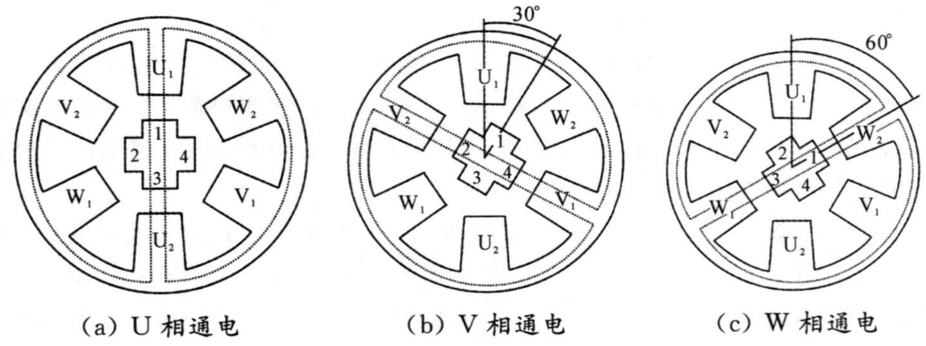

(a) U 相通电　(b) V 相通电　(c) W 相通电

图 6.3.2　三相反应式步进电动机的工作原理图

1) 三相单三拍通电方式

“三相”是指步进电动机定子有三相绕组；“单”是指每次只有一相控制绕组通电；控制绕组每改变一次通电方式，称为一拍，“三拍”是指经过三次改变控制绕组的通电方式为一个循环。步进电动机每一拍转子转过的角度称为步距角，用 θ_s 表示，三相单三拍运行时步距角 $\theta_s=30°$。

当 U 相控制绕组通电，其余两相均不通电时，电动机内建立起以定子 U 相为轴线的磁场。由于磁通具有走磁阻最小路径的特点，故使得转子齿 1、3 的轴

线与定子 U 相轴线对齐，如图 6.3.2(a)所示。

若 U 相控制绕组断电、V 相控制绕组通电时，转子在反应转矩的作用下，顺时针方向转过 30°，使转子齿 2、4 的轴线与定子 V 相轴线对齐，即转子走了一步，如图 6.3.2(b)所示。

若再断开 V 相，使 W 相控制绕组通电，转子又顺时针转过 30°使转子齿 1、3 的轴线与定子 W 相轴线对齐，如图 6.3.2(c)所示。

若按照 U—V—W—U 的顺序轮流通电，转子就会一步一步地按逆时针方向转动。电动机的转速取决于各相控制绕组通电或断电的频率，旋转方向取决于控制绕组通电的顺序。若按 U—W—V—U 的顺序通电，则电动机反向转动，即逆时针方向转动。

上述通电方式称为三相单三拍。

2）三相双三拍通电方式

三相步进电动机控制绕组的通电方式为 UV—VW—WU—UV 或 UW—WV—VU—UW，每拍同时有两相绕组通电，三拍为一个循环。图 6.3.3(a)为 UV 相通电时的情况，图 6.3.3(b)为 VW 相通电时的情况，步距角 $\theta_s=30°$，与三相单三拍运行方式相同，但其中有一点不同，即在双三拍运行时，每拍使电动机从一个状态转变为另一个状态时，总有一相绕组持续通电。由 UV 相通电变为 VW 相通电时，V 相保持持续通电状态，W 相磁极力图使转子逆时针转动，而 V 相磁极却起阻止转子继续转动的作用，即电磁阻尼作用，所以电动机工作比较平稳。三相单三拍运行时，没有这种阻尼作用，所以转子达到新的平衡位置时会产生振荡，稳定性不如双三拍运行方式。

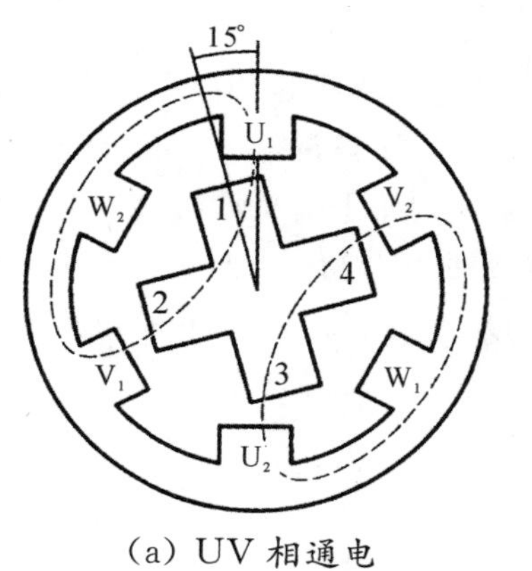

(a) UV 相通电

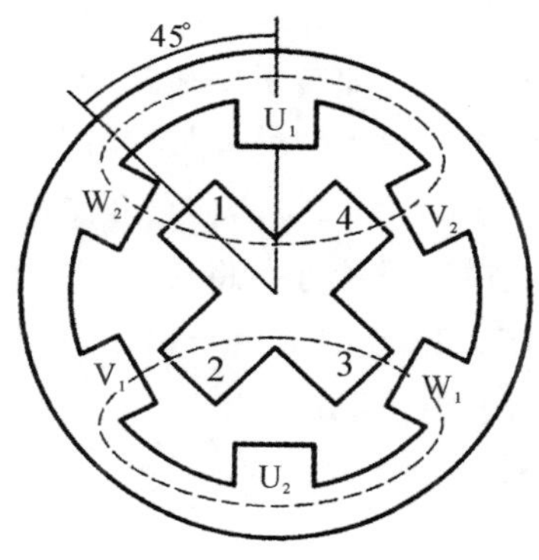

(b) VW 相通电

图 6.3.3 三相双三拍运行方式

3）三相单、双六拍通电方式

控制绕组的通电方式为 U—UV—V—VW—W—WU—U 或 U—UW—W—WV—V—VU—U，步距角 θ_s 为 15°。该运行方式总有一相控制绕组持续通电，也具有电磁阻尼作用，电动机工作平稳性较好。

上面讨论的是最简单的反应式步进电动机，它的步距角较大，不能满足生产实

际的需要，实际使用的步进电动机定、转子的齿数都比较多，而步距角做得很小。

步进电动机的步距角 θ_s 可通过式 $\theta_s=\dfrac{360°}{mZ_rC}$计算，式中，$m$ 为步进电动机的相数；C 为通电状态系数，对于单拍或双拍方式工作时 $C=1$，单双拍混合方式工作时 $C=2$。

步进电动机的转速 n 可通过式 $n=\dfrac{60f}{mZ_rC}$计算，式中 f 为步进电动机的通电脉冲频率。可见，反应式步进电动机可以通过改变脉冲频率来改变电动机转速，实现无级调速。

6.3.2 步进电动机的运行状态及运行特性

根据控制绕组通电情况的不同，步进电动机可以有三种运行状态，即静态运行、步进运行及连续运行。

1. 静态运行及矩角特性

步进电动机不改变通电方式的运行状态叫静态运行。考虑电动机空载，且只有一相如 U 相绕组通电的情况。这时 U 相磁极轴线上的定、转子齿必然对齐，此位置为转子的初始平衡位置，步进电机产生的电磁转矩为零。

若有外部转矩作用于转轴上，迫使转子离开初始平衡位置而偏转，定、转子齿轴线发生偏离，偏离的角度称为失调角 θ，转子会产生反应转矩(磁阻转矩)，也称静态转矩，用来平衡外部转矩。

静态转矩 T 随失调角 θ 变化规律称为矩角特性，即 $T=f(\theta)$曲线。当 θ 为零时，即转子在初始平衡位置，定、转子齿对齐，不产生电磁转矩，静态转矩 T 为零；当 θ 为 90°时，即转子偏离初始平衡位置 90°，转子齿偏离定子齿 90°，产生电磁转矩为最大；当 θ 在 0°至 90°范围内变化时，静态转矩 T 与 θ 的正弦成正比，即 $T=-T_m\sin\theta$。式中，规定转子顺时针偏离初始平衡位置时 θ 为正，产生的静态转矩力图沿逆时针方向将转子拉回到初始平衡位置，T 与 θ 反方向，故而等式中有“负号”。T_m 为当 $\theta=-90°$时产生的最大静态转矩。矩角特性曲线是如图 6.3.4所示的正弦函数曲线。

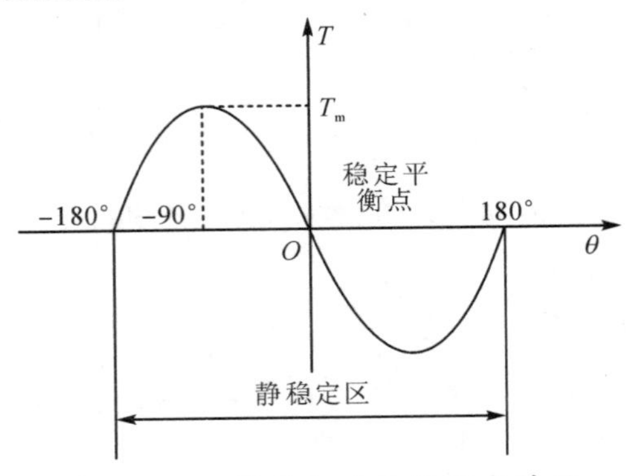

图 6.3.4 步进电动机的矩角特性

从矩角特性可以看到，当转子在外力作用下偏离初始平衡位置 O 点时，只要转子位置在 $-180°\sim180°$ 的区域内，一旦外力消失，在静态转矩 T 的作用下，转子将回到初始平衡位置 O 点。把区间 $(-180°, 180°)$ 称为U相的静态稳定区，把 O 点称为U相的稳定平衡点。

2. 步进运行及动稳定区

当输入的脉冲频率很低时，每一个脉冲转子转过一步，进入稳态后停止运行，等到下一个脉冲到来时，转子再转过一步，这种运行状态为步进运行。

如图6.3.5所示，曲线 A、B 分别是U相、V相通电时的矩角特性，a 点、b 点分别是其稳定平衡点，两条曲线在横坐标上的截距之差就是步距角 θ_s。U相的静态稳定区为 $(-180°, 180°)$ 。V相的静态稳定区为 $(-180°+\theta_s, 180°+\theta_s)$，当U相断电V相通电时，转子的位置只要在这个区域内，当外力消失，转子能趋向新的平衡点 b，因而定义 $(-180°+\theta_s, 180°+\theta_s)$ 为步进电动机的动稳定区。可见，步距角愈小，步进电动机的稳定性愈好。

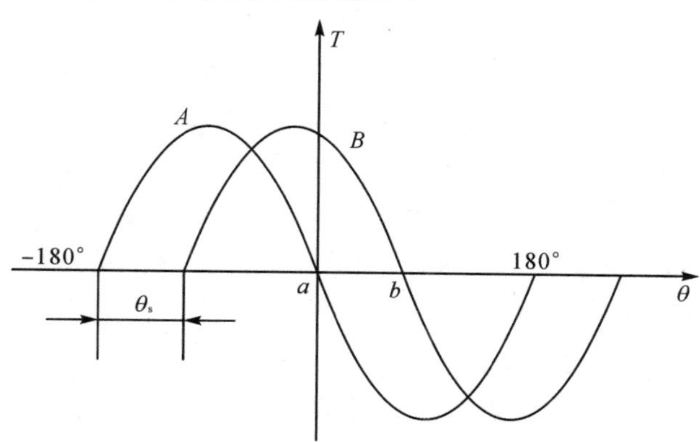

图6.3.5　步进电动机的动稳定区

3. 连续运行及矩频特性

当输入的脉冲频率很高时，转子的步进运动变成了连续旋转运动，这种情况叫连续运行。

控制绕组是一个电阻电感电路，电感有延缓电流变化的作用，当输入的脉冲频率很高时，绕组中的电流达不到应有的幅值，使转矩变小。随着频率的升高，铁芯的涡流损耗增加，也使输出转矩下降。所以在连续运行时，随着脉冲频率的升高，步进电动机的电磁转矩会变小，带负载能力降低。

表示转矩随频率变化的规律称为矩频特性，随着频率升高，转矩变小，故矩频特性是一条随频率上升而下降的曲线。如图6.3.6所示。

步进电动机在连续运行状态下不失步的最高频率称作运行频率。其值越大，电动机转速越高，调速范围越大。

步进电动机的工作频率范围可分成三个区间：低频区、共振区、高频区。在这三个区间中转子的情况有所不同。

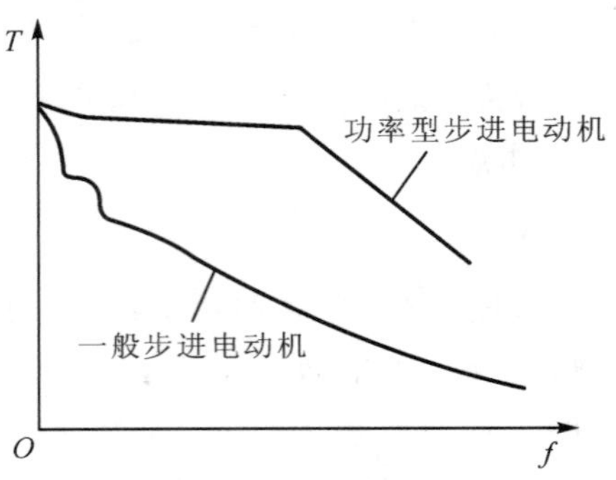

图 6.3.6　步进电动机的矩频特性

对于一台步进电动机来说，它的理想矩频特性曲线应该是一条十分光滑的连续曲线，在低频区电磁力矩较大，在高频区其转动力矩较小。如果在曲线上出现毛刺或下凹点，表示电动机在该点上有振荡产生。当步进电动机运行在很低的频率下，虽然在曲线上不出现下凹点，但因这时是单步运行状态，故也会有明显的振荡。

另外，步进电动机的工作状态改变也会产生振荡现象。如步进电动机在正常步进旋转时突然制动，则步进电动机会产生振荡。另外，在改善电路时间常数，加大回路电压提高工作频率时，也会产生分频振荡点。当步进电动机进行单步旋转时，其工作频率必定处于低频区。在开始工作时，转子的磁场力指向平衡点，又形成反向过冲。由于机械摩擦力矩及电磁力矩的作用，形成一个衰减振荡过程。最后，转子稳定停在平衡点。

当步进电动机运行在共振区时，转子在每步转动中，它的振动有可能不表现为衰减运动；在转子反冲过平衡点时，它的冲幅足够大，则会返回原来的平衡点稳定下来，显然，会引起失步。对于步进电动机的控制系统来说，振荡所产生的最严重后果就是失步，而不是过冲。

当步进电动机运行在高频区时，由于换相周期很短，故步进的周期也很短，绕组中的电流尚未达到稳定值，电动机吸收的能量不足够大，且转子也没有时间反向过冲，所以这时是不会产生振荡的。在使用步进电动机时应使其工作于高频稳定区。

6.3.3　伺服电动机与步进电动机的性能比较

步进电动机作为一种开环控制的系统，和现代数字控制技术有着本质的联系。在国内的数字控制系统中，步进电动机的应用十分广泛。随着全数字式交流伺服系统的出现，交流伺服电动机也越来越多地应用于数字控制系统中。运动控制系统中大多采用步进电动机或全数字式交流伺服电动机作为执行电动机。虽然两者在控制方式上相似(脉冲串和方向信号)，但在使用性能和应用场合上存

在着较大的差异。

1. 控制精度不同

两相混合式步进电动机步距角一般为1.8°、0.9°，五相混合式步进电动机步距角一般为0.72°、0.36°。也有一些高性能的步进电动机细分后的步距角更小。

交流伺服电动机的控制精度由电机轴后端的旋转编码器保证。对于带标准2000线编码器的电机而言，由于驱动器内部采用了四倍频技术，其脉冲当量为360°/8000=0.045°。对于带17位编码器的电机而言，驱动器每接收131 072个脉冲，电机转一圈，即其脉冲当量为360°/131 072=0.002 746 6°，是步距角为1.8°的步进电动机的脉冲当量的1/655。

2. 低频特性不同

步进电动机在低速运行时易出现低频振动现象。振动频率与负载情况和驱动器性能有关，一般认为振动频率为电机空载起跳频率的一半。这种由步进电动机的工作原理所决定的低频振动现象对于机器的正常运转非常不利。当步进电动机工作在低速运行时，一般应采用阻尼技术来克服低频振动现象，比如在电动机上加阻尼器，或驱动器上采用细分技术等。

交流伺服电动机运转非常平稳，即使在低速时也不会出现振动现象。交流伺服系统具有共振抑制功能，可涵盖机械的刚性不足，并且系统内部具有频率解析机能(FFT)，可检测出机械的共振点，便于系统调整。

3. 矩频特性不同

步进电动机的输出力矩随转速升高而下降，且在较高转速时会急剧下降，所以其最高工作转速一般在300～600 r/min。交流伺服电动机为恒力矩输出，即在其额定转速(一般为2000 r/min或3000 r/min)以内，都能输出额定转矩，在额定转速以上为恒功率输出。

4. 过载能力不同

步进电动机一般不具有过载能力。交流伺服电动机具有较强的过载能力。以三洋交流伺服系统为例，它具有速度过载和转矩过载能力。其最大转矩为额定转矩的二到三倍，可用于克服惯性负载在启动瞬间的惯性力矩。步进电动机因为没有这种过载能力，在选型时为了克服这种惯性力矩，往往需要选取较大转矩的电机，而机器在正常工作期间又不需要那么大的转矩，便出现了力矩浪费的现象。

5. 运行性能不同

步进电动机的控制为开环控制，启动频率过高或负载过大易出现丢步或堵转的现象，停止时转速过高易出现过冲的现象，所以为保证其控制精度，应处理好升、降速问题。交流伺服驱动系统为闭环控制，驱动器可直接对电机编码器反馈信号进行采样，内部构成位置环和速度环，一般不会出现步进电动机的丢步或过冲的现象，控制性能更为可靠。

6. 速度响应性能不同

步进电动机从静止加速到工作转速(一般为每分钟几百转)需要200～400 ms。交流伺服系统的加速性能较好，以三洋 400 W 交流伺服电机为例，从静止加速到其额定转速 3000 r/min 仅需几毫秒，可用于要求快速启停的控制场合。

综上所述，交流伺服系统在许多性能方面都优于步进电动机。但在一些要求不高的场合也经常用步进电动机来做执行电动机。所以，在控制系统的设计过程中要综合考虑控制要求、成本等多方面的因素，选用适当的控制电机。

习 题 6

一、填空题

1. 控制电机主要应用在自动控制系统中，用于________，作__________元件或执行元件。

2. 伺服电动机，能将输入的电压信号变换为______或________输出，在系统中作为执行元件。

3. 从结构和原理上看，直流伺服电动机就是________ 微型他励直流电动机。

4. 异步伺服电动机控制电压为零时，只有________产生的__________，转子不能转动。

二、选择题

1. 在自动控制系统中，一般要求伺服电动机应有(　　)的调节特性。

A. 非线性　　B. 线性　　C. 不变　　D. 可变

2. 从结构和原理上看，直流伺服电动机就是低惯量的微型(　　)直流电动机。

A. 自励　　B. 复励　　C. 并励　　D. 他励

3. 当控制电压 U_c 一定时，直流伺服电动机的转速 n 随着转矩 T_{em} 的增加，而(　　)。

A. 上升　　B. 不变　　C. 下降　　D. 突变

4. 请选出正确的三相单三拍通电方式(　　)。

A. U－V－W－U　　B. UV－VW－WU－UV

C. UW－WV－VU－UW　　D. UV－V－WU

三、简答题

1. 请对比直流伺服电动机和交流伺服电动机的机械特性。

2. 请简述影响测速发电机精度的因素。

3. 步进电动机的三相单三拍运行含义是什么？三相单双六拍？它们的步距角有怎样的关系？

4. 常有哪些控制方式可以对交流伺服电动机的转速进行控制？

第二篇　电力拖动

第7章 电力拖动的基础知识

学习目标

(1) 了解电力拖动系统的力学基础。

(2) 掌握电力拖动系统的运动方程式。

(3) 理解负载转矩特性。

(4) 掌握电力拖动系统的稳定运行条件及其判断方法。

重难点

(1) 电力拖动系统的运动方程式。

(2) 负载转矩特性的概念。

(3) 电力拖动系统的稳定运行条件。

思维导图

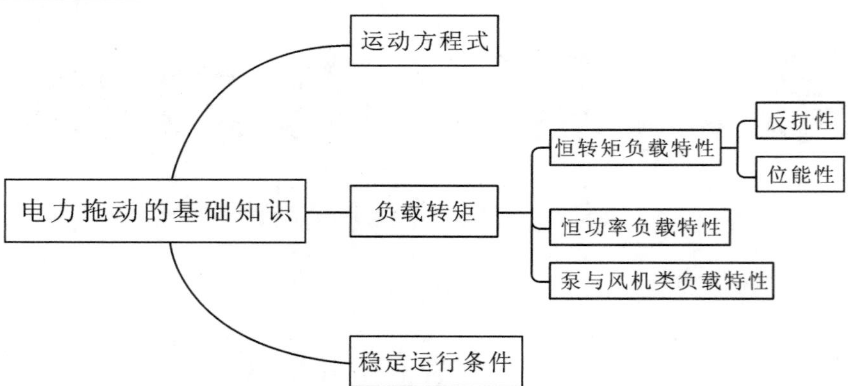

电力拖动是指以电动机作为原动机拖动机械设备运动的一种拖动方式，又称电机传动。按电动机供电电流制式的不同，有直流电力拖动和交流电力拖动两种。早期的生产机械如通用机床、风机、泵等不要求调速或调速要求不高，以电磁式电器组成的简单交、直流电力拖动即可以满足。随着工业技术的发展，对电力拖动的静态与动态控制性能都有了较高的要求，具有反馈控制的直流电力拖动以其优越的性能曾一度占据了可调速与可逆电力拖动的绝大部分应用场合。

电力拖动系统由电动机及其自动控制装置组成，如图7.0.1所示。电力拖动系统工作过程：自动控制装置通过对电动机启动、制动的控制，对电动机转速调节的控制，对电动机转矩的控制以及对某些物理参量按一定规律变化的控制等，可实现对机械设备的自动化控制。采用电力拖动不但可以把人们从繁重的体力劳动中解放出来，还可以把人们从繁杂的信息处理事务中解脱出来，并能改善机

械设备的控制性能，提高产品质量和劳动生产率。

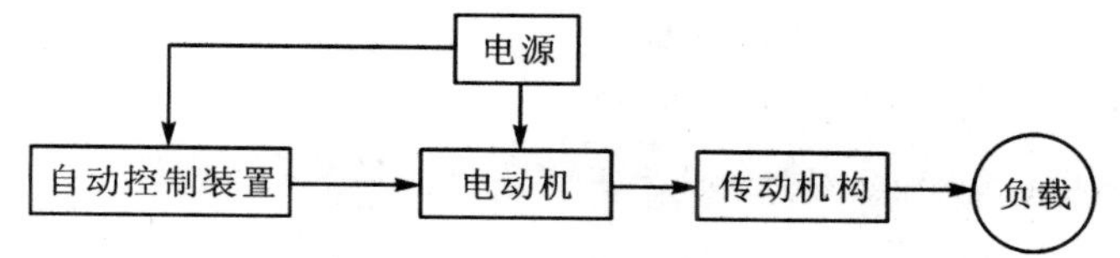

图 7.0.1　电力拖动系统的组成

最简单的电力拖动系统是电动机转轴与生产机械的工作机构直接相连，工作机构是电动机的负载，这种简单系统称为单轴电力拖动系统，电动机与负载为一个轴、同一转速。

7.1　电力拖动系统的运动方程式

7.1.1　运动方程式

电力拖动系统的运动规律可以用运动方程式进行描述。电力拖动系统中的运动状态可通过作用在原动机转轴上的各种转矩进行分析。

图 7.1.1 所示为单轴电力拖动系统，图中标示的物理量主要有：n 为电动机转速；T_{em} 为电动机电磁转矩；T_L 为工作机构(负载)的转矩。转速的单位名称为转/分，单位符号为 r/min，转矩的单位名称为牛·米，单位符号为 N·m。

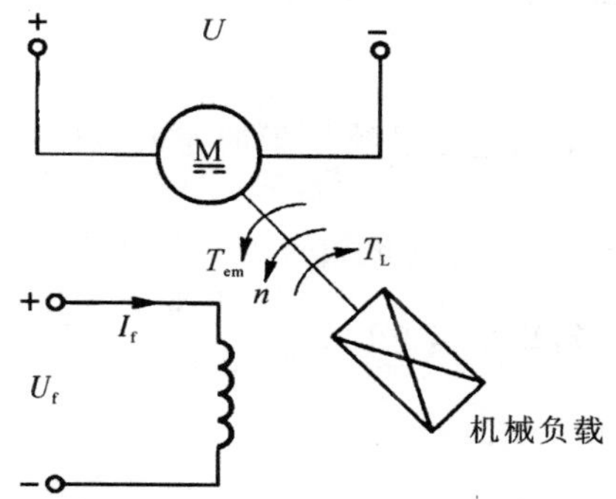

图 7.1.1　单轴电力拖动系统示意图

电动机的电磁转矩 T_{em} 与转速 n 同方向，说明它是驱动性质的转矩。而生产机械的负载转矩 T_L 通常是制动性质的。若忽略电动机的空载转矩 T_0，拖动系统旋转时的运动方程式可表述为

$$T_{em}-T_L=J\frac{d\Omega}{dt} \tag{7.1.1}$$

式中，J 为运动系统的转矩惯量，单位是 kg·m^2；Ω 为系统旋转的角速度，单位是 rad/s；$J\frac{d\Omega}{dt}$为系统的惯性转矩，单位是 N·m。

实际工程计算中，经常用转速 n 代替角速度 Ω 表示转速，用飞轮惯量或飞

轮转矩 GD^2 代替转动惯量 J 表示机械惯性。Ω 与 n、J 与 GD^2 的关系为

$$\left.\begin{aligned}\Omega&=2\pi\frac{n}{60}\\J&=m\rho^2=\frac{G}{g}\cdot\frac{D^2}{4}=\frac{GD^2}{4g}\end{aligned}\right\}\tag{7.1.2}$$

式中，m 与 G 分别为旋转体的质量与重力，单位分别为 kg 与 N；ρ 与 D 分别为惯性半径与直径，单位均为 m；g 为重力加速度，$g=9.8\ \mathrm{m/s^2}$。

将式(7.1.1)化简后可得运动方程的实用形式为

$$T_{em}-T_L=\frac{GD^2}{375}\cdot\frac{dn}{dt}\tag{7.1.3}$$

式中，GD^2 为旋转体的飞轮转矩，单位为 $\mathrm{N\cdot m^2}$。飞轮转矩 GD^2 是反映物体旋转惯性的一个整体物理量。

根据 T_{em} 与 T_L 的关系，电力拖动系统的旋转运动可分为三种状态：

(1) 当 $T_{em}=T_L$，$\frac{dn}{dt}=0$ 时，电力拖动系统处于静止或恒转速运行状态，即处于稳态；

(2) 当 $T_{em}>T_L$，$\frac{dn}{dt}>0$ 时，电力拖动系统处于加速运行状态，即处于动态过程；

(3) 当 $T_{em}<T_L$，$\frac{dn}{dt}<0$ 时，电力拖动系统处于减速运行状态，也是处于动态过程。

可见，当 $\frac{dn}{dt}\neq 0$ 时，电力拖动系统处于加速或减速运行，即处于动态，所以常把 $\frac{GD^2}{375}\cdot\frac{dn}{dt}$ 或 $(T_{em}-T_L)$ 称为动负载转矩，而把 T_L 称为静负载转矩，运动方程式(7.1.3)就是动态的转矩平衡方程式。

7.1.2 转矩正、负号的规定

在电力拖动系统中，作用在电动机转轴上的电磁转矩(拖动转矩) T_{em} 和负载转矩(阻转矩) T_L 的大小和方向都可能随着生产机械负载类型和工作状况的不同而发生变化。因此运动方程式中的转矩 T_{em} 和 T_L 是带有正、负号的代数量。在应用运动方程式时，必须注意转矩的正、负号。通常规定如下：

选电动机处于电动状态时的旋转方向为转速 n 的参考方向，然后按照以下规则确定转矩的正、负号：

(1) 电磁转矩 T_{em} 与转速 n 的参考方向相同时为正，相反时为负；

(2) 负载转矩 T_L 与转速 n 的参考方向相反时为正，相同时为负；

(3) 惯性转矩 $\frac{GD^2}{375}\cdot\frac{dn}{dt}$ 的大小及正、负号由 T_{em} 和 T_L 的代数和决定。

7.1.3 复杂电力拖动系统的折算

1. 负载转矩的折算

分析电力拖动系统的运动规律时，通常先分析单轴电力拖动系统，再分析多轴电力拖动系统。

传动机构的作用是把电动机的转速转换成工作机构所需要的转速，或者把电动机的旋转运动变换成负载所需要的直线运动。

实际的电力拖动系统常常是多轴电力拖动系统，如图7.1.2所示。工作机构的转速 n_z 与电动机转速 n 不相等，在电动机与工作机构之间常备有变速机构，如齿轮减速箱等。

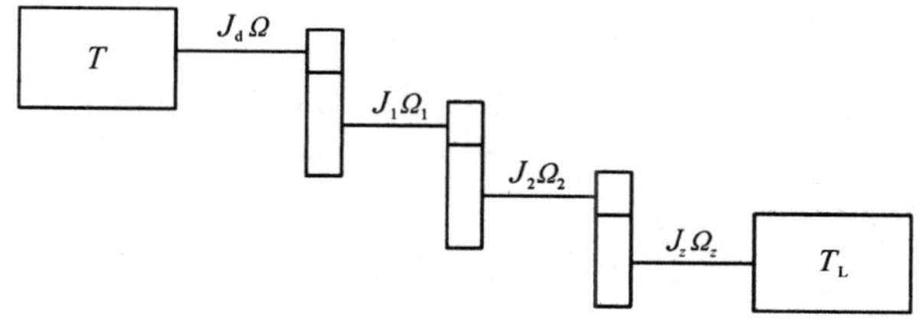

图7.1.2 多轴传动系统

研究多轴电力拖动系统时，通常是将电动机轴作为研究对象，把传动机构和工作机构等效为电动机轴上的一个负载，将一个实际的多轴电力拖动系统采用折算的办法等效为一个单轴电力拖动系统。

单轴电力拖动系统中电磁转矩 T、负载转矩 T_L 与转速 n 之间的关系用转动方程式来描述，可表示为

$$T-T_L=J\frac{d\Omega}{dt} \tag{7.1.4}$$

在实际工程计算中，经常用转速 n 代替角速度 Ω 来表示电力拖动系统转动速度，用飞轮惯量或称飞轮矩的 GD^2 代替转动惯量 J 表示系统的机械惯性。Ω 与 n，J 与 GD^2 的关系为

$$\Omega=\frac{2\pi n}{60}$$

$$J=m\rho^2=\frac{G}{g}\cdot\frac{D^2}{4}=\frac{GD^2}{4g}$$

式中，m 为电力拖动系统转动部分的质量，单位为kg；G 为电力拖动系统转动部分的重力，单位为N；ρ 为电力拖动系统转动部分的转动惯性半径，单位为m；D 为电力拖动系统转动部分的转动惯性直径，单位为m；g 为重力加速度，一般计算中取 $g=9.80\ m/s^2$。把上边两式代入转动方程式(7.1.4)，化简后得

$$T-T_L=\frac{GD^2}{375}\frac{dn}{dt} \tag{7.1.5}$$

式中，GD^2 为转动部分的飞轮矩，它是一个物理量，单位为 $N\cdot m^2$；系数375是

个有单位的系数，单位为 m/(min · s)；转矩的单位仍为 N · m，转速的单位仍为 r/min。$(T-T_L)$称为动转矩。

动转矩等于零时，电力拖动系统处于恒转速运行的稳态；动转矩大于零时，电力拖动系统处于加速运动的过渡过程中；动转矩小于零时，电力拖动系统处于减速运动的过渡过程中。

如图 7.1.3 所示，图中 T_L 为多轴电力拖动系统折算后的等效负载转矩。负载转矩折算的原则是保持折算前后电力拖动系统传送的功率相同；飞轮矩折算的原则是保持折算前后电力拖动系统储存的动能相同。

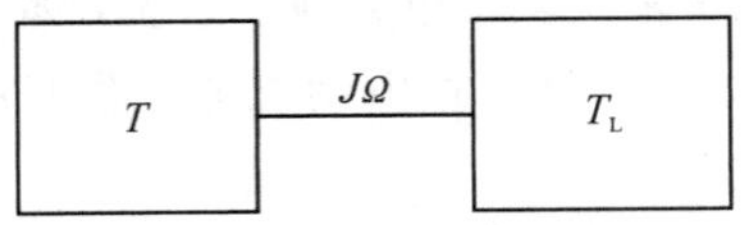

图 7.1.3　折算等效图

折算的原则是电力拖动系统的传送功率不变，于是有

$$\left.\begin{aligned} T_L\Omega &= T'_L\Omega_L \\ T_L &= \frac{T'_L}{\left(\dfrac{\Omega}{\Omega_L}\right)} = \frac{T'_L}{j} \end{aligned}\right\} \tag{7.1.6}$$

式中，j 为电动机轴与工作机构轴间的转速比，即 $j=\Omega/\Omega_L=n/n_L$。若传动机构为多级齿轮或带轮变速，则总的速比应为各级速比的乘积，即

$$j=j_1 \cdot j_2 \cdot j_3 \cdot \cdots \cdot j_z$$

由低速轴折算到高速轴时，$j>1$，转矩变小；由高速轴折算到低速轴时，$j<1$，等效负载转矩变大。

若电动机工作在制动状态，例如提升机构下放重物时，为保持下放速度不至于过快而且是匀速下放，就应该让电动机运行于制动状态，使电动机轴上产生一个与下放速度方向相反的转矩，与负载转矩平衡。此时是重物带动电动机轴旋转，功率传递方向是从负载传向电动机，传动机构的功率损耗应由负载承担。

2. 飞轮矩的折算

在多轴电力拖动系统中，传动机构也是电动机负载的一部分。因此，负载飞轮矩折算到电动机轴上的飞轮矩包括工作机构部分的飞轮矩和传动机构部分的飞轮矩，然后再与电动机转子的飞轮矩相加就为等效的单轴拖动系统的总飞轮矩。负载飞轮矩折算的原则是折算前后的动能不变。

可以得到下列关系

$$\frac{1}{2}J\Omega^2=\frac{1}{2}J_d\Omega^2+\frac{1}{2}J_1\Omega_1^2+\frac{1}{2}J_2\Omega_2^2+\cdots+\frac{1}{2}J_z\Omega_z^2 \tag{7.1.7}$$

化简，负载飞轮矩折算的计算公式为

$$J=J_d+\frac{J_1}{\left(\dfrac{\Omega}{\Omega_1}\right)^2}+\frac{J_2}{\left(\dfrac{\Omega}{\Omega_2}\right)^2}+\cdots+\frac{J_z}{\left(\dfrac{\Omega}{\Omega_z}\right)^2} \tag{7.1.8}$$

把上式化成用飞轮惯量 GD^2 级转速 n 表示的形式，并考虑到

$$GD^2=4gJ,\Omega=\frac{2\pi n}{60}$$

则可以得到

$$GD^2=GD_d^2+\frac{GD_1^2}{\left(\frac{n}{n_1}\right)^2}+\frac{GD_2^2}{\left(\frac{n}{n_2}\right)^2}+\cdots+\frac{GD_z^2}{\left(\frac{n}{n_z}\right)^2} \tag{7.1.9}$$

通常，在电力拖动系统总的飞轮惯量中，占最大比重的是电动机轴上的飞轮惯量，其次是工作机构轴上的飞轮惯量的折算值，占比重较小的是传动机构各个轴上的飞轮惯量的折算值。

7.2　负载的转矩特性

电力拖动系统的运动方程式，通常包括电磁转矩 T_{em}、负载转矩 T_L 及系统的转速 n。要对运动方程式求解，首先必须知道电动机的机械特性 $n=f(T_{em})$ 及负载的机械特性 $n=f(T_L)$，负载的机械特性也称为转矩特性，简称负载特性。

虽然生产机械的类型很多，但是生产机械的负载转矩特性基本上可以分为三大类。下面逐一介绍电力拖动系统的负载特性。

7.2.1　恒转矩负载特性

恒转矩负载特性是指生产机械的负载转矩 T_L 的大小与转速 n 无关的特性。无论转速 n 如何变化，负载转矩 T_L 的大小都保持不变。

根据负载转矩的方向是否与转向有关，恒转矩负载又分为反抗性恒转矩负载和位能性恒转矩负载两种。

1. 反抗性恒转矩负载

反抗性恒转矩负载又称为摩擦转矩负载。它的特点是：负载转矩的大小恒定不变，而负载转矩的方向总是与转速的方向相反，即负载转矩总是起阻碍(反抗)运动的作用。

根据对转矩正负号的规定，对于反抗性恒转矩负载，当 n 为正向时，T_L 与 n 的正向相反，T_L 应为正，负载特性曲线位于第一象限；当 n 反向，T_L 也反向，n 由正变负，T_L 也由正变负，负载特性曲线位于第三象限，T_L 始终与 n 同正负，如图 7.2.1 所示。

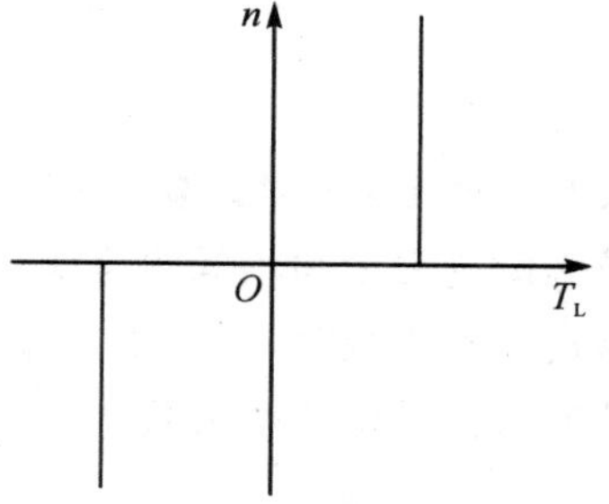

图 7.2.1　反抗性恒转矩负载

皮带运输机、轧钢机、机床的刀架平移和行走机构等由摩擦力产生转矩的机械都属于反抗性恒转矩负载。

2. 位能性恒转矩负载

位能性恒转矩负载通常由电力拖动系统中某些具有位能的部件(如起重类型负载中的重物)造成，其特点是:负载转矩的大小和方向恒定不变。如起重机，无论是提升重物还是下放重物，由物体重力所产生的负载转矩的方向是不变的。设提升力的方向作为 n 的正向，提升时重物产生的 T_L 与 n 的方向相反，则 T_L 为正，负载特性曲线位于第一象限；下放时，n 为负，而 T_L 的方向不变，仍旧为正，负载特性曲线位于第四象限，如图 7.2.2 所示。

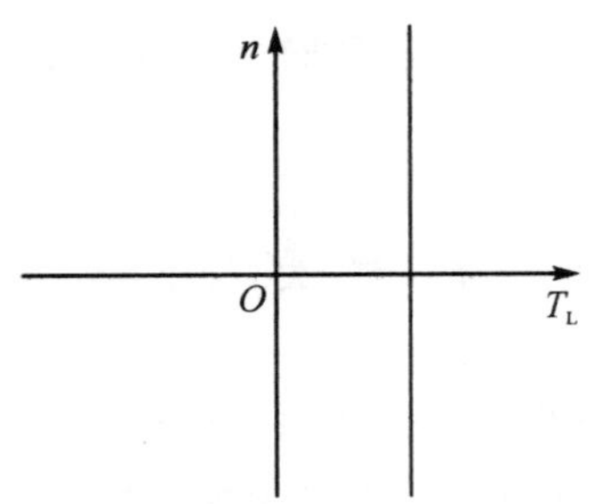

图 7.2.2 位能性恒转矩负载

7.2.2 恒功率负载特性

恒功率负载是指当转速变化时，负载从电动机轴上吸收的功率 P_2 基本不变。

恒功率负载特性的特点:负载转矩与转速的乘积为一常数，即负载功率 $=P_L=T_L\Omega=\frac{2\pi}{60}T_Ln=$ 常数，也就是负载转矩 T_L 与转速 n 成反比。恒功率负载特性是一条双曲线，如图 7.2.3 所示。

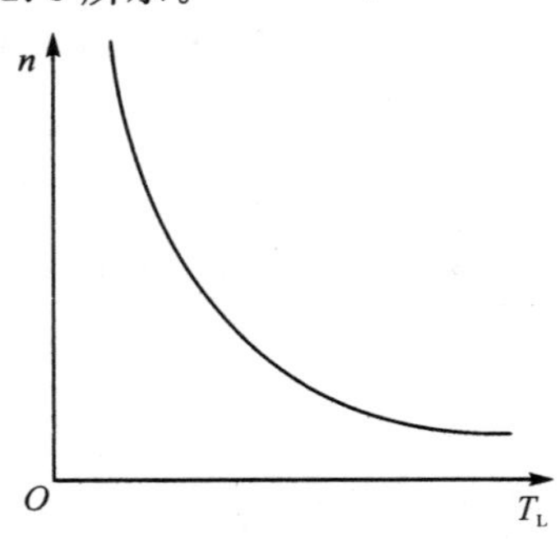

图 7.2.3 恒功率负载特性

某些生产工艺过程，要求具有恒功率负载特性。例如车床的切削，粗加工时需要较大的进刀量和较低的速度，精加工时需要较小的进刀量和较高的转速；又如轧钢机轧制钢板时，小工件需要高速度低转矩，大工件需要低速度高转矩。这些工艺要求都是恒功率负载特性。

7.2.3 泵与风机类负载特性

水泵、油泵、通风机和螺旋桨等机械的负载转矩基本上与转速的平方成正

比，即 $T_L=kn^2$，其中 k 是比例常数。这类机械负载特性是一条抛物线，如图7.2.4中理想通风机特性曲线所示。

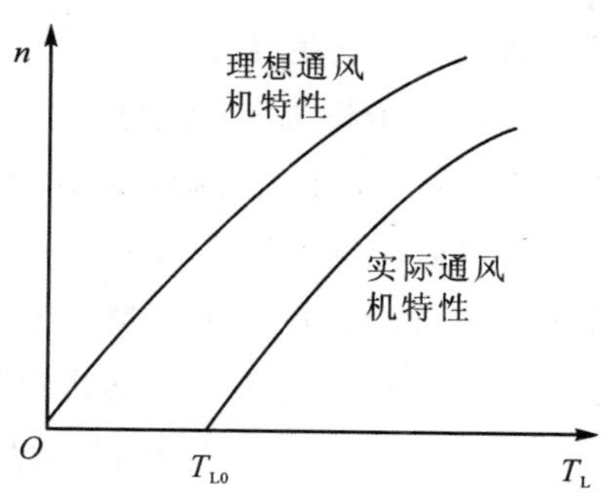

图 7.2.4　泵与风机类负载特性

以上介绍的恒转矩负载特性、恒功率负载特性及泵与风机类负载特性都是从各种实际负载中概括出来的典型的负载特性。实际生产机械的负载转矩特性可能是以某种典型为主，或是以上几种典型特性的结合。例如，实际通风机除了主要是泵与风机类负载特性外，由于其轴承上还有一定的摩擦转矩 T_{L0}，因而实际通风机的负载特性应为 $T_L=T_{L0}+kn^2$，如图 7.2.4 中实际通风机特性曲线所示。

7.3　电力拖动系统稳定运行的条件

实际生产中，并不能保证电力拖动系统中的机械不受任何干扰。原来处于某一转速运行的电力拖动系统，由于受到外界某种扰动(如负载的突然变化或电网电压的波动等)导致系统的转速发生变化而偏离了原来的平衡状态，若系统能在新的条件下达到新的平衡状态，或者当外界扰动消失后能自动恢复到原来的转速下继续运行，则称该系统是稳定的；若当外界扰动消失后，系统无法达到新的平衡状态，则称该系统是不稳定的。

一个电力拖动系统能否稳定运行，是由电动机机械特性和负载转矩的配合情况决定的。当把实际电力拖动系统简化为单轴电力拖动系统后，电动机的机械特性和负载转矩特性可画在同一坐标系中，以图 7.3.1 为例，分析电力拖动系统稳定运行的条件。

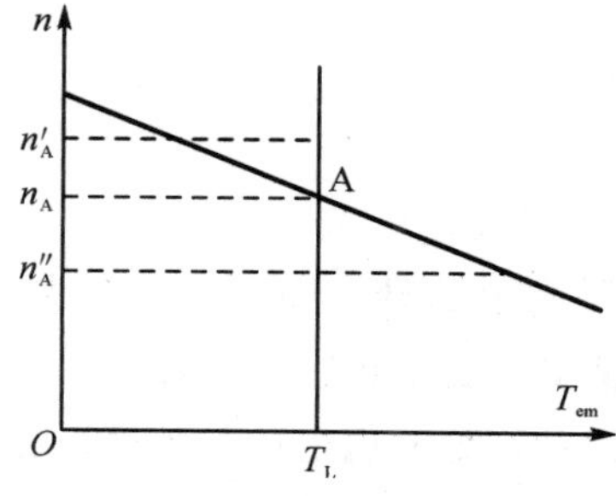

图 7.3.1　电力拖动系统稳定运行

由运动方程式可知，电力拖动系统处于恒转速运行的条件是电磁转矩 T_{em} 与负载转矩 T_L 相等，所以在图 7.3.1 中，电动机机械特性和负载转矩特性的交点 A 是系统运行的工作点。在 A 点处，满足 $T_{em}=T_L$，且具有恒定的转速 n_A。

若扰动使转矩获得一个微小的增量 Δn，转速由 n_A 上升到 n'_A，此时电磁转矩小于负载转矩，所以当扰动消失后，系统将减速，直至回到 A 点运行。若扰动使转速由 n_A 下降到 n''_A，此时电磁转矩大于负载转矩，所以当扰动消失后，电力拖动系统将加速，直至回到 A 点运行，可见 A 点是电力拖动系统的稳定运行点。

同稳定性分析的方法一样，在图 7.3.2 中电动机机械特性和负载转矩特性的交点 B 是电力拖动系统运行的工作点。在 B 点处，满足 $T_{em}=T_L$，且具有恒定的转速 n_B。

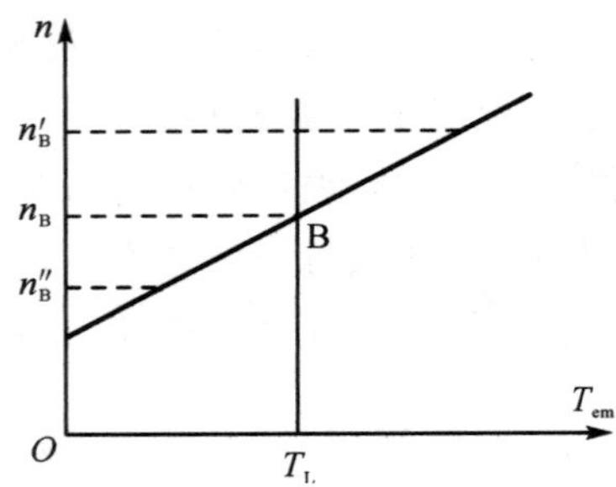

图 7.3.2　电力拖动系统不稳定运行

若扰动使转速由 n_B 上升到 n'_B，这时电磁转矩大于负载转矩，即使扰动消失了，电力拖动系统也将一直加速，不可能回到 B 点运行。若扰动使转速由 n_B 下降到 n''_B，则电磁转矩小于负载转矩，电力拖动系统将一直减速，也不可能回到 B 点运行，因此 B 点是不稳定运行点。

通过以上分析可见，电力拖动系统的工作点在电动机机械特性与负载特性的交点上，但是并非所有的交点都是稳定工作点。也就是说，$T_{em}=T_L$ 仅仅是系统稳定运行的一个必要条件，而不是充分条件。要实现稳定运行，还需要电动机机械特性与负载转矩特性在交点($T_{em}=T_L$)处配合得好。

因此，电力拖动系统稳定运行的充分必要条件是：

(1) 必要条件：电动机的机械特性与负载的转矩特性必须有交点，即存在 $T_{em}=T_L$；

(2) 充分条件：在交点 $T_{em}=T_L$ 处，满足 $\frac{dT_{em}}{dn}<\frac{dT_L}{dn}$。或者说，在交点的转速以上存在 $T_{em}<T_L$ 而在交点的转速以下存在 $T_{em}>T_L$。

由于大多数负载转矩随转速的升高而增大或者保持恒定，因此只要电动机具有下降的机械特性，就能满足稳定运行的条件。

应当指出，上述电力拖动系统的稳定运行条件，无论对直流电动机还是交流电动机都是适用的，具有普遍的意义。

习　题　7

一、填空题

1. 电力拖动是指以____________作为原动机拖动________运动的一种拖动方式，又称______________。

2. 电力拖动按电动机供电电流制式的不同，有________和________两种。

3. 飞轮转矩 GD^2 是反映________________的一个整体物理量。

4. 恒转矩负载特性是指生产机械的________________的大小与转速 n 无关的特性。

二、选择题

1. 反抗性恒转矩负载，当 n 为正向、T_L 为正，负载特性曲线位于第(　　)象限。

A. 一　　B. 二　　C. 三　　D. 四

2. 位能性恒转矩负载，下放时，n 为负，T_L 的方向为正，负载特性曲线位于第(　　)象限。

A. 一　　B. 二　　C. 三　　D. 四

3. 恒功率负载是指当转速变化时，负载从电动机轴上(　　)的功率(　　)不变。

A. 吸收；P_1　　B. 输出；P_1

C. 吸收；P_2　　D. 输出；P_2

三、简答题

1. 电力拖动系统稳定运行的充分必要条件是什么？

2. 下图为 5 类电力拖动系统的机械特性图，试判断哪些系统是稳定的，哪些系统是不稳定的。

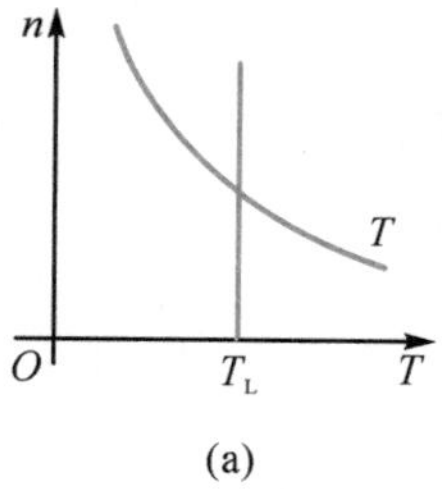

(a) 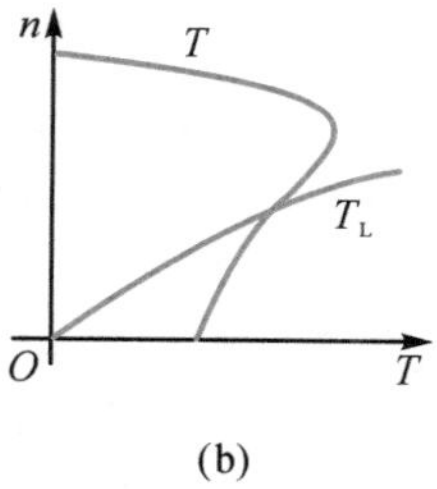　　(b) 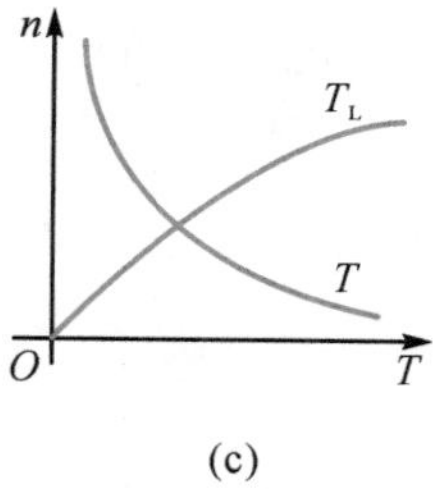　　(c)

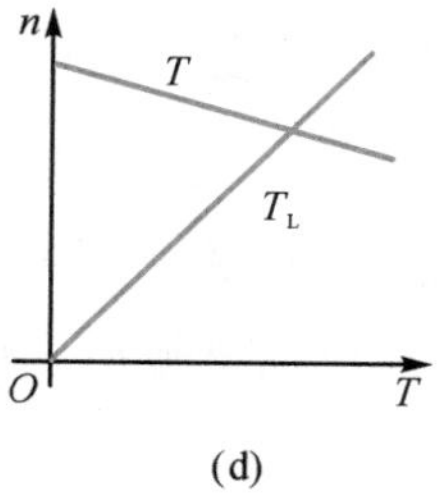

(d) 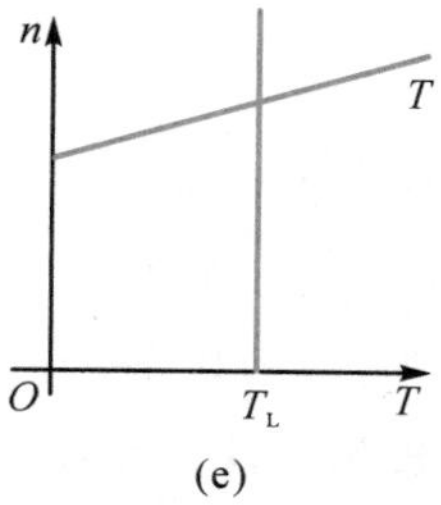　　(e)

3. 何谓恒转矩负载特性？何谓恒功率负载特性？

第 8 章 直流电动机的电力拖动

学习目标

(1) 掌握直流电动机的机械特性。

(2) 掌握直流电动机的启动方式及要求。

(3) 掌握直流电动机的制动方式及其优缺点。

(4) 掌握直流电动机的调速方式并了解其与负载特性的匹配。

重难点

(1) 他励直流电动机的机械特性。

(2) 他励直流电动机启动、制动和调速的方法与原理。

思维导图

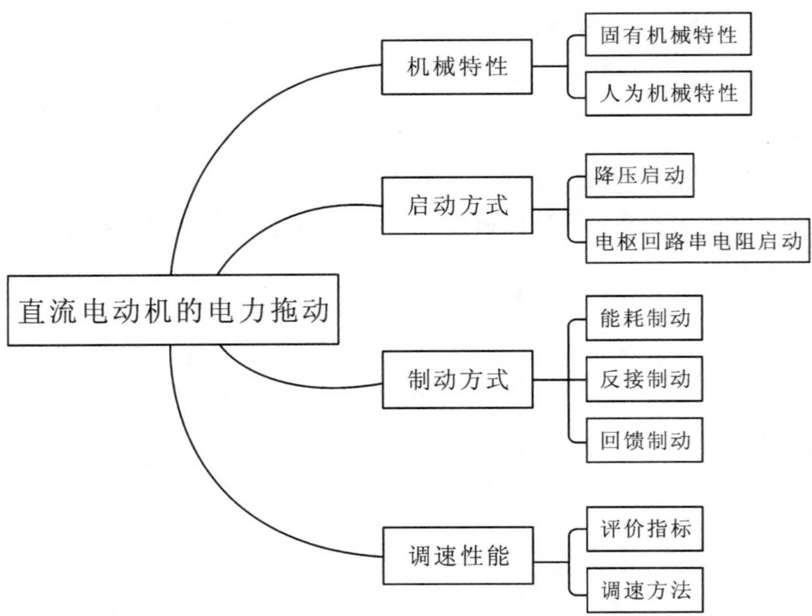

直流电动机的电力拖动的主要优点是启动力矩大，可以均匀而经济地实现转速调节。因此，凡是在重负载下启动或要求均匀调节转速的机械，例如大型可逆轧钢机、卷扬机、电力机车、电车等，都用直流电动机拖动。本章主要介绍他励直流电动机的机械特性、启动特性、制动特性等。

8.1　他励直流电动机的机械特性

8.1.1　机械特性的表达式

电动机带动负载的目的是向工作机械提供一定的转矩，并使其能以一定的转速运转。转矩和转速是生产机械对电动机提出的两项基本要求。研究电动机的机械特性对满足生产机械工艺要求，充分使用电动机功率和合理地设计电力拖动的控制与调速系统有着重要的意义。

直流电动机的机械特性是指直流电动机稳定运行时，在电枢电压、励磁电流、电枢回路电阻为恒值的条件下，电动机的转速 n 与电磁转矩 T_{em} 之间的关系：$n=f(T_{em})$。因为转速和电磁转矩都是机械量，所以称其为机械特性。

如图 8.1.1 所示，U 是外加的电源电压，E_a 是电枢的感应电动势，I_a 是电枢电流，R_S 是电枢回路的串联电阻，I_f 是励磁电流，Φ 是励磁磁通，R_f 是励磁绕组电阻，R_{sf} 是励磁回路串联电阻。据图可以列出电枢回路的电压平衡方程式：

$$U=E_a+RI_a \tag{8.1.1}$$

式中，$R=R_a+R_S$ 为电枢回路总电阻，R_a 为电枢电阻。根据电枢电动势 $E_a=C_E\Phi I_a$ 和电磁转矩 $T_{em}=C_T\Phi I_a$ 可得他励直流电动机的机械特性方程式：

$$n=\frac{U}{C_E\Phi}-\frac{R}{C_E C_T\Phi^2}T_{em}=n_0-\beta T_{em}=n_0-\Delta n \tag{8.1.2}$$

式中，C_E、C_T 分别为电动势常数和转矩常数（$C_T=9.55C_E$）；$n_0=U/(C_E\Phi)$ 为电磁转矩 $T_{em}=0$ 时的转速，称为理想空载转速；$\beta=\frac{R}{C_E C_T\Phi^2}$ 为机械特性的斜率；$\Delta n=\beta T_{em}$ 为转速降。

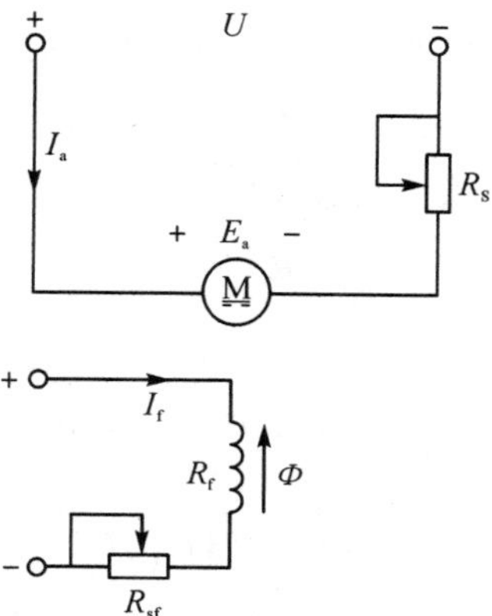

图 8.1.1　他励直流电动机的工作原理图

由公式 $T_{em}=C_T\Phi I_a$ 可知，电磁转矩 T_{em} 与电枢电流 I_a 成正比，所以只要励

磁磁通 Φ 保持不变，机械特性方程式就可简化为

$$n=\frac{U}{C_E\Phi}-\frac{R}{C_E\Phi}I_a \tag{8.1.3}$$

由式(8.1.2)可知，当 U、Φ、R 为常数时，他励直流电动机的机械特性是一条以 β 为斜率向下倾斜的直线，如图 8.1.2 所示。

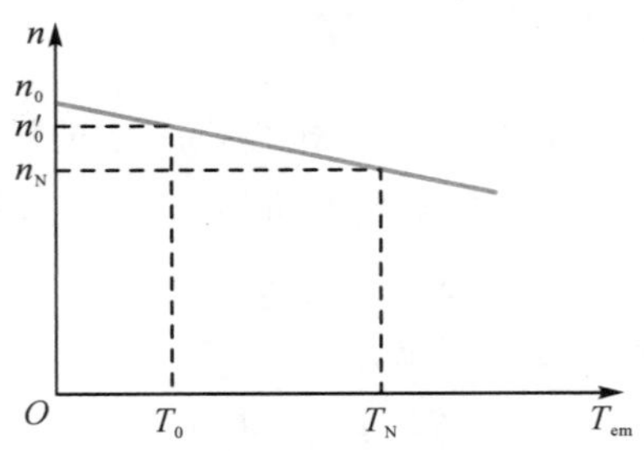

图 8.1.2 他励直流电动机的机械特性

然而，电动机的实际空载转速 n_0' 比理想空载转速 n_0 略低。空载运行时，电动机由于摩擦而存在一定的空载转矩，而电磁转矩要克服空载转矩，所以不可能为零，从而实际空载转速应为

$$n_0'=\frac{U}{C_E\Phi}-\frac{R}{C_E C_T\Phi^2}T_0 \tag{8.1.4}$$

转速降 Δn 是指理想空载转速与实际转速之差。转矩一定时，转速降 Δn 与机械特性的斜率 β 成正比，即 β 越大，特性越陡，Δn 越大；β 越小，特性越平，Δn 越小。通常称 β 大的机械特性为软特性，而称 β 小的机械特性为硬特性。

电枢回路电阻 R_S、端电压 U 和励磁磁通 Φ 往往根据实际需要进行调节。调节参数的过程中，可以得到多条机械特性直线。

8.1.2 固有机械特性和人为机械特性

电枢电压、励磁磁通为额定值，且电枢回路不外串电阻时的机械特性，也就是电动机自身所固有的机械特性称为电动机的固有机械特性。调节 U、Φ、R_S 等参数后得到的机械特性称为人为机械特性。

下面分别介绍这两种重要的机械特性。

1. 固有机械特性

当 $U=U_N$，$\Phi=\Phi_N$，$R=R_a(R_S=0)$时，固有机械特性的方程式为

$$n=\frac{U_N}{C_E\Phi_N}-\frac{R_a}{C_E C_T\Phi_N^2}T_{em} \tag{8.1.5}$$

因为电枢电阻 R_a 很小，特性斜率 β 很小，额定转速降只有额定转速的百分之几到百分之十几，所以他励直流电动机的固有机械特性是硬特性，如图 8.1.3 中直线 R_a 所示。

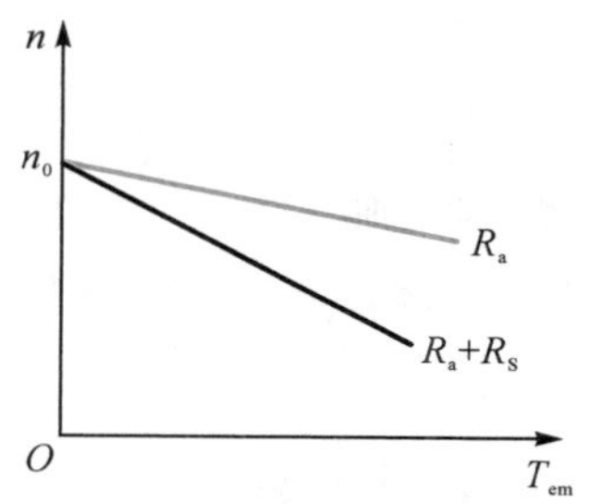

图 8.1.3　固有机械特性与串电阻人为特性

通常从电动机的铭牌上和产品目录中查到有关数据，计算相关的参数，就可绘制出机械特性曲线。

略去电枢反应去磁效应的影响，机械特性曲线是一条略下垂的直线，只要算出特性上的两个不重合点，便可将特性曲线画出。为计算方便，通常选取理想空载点与额定运行点来绘制机械特性曲线。

对于理想空载点，$T_{em}=0$，$n=n_0$，只需计算理想空载转速 n_0。在额定运行点，$n=n_N$，$T_{em}=T_N$，从电动机的铭牌上或产品目录中可查到 n_N，只需计算额定转矩 T_N 即可。

对实际电动机，可用伏安法实测，测试线路如图 8.1.4 所示。测试时，不加励磁，在电枢两端加一个可调的低电压 U_0，调节 U_0，使 I_a 为额定值，这时的 U_0 与 I_a 之比就是 R_a，由 R_a 可求 $C_E\Phi_N$，从而求得 n_0。

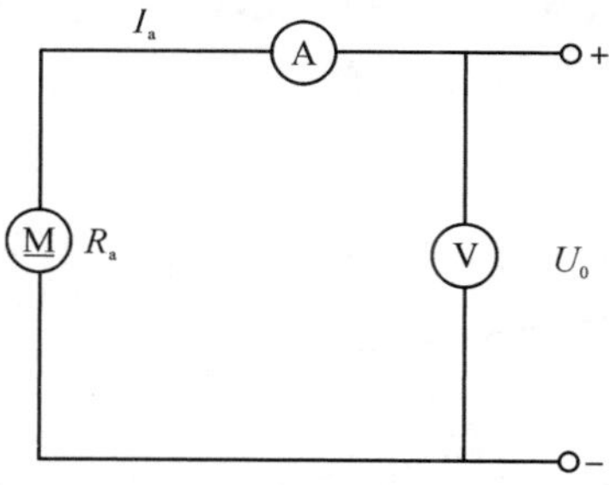

图 8.1.4　伏安法测电枢总电阻

也可依据经验公式估算电枢额定感应电动势 E_{aN} 的数值，再计算 $C_E\Phi_N$ 和 R_a，最后计算 n_0。对中小容量的直流电动机，一般估算：

$$\left.\begin{aligned} E_{aN}&=0.95\,U_N \\ C_E\Phi_N&=\frac{0.95U_N}{n_N} \\ R_a&=\frac{0.05\,U_N}{I_N} \end{aligned}\right\} \tag{8.1.6}$$

$$n_0=\frac{U_N}{C_E\Phi_N}=\frac{n_N}{0.95}=1.053\,n_N \tag{8.1.7}$$

T_N 的计算方法为

$$\left.\begin{aligned}C_{\mathrm{T}}&=9.55\,C_{\mathrm{E}}\\T_{\mathrm{N}}&=C_{\mathrm{T}}\Phi_{\mathrm{N}}I_{\mathrm{N}}=9.55\,C_{\mathrm{E}}\Phi_{N}I_{\mathrm{N}}\end{aligned}\right\}\tag{8.1.8}$$

工程中近似计算时，$T_0=0$，$\Phi=\Phi_{\mathrm{N}}$ 则

$$T_{\mathrm{N}}=C_{\mathrm{T}}\Phi I_{N}=9.55\,C_{E}\Phi I_{\mathrm{N}}\tag{8.1.9}$$

2. 人为机械特性

1）电枢回路串电阻时的人为机械特性

保持 $U=U_{\mathrm{N}}$，$\Phi=\Phi_{\mathrm{N}}$ 不变，只在电枢回路中串入电阻 R_{S} 时的人为机械特性为

$$n=\frac{U_{\mathrm{N}}}{C_{\mathrm{E}}\Phi_{\mathrm{N}}}-\frac{R_{\mathrm{a}}+R_{\mathrm{S}}}{C_{\mathrm{E}}C_{\mathrm{T}}\Phi^{2}}T_{\mathrm{em}}\tag{8.1.10}$$

与固有机械特性相比，电枢回路串电阻时人为机械特性的理想空载转速 n_0 不变，但斜率 β 随串联电阻 R_{S} 的增大而增大，所以特性变软。改变 R_{S} 的大小，可以得到一组通过理想空载点 n_0，并具有不同斜率的人为机械特性。

2）降低电枢电压时的人为机械特性

保持 $\Phi=\Phi_{\mathrm{N}}$，$R=R_{\mathrm{a}}(R_{\mathrm{S}}=0)$ 不变，只改变电枢电压 U 时的人为机械特性为

$$n=\frac{U}{C_{\mathrm{E}}\Phi_{\mathrm{N}}}-\frac{R_{\mathrm{a}}}{C_{\mathrm{E}}C_{\mathrm{T}}\Phi_{\mathrm{N}}^{2}}T_{\mathrm{em}}\tag{8.1.11}$$

由于电动机的工作电压以额定电压为上限，因此改变电压时，只能在低于额定电压的范围内变化。与固有机械特性相比，降低电枢电压时的人为机械特性的斜率 β 不变，但理想空载转速 n_0 随电压的降低而正比减小。因此降低电枢电压时的人为机械特性是位于固有机械特性下方，且与固有机械特性平行的一组直线，如图 8.1.5 所示。

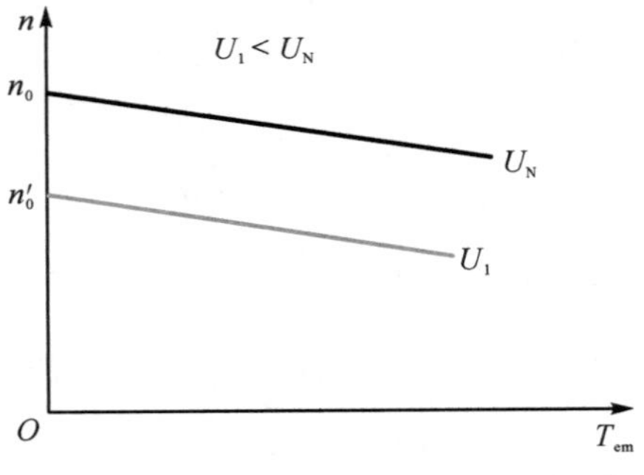

图 8.1.5 降低电枢电压时的人为机械特性

3）减弱励磁磁通时的人为机械特性

在图 8.1.1 中，改变励磁回路调节电阻 R_{sf}，就可以改变励磁电流，从而改变励磁磁通。

由于电动机额定运行时，磁路已经开始饱和，即便再成倍增加励磁电流，磁通也不会有明显增加，何况由于励磁绕组发热条件的限制，励磁电流也不允许再大幅度地增加，因此，只能在额定值以下调节励磁电流，即只能减弱励磁磁通。

保持 $R=R_a(R_S=0)$，$U=U_N$ 不变，只减弱励磁磁通时的人为机械特性为

$$n=\frac{U_N}{C_E\Phi}-\frac{R_a}{C_E C_T\Phi^2}T_{em} \tag{8.1.12}$$

对应的转速特性为

$$n=\frac{U_N}{C_E\Phi}-\frac{R_a}{C_E\Phi}I_a \tag{8.1.13}$$

在电枢回路串电阻和降低电枢电压的人为机械特性中，因为 $\Phi=\Phi_N$ 不变，$T_{em}\propto I_a$，所以它们的机械特性 $n=f(T_{em})$ 曲线也代表了转速特性 $n=f(I_a)$ 曲线。但是在讨论减弱励磁磁通的人为机械特性时，因为磁通 Φ 是个变量，所以 $n=f(I_a)$ 与 $n=f(T_{em})$ 两条曲线是不同的，如图 8.1.6 所示，其中 $\Phi_2<\Phi_1<\Phi_N$。

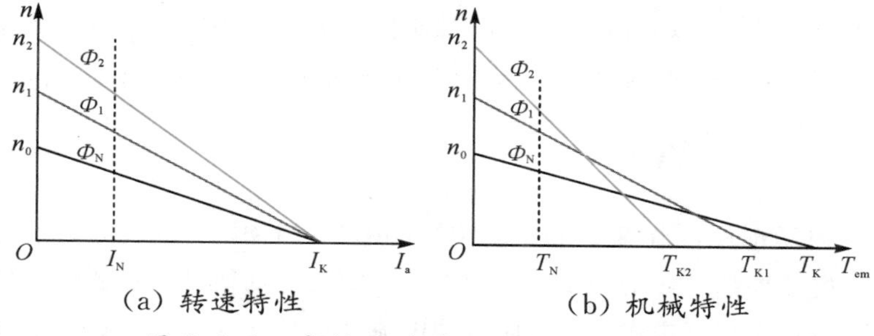

(a) 转速特性　　(b) 机械特性

图 8.1.6　减弱励磁磁通时的人为机械特性

由式(8.1.13)可知，当 $n=0$ 时，堵转电流 $I_K=\dfrac{U}{R_a}=$常数，而 n_0 随 Φ 的减小而增大。因此 $n=f(I_a)$ 的人为机械特性是一组通过横坐标 $I_a=I_K$ 点的直线。磁通 Φ 越小，理想空载转速 n_0 越高，特性越软，如图 8.1.6(a)所示。

由式(8.1.12)可知，当 $n=0$ 时，堵转电磁转矩 $T_K=C_T\Phi I_K$，而 $I_K=$常数，所以当 Φ 减小时，T_K 随 Φ 正比减小，同时理想空载转速 n_0 增大，特性急剧变软，如图 8.1.6(b)所示。

改变磁通可以调节转速。从图 8.1.6 可看出，当负载转矩不太大时，磁通减小使转速升高。只有当负载转矩特别大时，减弱磁通才会使转速下降。然而，这时的电枢电流已经过大，电动机不允许在这样大的电流下工作。因此，实际运行条件下，可以认为磁通越小，稳定转速越高。

8.2　他励直流电动机的启动

电动机的启动是指电动机接通电源后，由静止状态加速到稳定运行状态的过程。电动机启动瞬间($n=0$)的电磁转矩称为启动转矩，启动瞬间的电枢电流称为启动电流，分别用 T_{st} 和 I_{st} 表示。启动转矩的计算公式为

$$T_{st}=C_T\Phi I_{st} \tag{8.2.1}$$

如果他励直流电动机在额定电压下直接启动，由于启动瞬间转速 $n=0$，电枢电动势 $E_a=0$，故启动电流为

$$I_{st}=\frac{U_N}{R_a} \tag{8.2.2}$$

因为电枢电阻 R_a 很小，所以直接启动电流将达到很大的数值，通常可以达到额定电流的10～20倍。过大的启动电流会引起电网电压下降，影响电网上其他用户的正常用电；使电动机的换向严重恶化，甚至会烧坏电动机；同时过大的冲击转矩会损坏电枢绕组和传动机构。因此，除个别容量很小的电动机外，一般的电动机是不允许直接启动的。对直流电动机的启动，一般有如下要求：

（1）要有足够大的启动转矩；

（2）启动电流要限制在一定的范围内；

（3）启动设备要简单、可靠。

为了限制启动电流，他励直流电动机通常采用电枢回路串电阻启动或降压启动。无论采用哪种启动方法，启动时都应保证电动机的磁通达到最大值。这是因为在同样的电流下，Φ 大则 T_{st} 大；而在同样的转矩下，Φ 大则 I_{st} 可以小一些。

8.2.1 降压启动

当直流电源电压可调时，可以采用降压启动。启动时，以较低的电源电压启动电动机，电流便随电压的降低而正比减小。随着电动机转速的提升，反电动势逐渐增大，再逐渐提高电源电压，使启动电流和启动转矩在一定的数值上，从而保证电动机按需要的加速度升速。

可调压的直流电源，在过去多采用直流发电机——电动机组，即每一台电动机专门由一台直流发电机供电。当调节发电机的励磁电流时，便可改变发电机的输出电压，从而改变加在电动机电枢两端的电压。近年来，随着晶闸管技术的发展，直流发电机正在被晶闸管整流电源所取代。

降压启动虽然需要专用电源，设备投资较大，但它启动平稳，启动过程中能量损耗小，因而得到了广泛应用。

8.2.2 电枢回路串电阻启动

1. 串电阻启动过程

电动机启动前，应使励磁回路调节电阻 $R_{sf}=0$，这样励磁电流 I_f 最大，磁通 Φ 最大。电枢回路串接启动电阻 R_{st}，在额定电压下的启动电流为

$$I_{st}=\frac{U_N}{R_a+R_{st}} \tag{8.2.3}$$

式中，R_{st} 值应使 I_{st} 不大于允许值。对于普通的直流电动机，一般要求 $I_{st}\leqslant(1.5\sim2)I_N$。

在启动电流产生的启动转矩作用下，电动机开始转动且逐渐加速，随着转速的升高，电枢电动势(反电动势) E_a 逐渐增大，电枢电流逐渐减小，电磁转矩也随之减小，这样转速的上升就逐渐缓慢下来。为了缩短启动时间，同时保持电动机在启动过程中的加速度不变，就要求在启动过程中电枢电流维持不变，因此随着电动机转速的升高，应将启动电阻平滑地切除，最后使电动机转速达到运行值。

实际上，平滑地切除电阻是不可能的，一般是在电阻回路中串入多级(通常是 2～5 级)电阻，在启动过程中逐级加以切除。启动电阻的级数越多，启动过程就越快且越平稳，但所需要的控制设备也越多，投资也越大。

如图 8.2.1 所示，串电阻启动开始时，接触器的接触点 S 闭合，而 S_1、S_2、S_3断开，额定电压加在电枢回路总电阻 R_3($R_3=R_a+R_{st1}+R_{st2}+R_{st3}$) 上，启动电流为 $I_1=\frac{U_N}{R_3}$。此时启动电流 I_1 和启动转矩 T_1 均达到最大值(通常取额定值的 2 倍左右)。

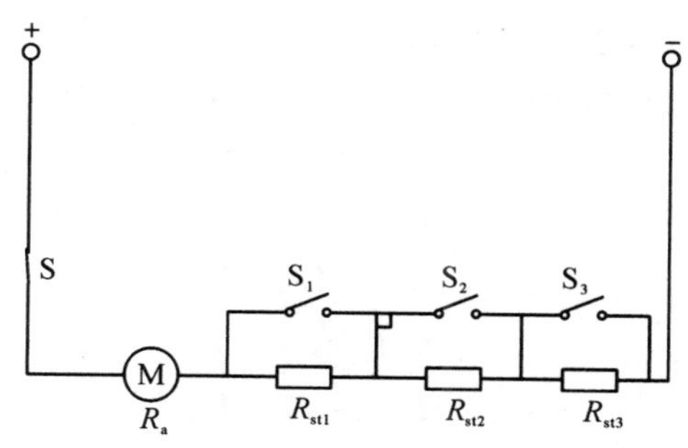

图 8.2.1　串电阻启动电路图

接入全部启动电阻时的人为机械特性如图 8.2.2 中的直线 $a-b-n_0$ 所示。串电阻启动瞬间对应于 a 点，因为启动转矩 T_1 大于负载转矩 T_L，所以电动机开始加速，电动势 E_a 逐渐增大，电枢电流和电磁转矩逐渐减小，工作点沿箭头方向移动。

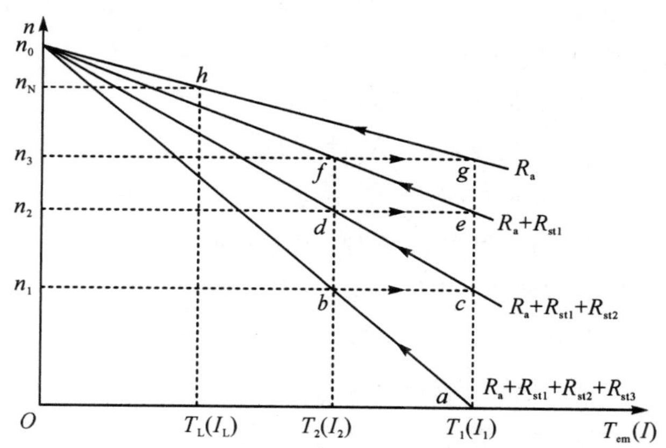

图 8.2.2　串电阻启动时的人为机械特性曲线

当转速升到 n_1、电流降至 I_2、转矩减至 T_2(图 8.2.2 中 b 点)时，触点 S_3闭合，切除电阻 R_{st3}。I_2 称为切换电流，一般取 $I_2=(1.1\sim1.2)I_N$，或 $T_2=(1.1\sim1.2)T_N$。

切除 R_{st3}后，电枢回路电阻减小为 $R=R_a+R_{st1}+R_{st2}$，与之对应的人为机械特性如图 8.2.2 中的直线 $c-d-n_0$所示。在切除电阻瞬间，由于机械惯性，转速不能突变，所以电动机的工作点由 b 点沿水平方向跃变到直线 $c-d-n_0$上的 c 点。选择适当的各级电阻，可使 c 点的电流仍为 I_1，这样电动机又处在最大转矩 T_1 下进行加速，工作点沿直线 $c-d-n_0$箭头方向移动。

当到达 d 点时，转速升至 n_2，电流又降至 I_2，转矩也降至 T_2，此时触点S_2闭合，将 R_{st2} 切除，电枢回路电阻变为 $R_1=R_a+R_{st1}$，工作点由 d 点平移到人为机械特性直线 $e-f-n_0$ 上的 e 点。e 点的电流和转矩仍为最大值，电动机又处在最大转矩 T_1 下加速，工作点在直线 $e-f-n_0$ 上移动。

当转速升至 n_3 时，即在 f 点切除最后一级电阻 R_{st1} 后，电动机将过渡到固有机械特性 g 点上，随后加速到 h 点进入稳定运行状态，启动过程结束。

2. 分级启动电阻的计算

仍以图 8.2.2 为例，推导各级启动电阻的计算公式。设图中对应于转速为 n_1、n_2、n_3 时的电枢电动势分别为 E_{a1}、E_{a2}、E_{a3}，则图中 b、c、d、e、f、g 各点的电压平衡方程式为

$$\left.\begin{aligned} b\text{ 点：}R_3I_2&=U_N-E_{a1}\\ c\text{ 点：}R_2I_1&=U_N-E_{a1}\\ d\text{ 点：}R_2I_2&=U_N-E_{a2}\\ e\text{ 点：}R_1I_1&=U_N-E_{a2}\\ f\text{ 点：}R_1I_2&=U_N-E_{a3}\\ g\text{ 点：}R_aI_1&=U_N-E_{a3}\end{aligned}\right\}\tag{8.2.4}$$

比较以上 6 个式子可得

$$\frac{R_3}{R_2}=\frac{R_2}{R_1}=\frac{R_1}{R_a}=\frac{I_1}{I_2}=\beta\tag{8.2.5}$$

将启动过程中的最大电流 I_1 与切换电流 I_2 之比定义为电流比(也称转矩比)β，则在已知 β 和电枢电阻 R_a 的前提下，各级总电阻值可按以下各式计算：

$$\left.\begin{aligned} R_1&=R_a+R_{st1}=\beta R_a\\ R_2&=R_a+R_{st1}+R_{st2}=\beta^2R_a\\ R_3&=R_a+R_{st1}+R_{st2}+R_{st3}=\beta R_2=\beta^3R_a\end{aligned}\right\}\tag{8.2.6}$$

由上式可以推知，当启动电阻为 m 级时，其总电阻为

$$R_m=R_a+R_{st1}+R_{st2}+\cdots+R_{stm}=\beta R_{m-1}=\beta^mR_a\tag{8.2.7}$$

根据式(8.2.6)和式(8.2.7)可得各级串联电阻的计算公式为

$$\left.\begin{aligned} R_{st1}&=(\beta-1)R_a\\ R_{st2}&=(\beta-1)\beta R_a=\beta R_{st1}\\ R_{st3}&=(\beta-1)\beta^2R_a=\beta R_{st2}\\ R_{stm}&=(\beta-1)\beta^{m-1}R_a=\beta R_{st(m-1)}\end{aligned}\right\}\tag{8.2.8}$$

对于 m 级电阻启动，电枢回路总电阻可用电压 U_N 和最大电流 I_1 表示为

$$\beta^mR_a=\frac{U_N}{I_1}\tag{8.2.9}$$

于是电流比 β 可写成

$$\beta=\sqrt[m]{\frac{U_N}{I_1R_a}}\ (m\text{ 为整数})\tag{8.2.10}$$

可以在已知 m、U_N、R_a、I_1 的条件下求出电流比 β，再求出各级启动电阻值。也可以在已知电流比 β 的条件下求出启动级数 m，必要时应修改 β 值使 m 为整数。

综上所述，计算各级启动电阻的步骤如下：

(1) 估算或查出电枢电阻 R_a；

(2) 根据过载倍数选取最大转矩 T_1 对应的最大电流 I_1；

(3) 选取启动级数 m；

(4) 按式(8.2.10)计算电流比 β_a；

(5) 计算转矩 $T_2=\dfrac{T_1}{\beta}$，检验是否满足 $T_2\geqslant(1.1\sim1.3)T_L$，如果不满足，则另选 T_1 或 m 值，并重新计算，直至满足该条件为止。

8.3　他励直流电动机的制动

根据电磁转矩 T_{em} 和转速 n 方向之间的关系，可以把电动机分为两种运行状态。当 T_{em} 与 n 方向相同时，称为电动运行状态，简称电动状态；当 T_{em} 与 n 方向相反时，称为制动运行状态，简称制动状态。电动状态时，电磁转矩为驱动转矩，电动机将电能转换成机械能；制动状态时，电磁转矩为制动转矩，电动机将机械能转换成电能。

在电力拖动系统中，电动机经常需要工作在制动状态。例如，许多生产机械工作时，往往需要快速停车或由高速运行迅速转为低速运行，这就要求电动机进行制动；对于像起重机等位能性负载的工作机构，为了获得稳定的下放速度，电动机也必须运行在制动状态。因此，电动机的制动运行也是十分重要的。

他励直流电动机的制动有能耗制动、反接制动和回馈制动三种方式，下面分别介绍。

8.3.1　能耗制动

图 8.3.1 是能耗制动接线图。开关 S 接电源侧时，电动机为电动运行状态，此时电枢电流 I_a、电枢电动势 E_a、转速 n 及驱动性质的电磁转矩 T_{em} 的方向如图 8.3.1 所示。当需要制动时，将开关 S 投向制动电阻 R_B，电动机便进入能耗制动状态。

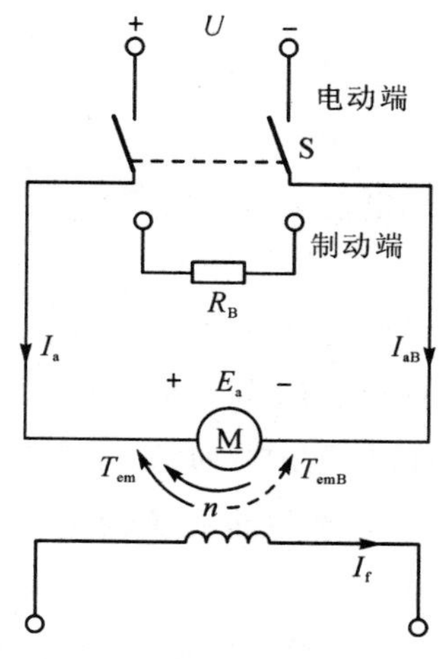

图 8.3.1　能耗制动接线图

初始制动时，因为磁通保持不变，电枢存在惯性，其转速 n 不能立刻降为零，而是保持原来的方向旋转，于是 n 和 E_a 的方向均不改变。但是，由 E_a 在闭合的回路内产生的电枢电流 I_{aB} 却与电动状态时电枢电流 I_a 的方向相反，由此而产生的电磁转矩 T_{emB} 也与电动状态

时的 T_{em} 方向相反，变为制动转矩，于是电动机处于制动运行状态。制动运行时，电动机靠生产机械惯性力的拖动而发电，将生产机械储存的动能转换成电能，并消耗在电阻(R_a+R_B)上，直到电动机停止转动为止，所以这种制动方式称为能耗制动。

能耗制动时的机械特性，就是在 $U=0$、$\Phi=\Phi_N$、$R=R_a+R_B$ 条件下的一条人为机械特性直线，即

$$n=-\frac{R_a+R_B}{C_E C_T \Phi_N^2}T_{em} \text{或} n=-\frac{R_a+R_B}{C_E\Phi_N}I_a \tag{8.3.1}$$

能耗制动过程如图 8.3.2 所示，能耗制动时的机械特性是一条通过坐标原点的直线，其理想空载转速为零，特性的斜率 $\beta=\frac{R_a+R_B}{C_E C_T \Phi_N^2}$，与电动状态下电枢串电阻 R_B 时的人为机械特性的斜率相同。能耗制动时，电动机工作点的变化情况可用机械特性曲线说明。设制动前工作点的特性为 $n>0$，$T_{em}>0$，T_{em} 为驱动转矩。开始制动时，因 n 不突变，工作点将沿水平方向跃变到能耗制动特性曲线上的 B 点。在 B 点，$n>0$，$T_{em}<0$，电磁转矩为制动转矩，于是电动机开始减速，工作点沿 BO 方向移动。

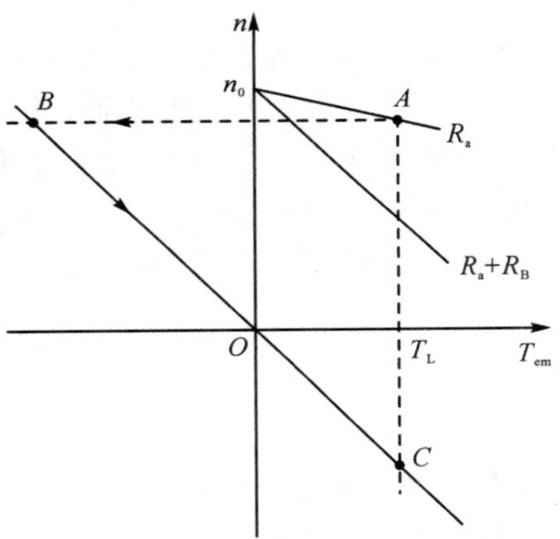

图 8.3.2　能耗制动过程

若电动机拖动反抗性负载，则工作点到达 O 点时，$n=0$，$T_{em}=0$，电动机停转。

若电动机拖动位能性负载，则工作点到达 O 点时，虽然 $n=0$，$T_{em}=0$，但在位能性负载的作用下，电动机将反转并加速。工作点将沿特性曲线 OC 方向移动。此时 E_a 的方向随 n 的反向而反向，即 n 和 E_a 的方向均与电动状态时的相反，而 E_a 产生的 I_a 方向与电动状态时的相同，随之 T_{em} 的方向也与电动状态时的相同，即 $n<0$，$T_{em}>0$，电磁转矩仍为制动转矩。随着反向转速的增加，制动转矩也不断增大，当制动转矩与负载转矩平衡时，电动机便在某一转速下处于稳定的制动运行状态，即匀速下放重物，如图 8.3.2 中的 C 点。

改变制动电阻 R_B 的大小，可以改变能耗制动特性曲线的斜率，从而改变制动转矩的大小以及下放位能性负载时的稳定速度。R_B 越小，特性曲线的斜率越小，起始制动转矩越大，而下放位能性负载的速度越小。减小制动电阻，可以增大制动转矩，缩短制动时间，提高工作效率。但制动电阻太小，将会造成制动电流过大，通常限制最大制动电流不超过 2～2.5 倍的额定电流。选择制动电阻的原则是

$$I_{aB}=\frac{E_a}{R_a+R_B}\leqslant(2\sim2.5)I_N$$

即

$$R_B\geqslant\frac{E_a}{(2\sim2.5)\ I_N}-R_a \tag{8.3.2}$$

式中，E_a 为制动瞬间(制动前电动状态时) 的电枢电动势。若制动前电动机处于额定运行状态，则 $E_a=U_N-R_aI_N\approx U_N$。

能耗制动操作简单，但随着转速的下降，电动势减小，制动电流和制动转矩也随之减小，制动效果变差。若为了使电动机能更快地停转，可以在转速降到一定程度时，切除一部分制动电阻，使制动转矩增大，从而加强制动作用。

8.3.2　反接制动

反接制动分为电压反接制动和倒拉反转反接制动两种。

1. 电压反接制动

电压反接制动时的接线如图 8.3.3 所示。开关 S 投向电动端时，电枢接正极性的电源电压，此时电动机处于电动运行状态。进行制动时，开关 S 投向制动端，此时电枢回路串入制动电阻 R_B 后，接上极性相反的电源电压，即电枢电压由原来的正值变为负值。此时，在电枢回路内，U 与 E_a 顺向串联，共同产生很大的反向电流

$$I_{aB}=\frac{-U_N-E_a}{R_a+R_B}=-\frac{U_N+E_a}{R_a+R_B} \tag{8.3.3}$$

反向的电枢电流 I_{aB} 产生很大的反向电磁转矩 T_{emB}，从而产生很强的制动作用，这就是电压反接制动。

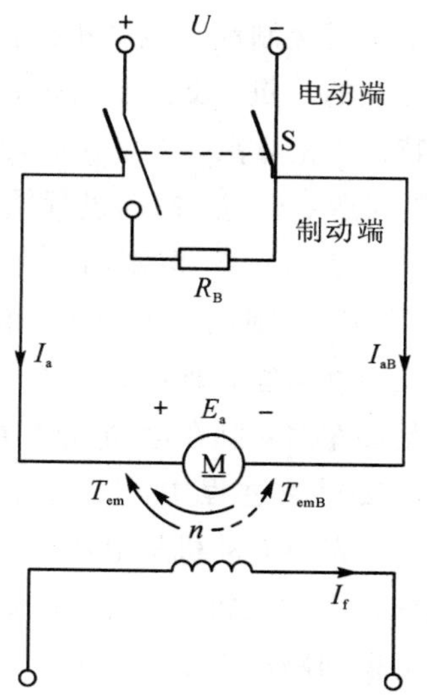

图 8.3.3　电压反接制动接线图

电动状态时，电枢电流的大小由 U_N 与 E_a 之差决定，而反接制动时，电枢电流的大小由 U_N 与 E_a 之和决定，因此反接制动时电枢电流是非常大的。为了限制过大的电枢电流，反接制动时必须在电枢回

路中串接制动电阻 R_B。R_B的大小应使反接制动电枢电流不超过电动机的最大允许电流$I_{max}=(2\sim2.5)I_N$，因此应串入的制动电阻值为

$$R_B \geqslant \frac{U_N+E_a}{(2\sim2.5)I_N}-R_a \tag{8.3.4}$$

反接制动电阻值比能耗制动电阻值约大一倍。

电压反接制动时的机械特性就是在$U=-U_N$、$\Phi=\Phi_N$、$R=R_a+R_B$条件下的一条人为机械特性曲线，即

$$n=-\frac{U_N}{C_E\Phi_N}-\frac{R_a+R_B}{C_EC_T\Phi_N^2}T_{em} \text{或} n=-\frac{U_N}{C_E\Phi_N}-\frac{R_a+R_B}{C_E\Phi_N}I_a \tag{8.3.5}$$

可见，其特性曲线是一条通过$-n_0$点、斜率为$\dfrac{R_a+R_B}{C_EC_T\Phi_N^2}$的直线，如图 8.3.4 所示。

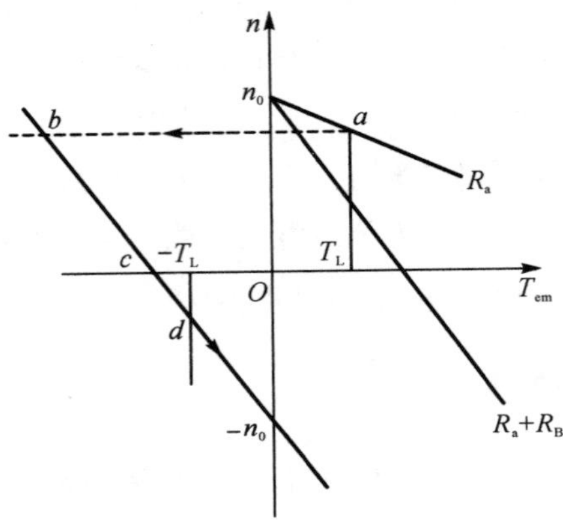

图 8.3.4　电压反接制动机械特性

电压反接制动时电动机工作点的变化情况如下：设电动机原来工作在固有机械特性上的 a 点，反接制动时，由于转速不突变，工作点沿水平方向跃变到反接制动特性上的 b 点，之后在制动转矩作用下，转速开始下降，工作点沿 bc 方向移动，当到达 c 点时，制动过程结束。

在 c 点，$n=0$，但制动的电磁转矩 $T_{emB}=T_c\neq0$，如果负载是反抗性负载，且$|T_c|\leqslant|T_L|$，则电动机停止不转。如果$|T_c|>|T_L|$，则在反向转矩作用下，电动机将反向并沿特性曲线加速至 d 点，进入反向电动状态下稳定运行。当制动的目的就是停车时，则在电动机转速接近于零时，必须立即断开电源。

反接制动过程中，U、I_a、T_{em}均为负，而 n、E_a 均为正。输入功率 $P_1=UI_a>0$，表明电动机从电源输入电功率；输出功率 $P_2=T_2\Omega\approx T_{em}\Omega<0$，表明电动机从轴上输入机械功率；电磁功率 $P_{em}=E_aI_a<0$，表明轴上输入的机械功率转变成电枢回路的电功率。由此可见，反接制动时，从电源输入的电功率和从轴上输入的机械功率转变成的电功率一起全部消耗在电枢回路的电阻(R_a+R_B)上，其能量消耗是很大的。

2. 倒拉反转反接制动

倒拉反转反接制动只适用于位能性恒转矩负载。图 8.3.5(a)所示为正向电

动状态(提升重物)时电动机的各种物理量方向，此时电动机工作在固有机械特性上的 a 点，如图 8.3.6 所示。

如果在电枢回路中串入一个较大的电阻 R_B，则可实现倒拉反转反接制动，如图 8.3.5(b)所示。串入 R_B 将得到一条斜率较大的人为机械特性。

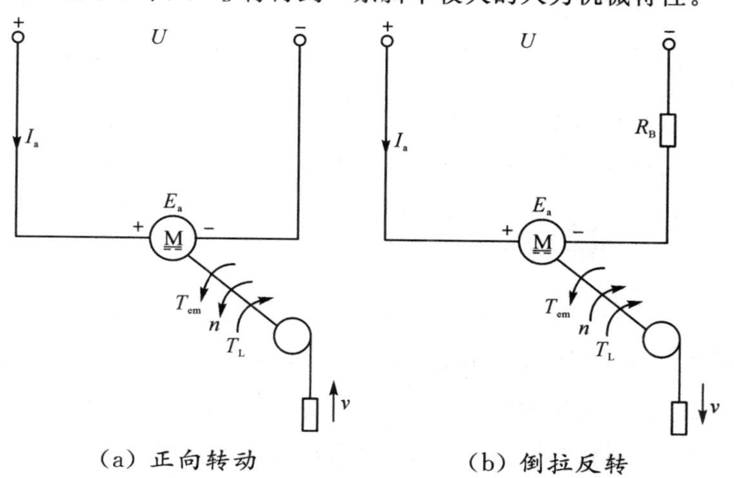

(a) 正向转动　　(b) 倒拉反转

图 8.3.5　正向转动与倒拉反转制动

制动过程如下：如图 8.3.6 所示，串电阻瞬间，因为转速不能突变，所以工作点由固有特性上的 a 点沿水平方向跳跃到人为机械特性上的 b 点，此时电磁转矩 T_B 小于负载转矩 T_L，于是电动机开始减速，工作点沿人为机械特性由 b 点向 c 点变化，达到 c 点时，$n=0$，电磁转矩为堵转转矩 T_K。因为 T_K 仍小于负载转矩 T_L，所以在重物的重力作用下电动机将反向旋转，即下放重物。因为励磁不变，所以 E_a 随 n 的反向而改变方向，此时 I_a 的方向不变，故 T_{em} 的方向也不变。这样，电动机反转后，电磁转矩为制动转矩，电动机处于制动状态，如图 8.3.6中的 cd 段所示。随着电动机反向转速的增加，E_a 增大，电枢电流 I_a 和制动的电磁转矩 T_{em} 也相应增大，当到达 d 点时，电磁转矩和负载转矩平衡，电动机便以稳定的转速匀速下放重物。电动机串入的电阻 R_B 越大，最后稳定的转速越高，下放重物的速度也越快。

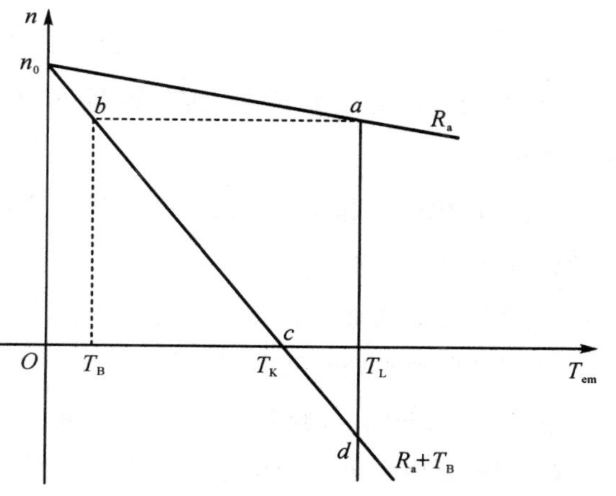

图 8.3.6　倒拉反转机械特性曲线

电枢回路串入较大的电阻后，电动机能出现反转制动运行，主要是位能性负载的倒拉作用，又因为此时的 E_a 与 U 也是顺向串联共同产生电枢电流，这一点与电压反接制动相似，所以把这种制动称为倒拉反转反接制动。

倒拉反转反接制动时的机械特性方程式是电动状态时电枢串电阻的人为机械特性方程式，只不过此时电枢串入的电阻值较大，使得$\frac{R_a+R_B}{C_E C_T \Phi_N^2}T_L > n_0$，即$n=n_0-\frac{R_a+R_B}{C_E C_T \Phi_N^2}T_L<0$。因此，倒拉反转反接制动特性曲线是电动状态电枢串电阻人为机械特性在第四象限的延伸部分。

倒拉反转反接制动时的能量关系和电压反接制动时的相同。

8.3.3 回馈制动

电动状态下运行的电动机，在某种条件下（如电动机拖动的机车下坡时）会出现运行转速 n 高于理想空载转速 n_0 的情况，此时 $E_a>U$，电枢电流反向，电磁转矩的方向也随之改变：由驱动转矩变成制动转矩。从能量传递方向看，电动机处于发电状态，将机车下坡时失去的位能转变成电能回馈给电网，因此这种状态称为回馈制动状态。

回馈制动时的机械特性方程式与电动状态时的相同，只是运行在特性曲线上不同的区段而已。下面结合图 8.3.7 进行讲解。

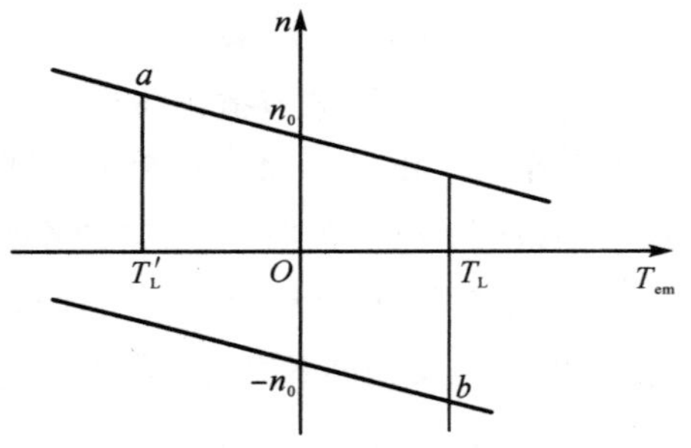

图 8.3.7　回馈制动机械特性

当电动机拖动机车下坡出现回馈制动（正向回馈制动）时，其机械特性位于第二象限，如 n_0a 段。

当电动机拖动起重机下放重物出现回馈制动（反向回馈制动）时，其机械特性位于第四象限，如 $-n_0b$ 段。

a 点是电动机处于正向回馈制动稳定运行点，表示机车以恒定的速度下坡。

b 点是电动机处于反向回馈制动稳定运行点，表示重物匀速下放。

除以上两种回馈制动稳定运行外，还有一种发生在动态过程中的回馈制动过程。如降低电枢电压的调速过程和弱磁状态下的增磁调速过程中都将出现回馈制动过程，它们分别是降压调速时产生的回馈制动和增磁调速时产生的回馈制动。

在图 8.3.8(a) 中，a 点是电动状态运行工作点，对应电压为 U_1，转速为 n_a。当进行降压(U_1 降为 U_2) 调速时，因转速不突变，工作点由 a 点平移到 b 点，此后工作点在降压人为机械特性的 bn_2 段上的变化过程即为回馈制动过程，它起到了加快电动机减速的作用，当转速降到 n_2 时，制动过程结束。从 n_2 降到 c 点转速 n_c 为电动状态减速过程。

在图 8.3.8(b) 中，磁通由 Φ_1 增大到 Φ_2 时，工作点的变化情况与图 8.3.7 的相同，其工作点在 bn_2 段上变化时也为回馈制动过程。

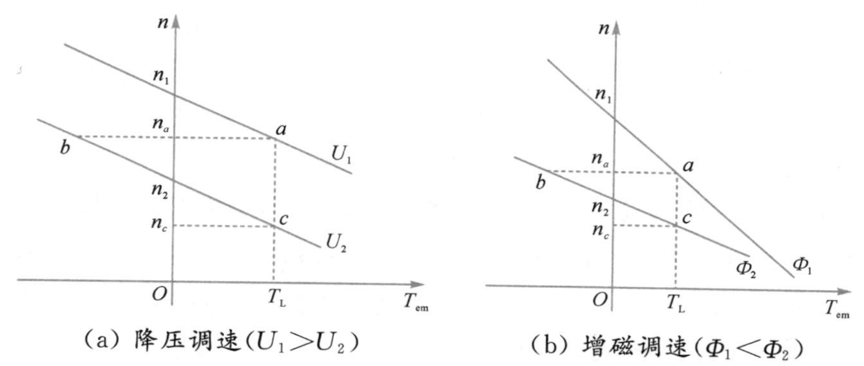

(a) 降压调速($U_1>U_2$)　　(b) 增磁调速($\Phi_1<\Phi_2$)

图 8.3.8 动态回馈制动机械特性

回馈制动时，由于有功率回馈到电网，因此与能耗制动和反接制动相比，回馈制动是比较经济的。

8.4 他励直流电动机的调速

为了提高生产效率或满足生产工艺的要求，许多生产机械在工作过程中都需要调速。例如车床切削工件时，精加工用高转速，粗加工用低转速；轧钢机在轧制不同品种和不同厚度的钢材时，也必须有不同的工作速度。

电力拖动系统的调速可以采用机械调速、电气调速或二者配合起来调速。通过改变传动机构速比进行调速的方法称为机械调速；通过改变电动机参数进行调速的方法称为电气调速。本节只介绍他励直流电动机的电气调速。

改变电动机的参数就是人为地改变电动机的机械特性，从而使负载工作点发生变化，转速随之变化。可见，在调速前后，电动机必然运行在不同的机械特性上。如果机械特性不变，因负载变化而引起电动机转速的改变，则不能称为调速。

根据他励直流电动机的转速公式

$$n=\frac{U-I_a(R_a+R_S)}{C_E\Phi} \tag{8.4.1}$$

可知，当电枢电流 I_a 不变时（即在一定的负载下），只要改变电枢电压 U、电枢回路串联电阻 R_S 及励磁磁通 Φ 三者之中的任意一个量，就可改变转速 n。因此，他励直流电动机具有三种调速方法：降压调速、电枢串电阻调速和弱磁调速。为了评价各种调速方法的优缺点，对调速方法提出了一定的技术经济指标，即调速指标。

8.4.1 评价调速的指标

评价调速的指标有以下四个方面。

1. 调速范围

调速范围是指电动机在额定负载下可能运行的最高转速 n_{max} 与最低转速 n_{min} 之比，通常用 D 表示，即 $D=n_{max}/n_{min}$。

不同的生产机械对电动机的调速范围有不同的要求。要扩大调速范围，必须尽可能地提高电动机的最高转速和降低电动机的最低转速。电动机的最高转速受到电动机的机械强度、换向条件、电压等级等方面的限制，而最低转速则受到低速运行时转速的相对稳定性的限制。

2. 静差率

转速的相对稳定性是指负载变化时，转速变化的程度。转速变化小，其相对稳定性好。转速的相对稳定性用静差率（即 $\delta\%$）表示。当电动机在某一机械特性上运行时，由理想空载增加到额定负载，电动机的转速降 $\Delta n_N=n_0-n_N$ 与理想空载转速 n_0 之比，就称为静差率，用百分数表示为

$$\delta\%=\frac{n_0-n_N}{n_0}\times 100\%=\frac{\Delta n_N}{n_0}\times 100\% \tag{8.4.2}$$

显然，电动机的机械特性越硬，其静差率越小，转速的相对稳定性就越高。但是静差率的大小不仅仅是由机械特性的硬度决定的，还与理想空载转速的大小有关。例如，图 8.4.1 中有两条相互平行的机械特性线 2、3，它们的硬度相同，额定转速降也相等，即 $\Delta n_2=\Delta n_3$，但由于它们的理想空载转速不等，$n_{02}>n_{03}$，所以它们的静差率不等，$\delta_2\%<\delta_3\%$。可见，硬度相同的两条机械特性，理想空载转速越低，其静差率越大。

静差率与调速范围两个指标是相互制约的，设图 8.4.1 中的线 1 和线 4 分别为电动机最高转速和最低转速时的机械特性，则电动机的调速范围 D 与最低转速时的静差率 $\delta\%$ 的关系为

$$D=\frac{n_{max}}{n_{min}}=\frac{n_{max}}{n_{0min}-\Delta n_N}=\frac{n_{max}}{\dfrac{\Delta n_N}{\delta\%}-\Delta n_N}=\frac{n_{max}\delta\%}{\Delta n_N(1-\delta\%)} \tag{8.4.3}$$

式中：Δn_N 为最低转速机械特性上的转速降；$\delta\%$为最低转速时的静差率，即系统的最大静差率。

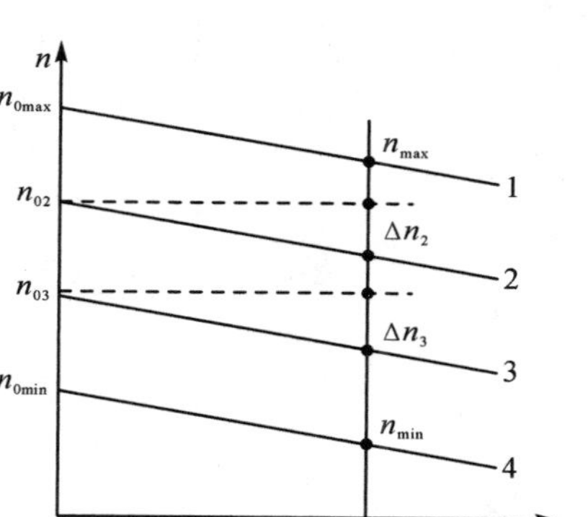

图 8.4.1 不同机械特性下的静差率

由式(8.4.3)可知，若对静差率这一指标要求过高，即$\delta\%$值越小，则调速范围 D 就越小；反之，若要求调速范围 D 越大，则静差率$\delta\%$也越大，转速的相对稳定性越差。

不同的生产机械，对静差率的要求不同，普通车床要求$\delta\%\leqslant30\%$，而高精度的造纸机则要求$\delta\%\leqslant0.1\%$。在保证一定静差率指标的前提下，要扩大调速范围，就必须减小转速降 Δn_N，也就是说，必须提高机械特性的硬度。

3. 调速的平滑性

在一定的调速范围内，调速的级数越多，就认为调速越平滑。相邻两级转速之比称为平滑系数，用 φ 表示，即

$$\varphi=\frac{n_i}{n_{i-1}} \tag{8.4.4}$$

式中，n_i 与 n_{i-1} 表示相邻级的转速，φ 值越接近 1，说明平滑性越好。当 $\varphi=1$ 时，称为无级调速，即转速可以连续调节。调速不连续时，级数有限，称为有级调速。

4. 调速的经济性

调速的经济性主要指调速设备的投资、运行效率及维修费用等。

8.4.2 调速方法

1. 电枢串电阻调速

电枢串电阻调速的原理及调速过程可用图 8.4.2 说明。设电动机拖动恒转矩负载 T_L 在固有机械特性曲线上的 a 点运行，其转速为 n_N。若电枢回路串入电阻为 R_S，则达到新的稳态后，工作点变为人为机械特性上的 b 点，转速下降到 n_1。从图中可以看出，串入的电阻值越大，稳态转速就越低。

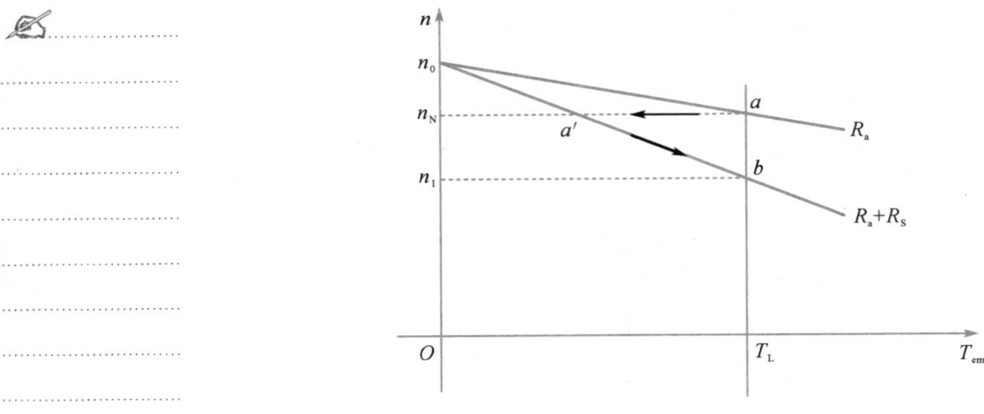

图 8.4.2　电枢串电阻调速

转速由 n_N 降至 n_1 的调速方法如下：电动机原来在 a 点稳定运行时 $T_{em}=T_L$，$n=n_N$，当串入 R_S 后，电动机的机械特性变为直线 n_0b，因串电阻瞬间转速不突变，故 E_a 不突变，于是 I_a 及 T_{em} 突然减小，工作点平移到 a' 点。

电动机在 a' 点运行时，$T_{em}<T_L$，所以电动机开始减速，随着 n 的减小，E_a 减小，I_a 及 T_{em} 增大，即工作点沿 $a'b$ 方向移动，当到达 b 点时，$T_{em}=T_L$，达到了新的平衡，电动机便在 n_1 转速下稳定运行。调速过程中转速 n 和电枢电流 I_a 随时间的变化规律如图 8.4.3 所示。由图可知，带恒转矩负载时，串电阻越大，转速越低。

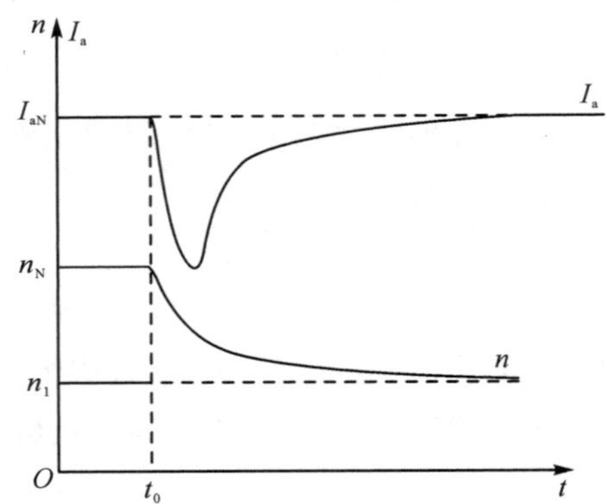

图 8.4.3　调速过程中转速 n 和电枢电流 I_a 随时间的变化规律

电枢串电阻调速的优点是设备简单，操作方便，缺点是：

(1) 调速的平滑性差。原因是电阻只能分段调节。

(2) 转速的相对稳定性差。原因是电动机低速运行时特性曲线斜率大，静差率大。

(3) 轻载时调速范围小，额定负载时调速范围一般为 $D\leqslant 2$。

(4) 损耗大，不经济。若负载转矩保持不变，则调速前和调速后因磁通不变而使电动机的 I_a 及 T_{em} 不变，输入电功率（$P_1=U_NI_a$）也不变，但输出功率（$P_2\propto T_Ln$）随转速的下降而减小，减小的部分被串联的电阻消耗掉了，所以损耗比较大，效率较低。而且转速越低，所串电阻越大，损耗越大，效率越低，所以

这种调速方法是不太经济的。

因此，电枢串电阻调速多用于对调速性能要求不高的生产机械上，如起重机、电车等。

2. 降压调速

电动机的工作电压不允许超过额定电压，因此电枢电压只能在额定电压以下进行调节。降压调速的原理及调速过程可用图 8.4.4 说明。

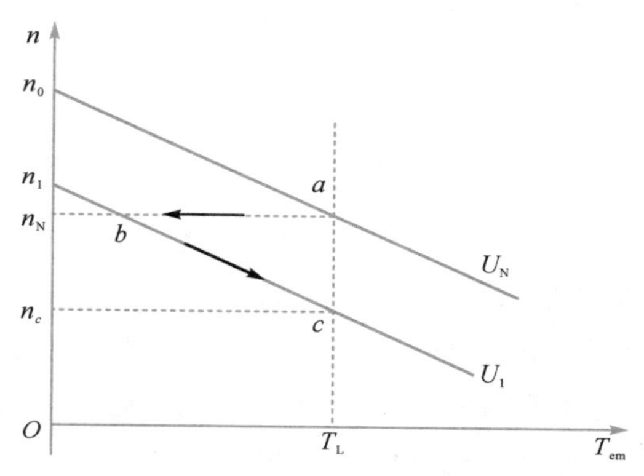

图 8.4.4　降电源电压调速

设电动机拖动恒转矩负载 T_L 在固定机械特性上的 a 点运行，其转速为 n_N。若电源电压由 U_N 下降到 U_1，则达到新的稳态后，工作点将移到对应人为机械特性直线上的 c 点，其转速下降为 n_c。从图中可以看出，电压越低，稳态转速也越低。

转速由 n_N 下降到 n_1 的调速过程如下：电动机在原来的 a 点稳定运行时 $T_{em}=T_L$，$n=n_N$。当电压降至 U_1 后，电动机的机械特性变为直线 n_1c。在降压瞬间，转速 n 不突变，E_a 不突变，所以 I_a 及 T_{em} 突然减小，工作点平移到 b 点。在 b 点，$T_{em}<T_L$，电动机开始减速，随着 n 的减小，E_a 减小，I_a 及 T_{em} 增大，工作点沿 bc 方向移动，到达 c 点时，达到新的平衡，$T_{em}=T_L$，此时电动机便在较低转速 n_c 下稳定运行。降压调速过程与电枢串电阻调速过程类似，调速过程中转速和电枢电流 I_a（或转矩 T）随时间的变化曲线也与图 8.4.3 类似。

降压调速的优点是：

（1）电源电压能够平滑调节，可以实现无级调速。

（2）调速前后机械特性的斜率不变，硬度较高，负载变化时，速度稳定性好。

（3）无论轻载还是重载，调速范围相同，一般可达 $D=2.5\sim12$。

（4）电能损耗较小。

降压调速的缺点是：需要一套电压可连续调节的直流电源。降压调速多用在对调速性能要求较高的生产机械上，如机床、轧钢机、造纸机等。

3. 弱磁调速

额定运行的电动机，其磁路已基本饱和，即使励磁电流增加很大，磁通也增加很少，从电动机的性能考虑也不允许磁路过饱和。因此，改变磁通只能从额定值往下调，调节磁通调速即是弱磁调速。其调速原理及调速过程可用图 8.4.5 说明。

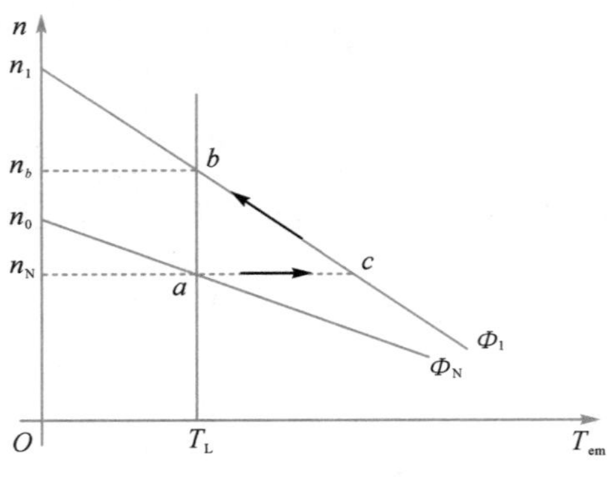

图 8.4.5　弱磁调速

设电动机拖动恒转矩负载 T_L 在固有机械特性线上的 a 点运行，其转速为 n_N。若磁通由 Φ_N 减小至 Φ_1，则达到新的稳态后，工作点将移到对应人为机械特性线上的 c 点，其转速上升为 n_b。从图中可见，磁通越少，稳态转速将越高。

转速由 n_N 上升到 n_b 的调速过程如下：电动机原来在 a 点稳定运行时，$T_{em}=T_L$，$n=n_N$。当磁通减弱到 Φ_1 后，电动机的机械特性变为直线 n_1b。在磁通减弱的瞬间，转速 n 不突变，电动势 E_a 随 Φ 而减小，于是电枢电流 I_a 增大。尽管 Φ 减小，但 I_a 增大很多，所以电磁转矩 T_{em} 还是增大的，因此工作点移到 c。在 c 点，$T_{em}>T_L$，电动机开始加速，随着 n 的上升，E_a 增大，I_a 及 T_{em} 减小，工作点沿 bc 方向移动，达到 b 点时，$T_{em}=T_L$，出现新的平衡，此时电动机便在较高的转速 n_1 下稳定运行。

对于恒转矩负载，调速前后电动机的电磁转矩不变，因为磁通减小，所以调速后的稳态电枢电流大于调速前的电枢电流，这一点与前两种调速方法不同。当忽略电枢反应影响和较小的电阻压降 R_aI_a 的变化时，可近似认为转速与磁通成反比变化。

弱磁调速的优点是：由于在电流较小的励磁回路中进行调节，因而控制方便，能量损耗小，设备简单，而且调速平滑性好。虽然弱磁升速后电枢电流增大，电动机的输入功率增大，但是由于转速升高，输入功率也增大，电动机的效率基本不变，因此弱磁调速的经济性是比较好的。

弱磁调速的缺点是：机械特性的斜率变大，特性变软；转速的升高受到电动机换向能力和机械强度的限制，因此升速范围不可能很大，一般 $D\leqslant 2$。

为了扩大调速范围，常常把降压和弱磁两种调速方法结合起来。在额定转速以下采用降压调速，在额定转速以上采用弱磁调速。

8.4.3　调速方式与负载特性的匹配

他励直流电动机有电枢串电阻调速、降压调速和弱磁调速三种调速方式，归

纳为两种调速方式，即恒转矩调速方式和恒功率调速方式。在调速前后，电动机的电磁转矩保持不变的调速方式称为恒转矩调速方式；在调速前后，电动机的电磁功率保持不变的调速方式称为恒功率调速方式。电枢串电阻调速和降压调速属恒转矩调速方式，弱磁调速属恒功率调速方式。

在电力拖动系统中，他励直流电动机的最佳运行状态是满载运行，这时的电枢电流 I_a 等于额定电流 I_N。若 $I_a > I_N$，则电动机过载运行，电动机发热严重，会损坏电动机的绝缘；若 I_a 远远小于 I_N，则电动机轻载，拖动能力没有得到充分发挥。

他励直流电动机运行时，I_a 的大小完全由负载转矩 T 的大小来决定，因为 $I_a = \frac{T}{C_T \Phi}$。若忽略空载转矩 T_0，则 $T_{em} = T_L$。T_L 越大，T_{em} 也就越大，I_a 也就越大；反之，T_L 越小，I_a 也就越小。

负载分为恒转矩负载、恒功率负载和泵类负载，这就存在调速方式与负载的相互配合问题。恰到好处的配合是既能使系统满足调速性能要求，又能使 $I_a = I_N$，让电动机的拖动能力得到充分发挥。

如果电动机拖动恒转矩负载采用恒转矩调速方式，则只要选择电动机的额定电磁转矩 T_N 等于负载转矩 T_L 就可以实现恰到好处的配合。因为不论系统运行速度如何变化，恒转矩负载的 T_L 总是不变的，因而 $T_N \equiv T_L$，电动机就可以拖动负载在所要求的速度上运行，满足调速性能要求，进而 $I_a = I_N$，电动机总是处于最佳的满载运行状态。于是，称恒转矩调速方式与恒转矩负载之间恰到好处的配合为匹配。

电动机拖动恒功率负载采用恒功率调速方式也能实现恰到好处的配合，所以也称电动机拖动恒功率负载采用恒功率调速方式为匹配。

如果电动机拖动恒转矩负载采用恒功率调速方式，则负载转矩 T_L 是不变的，但是在恒功率调速方式下 T 是变化的，变化的 T 与不变的 T_L 不能很好地配合，故称恒功率调速方式与恒转矩负载之间为不匹配。

如果电动机拖动恒功率负载采用恒转矩调速方式，则负载转矩 T_L 是变化的，而 T 是不变的，T_L 与 T 也不能很好地配合，故称恒转矩调速方式与恒功率负载之间为不匹配。

总之，他励直流电动机拖动恒转矩负载应采用恒转矩调速方式，拖动恒功率负载应采用恒功率调速方式。

习 题 8

一、填空题

1. 通常称 β 大的机械特性为____________，而 β 小的机械特性为____________。

2. 为计算方便，通常选取____________与____________来绘制直流电动机的机械特性。

3. 直流电动机的电磁制动有________________、________________、________________三种。

4. 电动机启动前，应使励磁回路调节电阻________________，这样励磁电流最大，磁通最大。

二、选择题

1. 改变直流电动机励磁回路的调节电阻R_{sf}，就可以改变(　　)。

A. 励磁电压　　B. 励磁电抗　　C. 励磁磁通　　D. 端口电压

2. 他励直流电动机的人为机械特性与固有机械特性相比，其理想空载转速和斜率均发生变化，那么这条人为机械特性一定是(　　)。

A. 串电阻的人为机械特性　　B. 降压的人为机械特性

C. 弱磁的人为机械特性　　D. 固有机械特性

3. 一台直流电动机启动时，励磁回路应该(　　)。

A. 与电枢回路同时接入　　B. 比电枢回路后接入

C. 比电枢回路先接入　　D. 无先后次序

4. 当T_{em}与n方向相同时，称为(　　)运行状态；当T_{em}与n方向相反时，称为(　　)运行状态。

A. 电动；制动　　B. 制动；电动

C. 电动；平衡　　D. 平衡；制动

三、简答题

1. 直流电动机的调速方式有哪些？

2. 何谓他励直流电动机的机械特性？

3. 试比较降压调速与电枢串电阻调速的优缺点。

四、计算题

1. 一台他励直流电动机的额定数据为：$P_N=7.5$ kW，$U_N=220$ V，$I_N=40$ A，$n_N=1000$ r/min，$R_a=0.5$ Ω。求拖动$T_L=0.5T_N$恒转矩负载运行时电动机的转速及电枢电流。

2. 一台他励直流电动机的额定数据为：$P_N=7.5$ kW，$U_N=220$ V，$I_N=85.2$ A，$n_N=750$ r/min，$R_a=0.13$ Ω。采用三级启动，最大启动电流限制在额定电流的2.5倍，求各段的启动电阻值。

3. 一台他励直流电动机的额定数据为：$P_N=10$ kW，$U_N=220$ V，$I_N=53$ A，$n_N=1100$ r/min，$R_a=0.3$ Ω，拖动反抗性恒转矩负载运行于额定运行状态。若进行反接制动，电枢回路串入电阻$R=3.5$ Ω。计算制动开始瞬间与制动到转速$n=0$时电磁转矩的大小，并说明电动机会不会反转。

第 9 章　三相异步电动机的电力拖动

学习目标

(1) 掌握三相异步电动机的机械特性的不同表达方式，以及三相异步电动机机械特性的计算。

(2) 了解三相异步电动机固有机械特性和人为机械特性的区别和联系。

(3) 掌握三相异步电动机的各种运行状态。

(4) 掌握三相异步电动机的启动和调速方式，以及各种启动和调速方式的优缺点和不同的适用场合。

重难点

(1) 三相异步电动机的启动方法。

(2) 三相异步电动机的制动方法。

(3) 三相异步电动机的调速方法。

思维导图

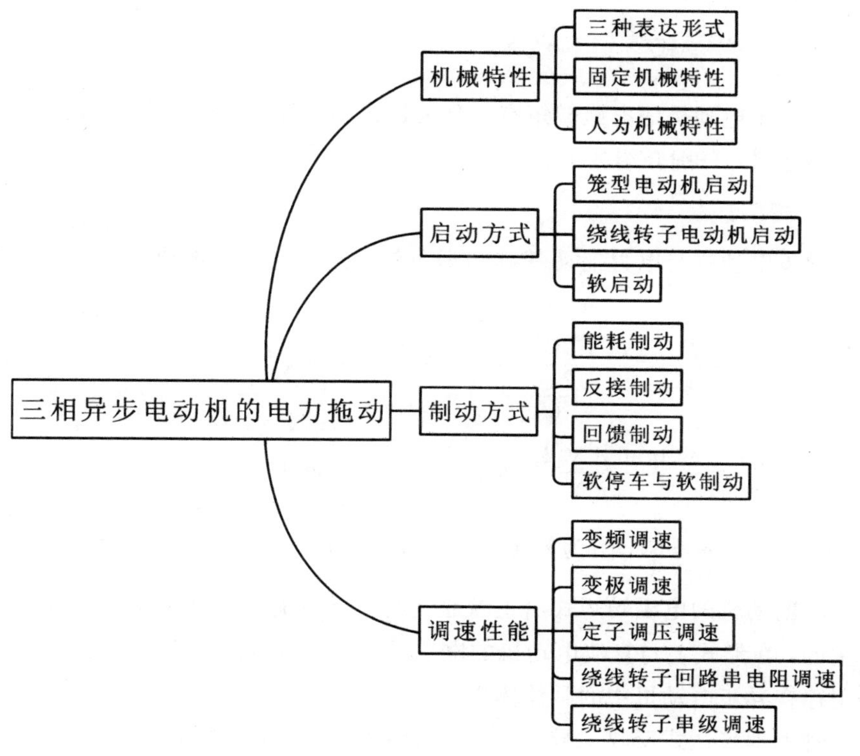

异步电动机的优点是结构简单、运行可靠、价格低、维护方便等；缺点是功率因数滞后、调速性能差，但并不影响异步电动机在电力拖动系统中的广泛应用。异步电动机还可以按不同的应用环境要求，派生出各种系列产品。异步电动机还具有接近恒速的负载特性，能满足大多数工农业生产机械拖动的要求。异步电动机也有一定的局限性，它的转速与其旋转磁场的同步转速有固定的转差率，因而调速性能较差，在要求有较宽广的平滑调速范围的使用场合(如传动轧机、卷扬机、大型机床等)，不如直流电动机经济、方便。此外，异步电动机运行时，从电力拖动系统吸取无功功率以励磁，这会导致电力拖动系统的功率因数受影响。因此，在大功率、低转速场合(如拖动球磨机、压缩机等)不如用同步电动机合理。

本章首先讨论三相异步电动机的机械特性，然后以机械特性为理论基础，研究三相异步电动机的启动、制动和调速等问题。

9.1 三相异步电动机的机械特性

在电源电压 U_1、电源频率 f_1 及电机参数固定不变的条件下，三相异步电动机的电磁转矩 T_{em} 与转速 n 或与转差率 s 之间的关系，称为异步电动机的机械特性，即 $n=f(T_{em})$ 或 $T_{em}=f(s)$。机械特性既可以用数学方程式表示，也可以用曲线表示。用曲线表示时，异步电动机的机械特性简称为 $T-s$ 曲线。

9.1.1 机械特性的表达式

三相异步电动机的电磁转矩有三种表达式，分别为物理表达式、参数表达式和实用表达式，分别介绍如下。

1. 物理表达式

由异步电动机与电力拖动基础知识可知，异步电动机的电磁转矩可以作如下计算

$$T_{em}=\frac{P_{em}}{\Omega_1}=\frac{m_1 E_2' I_2'\cos\varphi_2}{\dfrac{2\pi n_1}{60}}=\frac{m_1\times 4.44 f_1 N_1 k_{w1}\Phi_0 I_2'\cos\varphi_2}{\dfrac{2\pi f_1}{p}}$$

$$=\frac{4.44 m_1 p N_1 k_{w1}}{2\pi}\Phi_0 I_2'\cos\varphi_2=C_T\Phi_0 I_2'\cos\varphi_2 \qquad (9.1.1)$$

式中，$C_T=\dfrac{4.44}{2\pi}m_1 p N_1 k_{w1}$ 为转矩常数，对于已制成的电动机，C_T 为常数。

异步电动机的电磁转矩式由主磁通 Φ_0 与转子电流的有功分量 $I_2'\cos\Phi_2$ 相互作用产生的，在形式上与直流电动机的电磁转矩表达式 $T_{em}=C_T\Phi I_a$ 相似，它是电磁力定律在异步电动机中的具体体现。

尽管物理表达式反映了异步电动机电磁转矩产生的物理本质，但并没有直

接地表示电磁转矩与转速之间的关系，因此，分析或计算异步电动机的机械特性时，一般不采用物理表达式，而是采用下面介绍的参数表达式。

2. 参数表达式

异步电动机的电磁转矩为

$$T_{em}=\frac{P_{em}}{\Omega_1}=\frac{m_1 I_2'^2\frac{R_2'}{s}}{\Omega_1}=\frac{m_1 I_2'^2\frac{R_2'}{s}}{\frac{2\pi f_1}{p}} \tag{9.1.2}$$

根据异步电动机的简化等效电路，并考虑到 $C_1=1$，得到

$$I_2'=\frac{U_1}{\sqrt{\left(R_1+\frac{R_2'}{s}\right)^2+(X_1+X_2')^2}} \tag{9.1.3}$$

将式(9.1.3)代入式(9.1.2)中，可以得到异步电动机机械特性的参数表达式

$$T_{em}=\frac{m_1 p U_1^2\frac{R_2'}{s}}{2\pi f_1\left[\left(R_1+\frac{R_2'}{s}\right)^2+(X_1+X_2')^2\right]} \tag{9.1.4}$$

由上式可知，定子相数 m_1、极对数 p、定子相电压 U_1、电源频率 f_1、定子每相绕组电阻 R_1 和漏抗 X_1，折算到定子侧的转子电阻 R_2' 和漏抗 X_2' 等都是不随转差率 s 变化的常量。当电动机的转差率 s(或转速 n)变化时，可由式(9.1.4)算出相应的电磁转矩 T_{em}，因而可以作出图 9.1.1 所示的机械特性曲线。

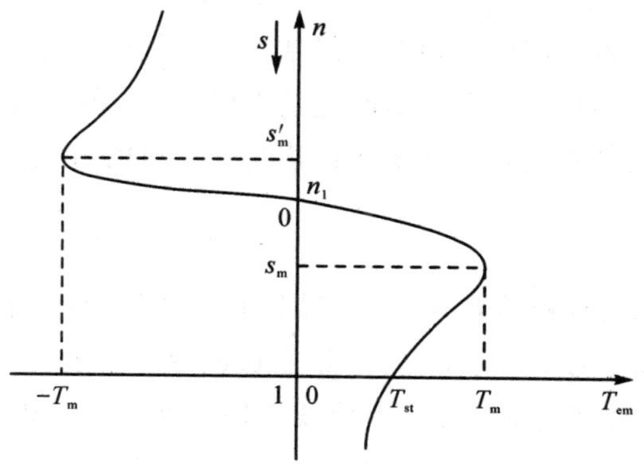

图 9.1.1　机械特性曲线

当同步转速 n_1 为正时，机械特性曲线跨第一、二、四象限。机械特性曲线在第一象限时，$0<n<n_1$，$0<s<1$，n_1、T_{em} 均为正值，电机处于电动机运行状态；机械特性曲线在第二象限时，$n>n_1$，$s<0$，n_1 为正值，T_{em} 为负值，电机处于发电机运行状态；机械特性曲线在第四象限时，$n<0$，$s>1$，n 为负值，T_{em} 为正值，电机处于电磁制动运行状态。

在机械特性曲线上，转矩有两个最大值，一个出现在电动状态，另一个出现在发电状态。最大转矩 T_m 和对应的转差率 s_m(称为临界转差率)可以通过对式

(9.1.4) 求导数$\frac{dT_{em}}{ds}$并令$\frac{dT_{em}}{ds}=0$求得，即

$$\left.\begin{aligned} s_m &= \pm\frac{R_2'}{\sqrt{R_1^2+(X_1+X_2')^2}} \\ T_m &= \pm\frac{m_1 p U_1^2}{4\pi f_1\left[R_1+\sqrt{R_1{}^2+(X_1+X_2')^2}\right]} \end{aligned}\right\} \tag{9.1.5}$$

式中，“+”对应电动状态；“−”对应发电状态。通常$R\ll(X_1+X_2')$，故以上两式可以近似为

$$\left.\begin{aligned} s_m &\approx \pm\frac{R_2'}{X_1+X_2'} \\ T_m &\approx \pm\frac{m_1 p U_1^2}{4\pi f_1(X_1+X_2')} \end{aligned}\right\} \tag{9.1.6}$$

由近似式(9.1.6)可以得出：

(1) 当电源频率f_1及电动机的参数一定时，最大转矩T_m与定子电压U_1的平方成正比，与磁极对数p成正比。

(2) T_m与转子电阻R_2无关。

(3) 在给定U_1及f_1时，T_m与(X_1+X_2')成反比。

(4) 临界转差率s_m与R_2'成正比，与(X_1+X_2')成反比。当外接串联电阻使转子回路电阻R_2增大时，T_m不变，而s_m随外接串联电阻增加而变大，使特性曲线变软。

(5) 若忽略R_1，最大转矩T_m随频率增加而减小。

电动机运行时，若负载转矩短时突然增大，且大于最大电磁转矩，则电动机将停转。为了保证电动机不会因为短时过载而停转，一般电动机都具有一定的过载能力。把最大电磁转矩与额定转矩之比称为电动机的过载能力，用λ_T表示，即

$$\lambda_T=\frac{T_m}{T_N} \tag{9.1.7}$$

λ_T是表征电动机运行性能的重要参数，它反映了电动机短时过载能力的大小。一般电动机的过载能力$\lambda_T=1.6\sim2.2$，起重、冶金机械专用电动机的$\lambda_T=2.2\sim2.8$。

除了最大转矩T_m以外，机械特性曲线上还反映了异步电动机的另一个重要参数，即启动转矩T_{st}，它是异步电动机接至电源开始启动瞬间的电磁转矩。将$s=1$($n=0$时)代入式(9.1.4)得到启动转矩为

$$T_{st}=\frac{m_1 p U_1^2 R_2'}{2\pi f_1\left[(R_1+R_2')^2+(X_1+X_2')^2\right]} \tag{9.1.8}$$

由式(9.1.8)可以得出：

(1) T_{st}与U_1^2成正比；

(2) 电抗参数(X_1+X_2')越大，T_{st}越小；

(3) 在一定范围内增大R_2'时，T_{st}增大。

由于s_m随R_2'正比增大，而T_m与R_2'无关，因此绕组转子异步电动机可以在

转子回路串入适当的电阻 R'_{st} 使 $s_m=1$，如图 9.1.2 所示。这时启动转矩 $T'_{st}=T_m$。

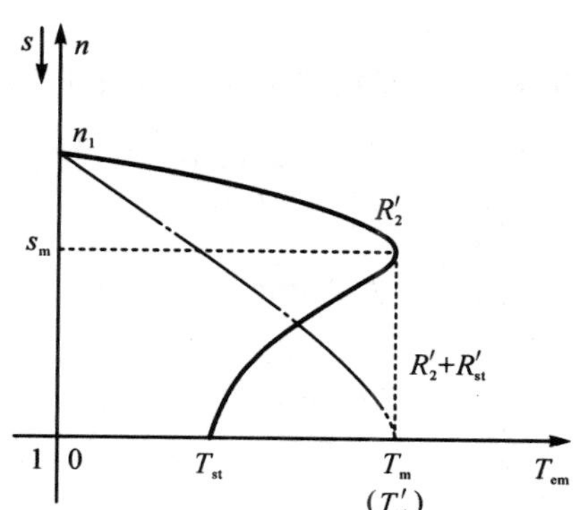

图 9.1.2　转子回路串电阻的机械特性

可见，绕线转子异步电动机可以通过转子回路串电阻的方法增大启动转矩，改善启动性能。

对于笼型异步电动机，无法在转子回路中串电阻，启动转矩大小只能在设计时考虑，在额定电压下，其 T_{st} 为一个恒值。T_{st} 与 T_N 之比称为启动转矩倍数，用 k_{st} 表示，即

$$k_{st}=\frac{T_{st}}{T_N} \tag{9.1.9}$$

k_{st} 是表征笼型异步电动机性能的另一个重要参数，它反映了电动机启动能力的大小。显然，只有当启动转矩大于负载转矩，即 $T_{st}>T_L$，电动机才能启动起来。一般笼型异步电动机的 $k_{st}=1.2\sim2.0$，起重和冶金专用的笼型异步电动机的 $k_{st}=2.8\sim4.0$。

3. 实用表达式

机械特性的参数表达式清楚地表示了转矩与转差率和参数之间的关系，用它分析各种参数对机械特性的影响是很方便的。但是，针对电力拖动系统中的具体电机而言，其参数是未知的，欲求得其机械特性的参数表达式显然是很困难的。因此希望能够利用电动机的技术数据和铭牌数据求得电动机的机械特性，即机械特性的实用表达式。

在忽略 R_1 的条件下，用电磁转矩的公式除以最大转矩公式，并考虑到临界转差率公式，化简后得到电动机的机械特性的实用表达式，即

$$T_{em}=\frac{2T_m}{\frac{s}{s_m}+\frac{s_m}{s}} \tag{9.1.10}$$

式中 T_m 和 s_m 可由电动机额定数据方便地求得，因此式(9.1.10)在工程计算中是非常实用的机械特性表达式。

如果考虑 $\frac{s}{s_m}\ll\frac{s_m}{s}$，即认为 $\frac{s}{s_m}\approx0$，则可以得到机械特性的线性表达式

$$T_{em}=\frac{2T_m}{s_m}s \tag{9.1.11}$$

T_m 和 s_m 的求法：

已知电动机的额定功率 P_N、额定转速 n_N、过载能力λ_T，则额定转矩为

$$T_N=\frac{P_N}{\Omega_N}=\frac{P_N\times10^3}{\dfrac{2\pi n_N}{60}}=9550\,\frac{P_N}{n_N}\ (\text{N}\cdot\text{m}) \tag{9.1.12}$$

式中，P_N的单位为 kW；n_N的单位为 r/min。

最大转矩为

$$T_m=\lambda_T T_N$$

额定转差率为

$$s_N=\frac{n_1-n_N}{n_1}$$

忽略空载转矩，将 $s=s_N$，$T_{em}=T_N$代入实用表达式(9.1.10)，得

$$T_N=\frac{2T_m}{\dfrac{s_N}{s_m}+\dfrac{s_m}{s_N}}$$

将 $T_m=\lambda_T T_N$代入上式可得

$$s_m^2-2\lambda_T s_N s_m+s_N^2=0$$

其解为

$$s_m=s_N(\lambda_T\pm\sqrt{\lambda_T^2-1})$$

因为$s_m>s_N$，所以上式中应取＋号，于是

$$s_m=s_N(\lambda_T+\sqrt{\lambda_T^2-1}) \tag{9.1.13}$$

求出 T_m 和s_m后，便已知机械特性方程式。只要给定一系列的 s 值，便可求出相应的 T_{em}值，即可画出机械特性曲线。

上述异步电动机的机械特性的三种表达式，虽然都能用来表征电动机的运行性能，但其应用场合各不相同。一般来说，物理表达式适用于对电动机的运行作定性分析；参数表达式适用于分析各种参数变化对电动机运行性能的影响；实用表达式适用于电动机机械特性的工程计算。

【例 9.1.1】一台三相笼型异步电动机，$P_N=3$ kW，$U_N=380$ V，$I_N=5$ A，$n_N=2750$ r/min，过载能力$\lambda_T=2$，试绘制其机械特性。

解：电动机的额定转矩为

$$T_N=9550\,\frac{P_N}{n_N}=9550\times\frac{3}{2750}=10.42\ \text{N}\cdot\text{m}$$

则最大转矩为

$$T_m=\lambda_T T_N=2\times10.42=20.84\ \text{N}\cdot\text{m}$$

额定转差率为

$$s_N=\frac{n_1-n_N}{n_1}=\frac{3000-2750}{3000}=0.083$$

临界转差率为

$$s_m = s_N(\lambda_T + \sqrt{\lambda_T^2 - 1}) = 0.083 \times (2 + \sqrt{2^2 - 1}) = 0.31$$

实用机械特性方程为

$$T_{em} = \frac{2T_m}{\frac{s}{s_m} + \frac{s_m}{s}} = \frac{2 \times 20.84}{\frac{s}{0.31} + \frac{0.31}{s}} = \frac{41.68}{\frac{s}{0.31} + \frac{0.31}{s}}$$

把不同的 s 值代入上式，求出对应的值，列表如下：

s	1.0	0.9	0.8	0.7	0.6	0.5	0.4	0.3	0.2	0.15	0.1
T_{em} (N·m)	11.80	12.86	14.08	15.44	16.94	18.69	20.18	20.84	18.95	16.35	12.18

根据表中数据，便可绘制出电动机的机械特性曲线，绘图略。

注意：用以上方法绘制出的机械特性曲线，其非线性段与实际有一定的误差。

9.1.2　固有机械特性和人为机械特性

1. 固有机械特性

三相异步电动机的固定机械特性是指电动机在额定电压和额定频率下，按规定的接线方式接线，定子和转子电路不外接电阻或电抗时的机械特性。当电机处于电动机运行状态时，其固有机械特性如图 9.1.3 所示。下面对固有机械特性上的几个特殊点进行说明。

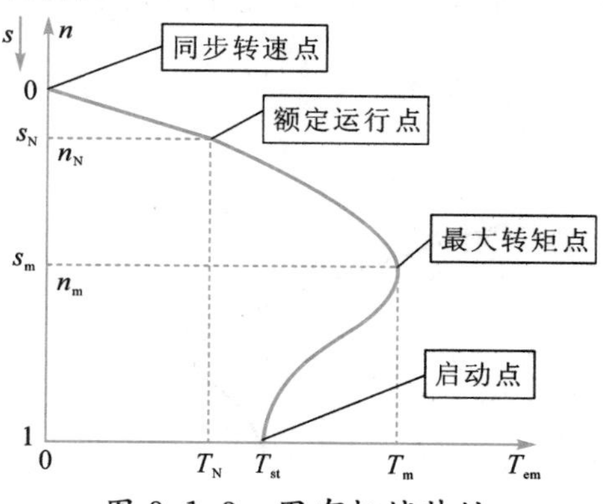

图 9.1.3　固有机械特性

1）启动点

电动机接通电源开始启动瞬间的工作点为启动点。此时 $n=0$，$s=1$，$T_{em}=T_{st}$；定子电流 $I_1=I_{st}=4I_N \sim 7I_N$（$I_N$ 为额定电流）。

2）最大转矩点

最大转矩点是机械特性曲线中线性段与非线性段的分界点，此时 $n=n_1$，$s=s_m$，$T_{em}=T_m$。通常情况下，电动机在线性段上的工作是稳定的，而在非线性段上工作是不稳定的，所以最大转矩点也是电动机稳定运行的临界点，临界转差率 s_m 也是由此而得名。

3）额定运行点

电动机额定运行时的工作点为额定运行点。此时 $n=n_N$，$s=s_N$，$T_{em}=T_N$，$I_1=I_N$。额定运行时转差率很小，一般 $s_N=0.01\sim0.06$，所以电动机的额定转速 n_N 略小于同步转速 n_1，这也说明了固有机械特性的线性段为硬特性。

4）同步转速点

同步转速点是电动机的理想空载点，即转子转速达到了同步转速。此时 $n=n_1$，$s=0$，$T_{em}=0$，转子电流 $I_2=0$。如果没有外界转矩的作用，异步电动机本身不可能达到同步转速点。

2. 人为机械特性

三相异步电动机的人为机械特性是指人为地改变电源参数或电动机参数而得到的机械特性。

由电磁转矩的参数表达式可知，可以改变的电源参数有：电压 U_1 和频率 f_1；可以改变的电动机参数有：极对数 p、定子电路参数 R_1 和 X_1、转子电路参数 R_2' 和 X_2' 等。所以，三相异步电动机的人为机械特性种类很多，这里介绍两种常见的人为机械特性。

1）降压（定子）时的人为机械特性

由前面的分析可知，当定子电压 U_1 降低时，T_{em}（包括 T_{st} 和 T_m）与 U_1^2 正比减小，s_m 与 n_1 和 U_1 无关而保持不变，所以可得下降后的人为机械特性如图 9.1.4 所示。

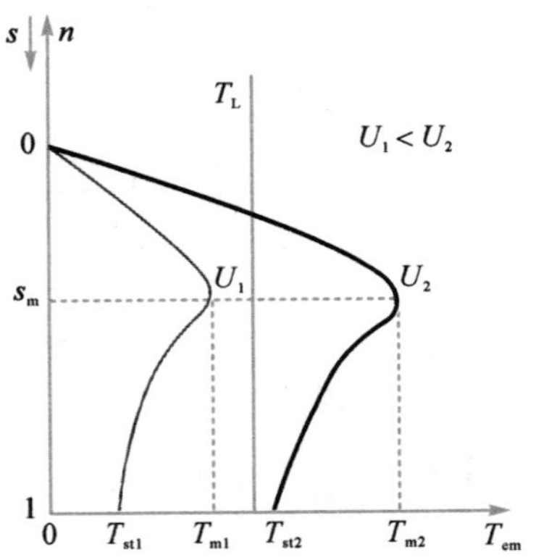

图 9.1.4　降压人为机械特性

由图 9.1.4 可知，降低电压后的人为机械特性变化特点为：

① 线性段斜率变大，即特性变软。

② T_{st} 和 T_m 均随之减小，即电动机的启动转矩倍数和过载能力均下降。

③ 电动机在额定负载下运行时，U_1 降低→n 下降→s 增大→转子电动势的增大→转子电流增大→定子电流增大→电动机过载。

长期欠压过载运行，必然使电动机过热，电动机的使用寿命缩短。另外电压下降过多，可能出现最大转矩小于负载转矩，这时电动机将停转。

2）转子电路串接对称电阻时的人为机械特性

在绕线转子异步电动机的转子三相电路中，可以串接三相对称电阻 R，如图9.1.5所示，由前面的分析可知，此时n_1、T_m 不变，s_m 随外接电阻 R_s 的增大而增大。

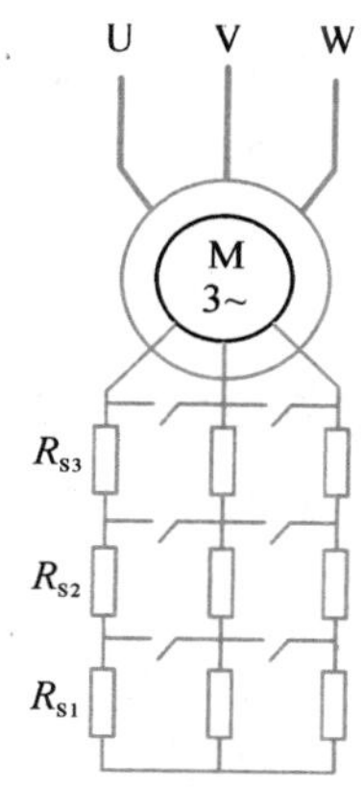

图 9.1.5　转子串接电阻电路图

图9.1.6为转子串接电阻后逐级串接的机械特性曲线。可知，在一定范围内增加转子电阻，可以增大电动机的启动转矩。当所串接的电阻使$s_m=1$时，对应的启动转矩将达到最大转矩。如果再增大转子电阻，启动转矩反而减小。另外，转子串接对称电阻后，其机械特性曲线线性段的斜率增大，特性变软。

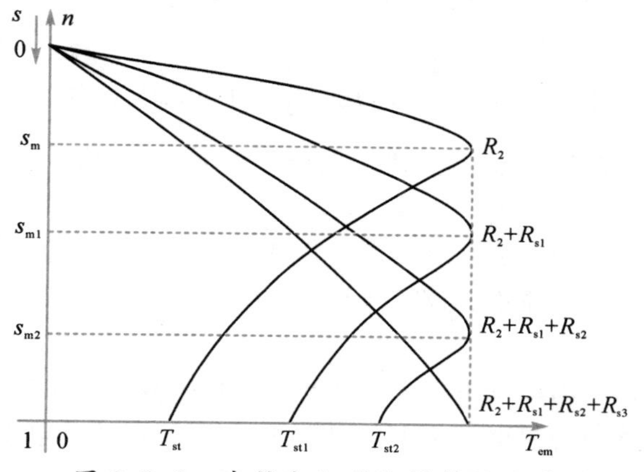

图 9.1.6　串接电阻的机械特性曲线

9.2　三相异步电动机的启动

异步电动机从静止状态过渡到稳定运行状态的过程称为异步电动机的启动过程。

将电动机的定子三相绕组直接接三相电源，定子、转子回路不串接元器件的启动方法称为直接启动。直接启动也称全压启动。直接启动的方法简单易行，但存在启动电流很大而启动转矩却不够大的问题。

对异步电动机启动性能的要求，主要有以下两点：

(1) 启动电流要小，以减小对电网冲击；

(2) 启动转矩要大，以加速启动过程，缩短启动时间。

9.2.1 三相笼型异步电动机的启动

笼型异步电动机的启动方法有两种：直接启动和降压启动。笼型异步电动机不能在转子回路串电阻，在不能直接启动时就只有降压启动，有多种降压启动方法。

1. 直接启动

直接启动时，电动机定子绕组直接接入额定电压的电网上。这是一种最简单的启动方法，不需要复杂的启动设备，但是，它的启动性能恰好与所要求的相反。

1) 启动电流I_{st}过大

对于普通笼型异步电动机，启动电流倍数 $k_I = I_{st}/I_N = 4\sim7$，启动电流$I_{st}$过大。启动电流过大的原因是：启动时 $n=0$，$s=1$，转子电动势很大，所以转子电流很大，根据磁动势平衡关系，定子电流也必然很大。

2) 启动转矩 T_{st}不大

对于普通笼型异步电动机，启动转矩倍数$k_T = T_{st}/T_N = 1\sim2$，启动转矩 T_{st}不大。启动转矩 T_{st}不大的原因是：

① 启动时的转差率($s=1$)远大于正常运行时的转差率($s=0.01\sim0.06$)，启动时转子电路的功率因数角 $\varphi_2 = \arctan\dfrac{sX'_2}{R'_2}$很大，转子的功率因数 $\cos\varphi_2$ 很低(一般只有 0.3 左右)，因此，启动时 I'_2虽然大，但其有功分量 $I'_2\cos\varphi_2$ 并不大，所以启动转矩不大。

② 由于启动电流大，定子绕组漏抗压降大，使定子绕组感应电动势E_1减小，导致对应的气隙磁通量减小(启动瞬间 Φ 约为额定值的一半)，这是造成启动转矩不大的另一个原因。

过大的启动电流对电网电压的波动及电动机本身均会带来不利影响，因此，直接启动一般只在小容量电动机中使用，如 7.5 kW 以下的电动机可采用直接启动。若电网容量很大，则可允许容量较大的电动机直接启动。若电动机的启动电流倍数 k_I 满足于电动机容量与电网的下列经验公式

$$k_I \leqslant \frac{1}{4}\left[3+\frac{\text{电网容量(kW·A)}}{\text{电动机容量(kW)}}\right] \tag{9.2.1}$$

则电动机便可以直接启动，否则应采用下面介绍的降压启动方法。

2. 降压启动

降压启动的目的是限制启动电流。

降压启动时，通过启动设备使加到电动机上的电压小于额定电压，待电动机

转速上升到一定数值时，再使电动机承受额定电压，保证电动机在额定电压下稳定工作。下面介绍两种常见的降压启动方法。

1) Y-Δ 降压启动

Y-Δ 降压启动，即星形-三角形降压启动，只适用于正常运行时定子绕组为三角形联结的电动机。启动接线原理图如图 9.2.1 所示。启动时先将开关 Q、3 闭合，将定子绕组接成星形(Y)联结，然后合上开关 1 进行启动。此时，定子每相绕组电压为额定电压的$\frac{1}{\sqrt{3}}$，从而实现了降压启动。待转速上升至一定数值时，将开关 3 打开，闭合开关 2，恢复定子绕组为三角形(Δ)联结，使电动机在全压下运行。

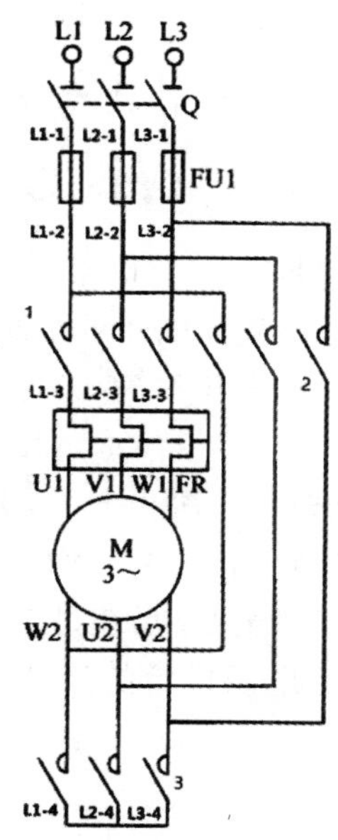

图 9.2.1　Y—Δ 降压启动(1、2、3 为开关)

设电动机额定电压为短路阻抗，由简化等效电路可得：

Y 联结时的启动电流为$I_{stY}=\frac{U_N/\sqrt{3}}{Z_N}$，Δ 联结时的启动电流(线电流)，即直接启动电流为$I_{st\Delta}=\sqrt{3}\frac{U_N}{Z_N}$。于是得到启动电流减小的倍数为$\frac{I_{st\Delta}}{I_{st\Delta}}=\frac{1}{3}$。根据$T_{st}\propto U_1^2$，可得启动转矩减小的倍数为$\frac{T_{stY}}{T_{st\Delta}}=\left(\frac{U_N/\sqrt{3}}{U_N}\right)^2=\frac{1}{3}$。

可见，Y-Δ 降压启动时，启动电流和启动转矩都降为直接启动时的$\frac{1}{3}$。

Y-Δ 降压启动操作方便，启动设备简单，应用较为广泛，但它仅适用于正常运行时定子绕组作三角形联结的电动机，因此作一般用途的小型异步电动机，当容量大于 4 kW 时，定子绕组都采用三角形联结。由于启动转矩为直接启动时的$\frac{1}{3}$，这种启动方法多用于空载或轻载启动。

2）自耦变压器降压启动

自耦变压器降压启动方法是通过自耦变压器把电压降低后再加到电动机定子绕组上，以达到减小启动电流的目的，其接线原理图如图 9.2.2 所示。

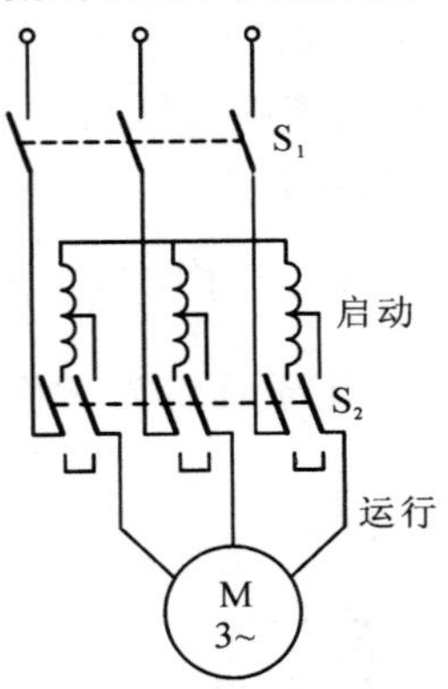

图 9.2.2　自耦变压器降压启动原理图

启动时，把开关 S_2 投向"启动"侧，并合上开关 S_1，这时电动机定子电压为自耦变压器二次抽头部分的电压，故而电动机在低压下启动。

待转速上升至一定数值时，再把开关 S_2 切换到"运行"侧，切除自耦变压器，电动机在全压下运行。

U_N 是自耦变压器降压启动时的一次相电压，即电动机直接启动时的额定相电压；U_2 是自耦变压器的二次相电压，即电动机降压启动时的相电压；I_{st2} 是自耦变压器二次侧的电流，即电压降至 U_2 后流过定子绕组的启动电流；I_{st1} 是自耦变压器一次侧的电流，即降压后电网供给的启动电流。设自耦变压器的变比为 k，则

$$k=\frac{U_N}{U_2}=\frac{I_{st2}}{I_{st1}} \tag{9.2.2}$$

设电动机的短路阻抗为 Z，则直接启动时的启动电流为

$$I_{st}=\frac{U_N}{Z}$$

降压后自耦变压器二次侧供给电动机的启动电流为

$$I_{st2}=\frac{U_2}{Z}=\frac{U_N/k}{Z}$$

自耦变压器一次侧的电流，即电网提供的启动电流为

$$I_{st1}=\frac{1}{k}I_{st2}=\frac{1}{k^2}\cdot\frac{U_N}{Z}$$

若自耦变压器直接启动时的启动转矩为 T_{st}，自耦变压器降压启动时的启动转矩为 T'_{st}，则自耦变压器降压启动的启动转矩为 $T'_{st}=\frac{1}{k^2}T_{st}$。

综上所述，采用自耦变压器降压启动时，启动电流和启动转矩都降低到直接启动时的 $\frac{1}{k^2}$。

自耦变压器降压启动适用于容量较大的低压电动机，这种方法可获得较大的启动转矩，且自耦变压器二次侧一般有 2～3 个抽头，可以根据需要选用，两个抽头的抽头比$\left(\text{即}\dfrac{1}{k^2}\right)$分别为 65%和 80%。三个抽头的旧型号启动用自耦变压器的抽头比分别为 55%、64%和 73%；新型号的三个抽头比分别为 40%、60%和 80%。

三相笼型异步电动机直接启动时，启动电流 I_{st} 大，启动转矩 T_{st} 不大；降压启动时，启动转矩随电压的平方关系减小，因此笼型异步电动机只能用于空载或轻载启动。

9.2.2　三相绕线转子异步电动机的启动

绕线转子异步电动机，若转子回路串入适当的电阻，不仅可以限制启动电流，还能增大启动转矩，这种启动方法适用于大、中容量异步电动机重载启动。绕线转子异步电动机的启动分为转子串接电阻启动和转子串接频敏变阻器启动两种方法。

1. 转子串接电阻启动

为了在整个启动过程中得到较大的加速转矩，并使启动过程比较平滑，应在转子回路中串入多级对称电阻。启动时，随着转速的提高，逐步切除启动电阻，这与直流电动机电枢串电阻启动类似，称为电阻分级启动。图 9.2.3 为三相绕线转子异步电动机转子串接对称电阻分级启动的接线图。

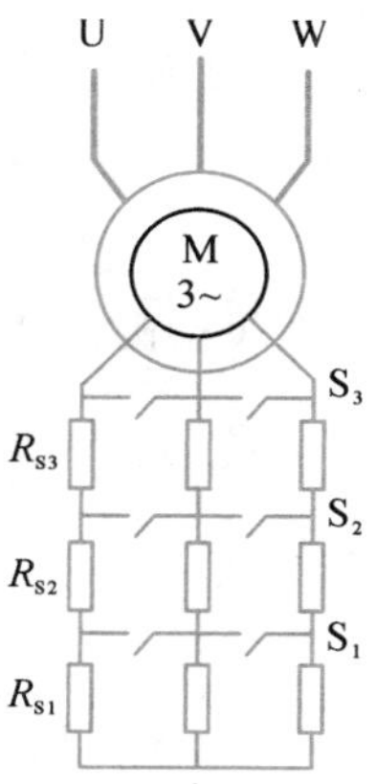

图 9.2.3　串接对称电阻分级启动接线图

下面介绍转子串接对称电阻的启动过程和启动电阻的计算方法。

1）启动过程

启动开始时，S1、S2、S3 断开，启动电阻全部串入转子回路中，转子每相电阻为 $R_{P3}=R_2+R_{S1}+R_{S2}+R_{S3}$，对应的机械特性如图 9.2.4 中($R_2+R_{S1}+R_{S2}+R_{S3}$)所示。

启动瞬间，转速 $n=0$，电磁转矩 $T_{em}=T_1$（T_1 称为最大加速转矩），因为

T_1大于负载转矩 T_L，于是电动机从 a 点沿曲线 ab 开始加速。随着 n 上升，T_{em}逐渐减小，当减小到 T_2时(对应于 b 点)，触点 S1 闭合，切除 R_{S1}，切换电阻时的转矩值 T_2称为切换转矩。切除 R_{S1}后，转子每相电阻变为 $R_{P2}=R_2+R_{S3}+R_{S2}$。

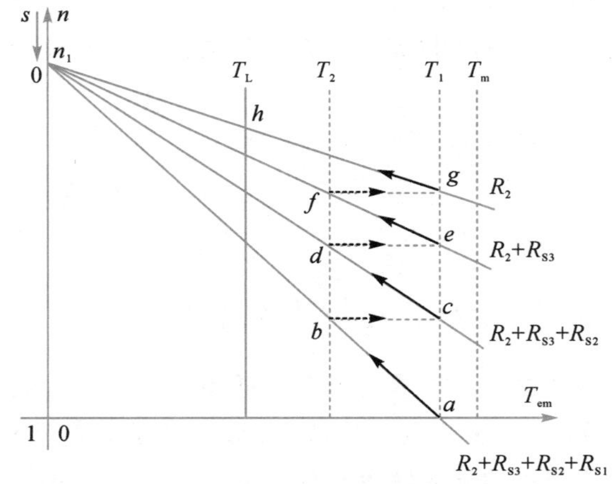

图 9.2.4　串接电阻的人为机械特性

切换瞬间，转速 n 不突变，电动机的运行点由 b 点跃变到 c 点，T_{em}由 T_1跃变为 T_2。此后，n、T_{em}沿直线变化，待 T_{em}减小到 T_2时(对应 d 点)，触点 S2 闭合，切除 R_{S2}。此后转子每相电阻变为 $R_{P1}=R_2+R_{S1}$，电动机运行点由 d 点跃变到 e 点，工作点(n、T_{em})沿直线 ef 变化。最后在 f 点触点 S1 闭合，切除 R_{S3}，转子绕组直接短路，电动机运行点由 f 点变到 g 点后沿固有特性加速到负载点 h 稳定运行，启动结束。

在启动过程中，一般取最大加速度转矩 $T_1=(0.7\sim0.85)T_m$，切换转矩 $T_2=(1.1\sim1.2)\ T_L$。

2）启动电阻的计算

分级启动时，电动机的运行点在每条机械特性的线性段($0<s<s_m$)上变化，因此，可以采用机械特性的线性表达式$\left(T_{em}=\dfrac{2T_m}{s_m}s\right)$来计算启动电阻。转子串接电阻时，电动机的最大转矩 T_m保持不变，而临界转差率s_m与转子电阻成正比。在图 9.2.4 中的 b、c 两点处，可得

$$T_b=T_2\propto\frac{2T_m}{R_{P3}}s_b$$

$$T_c=T_1\propto\frac{2T_m}{R_{P2}}s_c$$

因为$s_b=s_c$，所以

$$\frac{T_1}{T_2}=\frac{R_{P3}}{R_{P2}}$$

同理，在 d、e 两点和 f、g 两点分别可得

$$\frac{T_1}{T_2}=\frac{R_{P2}}{R_{P1}},\frac{T_1}{T_2}=\frac{R_{P1}}{R_{P2}}$$

因此

$$\frac{R_{P3}}{R_{P2}}=\frac{R_{P2}}{R_{P1}}=\frac{R_{P1}}{R_{P2}}=\frac{T_1}{T_2}=\beta \tag{9.2.3}$$

式中，β 为启动转矩比，也是相邻两级启动电阻之比。

已知转子每相电阻 R_2 和启动转矩比 β 时，各级电阻为

$$\left.\begin{aligned} R_{P1}&=\beta R_{P2}\\ R_{P2}&=\beta R_{P1}=\beta^2 R_2\\ R_{P3}&=\beta R_{P2}=\beta^3 R_2 \end{aligned}\right\} \tag{9.2.4}$$

当启动级数为 m 时，最大启动电阻为

$$R_{Pm}=\beta^m R_2 \tag{9.2.5}$$

在图 9.2.4 中的 h 点(额定点)和 a 点(启动点)可写出

$$T_N\propto\frac{2T_m}{R_2}s_N$$

$$T_1\propto\frac{2T_m}{R_{Pm}}\cdot 1$$

这里 $R_{Pm}=R_{P3}$。由以上二式可得

$$\frac{R_{Pm}}{R_2}=\frac{T_N}{s_N T_1} \tag{9.2.6}$$

由式(9.2.5)、式(9.2.6)可得

$$\left.\begin{aligned} \beta&=\sqrt[m]{\frac{R_{Pm}}{R_2}}=\sqrt[m]{\frac{T_N}{s_N T_1}}\\ m&=\frac{\lg\left(\dfrac{T_N}{s_N T_1}\right)}{\lg\beta} \end{aligned}\right\} \tag{9.2.7}$$

根据上述各式，现分两种情况说明启动电阻的计算步骤。

当已知启动级数 m 时：

① 按要求选取 T_1。

② 计算 $\beta=\sqrt[m]{\dfrac{T_N}{s_N T_1}}$。

③ 校验 T_2，应满足 $T_2=\dfrac{T_1}{\beta}\geqslant 1.1T_L$，如不满足，应重新选取较大的 T_1 值或增加级数 m。

④ 计算 $R_2=\dfrac{s_N E_{2N}}{\sqrt{3}I_{2N}}$。

⑤ 计算各级启动电阻和各分段电阻

$$\left.\begin{aligned} R_{P1}&=\beta R_2\\ R_{P2}&=\beta^2 R_2\\ &\vdots\\ R_{Pm}&=\beta^m R_2 \end{aligned}\right\} \tag{9.2.8}$$

$$\left.\begin{aligned}R_{S1}&=R_{P1}-R_2\\R_{S2}&=R_{P2}-R_{P1}\\&\vdots\\R_{Sm}&=R_{Pm}-R_{P(m-1)}\end{aligned}\right\}\quad(9.2.9)$$

当未知启动级数时：

① 按要求选取 T_1, T_2。

② 计算 $\beta=\frac{T_1}{T_2}$。

③ 计算 $m=\frac{\lg\left(\frac{T_N}{s_N T_1}\right)}{\lg\beta}$，取整数后，按式(9.2.7) 修正 β 值，按 $T_2=\frac{T_1}{\beta}$ 修正 T_2 值。

④ 计算 $R_2=\frac{s_N E_{2N}}{\sqrt{3}I_{2N}}$。

计算各级启动电阻和各段电阻。

2. 转子串接频敏变阻器启动

绕线转子异步电动机采用转子串接电阻启动时，若想在启动过程中保持有较大的启动转矩且启动平稳，则必须采用较多的启动级数，这必然导致启动设备复杂化。为了克服这个问题，可以采用频敏变阻器启动。频敏变阻器是一个铁损耗很大的三相电抗器，从结构上看，它好像一个没有二次绕组的三相芯式变压器，它的铁芯用较厚的钢板叠成。如图 9.2.5 所示，其中 f_1、f_2、f_3 为频率变阻器。

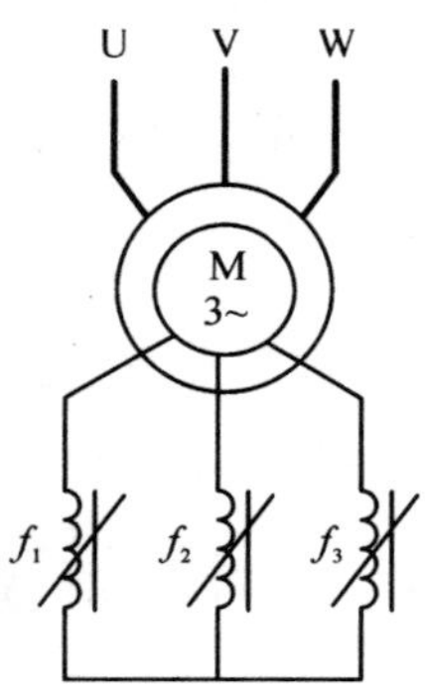

图 9.2.5　转子串接频敏变阻器

用频率电阻器启动时，启动瞬间，$n=0$，$s=1$，转子电流频率 $f_2=sf_1=f_1$（最大），此时相当于转子回路中串入一个较大的电阻。

启动过程中，随着 n 上升，s 减小，$f_2=sf_1$ 逐渐减小，频率变阻器的铁损耗逐渐减小，R_m 也随之减小，这相当于在启动过程中逐渐切除转子回路中串入的电阻。

启动结束后，切除频率变阻器，转子电路直接短路。

因为频率变阻器的等效电阻 R_m 是随频率 f_2 的变化而自动变化的，因此称为“频率”变阻器，它相当于一种无触点的变阻器。在启动过程中，它能自动、无级地减小电阻，如果参数选择适当，可以在启动过程中保持转矩近似不变，使启动过程平稳、快速。这时电动机的机械特性如图 9.2.6 中曲线 2 所示。曲线 1 是电动机的固有机械特性。

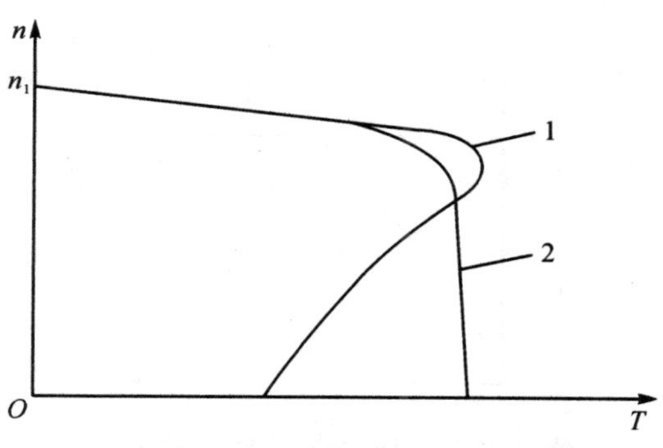

图 9.2.6　串频率变阻器的机械特性曲线

频率变阻器的结构简单，运行可靠，使用维护方便，因此使用广泛。

9.2.3　三相异步电动机的软启动

电动机在启动过程中从一级切换到另一级瞬间会产生冲击电流，启动不够平稳。随着电力电子技术的发展，一种新型的无级启动器——软启动器(又称固态启动器)以其优良的启动性能和保护性能得到了越来越广泛的应用。

1. 软启动器的工作原理

所谓的软启动，是指在启动过程中电动机的转矩变化平滑而不跳跃，即启动过程是平稳的。典型软启动器的主电路是三相晶闸管移相调压器，如图 9.2.7 所示。

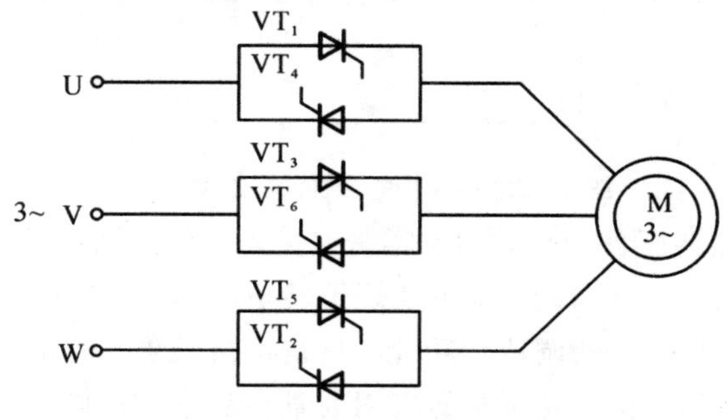

图 9.2.7　软启动电路图

每一相均由反并联的两个晶闸管或双向晶闸管组成。改变晶闸管控制角 α，既而改变调压器的输出电压，称为移相调压。当移相调压器用于电动机调速时可使速度平滑地变化，称为软调速；还可以用于电动机的平稳制动，称为软制动。

2. 软启动的启动方法

软启动有多种启动方法，常用的启动方法有斜坡电压软启动和斜坡恒流软启动两种。

1）斜坡电压软启动

启动电压从较低的起始电压U_S开始，以固定的速率上升，直至达到额定电压U_N并保持不变，电压由小到大线性上升，可以实现无级降压启动。改变起始电压U_S和电压上升斜率就可以改变启动时间。斜坡电压软启动波形如图9.2.8所示。

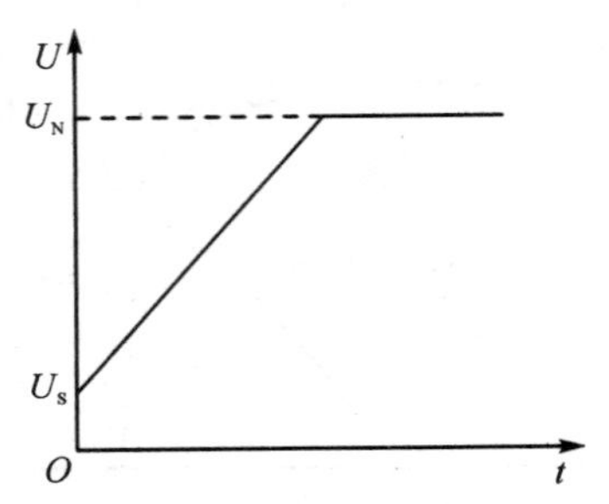

图 9.2.8 斜坡电压软启动波形

2）斜坡恒流软启动

软启动器大多以启动电流为控制对象。斜坡恒流软启动时，启动电流按固定的上升斜率由零上升至限定启动电流I_{sm}并保持不变，直至启动结束，电流才下降为正常运行电流。启动电流$I_{sm}=(1.5\sim4.5)I_N$，可根据要求进行调节，要求启动转矩大，可选取较大的I_{sm}，否则应选取较小的I_{sm}。斜坡恒流软启动波形如图9.2.9所示。

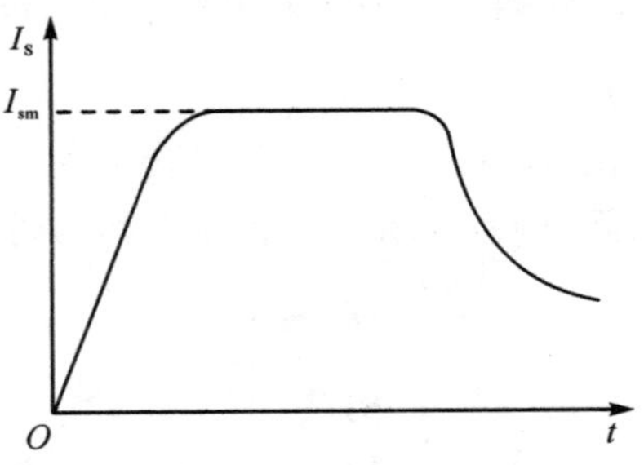

图 9.2.9 斜坡恒流软启动波形

除了三相移相调压器用作软启动器外，变频器作为软启动器，其启动性能更为优越，可实现无过流软启动，也可实现恒转矩软启动，适用于各种类型负载的启动，并且具有软停车、软调速等功能，只是价格较贵，但是随着电力电子技术的发展，随着价格的下降，变频器的应用前景会越来越广阔。

9.3 三相异步电动机的制动

三相异步电动机除了运行于电动机状态外，还时常运行于制动状态。运行于电动机状态时，T_{em}与n方向相同，T_{em}是驱动转矩，电动机从电网吸收电能并转换成机械能从轴上输出，其机械特性位于第一或第三象限。运行于制动状态时，

T_{em}是制动转矩，电动机从轴上吸收机械能并转换成电能，该电能或消耗在电动机内部，或反馈回电网，其机械特性位于第二或第四象限。

异步电动机制动的目的是使电力拖动系统快速停车或者使电力拖动系统尽快减速，对于位能性负载，制动运行可获得稳定的下降速度。

异步电动机制动的方法有能耗制动、反接制动和回馈制动三种。

9.3.1　能耗制动

异步电动机的能耗制动接线图如图 9.3.1 所示。制动时，接触器触点 Q_1 断开，电动机脱离电网，同时触点 Q_2 闭合，在定子绕组中通入直流电流(称为直流励磁电流)，于是定子绕组便产生一个恒定的磁场。转子因惯性而继续旋转并切割该恒定磁场，转子导体中便产生感应电动势及感应电流。

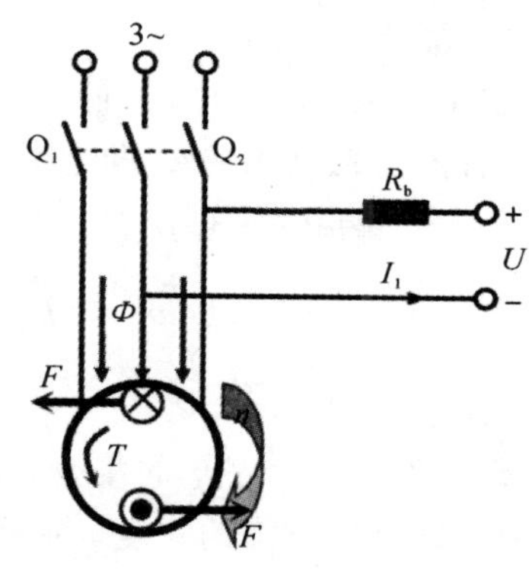

图 9.3.1　能耗制动原理图

转子感应电流与恒定磁场作用产生的电磁转矩为制动转矩，当转速下降至零时，转子感应电动势和感应电流均为零，制动过程结束。制动期间，转子的动能转变为电能消耗在转子回路的电阻上，故称为能耗制动。

异步电动机能耗制动机械特性表达式的推导比较复杂，其曲线形状与接到交流电网上正常运行时的机械特性是相似的，只是它要通过坐标原点，如图 9.3.2所示。图中曲线 1 和曲线 2 具有相同的转子电阻，但曲线 2 比曲线 1 具有较大的直流励磁电流。

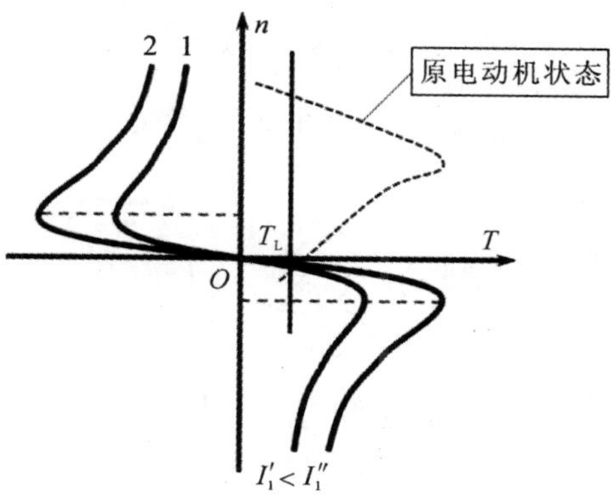

图 9.3.2　能耗制动机械特性曲线

转子电阻较小时(曲线 1)，初始制动转矩较小。对于笼型异步电动机，为了增大初始制动转矩，就必须增大直流励磁电流(曲线 2)。对于绕线转子异步电动机，可以采用转子串电阻的方法来增大初始制动转矩。

能耗的过程可分析如下：设电动机原来工作在固有特性曲线上，在制动瞬间，因转速不突变，工作点便由固有特性平移至能耗制动特性，在制动转矩的作用下，电动机开始减速，工作点沿曲线 1 变化，直到原点，$n=0$，$T_{em}=0$。

若拖动的是反抗性负载，则电动机便停转，实现了快速制动停车；若拖动的是位能性负载，当转速过零时，则必须立即用机械抱闸将电动机轴刹住，否则电动机将在位能性负载转矩的倒拉下反转，直到进入第四象限中的($T_{em}=T_L$)点，即 T_{em}与 T_L 的交点，系统处于稳定的能耗制动运行状态，这时重物保持匀速下降。T_{em}与 T_L的交点称为能耗制动运行点。改变制动电阻 R_B或直流励磁电流的大小，可以获得不同的稳定下降速度。

对于绕线转子异步电动机采用能耗制动时，按照最大制动转矩为(1.25～2.2)T_N的要求，可用下列两式计算直流励磁电流和转子应串接电阻的大小。

$$I=(2\sim3)I_0$$

$$R_B=(0.2\sim0.4)\frac{E_{2N}}{\sqrt{3}I_{2N}}-R_2 \tag{9.3.1}$$

式中，I_0为异步电动机的空载电流。

能耗制动广泛应用于要求平稳准确停车的场合，也可应用于起重机一类带位能性负载的机械上，用来限制重物下降的速度，使重物保持均匀下降。

9.3.2 反接制动

当异步电动机转子的旋转方向与定子磁场的旋转方向相反时，电动机便处于反接制动状态。它有两种情况，一是在电动状态下突然将电源两相反接，使定子旋转磁场的方向由原来的顺转子转向改为逆转子转向，这种情况下的制动称为电源两相反接制动；二是保持定子磁场的转向不变，而转子在位能性负载作用下进入倒拉反转，这种情况下的制动称为倒拉反转反接制动。反接制动原理如图 9.3.3 所示。

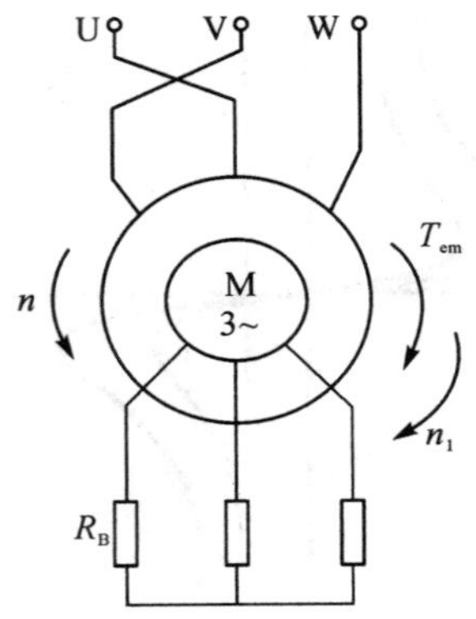

图 9.3.3　反接制动原理图

1. 电源两相反接制动

若异步电动机拖动反抗性恒转矩负载在固有机械特性曲线 1 上的 a 点稳定运行，如图 9.3.4 所示，为了使电动机迅速停车或反转，可突然改变通入定子的三相电源的相序，定子旋转磁动势立即反向，以 $-n_1$ 的同步速度旋转。这时电动机的机械特性变为图 9.3.4 中的曲线 2，运行点从曲线 1 上的 a 点平行过渡到曲线 2 上的 b 点，电磁转矩由 T_a 变为 T_b，T 与 n 反向，即进入反接制动状态。

在负载 T_L 和 T_b 共同作用下，转速从 $n_a=n_b$ 迅速沿特性曲线 2 下降到零，即图上的 c 点，反接制动结束。

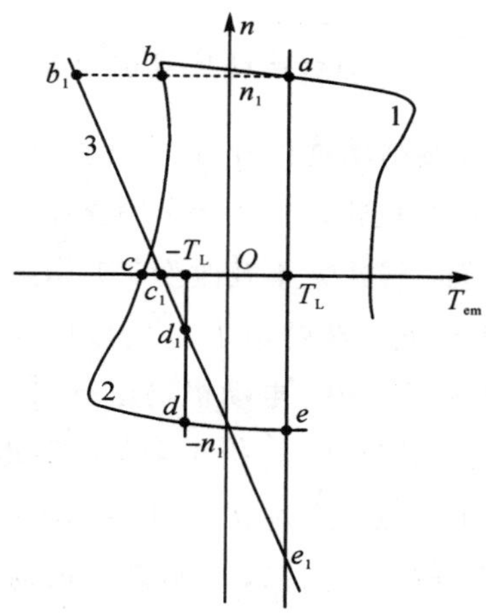

图 9.3.4　反接制动机械特性曲线

若制动是为了停车，当制动到 $n=0$ 时，即图 9.3.4 中的 c 点，则应立即切断电源抱闸停车；若制动是为了快速反转，则不要切断电源和抱闸。快速反转时，$|T_c|>|T_L|$，电动机反向启动沿曲线 2 加速直至 d 点稳定运行，工作于反向电动状态。

若轴上带的是位能性恒转矩负载，则电动机会一直反向加速，从 c 点到 d 点再到 e 点。电动机以 n_e 速度匀速下放重物，运行于反向回馈制动状态。

反接制动特别适合于要求频繁正、反转的生产机械，以便迅速改变旋转方向提高生产率。

由于反接制动时转差功率很大，对于笼型异步电动机，这时全部转差功率都消耗在转子电阻上，并转变为热能，使电动机严重发热，因此在单位时间内反接制动的次数不宜太多，前后两次制动的时间间隔不能太短。

绕线转子三相异步电动机在反接制动时，在转子回路中串入较大的电阻的作用是：限制过大的制动电流，减轻了电动机的发热；增大临界转差率 s_m，使电动机在制动开始时能够产生较大的制动转矩，加快了制动过程。

2. 倒拉反转反接制动

倒拉反转反接制动适用于绕线转子异步电动机拖动位能性负载的情况，它

能够使重物获得稳定的下放速度。倒拉反转反接制动原理如图 9.3.5 所示。

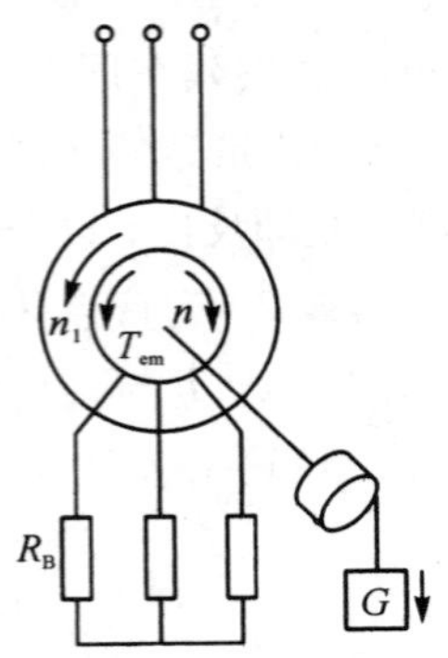

图 9.3.5 倒拉反转反接制动原理图

异步电动机倒拉反转反接制动过程分析(参照图 9.3.6):设电动机原来工作在固有特性曲线上的 a 点提升重物，当在转子回路中串入电阻 R_B 时，其机械特性变为曲线 2。串入 R_B 瞬间，转速来不及改变，工作点由 a 点平移到 b 点，此时电动机的提升转矩 T_b 小于位能负载转矩 T_L，所以提升速度减小，工作点沿曲线 2 由 b 点向 c 点移动。在减速过程中，电动机仍运行在电动状态。当工作点到达 c 点时，转速降至零，对应的电磁转矩 T_c 仍小于负载转矩 T_L，重物将倒拉电动机的转子反向旋转，并加速到 d 点，这时 $T_d = T_L$ 拖动系统将以转速 n_d 稳定下放重物。在 d 点 $T_{em} = T_d > 0$，$n = -n_d < 0$，负载转矩成为拖动转矩，拉着电动机反转，而电磁转矩起制动转矩作用，故把这种制动称为倒拉反转反接制动。

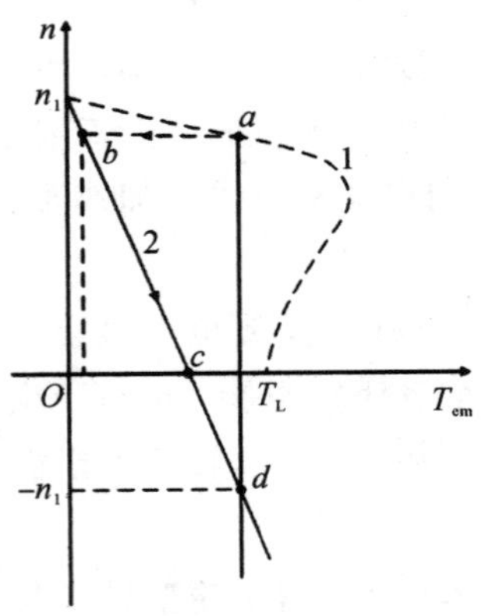

图 9.3.6 倒拉反转反接制动机械特性曲线

要实现倒拉反转反接制动，转子回路必须串接足够大的电阻，使工作点位于第四象限。这种制动方式的目的是限制重物的下放速度。

以上介绍的电源两相反接制动和倒拉反转反接制动具有一个相同特点，就是定子磁场的转向和转子的转向相反，即转差率 s 大于 1。因此，异步电动机等效电路中表示机械负载的等效电阻 $\frac{1-s}{s}R'_2$ 是个负值，其机械功率为 $P_{MEC} =$

$m_1 I'^2_2 \frac{1-s}{s} R'_2 < 0$，表示电动机从轴上输入机械功率；定子传递到转子的电磁功率为 $P_{em} = m_1 I'^2_2 \frac{R'_2}{s} > 0$，表示定子从电源吸收电功率再向转子传递。

若将 $|P_{MEC}|$ 与 P_{em} 相加，可以得到 $|P_{MEC}| + P_{em} = m_1 I'^2_2 \frac{s-1}{s} R'_2 + m_1 I'^2_2 \frac{R'_2}{s} = m_1 I'^2_2 R'_2$，表明轴上输入的机械功率转变成电功率后，连同定子传递给转子的电磁功率一起全部消耗在转子回路电阻上，所以反接制动时的能量损耗较大。

9.3.3　回馈制动

若异步电动机在电动状态运行时，由于某种原因，使电动机的转速超过了同步转速(转向不变)，这时电动机便处于回馈制动状态。

要使电动机转子的转速超过同步转速($n > n_1$)，那么转子必须在外力矩的作用下，即转轴上必须输入机械能。因此回馈制动状态实际上就是将轴上的机械能转变成电能并回馈到电网的异步电机的发电运行状态。

回馈制动时，$n > n_1$，T_{em} 与 n 反方向，所以其机械特性是第一象限正向电动状态特性曲线在第四象限的延伸，如图 9.3.7 中曲线 2、3 所示。

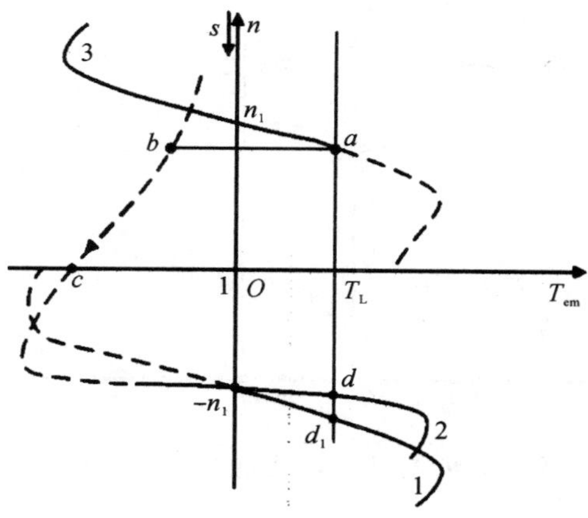

图 9.3.7　回馈制动机械特性曲线

在生产实践中，异步电动机的回馈制动有两种情况：一种是出现在位能性负载下放时；另一种是出现在电动机变极调速或变频调速过程中。

1. 下放重物时的回馈制动

在图 9.3.7 中，设 a 点是电动状态提升重物工作点，d 点是回馈制动状态下放重物工作点，电动机从提升重物工作点 a 过渡到下放重物工作点 d 的过程如下。

首先将电动机定子两相反接，这时定子旋转磁场的同步转速为 $-n_1$，机械特性如图 9.3.7 中的曲线 2 所示。反接瞬间，转速不突变，工作点由 a 平移到 b；然后电动机经过反接制动过程(工作点沿曲线 2 由 b 变到 c)、反向电动加速过程

(工作点由 c 向同步点 $-n_1$ 变化)；最后在位能负载作用下反向加速并超过同步速，直到 d 点保持稳定运行，即匀速下放重物。如果在转子电路中串入制动电阻，对应的机械特性如图 9.3.7 中的曲线 1 所示，这时的回馈制动工作点为 d_1，其转速增加，重物下放的速度增大。为了限制电动机的转速，回馈制动时在转子回路中串入的电阻值不应太大。

2. 变极或变频调速过程中的回馈制动

变极或变频调速过程中的回馈制动情况可用图 9.3.8 来说明。设电动机原来在机械特性曲线 1 上的 a 点稳定运行，当电动机采用变极(如增加极数)或降频(如降低频率)进行调速时，其机械特性变为曲线 2，同步转速变为 n_2。在调速瞬间，转速不突变，工作点由 a 变到 b。在 b 点，转速 $n_b>0$，电磁转矩 $T_b<0$，为制动转矩，且因为 $n_b>n_2'$，故电动机处于回馈制动状态。

工作点沿曲线 2 的 b 点到 n_2 点这一段变化过程为回馈制动过程，在此过程中，电动机吸收系统释放的动能，并转换成电能回馈到电网。电动机沿曲线 2 的 n_2 点到 c 点的过程为电动状态的减速过程，c 点为调速后的稳定工作点。

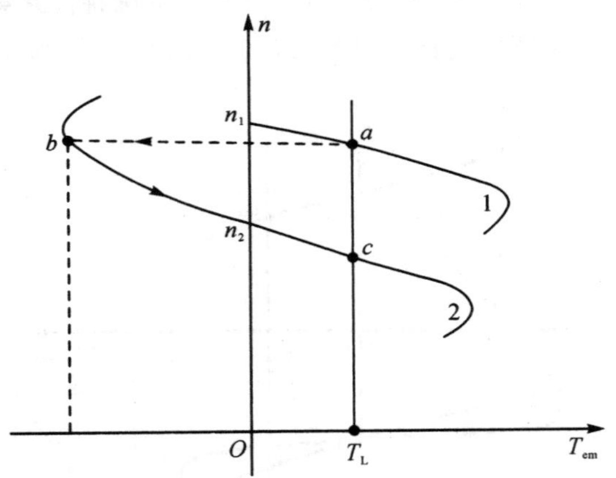

图 9.3.8　变极或变频调速过程中的回馈制动曲线

9.3.4　软停车与软制动

三相晶闸管移相调压器有多种用途，既可用于电动机的软启动、软调速，也可用于电动机的软停车和软制动。

1. 软停车

有些机械设备要求平稳缓慢地停车，例如水泵，如果快速停车会使水流流速突变，造成压力骤变，产生所谓的水锤效应而损坏水泵。软停车就是使电动机的工作电压从额定电压逐渐下降到零，实现平稳缓慢地停车。控制晶闸管的触发控制角，可使晶闸管移相调压器的输出电压，即电动机的工作电压从额定电压缓慢下降，从而实现软停车，软停车的时间长短可按机械设备的要求预先设定。

2. 软制动

软制动常采用能耗制动的方法，即制动时切除电动机的交流电源，同时给定子绕组通入直流电，产生电磁转矩使电动机快速停车。

9.4　三相异步电动机的调速

近年来，随着新型大功率电力电子器件的出现，随着现代控制理论、微电子技术和计算机技术的发展，交流电动机的调速技术也取得了较大的进展，得到了越来越广泛地应用。

由异步电动机的转速公式 $n=n_1(1-s)=\dfrac{60f_1}{p}(1-s)$ 可知，三相异步电动机有以下三种基本调速方法：

(1) 改变电源频率 f 而调速的变频调速；

(2) 改变定子绕组磁极对数 p 而调速的变极调速；

(3) 改变转差率 s 的定子调压调速、绕线转子回路串电阻调速、绕线转子串级调速。

9.4.1　变频调速

1. 变频调速的方法

由 $n_1=\dfrac{60f_1}{p}$ 可知，当磁极对数 p 不变时，同步转速 n_1 与电源频率 f_1 成正比。若连续改变三相异步电动机电源的频率 f_1，就可以连续改变同步转速 n_1，从而可平滑连续地改变电动机的转速，这种改变电源频率 f 的调速方法称为变频调速。

变频调速时，调频调压要同时进行。因为电动机定子每相电压 $U_1\approx E_1$，气隙磁通为

$$\Phi_1=\frac{E_1}{4.44f_1N_1k_{N_1}}\approx\frac{U_1}{4.44f_1N_1k_{N_1}} \tag{9.4.1}$$

正常运行时气隙磁通 Φ_1 为额定磁通，已接近饱和。若保持电压 U_1 不变，当频率 f_1 调小时，Φ_1 会增大到过饱和，将导致励磁电流急剧增大，铁损耗增加，电动机发热厉害；当频率 f_1 调大时，Φ_1 会减小，T_{em} 与 Φ_1 成正比，T_{em} 会减小，这也是不可取的。总之，调频一定要调压，使 Φ_1 不变或基本保持不变，电动机才能安全运行。

一般认为，在任何类型负载下变频调速时，若能保持电动机的过载能力不变，则电动机的运行性能较为理想。电动机的过载能力为 $\lambda_T=T_m/T_N$，为了保持变频前后 λ_T 不变，要求下式成立

$$\frac{U_1'}{U_1}=\frac{f_1'}{f_1\sqrt{\dfrac{T_N'}{T_N}}} \tag{9.4.2}$$

式中，U_1'、f_1'、T_1'均为变频后的量。

变速调频时，U_1 和 f_1 的调节规律是和负载性质有关的，通常分为恒转矩变频调速和恒功率变频调速两种情况。

1）恒转矩变频调速

对于恒转矩负载，$T_N=T_N'$，于是有$\dfrac{U_1'}{U_1}=\dfrac{f_1'}{f_1}$，即$\dfrac{U_1}{f_1}=\dfrac{U_1'}{f_1'}=$常数。就是说，在恒转矩负载下，若能保持电压与频率成正比调节，则电动机在调速过程中，既保证了过载能力 λ_T 不变，同时又满足主磁通 Φ_0 不变的要求，这也说明变频调速特别适用于恒转矩负载。

2）恒功率变频调速

对于恒功率负载，要求在变频调速时电动机的输出功率保持不变，即

$$P_N=\frac{T_N n_N}{9550}=\frac{T_N' n_N'}{9550}=\text{常数} \tag{9.4.3}$$

将上式整理变形可得 $U_1/\sqrt{f_1}=U_1'/\sqrt{f_1'}=$常数，即在恒功率负载下，如能保持 $U_1/\sqrt{f_1}=$常数的调节，则电动机的过载能力 λ_T 不变，但主磁通 Φ_0 将发生变化。

2. 变频调速时电动机的机械特性

变频调速时电动机的机械特性可用以下公式（式中忽略了 R_1、R_2'）来分析

$$\left.\begin{aligned}
T_m&=\frac{m_1 p}{8\pi^2(L_1+L_2')}\left(\frac{U_1}{f_1}\right)^2 && \text{最大转矩}\\
T_{st}&=\frac{m_1 pR_2'}{8\pi^3(L_1+L_2')^2}\left(\frac{U_1}{f_1}\right)^2\frac{1}{f_1} && \text{启动转矩}\\
\Delta n_m&=s_m n_1\approx\frac{R_2'\cdot 60f_1}{2\pi f_1(L_1+L_2')p}=\frac{30R_2'}{\pi p(L_1+L_2')} && \text{临界点转速降}
\end{aligned}\right\} \tag{9.4.4}$$

式中，$\dfrac{m_1 p}{8\pi^2(L_1+L_2')}$是常数；$L_1$、$L_2'$分别为定子、转子绕组的漏电感。

以电动机的额定频率 f_{1N}为基准频率，简称基频，在生产实践中，变频调速时的电压随频率的调节规律是以基频为分界线的，于是分以下两种情况。

(1) 在基频以下调速时，保持 $U_1/f_1=$常数，即恒转矩调速。由式(9.4.4)可知，当 f_1 减小时，最大转矩 T_m 不变，启动转矩 T_{st}增大，临界点转速降 Δn_m 不变。因此，机械特性随频率的降低而向下平移，如图 9.4.1 中虚线所示。图 9.4.1中 $f_1>f_2>f_3>f_4$，$f_1=f_N$。

实际上，由于定子电阻 R_1 的存在，随着 f_1 的降低，T_m 将减少。当 f_1 很低时，T_m 减少很多，如图 9.4.1 中实线所示。为保证电动机在低速时有足够大的 T_m 值，U_1 应比 f_1 降低的比例小一些，使 U_1/f_1 值随着 f_1 的降低而增加，这样

才能获得图 9.4.1 中虚线所示的机械特性。

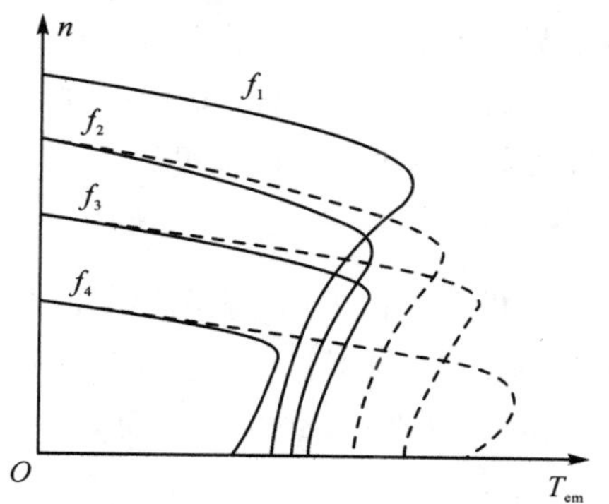

图 9.4.1　U_1/f_1＝常数时变频调速机械特性曲线

(2) 在基频以上调速时，频率从 f_{1N} 往上增高，但电压 U_1 却不能增加得比额定电压 U_{1N} 还大，最多只能保持 $U_1=U_{1N}$。这将迫使磁通与频率成反比降低，又由式(9.4.4) 可知，T_m 和 T_{st} 均随频率 f_1 的增高而减小，Δn_m 保持不变，其机械特性如图 9.4.2 所示，其中 $f_1<f_2<f_3<f_4$，$f_1=f_N$。虚线 1 表示恒转矩，虚线 2 表示恒功率。

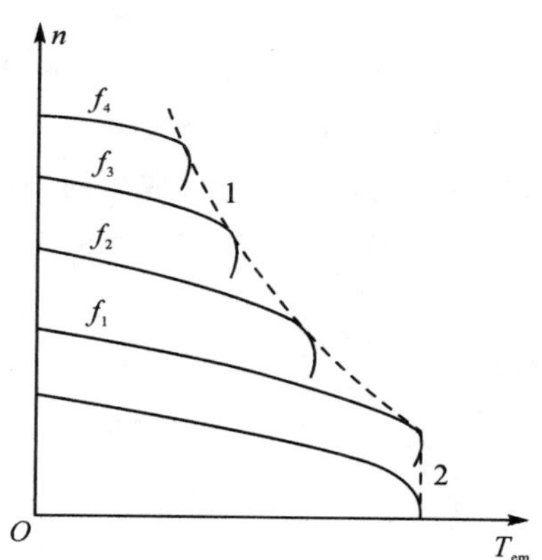

图 9.4.2　恒功率和恒转矩变频调速机械特性曲线

在基频以上调速时，可以近似为恒功率调速，相当于直流电动机弱磁调速的情况。

把基频以下和基频以上两种情况合起来，可以得到异步电动机变频调速控制特性。如果电动机在不同转速下都具有额定电流，则电动机都能在温升允许范围内长期运行，这时转矩基本上随磁通变化而变化，即在基频以下属于恒转矩调速，而在基频以上属于恒功率调速。

9.4.2　变极调速

由公式$n_1=\dfrac{60\,f_1}{p}$可知，在电源频率 f_1 不变时，电动机的同步转速 n_1 与磁极

对数 p 成反比。改变磁极对数 p 就可以改变 n_1，从而改变转子转速 n。

改变磁极对数调速的异步电动机，一般都是笼型的。因为极数的改变必须在定子和转子上同时进行，而笼型转子电动机，转子极数是随定子极数的改变而自动改变的，改变磁极对数时只考虑定子方面即可。

1. 变极原理

现以四极电动机变为两极电动机为例，说明其变极原理。一台四极电动机定子 U_1 相绕组有两个线圈，$U_1U''_2$ 与 $U'_1U'_2$，它们正向串联，即首尾相连，如图 9.4.3 所示。当 U_1 相绕组流过电流时，产生的磁动势是四极的。

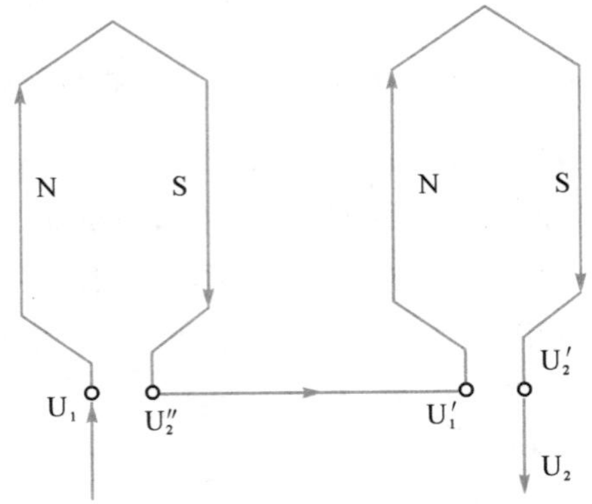

图 9.4.3　变极原理图

如果将图 9.4.3 中两个线圈的正向串联变成反向串联，如图 9.4.4(a)所示，或者变成反向并联，如图 9.4.4(b)所示。改变接线的 U_1 相绕组流过电流时，它产生的磁动势是两极的。

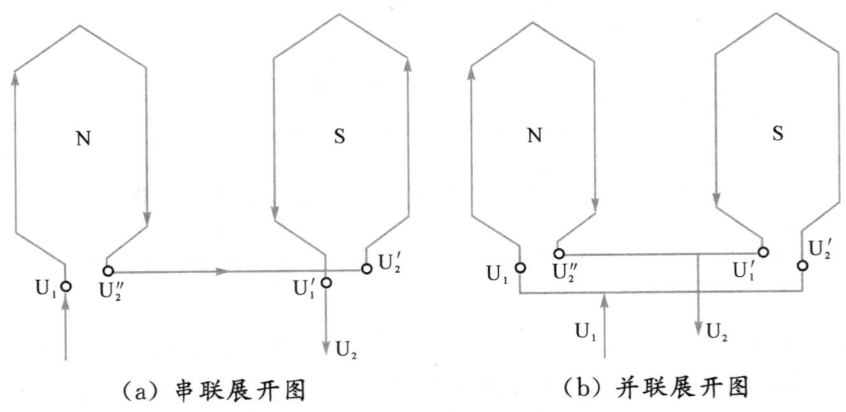

(a) 串联展开图　　(b) 并联展开图

图 9.4.4　变极原理图(串并联展开图)

电动机定子绕组是三相绕组，变极时三相绕组应同时换接。

从电流方向来看，变极时，U_1 相绕组中有半相绕组的电流改变方向。从中可以得出结论：对于三相笼型异步电动机的定子绕组来说，若把每相绕组中的半相绕组的电流改变方向，则电动机的磁极对数便成倍变化，同步转速也成倍改变，电动机运行的转速也接近成倍变化。

2. 两种常用的变极调速方法

1) Y－YY 联结调速

Y 联结时，定子每相绕组中的两个半相绕组正向串联，如图 9.4.5(a)所示，设磁极对数为 $2p$，同步转速为 n。

YY 联结时，定子每相绕组中两个半相绕组反向并联，如图 9.4.5(b)所示，磁极对数减半为 p，同步转速为 $2n_1$。

假设电动机定、转子每相绕组中两个半相绕组的电阻及电抗分别相等，即分别为 $R_1/2$、$R_2'/2$、$X_1/2$、$X_2'/2$，则在 Y 联结时，每相绕组中的两个半相绕组顺向串联，所以每相绕组的电阻及电抗应为半相绕组的 2 倍，即为 R_1、R_2'、X_1、X_2'；YY 联结时，因两个半相绕组并联，故每相绕组的电阻及电抗应为半相绕组的一半，即为 $R_1/4$、$R_2'/4$、$X_1/4$、$X_2'/4$。Y 联结与 YY 联结，其每相电压相等，$U_1=U_N/\sqrt{3}$。

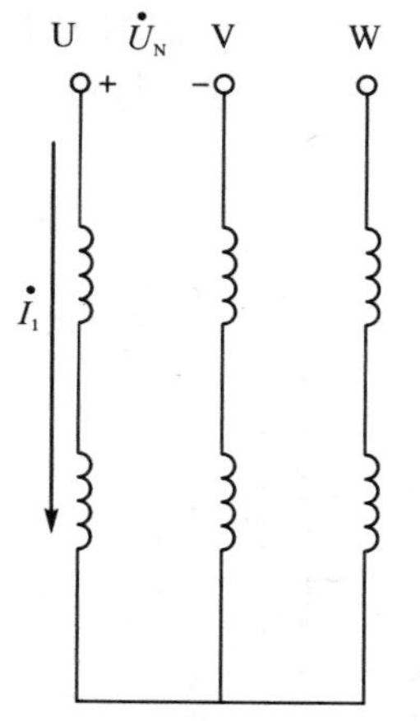

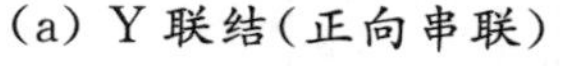
(a) Y 联结(正向串联)

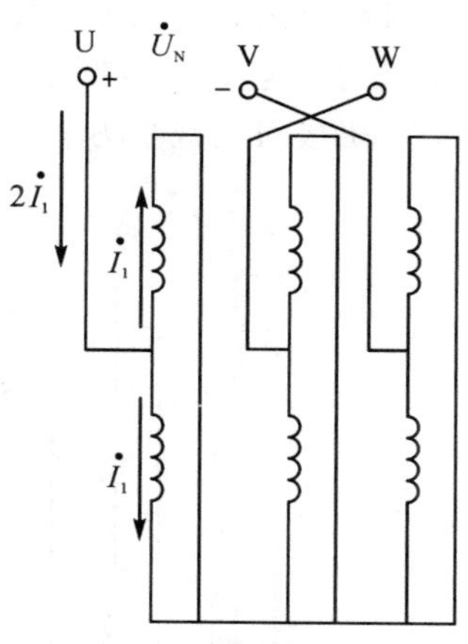

(b) YY 联结(反向并联)

图 9.4.5　Y－YY 联结调速

由式(9.4.4)可知，最大转矩 T_m 与磁极对数 p 成正比，与电阻及电抗成反比，当由 Y 变成 YY 联结时，磁极对数变为原来的 1/2，而对应的电阻及电抗变为原来的 1/4，所以 T_m 变为原来的 2 倍，即 $T_{mYY}=T_{mY}$。同理启动转矩也有类似关系，即 $T_{stYY}=T_{stY}$。

由于临界转差率 $s_m=\dfrac{R_2'}{\sqrt{R_1^2+(X_1+X_2')^2}}$只与电阻及电抗有关，由 Y 变为 YY 联结时，定子转子的电阻及电抗同时变化，也就是在 s_m 的表达式中分子与分母成比例变化，因此 s_m 不变，即 $s_{mYY}=s_{mY}$。

根据以上数据，可定性画出 Y－YY 变极调速时异步电动机机械特性如图 9.4.6 所示。若拖动恒转矩负载 T_L 运行时，从 Y 向 YY 变极调速，临界转差率 s_m 保持不变，但是电动机的转速、最大转矩和启动转矩都增加了一倍。可以看出，Y－YY 变极调速属于恒转矩调速方式。

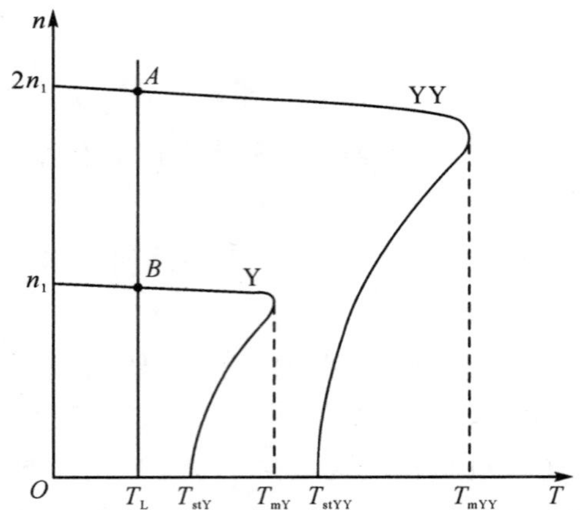

图 9.4.6 Y—YY 接法变极调速机械特性曲线

2）△—YY 联结调速

△—YY 联结调速如图 9.4.7 所示。△联结时，定子每相中的两个半相绕组正向串联，磁极对数为 $2p$，同步转速为 n_1。YY 联结时，定子每相中的两个半相绕组反向并联，磁极对数减半为 p，同步转速为 $2n_1$。

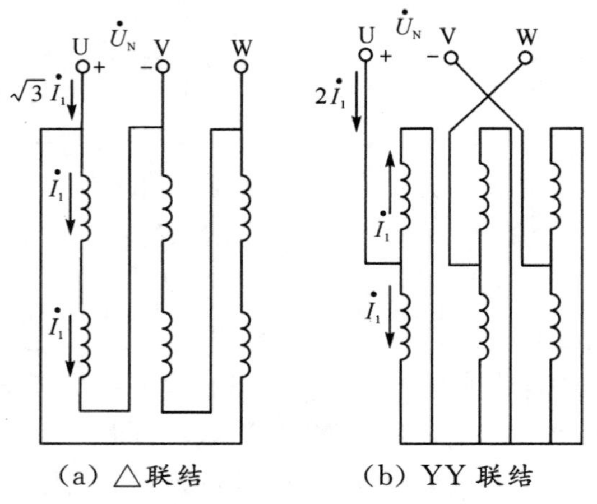

(a) △联结　　(b) YY 联结

图 9.4.7 △—YY 联结调速

仍先设电动机定、转子每相绕组中两个半相绕组的电阻及电抗分别相等，分别为 $R_1/2$、$R_2'/2$、$X_1/2$、$X_2'/2$。△联结时，一相绕组的电阻及电抗为 R_1、R_2'、X_1、X_2'；在改接为 YY 联结时，每相绕组的电阻及电抗为 $R_1/4$、$R_2'/4$、$X_1/4$、$X_2'/4$。△联结时，相电压 $U_{1\Delta}=U_N$，而 YY 联结时，相电压 $U_{1YY}=U_N/\sqrt{3}=U_{1\Delta}/\sqrt{3}$。

由△联结变为 YY 联结时，磁极对数由 $2p$ 减半为 p，最大转矩 T_m 与磁极对数成正比，也减半。对应的电阻及电抗变为原来的 1/4，T_m 与对应的电阻及电抗成反比，会增大 4 倍；绕组的电压变为原来的 $1/\sqrt{3}$，T_m 与电压平方成正比，会降低 1/3。所有这些变化，使最大转矩变为原来的 2/3，即 $T_{mYY}=\dfrac{2}{3}T_{m\Delta}$。同理 $T_{stYY}=\dfrac{2}{3}T_{st\Delta}$。对应的阻抗的变化不会引起 s_m 的变化，所以 $s_{mYY}=\dfrac{2}{3}s_{m\Delta}$。

根据以上数据，可定性画出△－YY 变极调速时机械特性如图 9.4.8 所示。

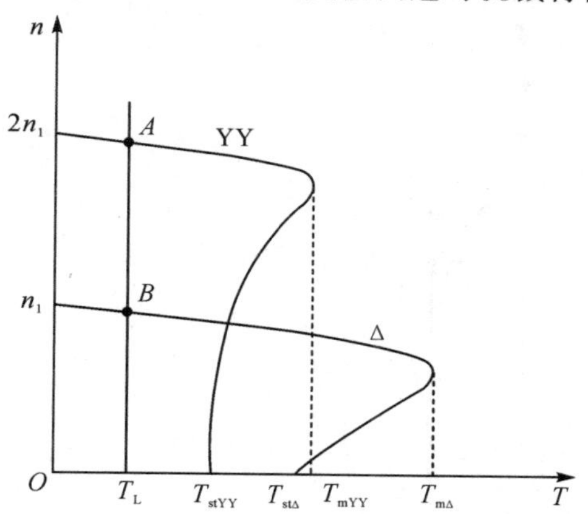

图 9.4.8　△－YY 变极调速时机械特性曲线

变极调速方法的优点在于设备简单、运行可靠、机械特性较硬；缺点是转速只能成倍增长，为有级调速。Y－YY 联结常应用于起重电葫芦、运输传送带等恒转矩的生产机械；△－YY 联结适用于基本属恒功率性质的生产机械，例如各种机床的粗加工（低速）和精加工（高速）。

3. 变极调速要注意相序的变化

变极调速在改变定子绕组的接线方式时，必然会改变定子绕组的相序。假如定子三相绕组 U、V、W 的轴线在空间的位置沿顺时针依次为 0°、120°、240°，在 YY 联结时，设磁极对数 $p=1$，根据电角度＝机械角度×p，则电角度等于机械角度。当三相绕组 U、V、W 流过对称的三相电流时，其对应的相位关系为 0°、120°、240°，设其相序为正转相序；而在△联结或 Y 联结时，磁极对数 $p=2$，则电角度＝机械角度×2，所以三相绕组的相位关系为 0°、240°、480°（相当于 120°），其相序变为反转相序。如果不改变定子绕组与电源的连接，电动机将反转。

为了保证在变极调速前后电动机的转向不变，在改变定子绕组接线方式的同时，必须将定子三相绕组中任意两相的出线端对调，再接到三相电源上，如图 9.4.5 和图 9.4.7 所示。

变极调速只适用于专用变速笼型异步电动机，不适用于普通笼型异步电动机，因为普通笼型异步电动机定子每相绕组的中点没有抽头，无法改变绕组的接线方式，不能变极调速。

9.4.3　定子调压调速

三相异步电动机的电磁转矩与定子电压的平方成正比，改变定子电压也就可以改变电动机的转矩及机械特性，从而实现调速。目前已广泛使用晶闸管移相调压器来调节电动机的转速，称为软调速。晶闸管移相调压器还可用于异步电动机的启动和制动，分别称为软启动和软制动。

交流调压调速的方法实行起来比较简单，缺点是调速范围小，电动机的转速只在 $n_a \sim n_c$ 的小范围内变化，如图 9.4.9 所示，其中 $U_1 > U_2 > U_3$，$U_1 = U_N$。

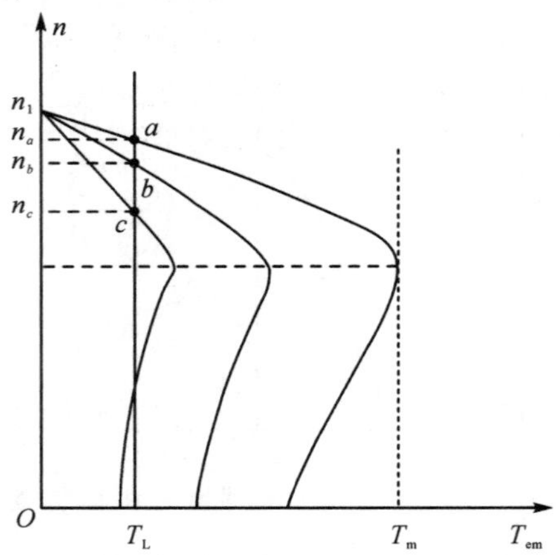

图 9.4.9 调压调速机械特性曲线

为了扩大调速范围和提高调速精度，可以采用转速负反馈构成闭环控制系统，如图 9.4.10 所示。

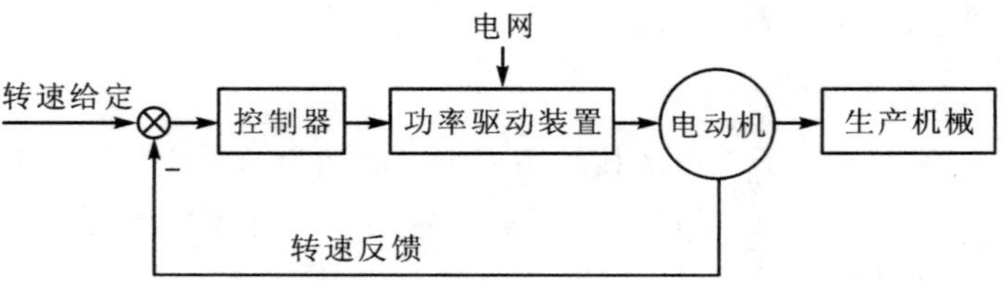

图 9.4.10 转速负反馈单闭环调速系统原理框图

控制方式为转速负反馈的闭环控制：直流测速发电机发出与电动机转速成比例的电压信号，经速度反馈装置转换为反馈信号，与给定电压（基准电压）相比较，得到转速差信号。该信号通过转速调节器去控制触发装置，来调节晶闸管的控制角 α，改变异步电动机的定子端电压，从而控制电动机的转速。

若要升速，只要增大给定电压，转速差信号就会增大，使晶闸管的触发控制角前移，调压器的输出电压升高，电动机转速上升；若要降速，只要减小给定电压即可，调压调速过程操作简便灵活。如图 9.4.11 所示。

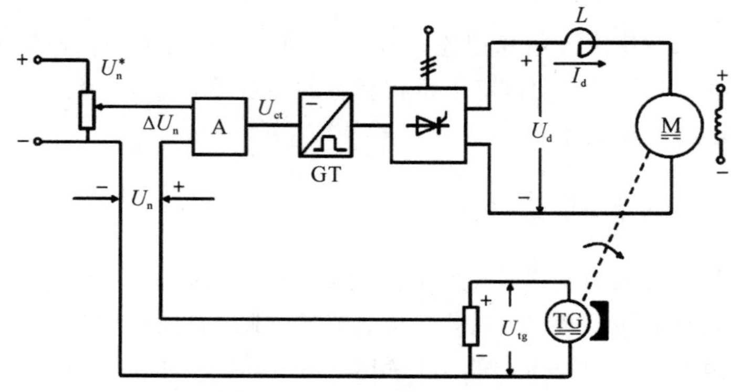

图 9.4.11 转速负反馈的单闭环调速系统

闭环调压调速系统不仅可以扩大调速范围，还可以得到比较硬的机械特性，如图 9.4.12 所示。对应于不同的转速给定值，机械特性是一组上、下平移的曲线，当电网电压或负载转矩出现波动时，转速不会因扰动而出现大的波动。

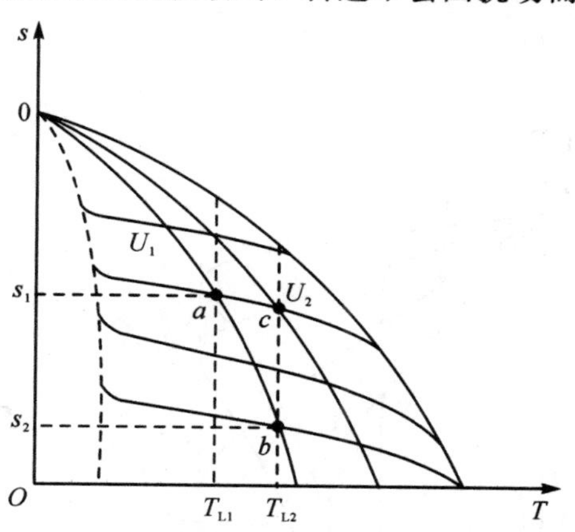

图 9.4.12　闭环系统的机械特性曲线

9.4.4　绕线转子回路串电阻调速

绕线转子异步电动机转子串电阻调速接线原理图如图 9.4.13 所示。电机转子串入可变电阻，电阻大小由开关 KM_1、KM_2、KM_3 控制。

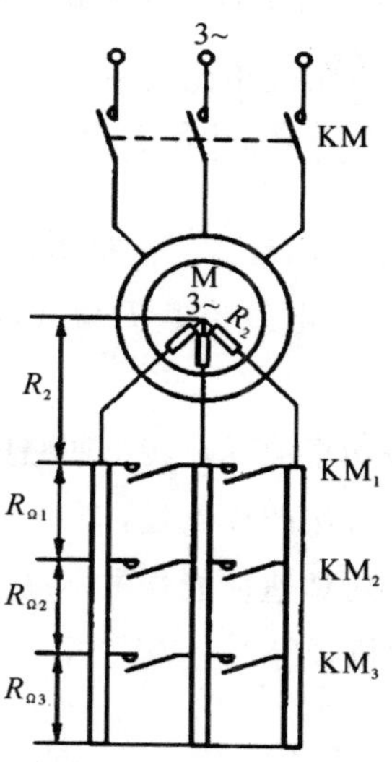

图 9.4.13　绕线转子回路串电阻接线图

图 9.4.14 为绕线转子回路串电阻的机械特性图，曲线 1 为没有串入电阻时的机械特性，曲线 2、3、4 分别为外串电阻 $R_{\Omega1}$、$(R_{\Omega1}+R_{\Omega2})$、$(R_{\Omega1}+R_{\Omega2}+R_{\Omega3})$ 时的机械特性。图中以拖动额定恒转矩负载 $T_L=T_N$ 为例，说明串入不同电阻时电动机有不同的转速：外串电阻越大，转速越低。当接触器 KM_1 触头闭合，切除全部外串电阻，电动机运行在曲线 1 的 a 点，转速最高；当接触器 KM_1 断开、

KM_2触头闭合时，转子串入电阻 $R_{\Omega1}$，运行点在曲线 2 的 b 点，转速降低；当接触器 KM_2断开、KM_3触头闭合时，转子串入电阻$(R_{\Omega1}+R_{\Omega2})$，运行点在曲线 3 的 c 点，转速更低；若将 KM_3断开，转子串入全部电阻$(R_{\Omega1}+R_{\Omega2}+R_{\Omega3})$，运行点在曲线 4 的 d 点，转速最低。

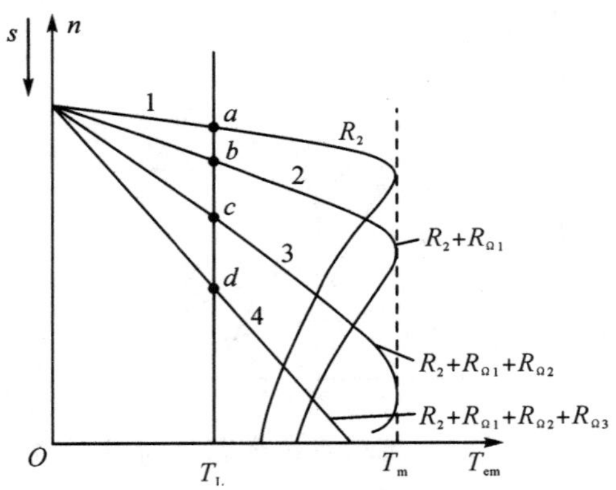

图 9.4.14　绕线转子回路串电阻的机械特性曲线

将公式 $s_m=\dfrac{R_2'}{X_1+X_2'}$代入式 $T_{em}=\dfrac{2T_m}{s_m}s$，可以得到 $T_{em}=\dfrac{2T_m s(X_1+X_2')}{R_2'}$，当负载转矩 T_L 为常数不变时，T_{em}亦为常数不变，由 $T_{em}=\dfrac{2T_m s(X_1+X_2')}{R_2'}$可知 $s/R_2'=$常数，即转差率与转子电阻成正比关系，所以就有

$$\frac{R_2}{s_N}=\frac{R_2+R_{\Omega1}}{s_1}=\frac{R_2+R_{\Omega1}+R_{\Omega2}}{s_2}=\frac{R_2+R_{\Omega1}+R_{\Omega2}+R_{\Omega3}}{s_3} \tag{9.4.5}$$

式(9.4.5)定量地表示出，转子电阻越大，转差率就越大，转速就越低。

由图 9.4.14 可知，调速前后电磁转矩 T 为常数不变，所以转子串电阻调速是恒转矩调速方式。

转子串电阻调速时，转差功率消耗在转子回路中，调速系统的效率低，是这种调速方法的缺点。这种调速方法的优点是，转子串接的调速电阻还可兼作启动电阻和制动电阻使用。多用于对调速性能要求不高且断续工作的生产机械，如桥式起重机、通风机、轧钢辅助机械等。

9.4.5　绕线转子串级调速

绕线转子异步电动机转子串电阻调速时，转差功率消耗在转子回路电阻中，电能损耗大，效率低。如果在转子回路中用串电动势代替串电阻进行调速，而且还将转差功率吸收后回馈电网，这种调速方法为人们所称道，称这种在转子回路中串电动势的调速方法为绕线转子异步电动机的串级调速。

串级调速就是在转子电路中，串入一个相位和转子电动势$\dot{E}_a$相反(或相同)、

频率等于 f_2 的附加电动势$\dot{E}_f$去吸收转差功率。从调速效果上看，串入的电动势起着和串入的电阻一样的作用。转子电流频率 f_2 是变化的，要使附加电动势$\dot{E}_f$的频率总是等于 f_2 是比较困难的。为避免这样的困难，先将$\dot{E}_a$整流为直流，再将$\dot{E}_f$接入直流回路中，这样$\dot{E}_f$就是直流电动势，没有频率问题。转子串级调速电路图如图 9.4.15 所示。

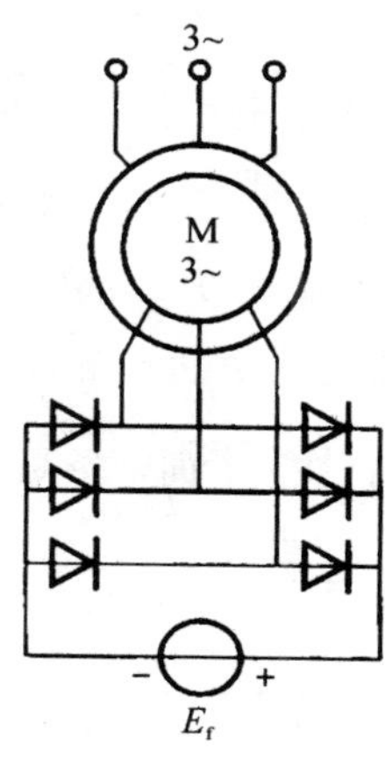

图 9.4.15　转子串级调速电路图

$\dot{E}_f$有两个作用：一是调速，改变$\dot{E}_f$的大小，就可以改变转子电流 I_a 的大小，从而改变电磁转矩 T_{em}，达到调速的目的；二是作为转子整流器的负载，吸收整流器输出的转差功率并回馈电网。

为了达到这两个目的，附加电动势$\dot{E}_f$用逆变器来实现。逆变器的交流侧通过变压器接入电网，直流侧接入转子整流回路，改变逆变器的逆变角 β，就可以改变逆变器电压，也就是改变了$\dot{E}_f$的大小，从而实现调速，同时逆变器将直流逆变为交流回馈电网。

功率变化：串级调速时，电动机从电网吸收功率 P_1，减去定子铜损和铁损就是传送到转子的电磁功率 P_M，其中一部分转变为机械功率 $P_m=(1-s)P_M$，另一部分为转子回路的转差功率 $P'_s=sP_M$；转差功率中的一部分消耗在转子绕组的电阻上，即转子的铜损耗 P_{Cu}，其余部分送入整流器，经逆变器反馈回电网，从而提高了调速系统的效率。

串级调速时若$\dot{E}_f$与$\dot{E}_a$相反，$E_a=sE_{a0}$，则转子电流为

$$I_2=\frac{sE_{a0}-E_f}{\sqrt{R_2^2+(sX_{a0})^2}} \tag{9.4.6}$$

因为 $T=C_T\Phi_1 I'_2\cos\varphi_2=C_2\Phi_1 I_2\cos\varphi_2=C_2\Phi_1\cos\varphi_2\ \dfrac{sE_{a0}-E_f}{\sqrt{R_2^2+(sX_{a0})^2}}=T_1-T_2$，式

中 $I_2'=I_2/K_i$，而 K_i 是异步电动机的电流比，$C_2=C_T/K_i$，$T_1=C_2\Phi_1\cos\varphi_2\cdot\frac{sE_{a0}}{\sqrt{R_2^2+(sX_{a0})^2}}$是没有附加电动势 E_f 时的电磁转矩，即 $n=f(T_1)$就是电动机的固有机械特性，如图 9.4.16(a)所示；$T_2=C_2\Phi_1\cos\varphi_2\ \frac{E_f}{\sqrt{R_2^2+(sX_{a0})^2}}$是附加电动势 E_f 产生的电磁转矩，E_f 越大，T_2 越大。$s=0$ 时 T_2 最大，s 增大 T_2 变小，$n=f(T_2)$的机械特性如图 9.4.16(b)所示。图 9.4.16(b)中与 $-T_2$ 对应的附加电动势是 $-E_f$，即附加电动势与转子电动势$\dot{E}_a$是反相的；与 T_2 对应的附加电动势是 E_f，即附加电动势与$\dot{E}_a$是同相的。$\dot{E}_f$与$\dot{E}_a$同相时有 $T=T_1+T_2$，反相时有 $T=T_1-T_2$，串级调速的机械特性是图 9.4.16(a) 和图 9.4.16(b) 的合成，如图 9.4.16(c)所示。三条机械特性曲线居中的一条是没有串级调速的固有机械特性，上面一条是$\dot{E}_f$与$\dot{E}_a$同相时的机械特性，下面一条是$\dot{E}_f$与$\dot{E}_a$反相时的机械特性。

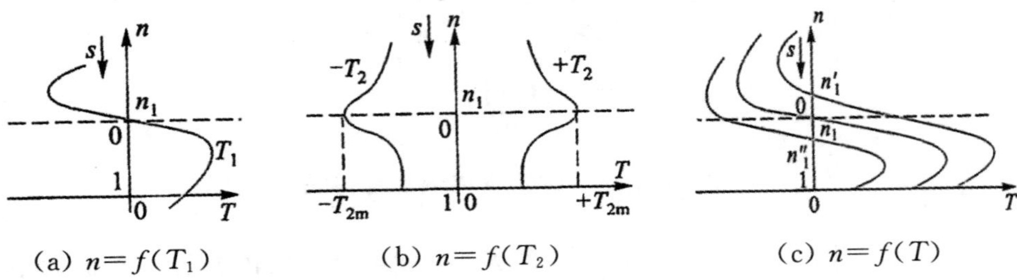

图 9.4.16 串级调速的机械特性曲线

图 9.4.16(c) 中机械特性与纵轴的交点是理想空载点，这时 $T=0$，$I_2=0$，设对应的转差率为 s_0，若$\dot{E}_f$与$\dot{E}_a$相反，就有 $s_0=E_f/E_{a0}$，E_f 愈大，n''愈小，因为其对应的理想空载转速 $n''=n_1(1-s_0)=n_1(1-E_f/E_{a0})<n_1$，机械特性曲线近似地平行下移。

若拖动恒转矩负载，则反相串入的电动势 E_f 愈大，电动机的转速愈低，所以称$\dot{E}_f$与$\dot{E}_a$反相的串级调速为低同步串级调速。产生电动势 E_f 的逆变器吸收转子的转差功率并回馈电网。

串级调速时若$\dot{E}_f$与$\dot{E}_a$同相，则转子电流为

$$I_2=\frac{sE_{a0}+E_f}{\sqrt{R_2^2+(sX_{a0})^2}} \tag{9.4.7}$$

理想空载点 $I_2=0$，就有 $s_0=-E_f/E_{a0}$，n'高于同步转速 n_1，机械特性曲线近似地平行上移，因为其对应的理想空载转速 $n'=n_1(1-s_0)=n_1\left(1+\frac{E_f}{E_{a0}}\right)>n_1$，所以称$\dot{E}_f$与$\dot{E}_a$同相的串级调速为超同步串级调速。

习 题 9

一、填空题

1. 已知三相异步电动机的转差率为 s，当 $s=1$ 时，电动机处于__________状态；当 $s<0$ 时，电动机处于__________状态；当 $s>1$ 时，电动机处于__________状态。当电动机拖动恒转矩负载时，满足运行条件__________，拖动负载获得稳定运行状态。

2. 三相异步电机的调速方法有__________、__________和转子回路串电阻调速。

3. 绕线式异步电动机是通过转子回路串接__________来改善启动和调速性能的。

4. 笼型三相异步电动机常用的降压启动方法有__________启动和__________启动。

5. 三相异步电动机采用 Y－Δ 降压启动时，其启动电流是三角联结全压启动电流的__________，启动转矩是三角联结全压启动时的__________。

6. 三相异步电动机机械负载加重时，其定子电流将__________。

7. 三相异步电动机负载不变而电源电压降低时，其转子转速将__________。

二、选择题

1. 三相异步电动机带恒转矩负载运行，如果电源电压下降，当电动机稳定运行后，此时电动机的电磁转矩(　　)。

A. 下降　　B. 增大　　C. 不变　　D. 不定

2. 一台三相异步电动机拖动额定转矩负载运行时，若电源电压下降了 10%，这时电动机的电磁转矩(　　)。

A. $T_e=T_N$　　B. $T_e=0.81T_N$　　C. $T_e=0.9T_N$　　D. $T_e=0.1T_N$

3. 三相绕线转子异步电动机拖动起重机的主钩，提升重物时电动机运行于正向电动状态，若在转子回路串接三相对称电阻下放重物时，电动机运行状态是(　　)。

A. 能耗制动运行　　B. 反向回馈制动运行

C. 倒拉反转运行　　D. 回馈制动运行

4. 异步电动机工作在电磁制动状态，转差率 s(　　)。

A. $s>1$　　B. $0<s<1$　　C. $s<0$　　D. $s=0$

5. 与固有机械特性相比，人为机械特性上的最大电磁转矩减小，临界转差率没变，则该人为机械特性是异步电动机的(　　)。

A. 定子串接电阻的人为机械特性　　B. 转子串接电阻的人为机械特性

C. 降低电压的人为机械特性　　D. 不能确定

三、简答题

1. 为什么说绕线转子异步电动机转子回路串频敏变阻器启动比串电阻启动效果更好?

2. 三相异步电动机启动时，为什么启动电流很大，而启动转矩却不大?

3. 三相异步电动机在何种情况下不允许直接启动?

4. 三相异步电动机轴上带的负载转矩越重，启动电流是否越大? 为什么? 负载转矩的大小对电动机启动的影响表现在什么地方?

5. 为什么绕线转子异步电动机转子回路串入的电阻太大反而会使启动转矩变小?

6. 三相异步电动机串级调速的基本原理是什么?

四、计算题

1. 一台三相笼型异步电动机，已知 $U_N=6$ kV，$n_N=1450$ r/min，$I_N=20$ A，Δ联结，$\cos\varphi_N=0.87$，$\eta_N=87.5\%$，$K_I=7$，$K_T=2$。

(1) 求额定转矩 T_N;

(2) 电网电压降到多少伏以下就不能拖动额定负载启动?

(3) 采用 Y－Δ 启动时初始启动电流为多少? 当 $T_L=1.1T_N$ 时能否启动?

(4) 采用自耦变压器降压启动，并保证在 $T_L=0.5T_N$ 时能可靠启动，自耦变压器的降压比 K_A 为多少? 电网供给的最初启动电流是多少?

2. 一台三相笼型异步电动机，已知 $P_N=90$ kW，额定电压 $U_N=380$ V，额定电流 $I_N=167$ A，额定转速 $n_N=1490$ r/min，启动电流倍数 $K_I=7.2$，启动转矩倍数 $K_T=2.1$。若把启动电流限定在 380 A 以内时，并要求启动转矩 $T_{st}\geqslant 0.4T_N$，试选择一种合适的启动方法，并通过计算加以说明。

3. 一台绕线转子三相异步电动机，已知 $P_N=37$ kW，额定电压 $U_{1N}=380$ V，额定转速 $n_N=1441$ r/min，$E_{2N}=316$ V，$I_{2N}=74$ A，过载倍数 $\lambda_m=3.0$，启动时负载转矩 $T_L=0.76\ T_N$。求转子串电阻三级启动时的启动电阻。

4. 一台笼型异步电动机，已知 $P_N=11$ kW，$I_N=21.8$ A，$U_N=380$ V，$n_N=2930$ r/min，$\lambda_m=2.2$，拖动 $T_L=0.8T_N$ 的恒转矩负载运行。求：

(1) 电动机的转速;

(2) 降低电源电压到 $0.8\ U_N$ 时电动机的转速;

(3) 频率降低到 $0.8f_N=40$ Hz，保持 $\frac{E_1}{f_1}$ 不变时电动机的转速。

第 10 章　同步电动机的电力拖动

学习目标

（1）掌握同步电动机的启动方式。

（2）熟悉同步电动机的变频调速。

（3）了解永磁同步电动机的制动系统。

重难点

（1）同步电动机的启动。

（2）同步电动机的变频调速。

思维导图

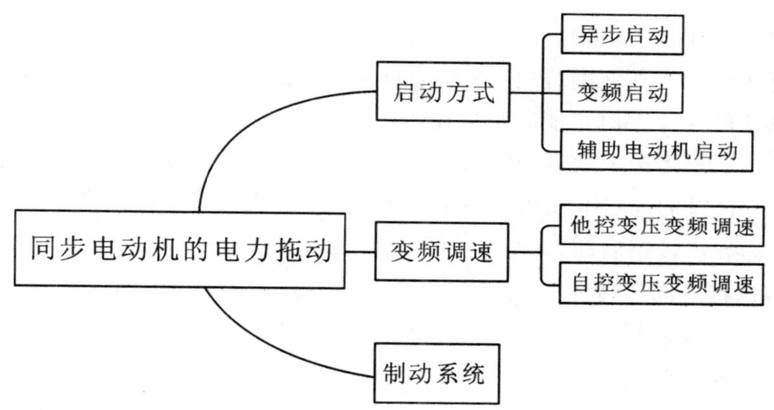

与其他电动机相比，同步电动机拖动系统有突出的特点：首先，转速与电压的频率保持严格的同步，功率因数可以调节；其次，因为转子有励磁，所以可以在低频情况下运行，在同样条件下，同步电动机的调速范围比异步电动机的调速范围更宽，而且有较强的抗干扰能力，动态响应时间短。

本章主要讨论同步电动机的启动、变频调速和制动系统。

10.1　同步电动机的启动

同步电动机的电磁转矩是由定子旋转磁场和转子励磁磁场相互作用而产生的。只有两者同速，才能产生稳定的电磁转矩。

当同步电动机转子加上励磁，定子加上交流电压启动时，由于转子机械惯量很大，不可能像定子旋转磁场那样一瞬间加速到同步转速，定子产生的高速旋转磁场扫过不动的转子，电磁转矩平均值为零。

定子旋转磁场的磁极迅速扫过转子交替布置不同极性的磁极，产生大小和方向是交变的电磁转矩，称为脉动转矩，其平均转矩为零。如图 10.1.1 所示，同步电动机本身无启动转矩，不能自行启动，需借助于辅助方法来启动。

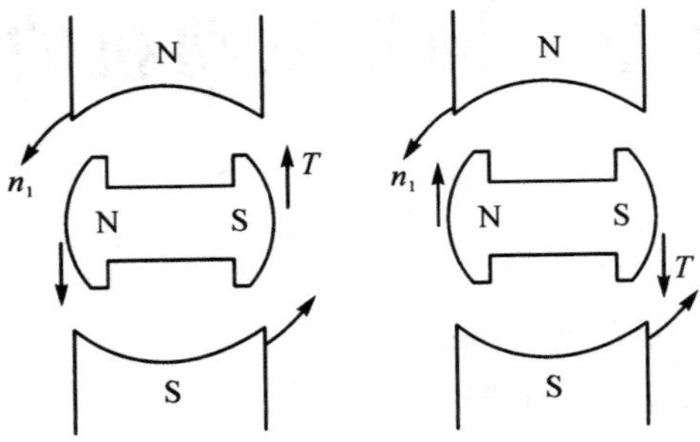

图 10.1.1　定子磁场对转子磁场的作用

一般来讲，同步电动机的启动方式大致有三种：异步启动、变频启动和辅助电动机启动。

1. 异步启动

同步电动机没有启动转矩，为了启动的需要，一般在转子磁极的极靴上装有类似于异步电动机的笼型绕组，称为启动绕组，也称为阻尼绕组，因为该绕组在同步电动机转速振荡时也能起阻尼作用。

启动时，先将转子励磁绕组断开，电枢接额定电网，转子绕组串接电阻形成闭合回路，这时的同步电动机相当于异步电动机，利用启动绕组产生的电磁转矩启动，称为异步转矩启动。

当转速接近同步转速的 95％时，将励磁电流通入转子绕组，电动机就可以同步运转了，称为牵入同步，完成启动过程。其整个启动过程包括“异步启动”和“牵入同步”两个阶段。

1）异步启动阶段

异步启动时的线路图如图 10.1.2 所示，启动时，把开关 S_2 投向启动侧（图 10.1.2 中的左侧），让励磁绕组串接附加电阻构成闭合回路，附加电阻约为励磁绕组电阻 R_f 的 10 倍，然后把同步电动机的定子绕组接三相交流电源（闭合 S_1），利用启动绕组产生的异步转矩启动同步电动机。

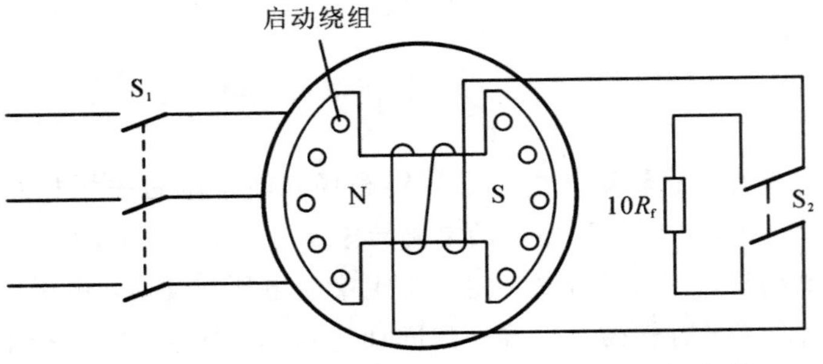

图 10.1.2　同步电动机异步启动的原理线路图

2）牵入同步阶段

在异步转矩的拖动下，同步电动机的转速不断上升，当上升到接近同步转速，也就是亚同步时，应将开关 S_2 投向运行侧(图 10.1.2 中的右侧)，让励磁绕组接通直流电源，将励磁电流通入励磁绕组，这一过程称为投励。投励后，在励磁绕组产生的同步转矩作用下将电动机牵入同步，完成启动过程。

同步电动机在异步启动时，需要限制启动电流，一般可采用定子串电抗或自耦变压器等启动方法。

2. 变频启动

变频启动法是使用变频器来启动同步电动机。变频器能将频率恒定、电压恒定的三相交流电变为频率连续可调、电压连续可调的三相交流电，而且电压与频率成比例地变化。启动时将变频器的输入端接交流电网电压，输出端接同步电动机定子三相绕组，同时将励磁绕组通入直流励磁。调节变频器，使输出频率由较低的频率开始不断地上升，从而使得定子旋转磁场也从较低的转速开始上升。这样，在启动瞬间，定、转子磁场转速相差比较小，在同步转矩作用下，使转子启动加速，跟上定子磁场转速。然后连续不断地使变频器的输出频率升高，转子的转速就连续不断地上升，直至变频器的输出频率达到电网的额定频率，转子转速达到同步转速，完成启动过程。

3. 辅助电动机启动

辅助电动机启动方法必须要有另外一台电动机作为启动的辅助电动机，辅助电动机一般采用与同步电动机极数相同且功率较小(其容量约为主机的10%～15%)的异步电动机。在启动时，辅助电动机首先开始运转，将同步电动机的转速拖动到接近同步转速，再给同步电动机加入励磁并投入电网同步运行。因为辅助电动机的功率一般较小，所以这种启动方法只适用于空载启动。如果主机的同轴上装有足够容量的直流励磁机，也可以把直流励磁机兼做辅助电动机。

同步电动机的启动过程较为复杂，且准确度要求高，现普遍采用晶闸管励磁系统，可以使同步电动机启动过程实现自动化。

10.2　同步电动机的变频调速

同步电动机由于结构和原理的原因，只能靠变频调速。同步电动机变频调速的应用领域十分广泛，其功率覆盖面大，从数瓦的微型同步电动机到数万瓦的大型同步电动机。同步电动机变频调速的基本原理和方法以及所用的变频装置和异步电动机变频调速大体相同。

同步电动机的变频调速特点：

(1) 同步电动机的转速 n_1 与电源的基波频率 f_1 之间保持严格的同步关系，即 $n_1=\dfrac{60f_1}{p}$，只要精确地控制变频电源的基波频率就能准确地控制电动机的转速。

(2) 同步电动机可以通过调节转子励磁来调节电动机的功率因数，这对于改善电网的功率因数有利。若电动机运行在 $\cos\varphi=1$ 的状态下，电动机的定子电流最小，变频器容量可减小。

(3) 同步电动机对负载转矩扰动具有较强的承受能力，这是因为只要同步电动机的功角作适当变化就能改变电磁转矩，而转速始终维持在原同步转速不变。同时，转动部分的惯性不会影响同步电动机对转矩的快速响应。因此，同步电动机比较适合于要求对负载转矩变化作出快速反应的交流调速系统中。

(4) 同步电动机能从转子进行励磁以建立必要的磁场，因此调速范围比较宽，在低频时也可以运行。

在进行变频调速时需要考虑恒磁通的问题，所以同步电动机的变频调速也是电压频率协调控制的变压变频调速。

在同步电动机的变压变频调速方式中，从控制的方式来看，可分为他控变压变频调速和自控变压变频调速两类。

1. 他控变压变频调速系统

使用独立的变压变频装置给同步电动机供电的调速系统称为他控变频调速系统。变压变频的装置同感应电动机的变压变频装置相同，分为交—直—交和交—交变频两大类。经常在高速运行的电力拖动场合，定子的变压变频方式常用交—直—交电流型变压变频器，其电动机侧变换器(即逆变器) 比给感应电动机供电时更简单，如图 10.2.1 所示。运行于低速的同步电动机电力拖动系统，定子的变压变频方式常用由交—交变压变频器(或称周波变换器)，使用这样的调速方式可以省去庞大的机械传动装置。

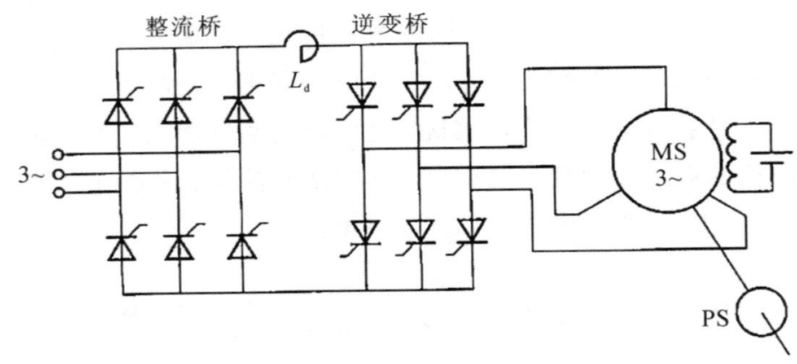

图 10.2.1　交—直—交电流型无换向器电机原理图

交—直—交电流型变频调速原理：由系统组成可知，交—直—交变频器把频率恒定的交流电变换为频率可调、电压可调的交流电，给定子绕组供电，当励磁绕组给励磁时，同步电动机能带负载运行。要提高转速，就要提高系统的给定控制电压，控制晶闸管的移相触发信号，使整流桥的晶闸管提前触发导通，即控制角 α 变小，根据公式 $U_d=2.34U\cos\alpha$ 可知，整流桥输出的直流电压 U_d 升高，经逆变桥逆变后加到定子绕组中的三相交流电压也升高，同步电动机的电磁转矩增加，转子转速上升，同时转子位置检测器发出的控制信号频率增加，控制逆变

器输出频率升高，使定子磁场的转速升高到等于转子的转速而实现同步。降速的过程则与之相反。总之，通过改变给定控制电压的大小就可以改变无换向器电动机的转速，达到调速的目的。

对他控变压变频调速方式而言，通过改变三相交流电的频率，定子磁场的转速是可以瞬时改变的，但是转子及整个拖动系统具有机械惯性，转子转速不能瞬时改变，两者之间能否同步，取决于外界条件。若频率变化较慢，且负载较轻，定、转子磁场的转速差较小，电磁转矩的自整步能力能带动转子及负载跟上定子磁场的变化而保持同步，变频调速成功。如果频率上升的速度很快，且负载较重，那么定、转子磁场的转速差较大，电磁转矩使转子转速的增加不能跟上定子磁场的增加而失步，变频调速失败。

2. 自控变压变频调速系统

自控变压变频调速是一种闭环调速系统。它利用检测装置，检测出转子磁极位置的信号，并用来控制变压变频装置换相，替代了直流电动机中电刷和换向器的作用，因此也称为无换向器电动机调速，或无刷直流电动机调速。同步电动机、变频器、转子位置检测器组成的无换向电动机变频调速系统，如图10.2.2所示。由于无换向器电动机中变频器的控制信号来自转子位置检测器，由转子转速来控制变频器的输出频率，因此称其为“自控式变频器”。

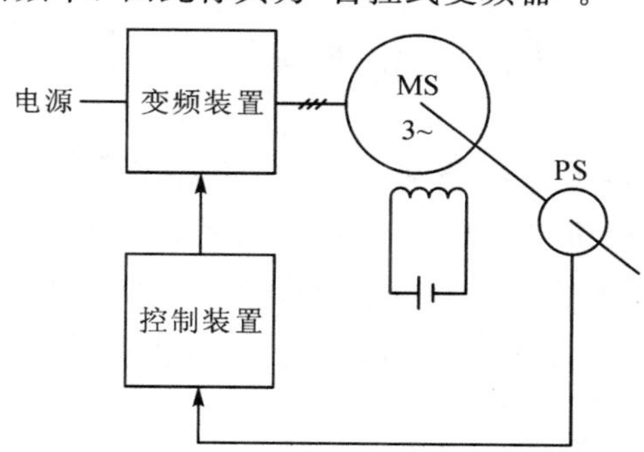

图 10.2.2　无换向器电动机变频调速系统

自控变压变频调速主要由四部分组成。

(1) 同步电动机(MS)。同步电动机是旋转磁极型爪式结构的同步电动机，可以做到无滑环无换向器。

(2) 位置检测器(PS)。位置检测器是无换向器电动机特有的部件，用于检测转子位置及转速，并向变频器发出控制信号，控制变频器的输出频率。位置检测器通常都做成无接触式，根据原理和结构的不同，有以下两种：

① 接近开关式。它是由带有缺口的磁性旋转圆盘和带有电感线圈的探头组成，和转子一同旋转的圆盘与固定在定子上的探头距离发生变化时，引起探头电感变化，使振荡条件变化而产生检测信号。

② 光电式。它利用光电耦合原理，当转动的转盘未挡住光源时，接受发光信

号，无检测信号输出；当转盘凸出部分挡住光源时，产生检测信号。

(3) 控制装置。转子位置检测器发出的控制信号，经过控制装置的处理和分配后，形成变频器的频率控制信号，用于同步电动机的速度控制和正反转控制。

(4) 变频器。调速系统中的变频器将频率恒定的电网电压变为频率可调、电压可调的三相交流电，向同步电动机的定子绕组供电。

自控变压变频调速方式是基于首先改变转子的转速，在转子转速变化的同时，改变电源电压的频率，由于频率是通过电子线路来实现的，瞬间就可完成，因而也就可以瞬间改变定子磁场的转速而使两者同步，不会有失步困扰。所以这种变频调速被广泛应用到同步电动机的调速系统中。

与异步电动机相对应，对同步电动机电力拖动系统的控制，近年来也采用了矢量控制的方法，基于同步电动机的状态空间数学模型，运用现代控制理论、状态估计理论等先进的控制方法，对同步电动机的电力拖动系统进行有效控制，取得了很多成果，有兴趣的读者可以去查阅相关资料，此处不再赘述。

变频控制的方法由于将同步电动机的启动、调速以及励磁等诸多问题放在一起解决，显示了其独特的优越性，已成为当前同步电动机电力拖动的一个主流。

10.3 同步电动机的制动系统

在交流电动机的三种制动中，同步电动机最常用的制动方式是能耗制动。

同步电动机能耗制动时，将定子三相绕组从供电电源中断开，接到外接电阻或频敏变阻器上，而且转子励磁绕组中仍保持一定的励磁电流。此时同步电动机相当于是一台变速运行的发电机，通过外接电阻或频敏变阻器将由转子的机械能转化而来的电能消耗掉。

近年来，随着电动汽车的发展，永磁同步电动机以其功率密度高、动态性能好等优点，被广泛用于电动汽车、数控机床、机器人等高性能伺服驱动领域。电动汽车的发展对制动系统提出了新的要求，包括:制动系统主动制动、再生制动、制动系统网络化、无真空制动等。传统制动系统采用真空助力器进行助力，它通过燃油获得所需的真空度。纯电力汽车没有燃油为真空泵提供真空度，大多选择电子制动。本节简要介绍可以回收能源的永磁同步电动机电子制动装置。

电动汽车的电子助力制动系统如图 10.3.1 所示。电子制动系统中的位置传感器探测制动踏板推杆的位移以感知驾驶员踩下制动踏板位移，并将信号发送至电子助力制动系统的控制单元。控制单元计算出助力电机应转动的位置角度，再由传动机构将该位置角度转化为助力器阀体的伺服制动力。提供的助力使驾驶员踩下制动踏板所用力减小以获得良好的制动脚感。

由此可见，电子助力制动系统中的助力电机与其控制驱动装置尤为关键：为保证制动力快速精确可靠，助力电机需要具有良好的动态响应速度和稳态精度；为保障足够的制动摩擦力和稳定性，助力电机需具有较大的功率密度。

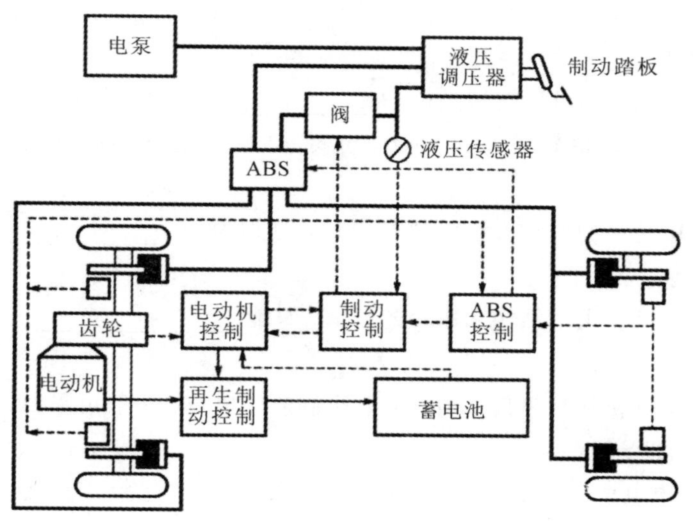

图 10.3.1 电动汽车电子助力制动系统

永磁同步电机主要有两种控制策略，分别是矢量控制(Vector Control，VC)和直接转矩控制(Direct Torque Control，DTC)。矢量控制策略以其输出转矩平稳、调速范围较大、连续控制方便等优点，自 20 世纪 70 年代提出以来被国内外学者深入研究、改进补充，成为永磁电机高性能控制系统的首选。

矢量控制实现的基本原理是通过测量和控制同步电动机定子电流矢量的幅值和相位，根据磁场定向原理分别对同步电动机的励磁电流和产生转矩的电流进行控制，从而达到控制同步电动机转矩的目的。矢量控制会将电流及电压等物理量在二个系统之间转换，一个是随速度及时间改变的三相系统，另一个则是二轴非线性的旋转坐标系统。

矢量控制的特点：

(1) 需要量测(或是估测)电机的速度或位置。若估测电机的速度，需要电机电阻及电感等参数，若可能要配合多种不同的电机使用，需要自动调适(autotuning)程序来量测电机参数。

(2) 借由调整控制的目标值，转矩及磁通可以快速变化，一般可以在 5～10 毫秒内完成。若使用 PI 控制，步阶响应会有过冲。

(3) 功率晶体的切换频率(载波)一般为定值。

(4) 转矩的精确度和控制系统中使用的电机参数有关，若因为电机温度变化造成转子电阻阻值提高，则会造成误差的变大。

(5) 对处理器效能的要求较高，至少每一毫秒需执行一次电机控制的算法。

习 题 10

一、填空题

1. 同步电动机的电磁转矩是由________和________相互作用而产生的。

2. 当同步电动机转子加上励磁，定子加上交流电压启动时，电磁转矩______________为零。

3. 同步电动机的启动方法大致有三种，分别为__________、__________和________启动。

4. 同步电动机由于结构和原理的原因，只能__________________调速。

二、选择题

1. 同步电动机在异步启动时，需要限制启动电流，一般可采用(　　)或自耦变压器等启动方法。

A. 转子串电抗　　B. 定子串电抗　　C. 转子串电容　　D. 定子串电容

2. 只要精确地控制变频电源的(　　)，就能准确地控制电动机的转速。

A. 谐波频率　　B. 基波电压　　C. 基波频率　　D. 基波电压

3. 同步电动机可以通过调节(　　)来调节电动机的功率因数，这对于改善电网的功率因数有利。

A. 转子励磁　　B. 定子励磁　　C. 转子电压　　D. 定子电压

三、简答题

1. 何谓同步电动机异步启动法？为什么同步电动机要采用异步启动法启动？

2. 为什么用变频器来启动同步电动机的时候要限制频率的上升率？

3. 通过查阅资料，简述何谓 PID 控制算法。

第 11 章　电力拖动系统电动机的选择

学习目标

（1）了解选择电动机的参考因素。

（2）理解电动机发热与冷却规律。

（3）掌握电动机的一般选择方法。

重难点

（1）电动机发热与冷却规律。

（2）电动机的一般选择方法。

思维导图

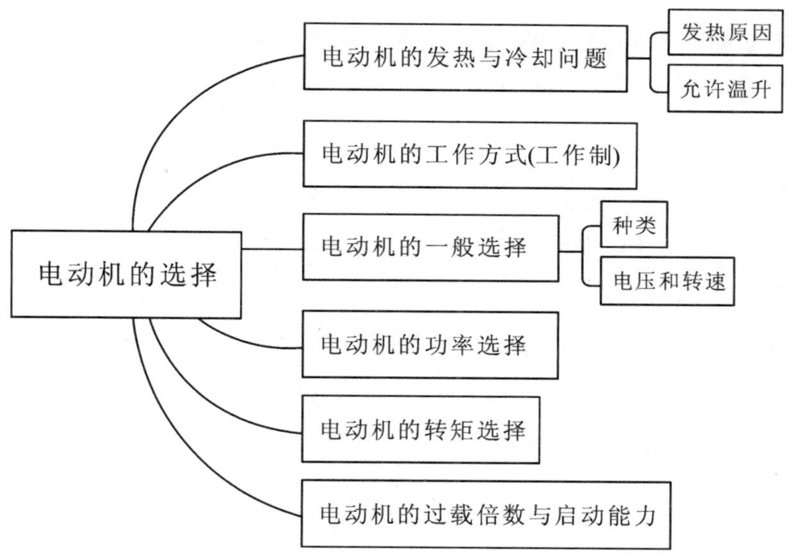

正确地选择电动机的容量是电力拖动系统安全运行的基础。只有恰到好处地选择电动机的容量，电力拖动系统才能安全而经济地运行。

电动机的选择主要是指电动机的额定功率、额定电压、种类及形式等项目的选择。额定功率的选择，要根据电动机的发热、过载能力和启动能力三方面来考虑，其中以发热问题最为重要。

选择电动机的原则，一是要满足生产机械负载的要求，二是从经济上看应该是最合理的，因此，电动机额定功率的选择是非常重要的。如果功率选得过大，电动机的容量得不到充分利用，电动机经常处于轻载运行状态，效率过低，成本增加；反之，如果功率选得过小，电动机将过载运行，进而缩短电动机的寿命。

11.1 电动机的发热、冷却与允许温升

11.1.1 电动机的发热与冷却

1. 电动机的发热

电动机正常负载运行时，电动机内有自身的机械功率损耗，也有电磁损耗，这些损耗都以热能的形式体现，这会使电动机温度升高，甚至超过周围环境温度。电动机温度比环境温度高出的值称为温升。电动机有了温升，就要向周围散热。当电动机单位时间发出的热量等于散出的热量时，电动机温度不再增加，也就达到了发热与散热平衡的状态。

假设电动机长期运行，负载不变，总损耗不变，电动机本身各部分温度均匀，周围环境温度不变，并设电动机单位时间内产生的热量为 Q，则 $\mathrm{d}t$ 时间内产生的热量为 $Q\mathrm{d}t$。若电动机单位时间内散出的热量为 $A\tau$(其中 A 为散热系数，它表示温升为 1 ℃时，每秒钟的散热量；τ 为温升)，则 $\mathrm{d}t$ 时间内散出的热量为 $A\tau\mathrm{d}t$。

在温度升高的整个过渡过程中，电动机温度在升高，因此本身吸收了一部分热量。电动机的热容量为 C，$\mathrm{d}t$ 时间内的温升为 $\mathrm{d}\tau$，则 $\mathrm{d}t$ 时间内电动机本身吸收的热量为 $C\mathrm{d}\tau$。

$\mathrm{d}t$ 时间内，电动机的发热等于本身吸热与向外散热之和，即

$$Q\mathrm{d}t=C\mathrm{d}\tau+A\tau\mathrm{d}t \tag{11.1.1}$$

这就是热平衡方程式。整理后为

$$\left.\begin{aligned}\frac{C}{A}\frac{\mathrm{d}\tau}{\mathrm{d}t}+\tau=\frac{Q}{A}\\ T_\theta\frac{\mathrm{d}\tau}{\mathrm{d}t}+\tau=\tau_{\mathrm{L}}\end{aligned}\right\} \tag{11.1.2}$$

式中 T_θ 为时间常数，这是一个非齐次常系数一阶微分方程式。当初始条件为 $t=0$，$\tau=\tau_{\mathrm{F0}}$ 时，特解为

$$\tau=\tau_{\mathrm{L}}+(\tau_{\mathrm{F0}}-\tau_{\mathrm{L}})\mathrm{e}^{-\frac{1}{T_\theta}} \tag{11.1.3}$$

式中，$T_\theta=\dfrac{C}{A}$ 为发热时间常数，表征热惯性的大小。热惯性是指材料对温度变化的抵抗力，由整个加热/冷却循环(24 小时的地球日）中随时间变化的温度表示。当固体物所处的环境温度瞬间变化，而固体物本身温度变化滞后，这种滞后性取

决于固体物本身的比热容和质量大小。如发动机进气门的热惯性，每一个工作循环(除发动机启动工况)，发动机的进气温度远低于进气门的温度，这种温度变化的滞后性称作热惯性。$\tau_L=\frac{Q}{A}$为稳态温升；τ_{F0}为起始温升。

式(11.1.3)说明，热过渡过程中温升包括两个分量：一个是强制分量 τ_L，它是过渡过程结束时的稳态值；另一个是自由分量$(\tau_{F0}-\tau_L)e^{-\frac{t}{T_\theta}}$，它按指数规律衰减至零。小电机的 T_θ 约为十几分钟到几十分钟，大电机的 T_θ 则很大。热容量越大，热惯性越大，时间常数也越大；散热越快，达到热平衡状态就越快，时间常数 T_θ 则越小。

电动机发热过程的温升曲线如图 11.1.1 所示。较长时间没有运行的电动机重新负载运行时，$\tau_{F0}=0$；运行一段时间后温度还没有完全降下来的电动机再运行时，或者运行着的电动机负载增加时，$\tau_{F0}\neq0$，为某一具体数值。

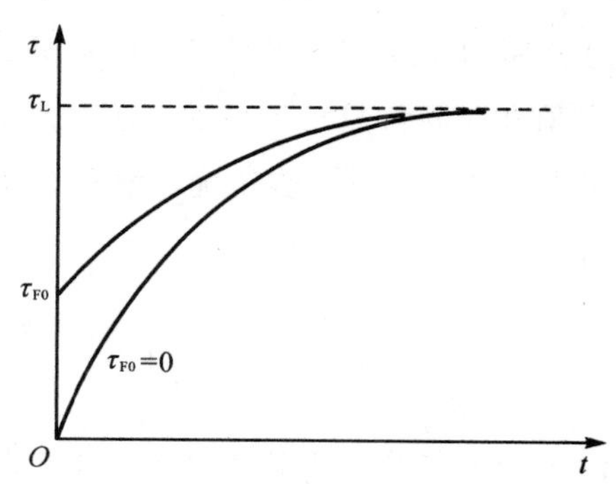

图 11.1.1　电动机发热过程的温升曲线

2. 电动机的冷却

一台负载运行的电动机，在温升稳定之后，如果减少它的负载，那么电动机损耗 $\sum P$ 及单位时间内的发热量 Q 都将随之减少。这样一来，本来的热平衡状态被破坏，发热少于散热，电动机温度下降，即温升的降低。降温的过程中，随着温升的减小，单位时间内的散热量 $A\tau$ 也减少。当重新达到 $Q=A\tau$ 即发热等于散热时，电动机不再继续降温，而稳定在新的温升上。温升下降的过程称为冷却过程。

冷却过程的微分方程式及它的解都与发热过程的一样。至于初始值 τ_{F0} 和稳态值 τ_L，要由冷却过程的具体条件来确定。比如上面的冷却过程，减少负载之前的稳定温升为 τ_{F0}，而重新稳定后的温升为 $\tau_L=\frac{Q}{A}$，由于 Q 已减少，因此 $\tau_{F0}>\tau_L$。

电动机冷却过程的温升曲线如图 11.1.2 所示。当负载减小到某一值时，

$\tau_L \neq 0$，大小为 $\tau_L = \dfrac{Q}{A}$；若去掉全部负载，且电动机完全断电后，其 $\tau_L = 0$。时间常数 T_θ 与发热时的相同。

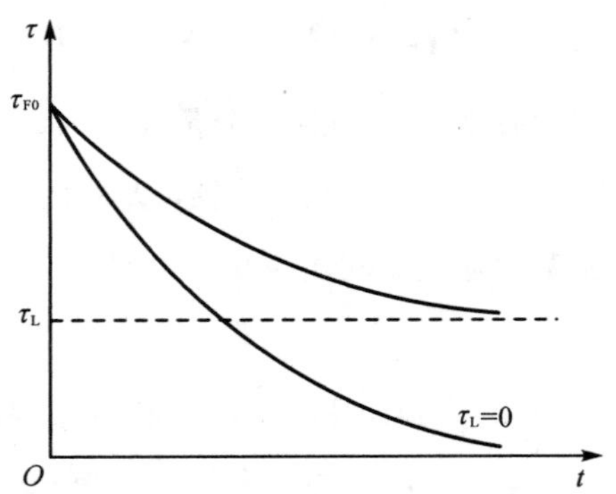

图 11.1.2 电动机冷却过程的温升曲线

从上面对电动机发热和冷却过程的分析看出，电动机温升 $\tau = f(t)$ 曲线的确定，依赖于起始值、稳态值和时间常数三个要素。分析热过渡过程，主要目的不在于定量计算，而在于定性了解，为进一步正确理解和选择电动机额定功率打下理论基础。

11.1.2 电动机的允许温升

电动机负载运行时，从尽量发挥它的作用出发，所带负载输出功率越大越好（若不考虑机械强度）。但是输出功率越大，损耗 ΔP 越大，温升越高。

电动机内耐温最薄弱的是绝缘材料。绝缘材料的耐温性有限度，限度之内，绝缘材料的物理、化学、机械、电气等方面的性能比较稳定，其工作寿命一般约为 20 年。超过了限度，绝缘材料的寿命就急剧缩短，甚至会很快烧毁。这个温度限度称为绝缘材料的允许温度。绝缘材料的允许温度，就是电动机的允许温度；绝缘材料的寿命，一般也就是电动机的寿命。

环境温度随时间、地点而异，设计电动机时规定取 40 ℃的国家标准环境温度。因此，绝缘材料或电动机的允许温度减去 40 ℃即为允许温升，用 τ_{max} 表示，单位为 K。

不同绝缘材料的允许温度不一样，按照允许温度的高低，电动机常用的绝缘材料分为 A、E、B、F、H 五种。按环境温度为 40 ℃计算，这五种绝缘材料及其允许温度和允许温升如表 11.1.1 所示。

表 11.1.1　绝缘材料的允许温度和允许温升

等级	绝缘材料	允许温度/℃	允许温升/K
A	经过浸渍处理的棉、丝、纸板、木材等，以及普通绝缘漆	105	65
E	环氧树脂、聚酯薄膜、青壳纸、三醋酸纤维薄膜、高强度绝缘漆	120	80
B	用提高了耐热性能的有机漆作黏合剂的云母、石棉和玻璃纤维组合物	130	90
F	用耐热优良的环氧树脂黏合或浸渍的云母、石棉和玻璃纤维组合物	155	115
H	用有机硅树脂黏合或浸渍的云母、石棉和玻璃纤维组合物，以及有机硅橡胶	180	140

目前我国生产的电动机多采用 E 级和 B 级绝缘，发展趋势是采用 F 级和 H 级绝缘，这样可以在一定的输出功率下，减轻电动机的重量，缩小电动机的体积。

11.2　电动机的工作方式(工作制)

11.2.1　三种工作方式(工作制)

电动机工作时，其温升的高低不仅与负载的大小有关，而且与负载的持续时间有关。同一台电动机，若工作的时间长短不同，则温升不同。或者说，它能够承担负载功率的大小也不同。为了适应不同负载的需要，按负载持续时间的不同，国家标准把电动机分成了三种工作方式或三种工作制，细分为九类，用 S1，S2，…，S9 来表示。

1. 连续工作方式(工作制)

连续工作方式是指电动机工作时间 $t_\tau>(3\sim4)T_\theta$，温升可以达到稳态值 τ_L，也称为长期工作制。电动机铭牌上对工作方式没有特别标注的电动机都属于连续工作方式。通风机、水泵、纺织机、造纸机等很多连续工作方式的生产机械，都应使用连续工作方式电动机。

2. 短时工作方式(工作制)

短时工作方式是指电动机的工作时间 $t_\tau<(3\sim4)T_\theta$，而停歇时间 $t_0>(3\sim4)T_\theta$，这样工作时温升达不到 τ_L，而停歇后温升降为零。短时工作的水闸闸门、吊车等

应该使用短时工作方式电动机。我国短时工作方式的标准工作时间有 15 min、30 min、60 min、90 min 四种。

3. 周期性断续工作方式(工作制)

周期性断续工作方式指电动机工作与停歇交替进行，时间都比较短，即以 $t_\tau<(3\sim4)T_\theta$，$t_0<(3\sim4)T_\theta$ 为主。工作时温升达不到稳态值，停歇时温升降不到零。按国家标准规定，每个工作与停歇的周期之和 $t_t=t_\tau+t_0\leqslant10$ min。周期性断续工作方式又称作重复短时工作制。

每个周期内工作时间占的百分数叫作负载持续率(又称暂载率)，用 $FS\%$ 表示，即

$$FS\%=\frac{t_\tau}{t_\tau+t_0}\times100\% \tag{11.2.1}$$

我国规定的标准负载持续率有 15%、25%、40%、60%四种。

周期性断续工作方式的电动机频繁启动、制动，其过载倍数强、GD^2 值小、机械强度好。

起重机械、电梯、自动机床等具有周期性断续工作方式的生产机械应使用周期性断续工作方式电动机。但许多生产机械周期断续工作的周期并不很严格，这时负载持续率只具有统计性质。

11.2.2 不同工作方式(工作制)下电动机的额定功率

1. 连续工作方式(工作制)下电动机的额定功率

连续工作方式下，电动机输出功率以后，电动机温升达到一个与负载大小相对应的稳态值。

从功率和寿命综合考虑，要最充分使用电动机，就要使其长期负载运行时达到的稳态温升等于允许温升，因此，应取使稳态温升 τ_L 等于(或接近于)允许温升 τ_{max} 时的输出功率 P 作为电动机的额定功率。

那么，电动机额定负载运行时，额定功率与温升的关系是如何计算的?

额定负载运行时，电动机温升的稳态值为

$$\tau_L=\frac{Q_N}{A}=\frac{0.24\sum P_N}{A} \tag{11.2.2}$$

又知 $\sum P_N=\frac{P_N}{\eta_N}-P_N=\left(\frac{1-\eta_N}{\eta_N}\right)P_N$，将其代入式(11.2.2)，得 $\tau_L=\frac{0.24}{A}\cdot\left(\frac{1-\eta_N}{\eta_N}\right)P_N$，额定负载运行时，$\tau_L$ 应为电动机的允许温升 τ_{max}，因此上式整理后变为

$$P_N=\frac{A\eta_N\tau_{max}}{0.24(1-\eta_N)} \tag{11.2.3}$$

式(11.2.3)说明，当 A 与η_N(电动机效率)均为常数时，电动机的额定功率 P_N与允许温升τ_{max}成正比关系，绝缘材料的等级越高，电动机的额定功率越大。该式还表明，一台电动机的允许温升不变时，若设法提高效率、提高散热能力，都可增大电动机的额定功率。

2. 短时工作方式(工作制)下电动机的额定功率

短时工作方式下，电动机每次负载运行时，其温升都达不到稳态值 τ_L，而停下来后，温升却都下降到零。负载运行时，在工作时间 t_r 内，电动机实际达到的最高温升 τ_m 低于稳态温升 τ_L。

短时工作方式的电动机，由于 $\tau_m<\tau_L$，其额定功率的大小要由实际达到的最高温升 τ_m 来确定，即在规定的工作时间内，电动机负载运行达到的实际最高温升恰好等于(或接近于)允许温升 $\tau_m=\tau_{max}$时，电动机的输出功率则定为额定功率 P_N。

短时工作方式电动机的额定功率 P_N 是与规定的工作时间 t_τ 相对应的，与连续工作方式的情况不完全一样。这是因为，若电动机输出同样大小的功率，工作时间短的，实际达到的最高温升 τ_m 低；工作时间长的，实际达到的最高温升 τ_m 则高。因此，只有在规定的工作时间内，输出额定功率时，其 τ_m 才正好等于允许温升 τ_{max}。

3. 周期性断续工作方式(工作制)下电动机的额定功率

周期性断续工作方式的电动机，负载运行时，温度升高，但还达不到稳态温升；停歇时，温度下降，但也降不到环境的温度。那么每经一个周期，电动机的温升都升一次降一次。经过足够的周期以后，当每周期时间内的发热量等于散热量时，温升就将在一个稳定的小范围内波动。若电动机实际达到的最高温升为τ_m，则当 τ_m 等于(或接近于)电动机允许温升 τ_{max}时，相应的输出功率便规定为电动机的额定功率。

显然，与短时工作方式的情况相似，周期性断续工作方式下电动机的额定功率是对应于某一负载持续率 $FS\%$的。因为电动机在同一个输出功率情况下，负载持续率大的，τ_m 高；负载持续率小的，τ_m 低；只有在规定的负载持续率上，τ_m 才恰好等于电动机的允许温升 τ_{max}。

同一台电动机，负载持续率不同时，其额定功率大小也不同。只是在各自的负载持续率上，输出各自不同的额定功率，其最后达到的温升都等于电动机的允许温升。$FS\%$值大的，额定功率小；$FS\%$值小的，额定功率大。

11.3 电动机的一般选择

11.3.1 电动机种类的选择

1. 电动机最重要的性能特点

电动机具有的特点包括性能方面、所需电源、维修方便与否、价格高低等，这是选择电动机种类的基本知识。当然生产机械工艺特点是选择电动机的先决条件。这两方面都具备了，便可以为特定的生产机械选择到合适的电动机。表11.3.1粗略列出了不同类型电动机最重要的性能特点。

表 11.3.1 电动机最主要的性能特点

电动机种类		最主要的性能特点
直流电动机	他励、并励	机械特性硬，启动转矩大，调速性能好
	串励	机械特性软，启动转矩大，调速方便
	复励	机械特性软硬适中，启动转矩大，调速方便
三相异步电动机	普通鼠笼式	机械特性硬，启动转矩不太大，可以调速
	高启动转矩	启动转矩大
	多速	多速（2～4 速）
	绕线式	机械特性硬，启动转矩大，调速方法多，调速性能好
三相同步电动机		转速不随负载变化，功率因数可调
单相异步电动机		功率小，机械特性硬
单相同步电动机		功率小，转速恒定

2. 选择电动机种类时的参照指标

1）机械特性

生产机械具有不同的转矩转速关系，要求电动机的机械特性与之相适应。例如，负载变化时要求转速恒定不变的，应选择同步电动机；要求启动转矩大及特性软的（如电车、电气机车等），应选择串励或复励直流电动机。

2）调速性能

电动机的调速性能包括调速范围、调速的平滑性、调速系统的经济性（设备成本、运行效率等）诸方面，这些方面都应满足生产机械的要求。例如，调速性能

要求不高的各种机床、水泵、通风机多选择普通鼠笼式三相异步电动机；功率不大、有级调速的电梯及某些机床可选择多速电动机；而调速范围较大、调速要求平滑的龙门刨床、高精度车床、可逆轧钢机等可选择变频调速同步电动机或异步电动机。

3）启动性能

一些启动转矩要求不高的，例如机床，可以选择普通鼠笼式三相异步电动机；而对于启动、制动频繁，且启动、制动转矩要求比较大的生产机械，可选择绕线式三相异步电动机，例如矿井提升机、起重机、不可逆轧钢机、压缩机等。

4）电源

交流电源比较方便，直流电源则一般需要有整流设备。采用交流电机时，还应注意，异步电动机从电网吸收滞后性无功功率使电网功率因数下降，而同步电动机则可吸收超先性无功功率。在要求改善功率因数的情况下，不调速的大功率电动机应选择同步电动机。

5）经济性

在满足了生产机械对电动机启动、调速、各种运行状态运行性能等方面要求的前提下，应优先选择结构简单、价格便宜、运行可靠、维护方便的电动机。一般来说，在这方面，交流电动机优于直流电动机，鼠笼式异步电动机优于绕线式异步电动机。除电动机本身外，启动设备、调速设备等都应考虑经济性。

这里要着重强调的是采用综合的观点。所谓综合，是指：① 以上各方面内容在选择电动机时必须都考虑到，都得到满足后才能选定；② 能同时满足以上条件的电动机可能不止一种，还应综合其他情况，如节能、货源等加以确定。

6）安装方式

安装方式分为卧式和立式。卧式电动机的转轴安装后为水平位置，立式电动机的转轴安装后为垂直位置。两种类型的电动机使用的轴承不同，立式电动机的价格稍高。

7）轴伸个数

伸出到端盖外面与负载连接或安装测速装置的转轴部分，称为轴伸。电动机有单轴伸与双轴伸两种，多数情况下采用单轴伸。

8）防护方式

电动机的防护方式有开启式、防护式、封闭式和防爆式四种。

开启式电动机的定子两侧和端盖上都有很大的通风口，它散热好，价格便宜，但容易进灰尘、水滴和铁屑等杂物，只能在清洁、干燥的环境中使用。

防护式电动机的机座下面有通风口，它散热好，能防止水滴、沙粒和铁屑等杂物溅入或落入电动机内，但不能防止潮气和灰尘侵入，适用于比较干燥、没有腐蚀性和爆炸性气体的环境。

封闭式电动机的机座和端盖上均无通风孔，完全封闭。封闭式又分为自冷式、自扇冷式、他扇冷式、管道通风式及密封式等。前四种，电动机外的潮气及灰尘不易进入电动机，适用于尘土多、特别潮湿，有腐蚀性气体，易受风雨、易引起火灾等较恶劣的环境。密封式电动机可以浸在液体中使用，如潜水泵。

防爆式电动机是指在封闭式电动机基础上制成了隔爆形式，其机壳有足够的强度，适用于有易燃易爆气体的场所，如矿井、油库、煤气站等。

11.3.2 电动机额定电压和额定转速的选择

1. 额定电压的选择

电动机的电压等级、相数、频率都要与供电电压相一致。我国生产的电动机的额定电压与额定功率的情况如表 11.3.2 所列。

表 11.3.2 电动机的额定电压和额定功率

电压/V	功率/kW		
	交流电动机		
	同步电动机	鼠笼式异步电动机	绕线式异步电动机
380 6000 10 000	3～320 250～10 000 1000～10 000	0.37～320 200～5000	0.6～320 200～500
	直流电动机		
110 220 440 600～870	0.25～110 0.25～320 1.0～500 500～4600		

2. 额定转速的选择

对电动机本身而言，额定功率相同的电动机额定转速越高，体积越小，造价越低。一般来说，电动机转子越细长，转动惯量越小，启动、制动时间就越短。

选择电动机的转速需要综合考虑，既要考虑负载的要求，又要考虑电动机与传动机构的经济性等，具体应根据某一负载的运行要求，进行方案设计。但一般情况下，多选同步转速为 1500 r/min 的异步电动机。

11.4　电动机额定功率与转矩的选择

11.4.1　选择电动机额定功率的步骤

电动机的额定功率的选择是一个满足电动机发热温升限定的重要问题。拖动生产机械时，电动机的额定功率过大，不但会增加成本和体积，而且电动机经常处于轻载运行状态，运行效率低。反过来，电动机的额定功率比生产机械要求的小，电动机电流超过额定电流，电动机内损耗加大，不仅降低了工作效率，重要的是电动机的温升超过允许温升，会缩短电动机的使用寿命。过载较多时，还会烧毁电动机。

选择合适的电动机额定功率非常重要，其步骤一般分以下三步：

(1) 计算负载功率 P，绘制负载图。

(2) 根据负载功率和工作方式，预选电动机的额定功率。

(3) 校验预选电动机，一般先校验发热温升，再校验过载能力，必要时还要校验启动能力。若各项校验都通过，则预选的电动机合格；否则，从第(2)步开始重新预选电动机，直至预选的电动机通过校验为止。

11.4.2　不同工作时间内额定功率的选择方法

1. 短时工作方式

短时工作方式负载选连续工作方式电动机。从发热与温升的角度考虑，电动机在短时工作方式下，输出功率比连续工作方式时的大，才能充分发挥电动机的能力。或者说，预选电动机时要把短时工作的负载功率折算到连续工作方式上去。

设电动机中的不变损耗(空载损耗)为 P_0，额定负载运行时的可变损耗为 P_{Cu}，前者与后者比值为 a，则预选电动机的额定功率应满足

$$P_N \geqslant P_L \sqrt{\frac{1-e^{-\frac{t_r}{T_\theta}}}{1+a e^{-\frac{t_r}{T_\theta}}}}$$

式中，T_θ 为发热时间常数，t_r 为短时工作时间，二者单位均为 s，a 值因电动机不同而异。

一般来说，普通直流电动机的 $a=1\sim1.5$，冶金专用直流电动机的 $a=0.5\sim0.9$，冶金专用中、小型三相绕线式异步电动机的 $a=0.45\sim0.6$，冶金专用大型三相绕线式异步电动机的 $a=0.9\sim1.0$，普通鼠笼式三相异步电动机的

$a=0.5\sim0.7$。对于具体电动机，T_θ 和 a 可以从技术数据中找出或估算出。

若实际工作时间极短，$t_\tau<(0.3\sim0.4)T_\theta$，发热温升不是主要矛盾，则只需从额定转矩、过载倍数及启动能力等方面选择电动机。

2. 标准工作时间

生产机械工作机构(负载)与电动机的工作方式和工作时间是一样的。所谓标准工作时间，是指电动机三种工作方式中所规定的有关时间。例如，连续工作方式的标准工作时间是 3～4 倍以上发热时间常数，短时工作方式的标准工作时间是 15 min、30 min、60 min、90 min。

在环境温度为 40 ℃、电动机不调速的前提下，按照工作方式及工作时间选择电动机时，电动机的额定功率应满足

$$P_N\geqslant P_L$$

式中，P_L 为生产机械的负载功率。P_N 越接近 P_L，越经济。

3. 非标准工作时间

如短时工作时间为 20 min 的属于非标准工作时间。预选电动机的额定功率时，按发热和温升等效的衡量方法，先把负载功率由非标准工作时间变成标准工作时间，然后按标准工作时间预选额定功率。

设短时工作方式下电动机的负载工作时间为 t_r，最接近的标准工作时间为 t_{rb}，则预选电动机的额定功率应满足

$$P_N\geqslant P_L\sqrt{\frac{t_r}{t_{rb}}}$$

式中，t_{rb}应尽量接近 t_r 的标准工作时间，$\sqrt{\frac{t_r}{t_{rb}}}$为折算系数。当 $t_r>t_{rb}$时，折算系数大于 1；当 $t_r<t_{rb}$时，折算系数小于 1。

11.4.3 温度修正

以上关于电动机额定功率的选择都是在国家标准环境温度为 40℃的前提下进行的。若环境温度常年都比较低或比较高，则为了充分利用电动机的容量，应对电动机的额定功率进行修正。例如环境温度常年温度偏低的，电动机的实际额定功率应比标准规定的 P_N 高；相反，环境温度常年温度偏高的，电动机的实际额定功率应比标准规定的 P_N 低。电动机的允许输出功率为

$$P\approx P_N\sqrt{1+\frac{40-\theta}{\tau_{max}}(a+1)}$$

式中，τ_{max}是电动机环境温度为 40 ℃时的允许温升。

11.4.4　电动机额定转矩的选择

生产机械有很多类型，并不是所有的生产机械选择电动机时都首先考虑电动机的温升是否接近或等于允许温升。例如电动汽车在水平路面上行驶时，负载转矩是摩擦性阻转矩，在上坡路上行驶时，负载转矩是由摩擦性阻转矩和位能性阻转矩两部分组成的，坡路越陡，位能性阻转矩越大，往往比摩擦性阻转矩大很多。电动汽车选择电动机时，为了在不同路况上都能安全正常行驶，负载转矩应以上坡路上行驶的大负载转矩为准。电动机的额定转矩应满足 $M_N \geqslant M_L$，其中 M_L 是负载转矩。对于电动汽车这样的大转矩机械，应首先按照转矩选择电动机，因此被选的电动机额定功率会偏大。

11.5　电动机的过载倍数与启动能力

依据负载功率选择了电动机的额定功率，或者依据负载转矩选择了电动机的额定转矩进而确定出电动机的额定功率，都属于预选电动机。而后，需要校核预选电动机的过载倍数和启动能力，以通过为准，若有一项不通过，则需重选电动机，加大电动机的额定功率，直至通过。

过载倍数指电动机负载运行时，可以在短时间内出现的电流或转矩过载的允许倍数，对不同类型电动机不完全一样。

对直流电动机而言，限制其过载倍数的是换向问题，因此它的过载倍数就是电枢允许电流的倍数 λ。λI_N 为允许电流，应比可能出现的最大电流还大。

异步电动机和同步电动机的过载倍数即最大转矩倍数，校核过载倍数时要考虑到交流电网电压可能向下波动 10%～15%，因此最大转矩按(0.81～0.72)λI_N 来计算，它应比负载可能出现的最大转矩还大。

电动机的启动能力要达到电动机拖动负载时，可顺利启动。对于风机、水泵类负载，负载的启动转矩很小，启动没有问题。对于具有反抗性和位能性恒转矩的负载机械，满负荷启动的机械电动机能否启动，需要校核。鼠笼式三相异步电动机的启动能力差，启动转矩倍数可能小于 1，必须校核。被选电动机和启动能力，应满足

$$M_S \geqslant 1.1 M_L$$

式中，M_S 是被选电动机的启动转矩，M_L 是负载转矩(启动时的负载转矩)。

从以上对电动机额定数据的选择分析中可以看出，针对具体生产机械，给出其负载功率、负载转矩、负载的过载要求和启动转矩等数据，这是选择电动机的依据，也是前提。

习 题 11

一、填空题

1. 电动机温度比环境温度高出的值称为____________________。

2. 选择电动机的原则，一是____，二是____________________________________。

3. 电动机负载运行时，输出功率越大、__________________________越大，温升______________________。

4. __________________________的寿命，一般也就是电动机的寿命。

二、选择题

1. 电动机工作时，其温升的高低不仅与负载的大小有关，而且与负载的(　　)有关。

A. 持续时间　　B. 运动方向　　C. 吸收功率　　D. 输出功率

2. 吊车等应该使用(　　)电动机。

A. 连续工作方式　　B. 断续工作方式

C. 短时工作方式　　D. 周期性断续工作方式

3. 一台电动机的允许温升不变时，若设法(　　)、提高(　　)，都可增大电动机的额定功率。

A. 提高效率　　B. 降低效率

C. 散热能力　　D. 工作时间

4. 电动汽车在上坡路上行驶时，负载转矩是由(　　)阻转矩构成的。

A. 位能性　　B. 摩擦性和位能性

C. 摩擦性　　D. 以上都不是

三、简答题

1. 请简述选择合适的额定功率的电机的步骤。

2. 何谓电机的过载倍数？直流电机与异步电机的过载倍数有何不同？

3. 请列举电动机选择中五个重要的参数指标，并对其做出简要说明。

第三篇　新能源与电机

第12章 风力发电技术及其仿真

学习目标

(1) 了解风力发电的历史。

(2) 理解风力发电的工作原理。

(3) 掌握风力发电系统的类型与主要结构。

重难点

(1) 风力发电的工作原理。

(2) 风力发电的并网技术。

思维导图

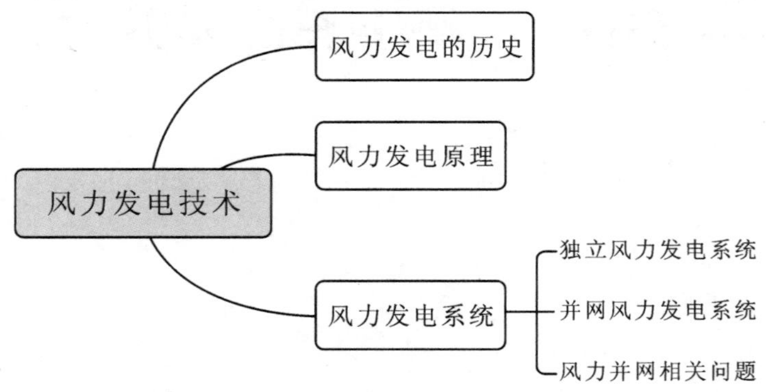

风力发电的本质是把风能变成机械能，再将机械能通过电机转化为电能的过程。风力发电技术作为绿色新能源发电技术在国际上较为流行。主要代表性国家为芬兰和丹麦等，我国使用这种方式也比较多。但由于风能的不固定性，风力发电机发出的电通常在一定的范围内变化，需要后续的电力电子技术进行整流。若要实现储存，则需增加对应的储能设备。经储能后的电能若再利用，则需进行电能转化。本章主要介绍风力发电的历程和基本的风机应用技术，最后对风力发电进行仿真。

12.1　风力发电技术概述

12.1.1　风力发电历程

1. 风能利用的先驱

Charles F. Brush(1849—1929 年)是美国电力工业的奠基人之一。他发明了一种效率非常高的直流发电机应用于公共电网，发明了第一个商业化电弧光灯，找到了一种高效的制化电弧光灯，找到了种高效的制造铅酸蓄电池的方法。他自己的公司 BrushElectric 位于俄亥俄州克利夫兰市。1889 年他卖掉了公司，1892 年与爱迪生通用电气公司合并取名通用电气公司(GE)。1887—1888 年冬，Charles F. Brush 安装了一台被现代人认为是第一台自动运行的且用于发电的风力机。它是个庞然大物——叶轮直径是 17 米，有 144 个由雪松木制成的叶片。如图 12.1.1 所示为 Charles F. Brush 和他发明的风力机。

图 12.1.1　Charles F. Brush 和他发明的风力机

Charles F. Brush 的风力机运行了约 20 年，用来给家用地窖里的蓄电池充电。这台发电机仅为 12 千瓦。这是因为低转速风机效率不可能太高。丹麦人 Poulla Cour 随后发现了快速转动、叶片数少的风力机，在发电时比低转速的风力机效率高得多。

2. 空气动力学的鼻祖

Poulla Cour(1846—1908 年) 是一名丹麦的气象学家、物理学家，同时也是现代风力发电机的先驱，是现代空气动力学的鼻祖。他建了一个属于他自己的风洞来实验风力发电机，致力于能源储存的研究，将风力机发出的电力用于电解水生产氢气，供他学校的瓦斯灯使用。由于氢气中含有少量氧气致使氢气爆炸，他不得不数次更换几个学校的窗户。

Poulla Cour 每年在 Askov Folk 高中给风电工人做几次培训。1897 年，他发明的两台实验风力机，安装在 Askov Folk 高中。此外，Poulla Cour 于 1905 年创立了风电工人协会，协会成立一年后，就拥有了 356 个会员。

世界上第一个风力发电期刊 *Journal of Wind Electricity* 是由 Poulla Cour 创立的。1918 年，丹麦约有 120 个地方公用企业拥有风力发电机，通常的单机容量是 20 kW～35 kW，总装机约 3×10^3 kW。这些风电容量当时占丹麦电力消耗量的 3%。丹麦对风力发电的兴趣在随后的若干年逐渐减退，直到第二次世界大战期间出现供电危机为止。图 12.1.2 为 Poulla Cour 和他的妻子以及他们的风力发电机。

图 12.1.2　Poulla Cour 和他的妻子以及他们的风力发电机

3. 交流风力发电机

1950 年，Poulla Cour 的学生 Johannes Juul 开发了第一台交流风力发电机，并在 1956—1957 年为 SWVS 电力公司在丹麦南部的 Gedser 海岸建成了创新的 200 kW 的 Gedser 风力发电机，见图 12.1.3。该风力发电机为三叶片风机，带有电动机械偏航和异步发电机，是现代风力发电机的设计先驱。Johannes Juul 发明了紧急叶尖刹车，可在风机过速时通过离心力的作用释放能量，以降低风力发电机的转动速度，现代的失速型风力发电机基本上沿用着这套系统。Gedser 风力发电机在不需维护的情况下运行了 11 年。如今，在丹麦的 Bjerringbr 电力博物馆里，还能看到这台风力发电机的机舱和叶轮。

图 12.1.3　Gedser 风力发电机

4. Smidth 风力发电机与 Nibe 风力发电机

在第二次世界大战期间，丹麦工程公司 F. L. Smidth(如今已是水泥、机械制造商)安装了一批两叶片和三叶片的风机，所有这些风机(与它们的前辈一样)发的是直流电。

三叶片 Smidth 风力发电机于 1942 年安装在 Bobo 岛，它们看起来很像“丹麦”风力发电机。这些风力发电机是风一柴系统中的一部分，给小岛供电。1951 年，这些直流发电机被 35 kW 的交流异步发电机取代，如此一来，第二台生产交流电的风力发电机问世了。

而 Nibe 风力发电机是在 1973 年第一次石油危机后建造的，那时几个国家对风能的兴趣重新被石油危机点燃。丹麦电力公司立即把目标放在制造大型风力发电机上，德国、瑞典、英国和美国也紧跟其后。1979 年，丹麦电力公司安装了两台 630 kW 风力发电机，一台是桨距控制的，另一台是失速控制的。

5. 1980 年后的风力发电机

丹麦一个名叫 Christian Riisager 的木匠在自己家的后院安装了一台小型的 22 kW 的风力发电机，他以 Gedser 风力发电机的设计为基础，尽可能地采用了便宜的设计、便宜的标准部件(如，用一台电动机作为发电机，把汽车的部件用作齿箱和机械刹车)。Riisager 的风力发电机在丹麦许多私人家庭中成了成功的典范，同时他的成功给丹麦的风力发电机制造商提供了灵感，从 1980 年起，制造商开始设计他们自己的风力发电机。图 12.1.4 所示为三种小型风力发电机。

(a) Riisager 风力发电机

(b) Tvind 2×10^3 kW 风力发电机

(c) BONUS 30kW 风力发电机

图 12.1.4. 三种小型风力发电机

1980 年后的许多风力发电机设计，包括 Riisager 的设计，大部分以古典 Gedser 风力发电机或古典低转速多叶片的美国“风能玫瑰”的经验为基础。而个别的风力发电机则设计大胆一些，包括立轴的 Darrieus 风力发电机，它采用襟翼来进行功率调节，或将液压用于传动系统等。大部分风力发电机通常为 5 kW～11 kW，按现在的标准判断它们太小了。

与其他小型风力发电机不同的是 Tvind 2×10^3 kW 风力发电机，它是一台相当创新的风力发电机。这台机组是下风向变速风力发电机，叶轮直径为 54 米，

发电机为同步发电机。早期丹麦的风力发电机与德国、美国、英国或加拿大政府资助大型风力发电机研制工程完全不同。最后，由 Gedser 风力发电机改良的古典三叶片风力机设计在疯狂地竞争中成为商业赢家。

BONUS 30 kW 风力发电机从 1980 年开始制造，是现在制造商早期模型的代表。与丹麦大多数制造商相似，BONUS 公司最初是一个农业机械制造厂。

6. NORTANK 55kW 风力发电机

1980—1981 年 55 kW 风力发电机的出现是现代风力发电机工业和技术上的一个突破。随着这种风力发电机的诞生，风力发电每千瓦时电的成本下降了约 50%。风能工业变得越来越专业了，此外相应的由 RISO 国家实验室开发的欧洲风图谱对降低度电成本也是非常重要的。NORTANK 55 kW 风力发电机组有其独特的选址思维方式，这些风机安装在丹麦 Ebeltoft 镇的一个港口码头。

在 20 世纪 80 年代初，数千台风力发电机被运送到美国加利福尼亚。Micon 55kW 风力发电机也是其中之一，它被运到加利福尼亚 Palm Springs 的一个拥有一千多台风力机的大型风电场。如图 12.1.5 所示，为加利福尼亚的风力发电场。

图 12.1.5 加利福尼亚"风暴"

在加利福尼亚有将近一半的风力发电机来自丹麦。大约在 1985 年，在加利福尼亚支持计划终结的前一夜，美国的风能市场消失了。尽管看起来市场已经崛起，但从那时起只有很少量的装机投运。2022 年 4 月 4 日，全球风能理事会(GWEC) 发布的《全球风能报告 2022》指出，中国已成为世界上最大的风电市场，2021 年中国首次成为全球海上风电累计装机最多的国家，同时，2021 年也是中国风电新增装机量连续第四年全球居首。

7. 丹麦风场

丹麦是风力发电产业之乡，锡尔克堡所在的日德兰半岛，是丹麦机械工业的发源地，有"风电硅谷"之称。丹麦拥有全球最丰富、最完整的风电产业链。不仅有维斯塔斯、西门子歌美飒的研发中心和生产基地，更有丹佛斯、格兰富、LM 叶片、Orsted 等世界著名的机械制造企业。超过 500 家风电企业汇集于这个国土面积只有 4 万平方公里的小国，彼此竞争而又合作共赢。特别是在科研方面，目前该国拥有的近 46 家研究机构、8 所大学和 6 个科技园区，成为该国风电事业的坚强支撑。风力发电机的质量是风电企业赢利的根本，有高性能的设备做保障，风力资源才可以实现效益的最大化。丹麦拥有全球最先进的风机和大型配件测试中心、丹麦科技大学拥有全球最大的风能系，风洞测试中心等设施在世界上

领先。2019 年 3 月，丹麦政府拨款 5000 万丹麦克朗(约 5100 万人民币)支持丹麦 Lind 海上可再生能源中心(LORC)搭建 16MW 海上风机机舱测试平台。受益于这笔拨款，该中心将成为世界上最强大的风电技术开发、测试和验证中心。

截至 2020 年 5 月，丹麦陆上风电装机量为 4350 MW，海上风电装机量 1.7 GW，预计 2030 年将达到 7GW。丹麦还公布了多个“能源岛”计划，每个岛至少支持 10 GW 的海上风电装机容量，可满足 1000 多万户欧洲家庭的电力需求，预计项目总耗资高达 3000 亿丹麦克朗(约合 3057 亿元人民币)。

2021 年 12 月初，德国莱茵集团通过项目公司 Thor Wind Farm I/S 成功竞标丹麦 Thor 海上风电场。据悉，Thor 海上风电场位于北海，装机容量为1 GW，预计将安装 72 台 14 兆瓦的风电机组，安装在水深 23 米至 32 米处。一旦 2027 年全面投入使用，将能够产生足够的绿色电力，为 100 多万丹麦家庭提供电力。根据丹麦 2018 年的能源协议内容，将在 2030 年前建成至少 2.4 GW 的海上风电装机容量。Thor 海上风电项目建成后将成为北海在丹麦境内最大的海上风场。

单拼风量大小，许多欧洲国家的风资源都比丹麦更充足，但丹麦胜在具有清晰的风电建设政策规划和严格的招标流程管理。相继供职于丹麦气候和能源部、丹麦风能协会的 Camilla Holbech 对本国风能产业的发展有着非常深刻的认识——“丹麦能源署的海上风电规划委员会为海上风电项目审批提供一站式服务，”Camilla Holbech 说道，“海上风电规划由能源署一站式管理，如负责组织招标、颁发证照和许可、开展环评和海洋勘测、对配套电网建设进行规划和审批等，从而为吸引海上风电投资打造了良好的营商环境。”丹麦陆上风电规划则由市政府层级负责，需要面向公众全面征求意见。丹麦对于风电规划选址有着严格的规定，例如必须与附近居民区隔开 4 个风机高度的距离，有严格的噪音控制，如果房屋受到影响，业主可以获得赔偿，也可以选择第一年将住宅出售给风场开发商。

丹麦采取了多种措施将更多不稳定的可再生能源接入电网，以解决风电的消纳问题：例如布局高效的输电网，以便于区域间可再生能源的输送；建构有效的电力市场，使得边际成本最低的资源最先被使用并降低能源价格；提升电厂的灵活性，使电厂根据可再生能源发电情况调整生产；利用多余的可再生电力加热水，用以区域供暖系统等等。Camilla Holbech 强调，丹麦长期的规划和相对稳定的补贴计划为供应链、开发商和投资者提供了稳定的项目开发渠道。此外，据了解，丹麦的电网与挪威、瑞典和德国相连接，多余的电力可以及时售至邻国。

8. 我国风力发电机

在我国小型的风力发电机组技术成熟，具有结构简单、安全稳定、经济可靠的特点，同时它装拆简单、搬运方便、易于维护，适用于风能太阳能生物质能联合发电系统。独立的发电系统中通常选用 1000 W 以下的微小型风力发电机，配合蓄电池为储能装置。根据不同功率的需求，可选择相应数量的小功率风力发电机组合在一起，集中向蓄电池组充电，并由一台大功率的控制逆变器进行统一的

输出控制。

2022年4月28日，在中国气象局举行的新闻发布会上，《2021年中国风能太阳能资源年景公报》(以下简称《公报》)面向能源行业和社会公众正式发布。《公报》详细分析2021年全国风能太阳能资源情况和相对于近10年、30年平均资源量变化等情况，助力落实国家应对气候变化部署，推动能源气象服务体系建设，助力能源绿色低碳转型。《公报》显示，在风能资源方面，2021年我国东北地区西部和东北部、华北北部、内蒙古中东部、新疆北部和东部、西北地区西北部、西藏大部、华东东南部沿海等地高空70米风力发电机常用安装高度的风能资源较好，有利于风力发电；与近10年(2011—2020年)相比，2021年全国风能资源为正常略偏大年景，10米高度年平均风速偏高0.18%。截至2021年11月，我国风电并网装机容量达到30 015万千瓦，占全国电源总装机比例约13%，发电量占全社会用电量比例约7.5%。

我国幅员辽阔，陆疆总长达2万多千米，还有18 000多千米的海岸线，拥有岛屿5000多个，因此风能资源丰富。我国风能资源的分布与天气气候背景有着非常密切的关系，我国拥有大量风能源的地域有二：第一个是三北(东北、华北、西北)地区丰富带；第二个是沿海及其岛屿地区丰富带。另外在一些地区由于湖泊和特殊地形的影响，风能也较丰富，成为内陆风能丰富地区。我国海上风能资源也十分丰富，可利用的风能资源7亿多千瓦。海上风速高，而且地理情况也比较简单，气流不会受到影响，风电机组通常不会出现疲劳负荷，使用时间相对较长。有数据表示，风在海上的速度和陆地相比快了20%，发电量也超过了70%，一个风电机组如果在陆地的使用年限是20年，在海中可以使用25～30年。可以预见的是，未来海上的风能源将会更多更好地得到开发和使用。

12.1.2 风力发电原理

风力发电的本质是把风能变成机械能，属于动力机械，也就是风车，是把太阳当成热源，把大气当成工作媒介的热能利用发动机，使用的是自然能源。

风力供电的原理是在一定风力的作用下，风车的叶片旋转，然后利用增速机加快转速，带动发电机发出电能。按照当前的技术，风车只要拥有10 m/s的风速，就能产生电能。这是现在国际上比较时兴的一种方式，因为它不需要使用燃料，也不会出现辐射或对空气产生污染。代表性国家有芬兰和丹麦等，我国的西部城市目前使用这种方式也比较多。小型风力供电系统也有很强的工作效率。图12.1.6所示为风力发电机的内部结构。发电机的构成包括机头、转动机构、尾翼和叶片，各自的作用是：叶片承载风力并由机头变成动能；尾翼带动叶片与风向相对以得到最充足的风能；转动机构能够帮助机头任意转动，达到调节尾翼方向的目的；机头的转子是永磁体，定子则负责产生电能。因为风是不固定的，所以这种发电机输出的交流电压范围在13～25 V，而且要通过整流器进行整流，然后对蓄电池充电，把风能转化的电量再转化成化学能。再用有保护系统的逆变电

源，将化学能转化成交流 220 V，才可以进行使用。

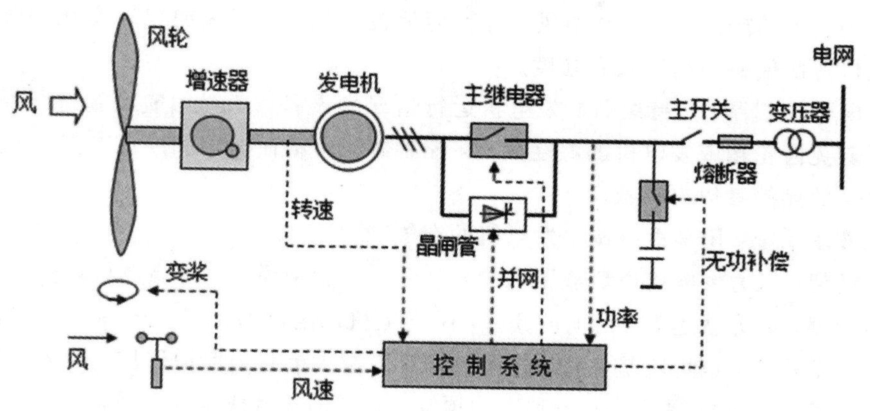

图 12.1.6　风力发电机内部原理图

风能是有动能的，利用风轮会变成机械能，带动发电机供电。发电过程中，风力机要想启动必须达到一定的启动力矩，克服其内部的摩擦阻力，它与风力机自身的传动机构的摩擦阻力有关，因此风力机设有最低的工作风速 v_{min}（一般为 3～4 m/s），当风速大于 v_{min} 风力机才会开始工作。风速的上限值 v_{max} 受塔架高度和桨叶强度因素的影响，从安全的角度考虑当风速超过上限值时风力机需要停止运转，该限制值是设定时给定的参数，它与风力发电机的材料强度有关。风力机的工作风速是介于 v_{min} 与 v_{max} 之间的风速，风力机在工作风速下所输出的功率是相对的。如果想要最大程度地使用风来供电，就要参考当时的风速统计资料来确定合适的切入风速与切出风速，进而选择相应的机型。

风力发电机的主要结构包括机舱、转子叶片、轴心等，下面作出介绍。

机舱：内有非常重要的设施，比如齿轮箱和发电机。工作人员借助发电机塔能来到舱内，内有发电机的转子，包括叶片和轴。

转子叶片：感知到风后输送到轴心上，目前的 600 kW 发电机的转子叶片大概长 20 m，外观看起来与飞机的机翼非常相似。

轴心：存在于发电机的低速轴。

低速轴：是转子的轴心和齿轮箱之间的纽带，目前的 600 kW 发电机的转子转动的速度是很慢的，大概会维持 19～30 r/min，轴内有液压系统所需要的导管，负责带动空气动力闸的运作。

齿轮箱：低速轴位于它左面，有了它，高速轴和低速轴相比，能提升 50 倍的转速。

高速轴和机械闸：高速轴按 1500 r/min 的速度进行运转，带动发电机开始工作，配有应急用的机械闸，一旦空气动力闸出现意外，或发电机正在进行修护，机械闸立即启动。

发电机：有同步发电机，还有异步发电机，风力发电机输出电量的最大值普遍是 500 kW～1500 kW。

偏航设施：在电动机的帮助下让机舱移动，让转子和风呈面对面的状态。受电子控制器的操控，后者利用风向标就能捕捉到风向。当风向出现变化的时候，发电机每次偏移的角度只有几度。

电子控制器：是持续监测发电机运行情况的设备，还对偏航设施进行操控。为了避免齿轮箱或发电机的温度太高，控制器能主动让发电机停止工作，并会向发电机的操控者提出呼救。

液压系统：用来重新调整发电机的空气动力闸。

塔架：风力发电机塔负载了机舱和转子，一般来说，塔越高越好，和地面的距离越远，风力就越大。目前的600 kW发电机的塔高通常是40～60 m。塔的形状可能是管状，也可能是格状，前者更能对工作人员起到保护作用，因为工作人员需要攀爬内部的梯子才能来到塔的顶端；后者的经济成本相对较低。

风速计和风向标：主要用来监测和计算风的速度和方向。

12.2 风力发电系统

12.2.1 独立风力发电系统

1. 独立运行的风力发电直流系统

图12.2.1所示为独立运行的直流风力发电系统。早期的小容量风力发电装置一般采用小型直流发电机。由风力发电机驱动的小型直流发电机经蓄电池蓄能装置向电阻性负荷供电。当风力减小，风力机转速降低，致使直流发电机电压低于蓄电池组电压时，发电机不能对蓄电池充电，而蓄电池却要向发电机反向送电。为了防止这种情况出现，当直流发电机电压低于蓄电池组电压时，逆流继电器控制的动断触点断开，使蓄电池不能向发电机反向供电。

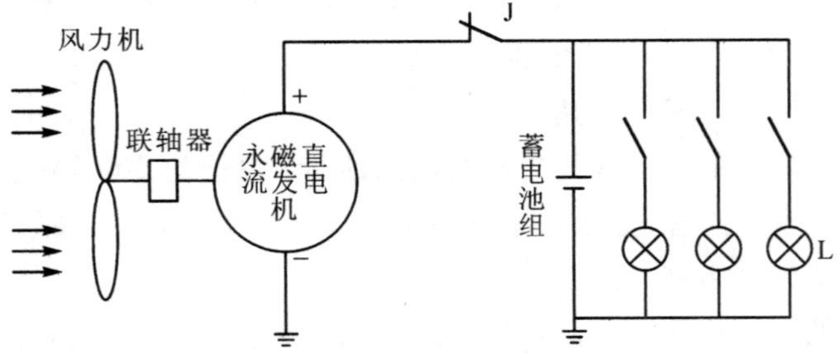

图 12.2.1　独立运行的直流风力发电系统

为了要保证在无风期能对负荷持续供电，蓄电池组容量的选择对以蓄电池组作为蓄能装置的独立运行风力发电系统十分重要。一般来说，蓄电池容量的选择与选定风力发电机的额定数值(容量、电压等)、日负荷(用电量) 状况及该风力发电机安装地区的风况(无风期持续时间) 等有关；如果同时还应按10小时放电率电流值(蓄电池的最佳充放电电流值) 的规定来计算蓄电池组的充电及放电

电流值，以保证合理地使用蓄电池，延长蓄电池的使用寿命。

2. 独立运行的风力发电交流系统

独立运行的风力发电交流发电机经过整流后向蓄电池充电并带动直流负荷。如果是给交流负荷供电，则在控制器后加上逆变器。如果是单相负荷，逆变器为单相即可；如果是为三相负荷供电(如电机)，逆变器必须为三相。图 12.2.2 所示为带交流负荷的独立运行风力发电系统。

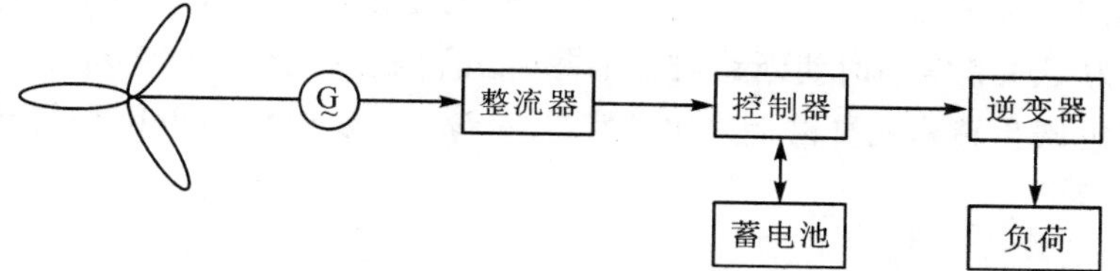

图 12.2.2　带交流负荷的独立运行的风力发电系统

12.2.2　并网风力发电系统

风机并网技术，即把风力机集中安装在一个地方，形成规模，将此称为风电场(Wind Fled)或称为风力农场(Wind Farm)，又称风力田。并网运行的中大型风力发电机，由计算机控制，统一管理向电网输送强大的电力。

风力驱动的同步发电机与电网并联运行的电路如图 12.2.3 和图 12.2.4 所示，包括风力机、增速器、同步发电机、励磁调节器、断路器等，发电机经断路器与电网相联。

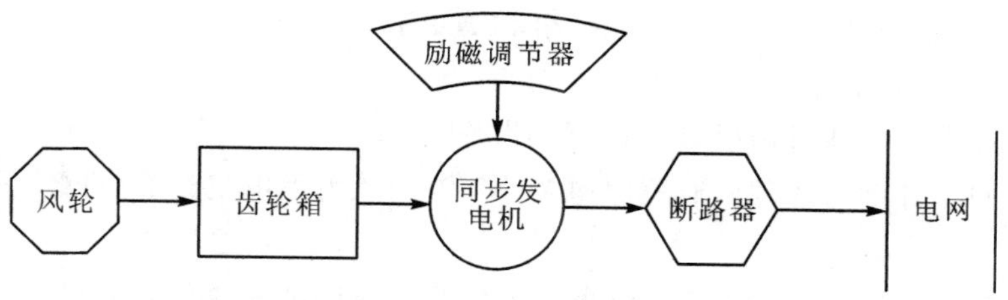

图 12.2.3　风机并网电路

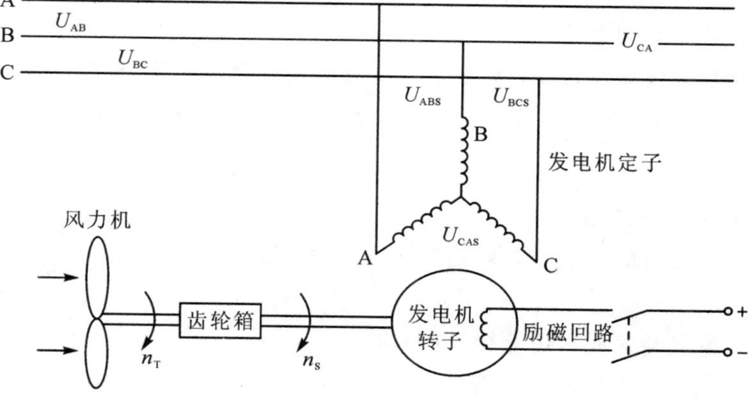

图 12.2.4　风机并网过程电路

风向传感器测出风向并使偏航控制器动作，使风力机对准风向。当风速超过切入风速时，桨距控制器调节叶片桨距角使风力机启动。当发电机被风力机带到接近同步速时，投入励磁调节器，向发电机供给励磁，并调节励磁电流使发电机的端电压接近于电网电压。

在风力发电机被加速几乎达到同步速时，发电机的电势或端电压的幅值将大致与电网电压相同。它们的频率之间的很小差别将使发电机的端电压和电网电压之间的相位差在0°和360°的范围内缓慢地变化，检测出断路器两侧的电位差，当其为零或非常小时使断路器合闸并网。合闸后由于有自整步作用，只要转子转速接近同步转速就可以使发电机牵入同步，使发电机与电网保持频率完全相同。

1. 同步并网

同步发电机并网合闸前，为了避免电流冲击和转轴受到突然的扭矩，需要满足一定的并网条件，这些条件是：

(1) 风力发电机的端电压大小等于电网的电压；

(2) 风力发电机的频率与电网频率相同；

(3) 并网合闸瞬间，风力发电机与电网的回路电势为零；

(4) 风力发电机的相序与电网的相序相同；

(5) 电压的波形与电网电压的波形相同。

由于风力发电机有固定的旋转方向，只要使发电机的输出端与电网各相互相对应，即可保证第(4)个条件得到满足。第(5)个条件在设备选型和制造时可得到保证。所以在并网过程中主要应检查和满足前三个条件。

同步并网的特点：

(1) 并网过程通过微机自动检测和操作。

(2) 同步并网方式并网时瞬时电流小，因而风力发电机组和电网受到的冲击也小。

(3) 对调速器的要求较高。要求风力机调速器调节转速使发电机频率与电网频率的偏差达到容许值时方可并网，若并网时刻控制不当，则有可能产生较大的冲击电流，甚至并网失败。

(4) 控制系统费用较高，对于小型风电机组将会占其整个成本的一个相当大的部分，由于这个原因，同步发电机一般用于较大型的风电机组。

2. 异步并网

异步电机并网的条件：

(1) 转子转向应与定子旋转磁场转向一致，即异步发电机的相序应和电网相序相同；

(2) 发电机转速应尽可能接近同步速。

并网的第(1)个条件必须满足，否则电机并网后将处于电磁制动状态，在接线时应调整好相序。第(2)个条件不是非常严格，但愈是接近同步速并网，冲击

电流衰减的时间愈快。

异步发电机并网方法：直接并网；降压并网；软启动并网等方式。

1）直接并网

直接并网的过程：风速达到启动条件时风力机启动，异步发电机被带到同步速附近（一般为98%～100%同步转速）时合闸并网。

直接并网的特点：对合闸时的转速要求不是非常严格，并网比较简单。由于发电机并网时本身无电压，故并网时有一个过渡过程，流过5～6倍额定电流的冲击电流，一般零点几秒后即可转入稳态。与大电网并联时，合闸瞬间的冲击电流对发电机及大电网系统的安全运行的影响不大。对小容量的电网系统，并联瞬间会引起电网电压大幅度下跌，从而影响接在同一电网上的其他电气设备的正常运行，甚至会影响到小电网系统的稳定与安全。只适用于异步发电机容量小于百千瓦以下，而电网容量较大的情况下。如我国早期引进的55 kW和后来国产的50 kW风力发电机组都采用直接并网方式。

2）降压并网

降压并网的过程：并网前，在异步发电机与电网之间串接电阻或电抗器或者接入自耦变压器，以达到降低并网瞬间冲击电流幅值及电网电压下降的幅度。并网后，将电阻、电抗短接，避免耗能。

降压并网的特点：适用于百千瓦以上的发电机组，我国引进的200 kW异步风力发电机组就是采用这种并网方式。这种并网方式的经济性较差。

3）软启动并网

软启动并网的过程：如图12.2.5所示，风力机将发电机带到同步速附近，发电机输出端的断路器D闭合，使发电机经一组双向晶闸管与电网联接，双向晶闸管触发角由180°至0°逐渐打开，双向晶闸管的导通角由0°至180°逐渐增大。通过电流反馈对双向晶闸管导通角的控制，将冲击电流限制1.5～2倍额定电流以内，从而得到一个比较平滑的并网过程。瞬态过程结束后，微处理机发出信号，用一组开关K将双向晶闸管短接，结束风力发电机的并网过程，进入正常的发电运行。引进和国产的250 kW、300 kW、600 kW的风力发电机都采用这种启动方式。

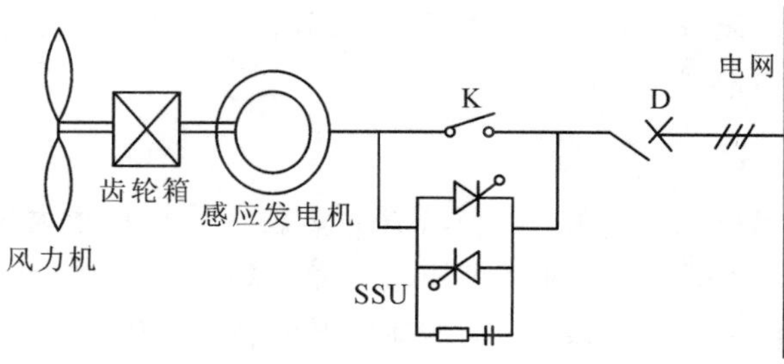

图 12.2.5　软启动并网电路图

软启动并网的特点：这种并网方式要求三相晶闸管性能一致，控制极触发电压、触发电流一致、全开通后压降相同，才能保证晶闸管导通角在0°至180°同步逐渐增大，保证三相电流平衡，否则对发电机有不利影响。并网过程中，每相电流为正负半波对称的非正弦波，含有较多奇次谐波，应采取措施加以抑制和消除。

3. 并网运行的功率输出

异步发电机向电网送出的功率及功率因数，取决于转差率 s、电网电压 U 及电机参数 R、X。

并网后电机运行在其转矩－转速曲线的稳定区。当风力机传给发电机的机械功率及转矩随风速而增加时，发电机的输出功率及其反转矩也相应增大。当风力机输入机械转矩大于发电机最大输出功率（最大反转矩）时，发电机输出电功率（反转矩）减小，从而导致转速迅速升高，引起飞车。

失速保护或限速机构，保证风速超过额定风速或阵风时，使风力机输入的机械功率被限制在一个最大值范围内，保证发电机的输出电功率不超过其最大转矩所对应的功率值。

值得注意的是，异步发电机的最大转矩与电网电压的平方成正比，电网电压下降会导致发电机的最大转矩呈平方关系下降，因此如电网电压严重下降也会引起转子飞车；电网电压上升过高，会导致发电机励磁电流增加，功率因数下降，并有可能造成电机过载运行。对于小容量电网应该配备可靠的过压和欠压保护装置，另一方面要求选用过载能力强（最大转矩为额定转矩1.8倍以上）的发电机。

异步发电机需要滞后的无功功率主要是为了励磁的需要，另外也为了供应定子和转子漏磁所消耗的无功功率。一般中、大型感应电机，励磁电流约为额定电流的20%～25%，因而励磁所需的无功功率就达到发电机容量的20%～25%。

功率因数校正电容器（PFC）无功补偿。接在电网上的异步发电机从电网吸取落后的无功功率，加重了电网上其他同步发电机提供无功功率的负担，造成不利的影响。所以异步风力发电机并网运行，通常要采用功率因数校正电容器进行适当的无功补偿。功率因数校正电容器可以根据风机出力、电网电压水平等进行优化分组投切。

动态无功补偿设备（如SVC、SMES等）补偿，对改善风电场的电压水平和电力系统的电压稳定性是很有效的。

4. 变速恒频风机的并网

变速恒频风电系统的一个重要优点是可以使风力机在很大风速范围内按最佳效率运行。从风力机的运行原理可知，这就要求风力机的转速正比于风速变化并保持一个恒定的最佳叶尖速比，从而使风力机的风能利用系数CP保持最大值不变，风力发电机组输出最大的功率。因此，对变速恒频风力发电系统的要求，除了能够稳定可靠地并网运行之外，最重要的一点就是要实现最大功率输出控

制。图 12.2.6 所示为变速恒频风力发电机并网示意图。

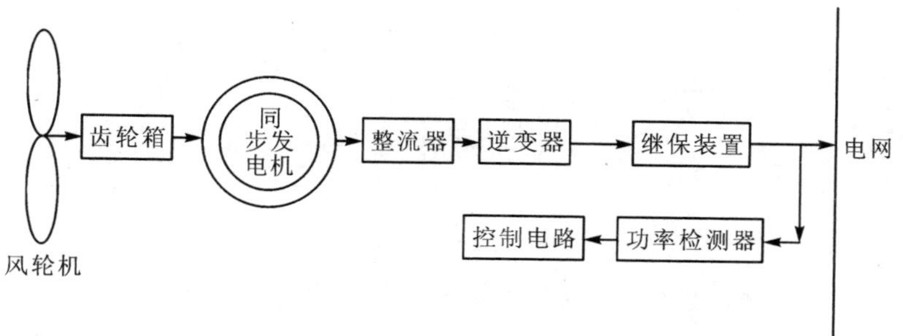

图 12.2.6　变速恒频风力发电机并网示意图

变速恒频风电系统与电网并联运行的特点：

(1) 由于采用频率变换装置进行输出控制，并网时没有电流冲击，对风电系统几乎没有影响。

(2) 因为采用交—直—交转换方式，同步发电机的工作频率与电网频率是彼此独立的，风轮机及发电机的转速可以变化，不必担心发生同步发电机直接并网运行时可能出现的失步问题。

(3) 由于频率变换装置采用静态自励式逆变器，虽然可以调节无功功率，但有高频电流流向电网。

(4) 在风电系统中采用阻抗匹配和功率跟踪反馈来调节输出负荷可使风电机组按最佳效率运行，向电网输送最多的电能。

反馈控制电路的作用：

(1) 功率检测器。连续测出输出功率，提供正比于实际功率的输出信号。

(2) 功率变化检测器。对功率检测器的输出进行采样和储存，和下一个采样相比较。新的采样小于先前的数值时，逻辑电路就改变状态；新的采样大于先前的数值，逻辑电路就保持原来的状态。

(3) 控制电路。接受来自逻辑电路的信号并提供一个经常变化的输出信号，当逻辑电路为某一状态时输出就增加，而为另一状态时就减少。控制信号被用来触发逆变器的晶闸管，从而控制输送到电网的功率。

5. 双馈发电机系统并网运行

双馈风力发电机包括一般类型双馈发电机和无刷双馈发电机，图 12.2.7 所示为一般类型双馈发电机系统的并网原理图，该系统由绕线式异步电机本体、变频器和控制环节组成。定子绕组直接接入电网，转子三相绕组对称，经背靠背 PWM 双向电压源变频器与电网相连，向转子提供频率、相位、幅值可调的三相低频励磁电流，在转子中形成低速旋转磁场，该磁场与转子的机械角速度相加即等于定子磁场的旋转角速度，在定子磁场中感应得到对应于同步转速的工频电压。

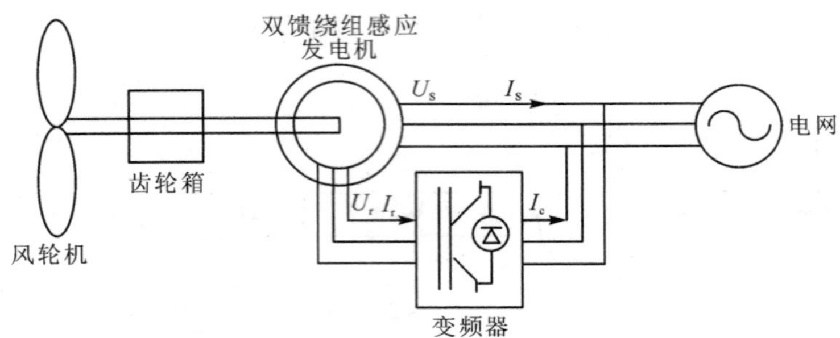

图 12.2.7 双馈发电机系统并网运行原理图

双馈发电风机系统并网运行的特点：

(1) 风力机启动后带动发电机至接近同步转速时，由循环变流器控制进行电压匹配、同步和相位控制，并网时基本上无电流冲击。对于无初始启动转矩的风力机(如达里厄型风力机)，风力发电机组在静止状态下的启动可由双馈电机运行于电动机工况来实现。

(2) 风力发电机的转速可随风速及负荷的变化及时作出相应的调整，使风力机以最佳叶尖速比运行，产生最大的电能输出。

(3) 双馈发电机励磁可调量有三个，即励磁电流的频率、幅值和相位。

调节励磁电流频率，保证风力发电机在变速运行的情况下发出恒定频率的电力。

改变励磁电流幅值和相位，可达到调节输出有功功率和无功功率的目的。当转子电流相位改变时，由转子电流产生的转子磁场在电机气隙空间的位置有一个位移，从而改变了双馈电机定子电势与电网电压向量的相对位置，也即改变了电机的功率角，所以调节励磁不仅可以调节无功功率，也可以调节有功功率。

12.2.3 风电并网对电力系统的影响

1. 影响系统调峰调频

由于风电具有随机性、波动性、间歇性、反调节性的特点，所以会对系统调峰产生较大影响。风电相当于一种负的负荷，而且一般情况下夜间风力大，风力发电量大，而用户负荷用电量少，因此，大规模风电的接入会使等效负荷峰谷差变大。

在没有风电并网的情况下，电网的频率是完全可控的。但大规模风电并网之后，电网频率调节有较大难度。风电机组输出功率随风能变化而变化，一般情况下风电机组是不参与系统调频的，即当系统发生故障时，会及时把风电机组切机。但随着接入风电的规模越来越大，如果故障时把所有风电机组切除，会导致系统进一步崩溃。因此，随着风电机组装机容量在电网中比重增加，需要配置相应容量的调频电源，保证系统频率在可调范围内。

2. 影响无功和电压

在风电场中，异步电动机占的比重依然很大。并入电网运行的异步发电机，

要依靠从电网吸取容性无功来励磁，风力发电研究部门曾做过简单的测试，所需要的励磁电流一般可达到额定电流的20%～30%左右，最大可达40%，这会使得电网的功率因数降低。解决的办法是增加集中或分散补偿装置。

在我国，风能资源比较丰富的地区一般离负荷中心都较远，大规模风电并网无法就地消纳，需要通过远距离高压输电送到负荷中心。在风电场的风电出力较高时，大量功率远距离输送会造成线路压降过大，风电场的无功需求和电网线路的无功损耗也就相应增大，电网的无功不足，对电压稳定性造成影响。如果要将风电并网对无功和电压的影响降到最低，可以采取以下方法：一是在风电场中可以安装一定容量的无功补偿装置来提高风电场并网点的电压，进而提高电压的稳定裕度，增加风电场最大装机容量；二是可以在资金允许的情况下，多采用双馈变速风电机组；三是也可以在风电场内安装对无功电压进行调节的动态无功补偿装置。

3. 影响暂态电压稳定性

当风电场满发并网，此时电网中某条线路短路，如果没有及时将风电场切除，则网内母线电压将无法恢复正常；相反，如果当时能够及时切除风电场，则网内主要母线的电压和机组功角将呈衰减振荡最终趋于稳定。如果电网足够强壮，风电机组在故障清除后能够恢复机端电压并稳定运行，电压稳定性能够得到保证；但如果电网较弱，风电机组在故障清除后无法重新建立机端电压，风电机组运行超速失去稳定，电压稳定性遭到破坏。当系统发生故障时，要保证电压的稳定性，可以将风电场切除，也可以采用安装在风电场的动态无功补偿装置支撑电压，从而保证电网电压稳定性。

4. 影响低电压穿越能力

在风力发电机并网点电压跌落的时候，风机能够保持并网，甚至向电网提供一定的无功功率，支持电网恢复，直到电网恢复正常，从而“穿越”这个低电压时间(区域)，这种能力称为低电压穿越能力。这是因为目前配电系统线路主保护主要是分段式电流保护，它不能做到无延时切除故障，因此，可能会引起局部电压跌落。对于一些常规机组，它们均可以通过快速励磁调节来提供电压支撑，保持机组的可靠联网运行而不脱网，它们的低电压穿越能力很强。而对于风电来说，如果风电规模较小，电量较少，则电网故障时只需将风电机组切除即可；但当风电规模较大，在电网所占比较大时，如果仍然将风电机组切除，会加剧故障，最终可能导致所有机组全部解列。因此，需要采取一定的措施来维护风电场电网的稳定。

5. 影响电能质量

电能质量主要包括电压质量和电流质量，风电并网对两者皆产生较大影响。

电压质量包括三种指标：电压偏差、电压波动、电压闪变。风电并网对电压偏差基本不会产生影响，因此只需研究对电压波动及电压闪变的影响。风电机组大多采取软并网方式，但当启动时仍然会产生比较大的冲击电流。当风速超过切除风速时，风机会从额定出力状态自动退出运行。如果整个风电场所有风机几乎

同时动作，这种冲击容易造成电压闪变和电压波动。此外，风电机组的一些固有特性，如塔影效应等也会造成风电场的电压波动，进而引发可察觉的电压闪变。

电流质量包括两种指标:频率偏差、谐波电流含有率。风电并网后对电力系统电流质量影响主要体现在谐波上，对频率偏差影响不大。风电并网给系统带来谐波污染主要有两种途径:一种是在风力发电机中，大量采用具有变频功能的变速恒频风力发电机，而发出的交流电也经过整流一逆变装置与电网连接，维持电网频率不变。但整流逆变会带来谐波污染，这些谐波电流进入系统后，会引起电网电压畸变，降低电能质量。另一种是风机的并联补偿电容器可能和线路电抗发生谐振。

12.3 风力发电机的仿真

12.3.1 仿真电路与仿真参数

图 12.3.1 为恒频恒速风机发电仿真电路图，使用的仿真软件为 PSCAD。该电路由三相电压源元件、笼式电动机元件、风速输出元件、风力机、调速器以及软并网和无功补偿装置组成。

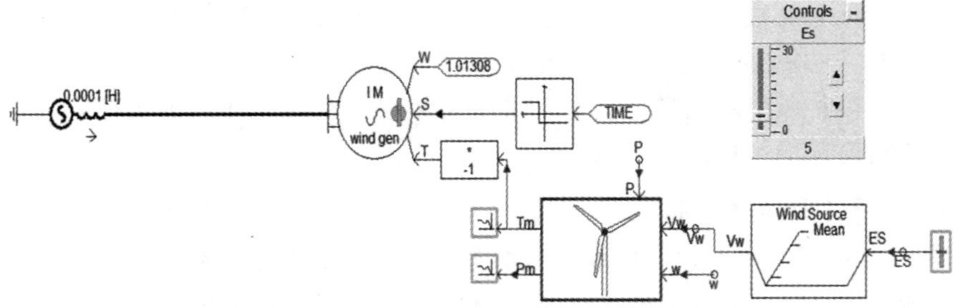

图 12.3.1 恒频恒速风机发电仿真图

风力发电机稳态后处于转矩控制模式，风力机输出转矩 T。风力机调速器接收风力发电机的输出有功功率信号 P，产生所需桨距角 β 输出至风力机。风力机接收风速信号 ν_w、轮毂角速度 ω_H 以及桨距角 β，产生转矩 T 输出至风力发电机，其中的 ω_H 由风力发电机电气角频率 ω 转换为机械角频率，再通过齿轮箱变比后得到。

输入至风力机的风速信号 ν_w 分为内部和外部输入两种方式，内部风速设为 8 m/s，外部风速初始值为 6 m/s，运行中可以调节风速。风力发电机的额定相电压为 11.7 kV，其相电流为 0.105 kA，额定三相功率为 2.5×10^3 kW，转矩控制。

轮毂角速度 ω_H 由发电机电气角频率计算得到

$$\omega_H = (\omega \times 2\pi / N_{GE}) / N_{GR} \tag{12.3.1}$$

其中，ω 为发电机电气角频率(rad/s)；N_{GE} 为发电机极对数；N_{GR} 为齿轮箱的增速比。

风力发电机主要设置为:额定相电压和相电流分别为 0.25 kV 和 2.7 kA，额定三相功率为 2×10^3 kW。0～5 s 时采用定转速控制，5 s 之后采用转矩控制。图

12.3.2 为仿真电路中风力发电机的参数设置。

Squirrel Cage Induction Machine

Configuration

General	
Motor name	wind gen
Data Generation/Entry:	Explicit
Multimass Interface	DISABLE
Number of Coherent Machines	1.0
Number of Sub-Iteration Steps	1
Rated RMS Phase Voltage	0.25 [kV]
Rated RMS Phase Current	2.7 [kA]
Base Angular Frequency	50.0 [Hz]
Graphics Display	Single line view

(1)鼠笼式电机配置

Wind Turbine

Operating Data

General	
Generator Rated MVA	2 [MVA]
Machine Rated Angular Mechanical Speed	1000 [rpm]
Rotor Radius	40 [m]
Rotor Area	5026 [m*m]
Air Density	1.229 [kg/m^3]
Gear Box Efficiency	0.97 [pu]
Gear Ratio - Machine/Turbine	GR
Equation for Power Coefficient	MOD 2

(2)涡轮风机配置

图 12.3.2　仿真电路中风力发电机参数

风力机调速器主要设置为:允许变桨距控制、调速器传递函数采用 MOD2 型；发电机功率输出参考值为 1.2×10^3 kW(0.6 pu)，发电机电气转速参考值为 314 rad/s。0～5 s 内的功率输入采用 0.6 pu，发电机速度输入采用 1 pu，不对桨距角进行调整，而对应于 0.425 pu 的初始桨距角为 19.85°。15 s 后功率输入采用来自发电机的功率输出信号，速度信号来自发电机的速度输出，桨距角将自动进行调整。其中，主要计算方法为

$$P_{\mathrm{out}}=\frac{1}{2}\rho A\nu_{\mathrm{w}}^{3}\eta_{\mathrm{GR}}C_{\mathrm{P}}(\lambda,\beta) \tag{12.3.2}$$

式中，P_{out} 为风机输出功率(W)；ρ 为空气密度($\mathrm{kg/m^3}$)，A 为风轮扫掠面积($\mathrm{m^2}$)；ν_{w} 为风速(m/s)；η_{GR} 为齿轮箱效率系数；C_{P} 为风能利用系数，是桨距角 β 和叶尖速比 λ 的函数。

$$\lambda=\frac{rw_{\mathrm{H}}}{\nu_{\mathrm{w}}} \tag{12.3.3}$$

式中，r 为风轮半径(m)；w_{H} 为轮毂转速(rad/s) 。

风机输出机械转矩 $T_{\mathrm{out}}=(P_{\mathrm{out}}/w_{\mathrm{H}})/N_{\mathrm{GR}}$，定义 $C_{\mathrm{T}}=C_{\mathrm{P}}/\lambda$。其中，$C_{\mathrm{T}}$ 为风机转矩系数，也是桨距角 β 和叶尖速比 λ 的函数。由此，可以推导出

$$T_{\mathrm{out}}=\frac{1}{2}\rho A\nu_{\mathrm{w}}^{2}\eta_{\mathrm{GR}}rC_{\mathrm{T}}(\lambda,\beta)/N_{\mathrm{GR}} \tag{12.3.4}$$

图 12.3.3 为仿真后的风机功率变化波形，图 12.3.4 为发电机转速变化波形，图 12.3.5 为风机桨距角变化波形。

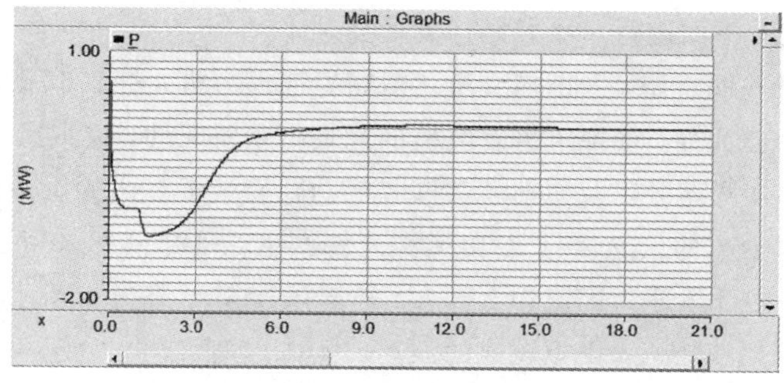

图 12.3.3　风机功率变化波形

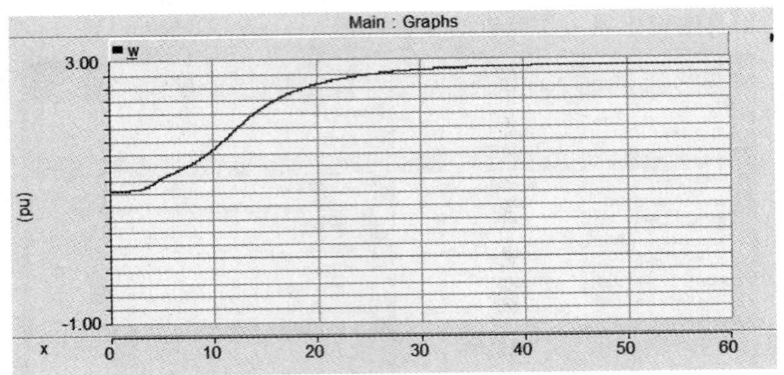

图 12.3.4　发电机转速变化波形

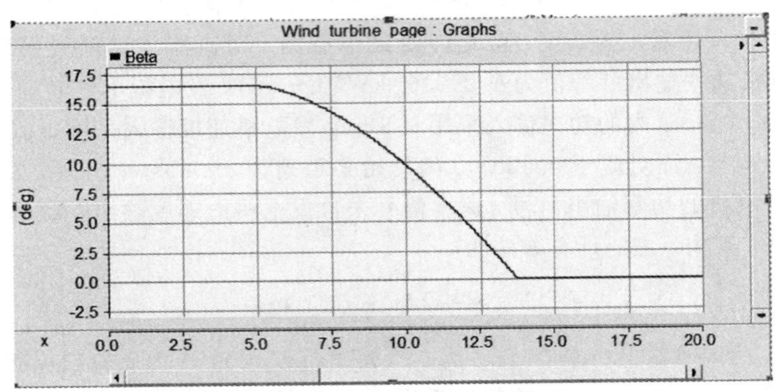

图 12.3.5　风机桨距角变化波形

通过仿真可以看到，在 0～5 s 时，风力发电机处于速度控制模式，5 s 以后转换为转矩控制模式，由于此时风机输入功率信号未变，桨距角不进行调整。随着发电机转速的变化，桨距角逐渐减小，桨距角在 5 s～13 s 中进行调整，调整完毕后保持恒定。整体风速设定为 15 m/s，桨距角初始值为 16°。

12.3.2　风机软并网仿真研究

基于上述风机发电原理及其仿真结果，可知恒频恒速风机发电输出较为稳定，其桨距角调节方式较为简单。为使风机成为光伏发电的补充，在微电网中提供能源和补充，下面进行风机并网仿真研究。

建立风机并网模型，采用前文所述恒频恒速风力机，模拟 60 Hz 中压交流系统的三相电压源元件，模拟风力发电机的笼式电动机元件，模拟风速输出的风速元件、风机及其调速器以及包括软并网和无功补偿装置在内的组件构成。

输入至风力机的风速信号 ν_w 由风源元件产生，风源风速采用了内部＋外部输入的方式，内部风速为固定的 8 m/s，外部风速初始值为 6 m/s，可在运行过程中调整外部风速输入，模拟风速的波动。

风机调速器主要设置如图 12.3.6 所示：允许变桨距控制、调速器传递函数

采用 MOD2 型；发电机功率输出参考值为 2×10^3 kW(0.8 pu)，发电机电气转速参考值为 377 rad/s。0～6 s内的功率输入采用0.8 pu，发电机转速输入采用1 pu，不对桨距角进行调整。而对应于 0.8 pu 有功功率的初始桨距角为 11.88°。6 s后功率输入采用来自发电机的功率输出信号，转速输入来自发电机转速，桨距角将自动进行调整。具体仿真电路如图 12.3.7 所示。

Wind Turbine — Operating Data — General

Generator Rated MVA	2.5 [MVA]
Machine Rated Angular Mechanical Speed	20.0 [Hz]
Rotor Radius	40 [m]
Rotor Area	5026 [m*m]
Air Density	1.229 [kg/m^3]
Gear Box Efficiency	0.97 [pu]
Gear Ratio - Machine/Turbine	GR
Equation for Power Coefficient	MOD 2

（a）鼠笼式感应电机配置

Squirrel Cage Induction Ma... — Configuration — General

Motor name	Motor
Data Generation/Entry:	Explicit
Multimass Interface	DISABLE
Number of Coherent Machines	1.0
Number of Sub-Iteration Steps	1
Rated RMS Phase Voltage	7.967 [kV]
Rated RMS Phase Current	0.1046
Base Angular Frequency	60.0 [Hz]
Graphics Display	Single line view

（b）风机配置

图 12.3.6　软并网模拟机配置

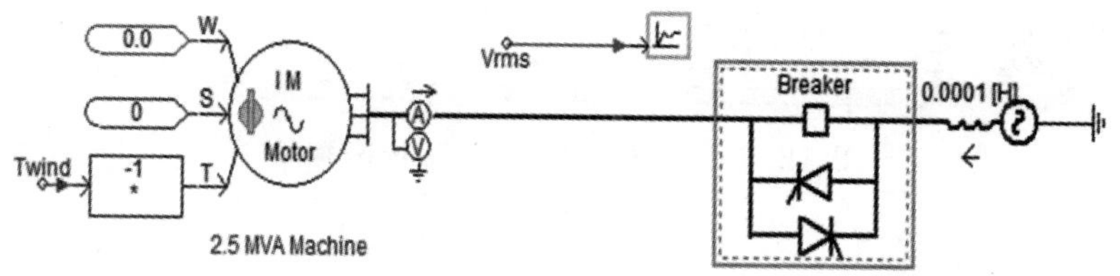

图 12.3.7　软并网模拟主电路图

Breaker 内部图如图 12.3.8 所示，此种软并网较为经典，也较为简单，适用于农村等微小电网中小型风机的并网接口。

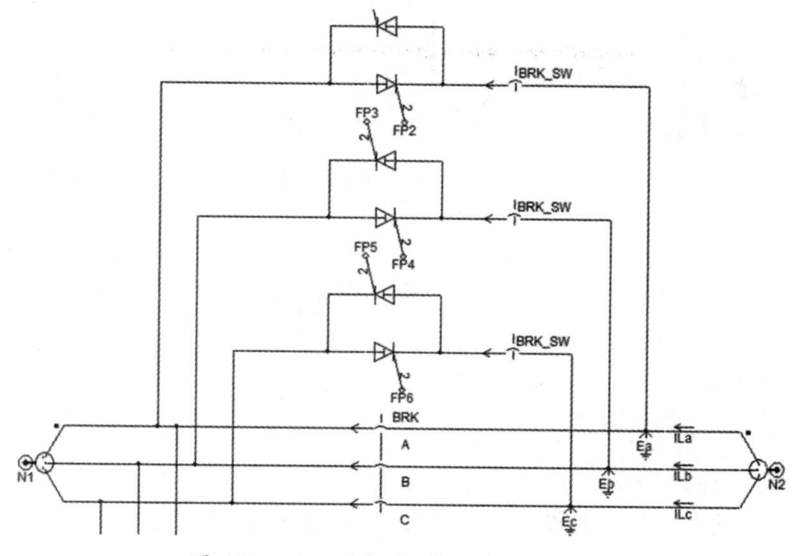

图 12.3.8　风机软并网装置结构图

工作基本原理是在发电机转速建立之前，通过反并联晶闸管对并网，此时系统提供有功和无功功率，风力机提供转矩，带动发电机增速。晶闸管的触发角随发电机速度的增大而减小，从而使发电机速度平滑上升，避免冲击电流的产生。

2 s后发电机间隙吸收有功功率，转入发电后发出有功功率。全过程都在吸收无功功率。由于受晶闸管导通角控制的影响，发电机在2 s之前电流不是正弦波，处于发电后，变为正弦波。5.02 s处为投入并联无功补偿电容器，且没有采用过零投切的方式，导致冲击波过大。具体波形如图12.3.9和图12.3.10所示。

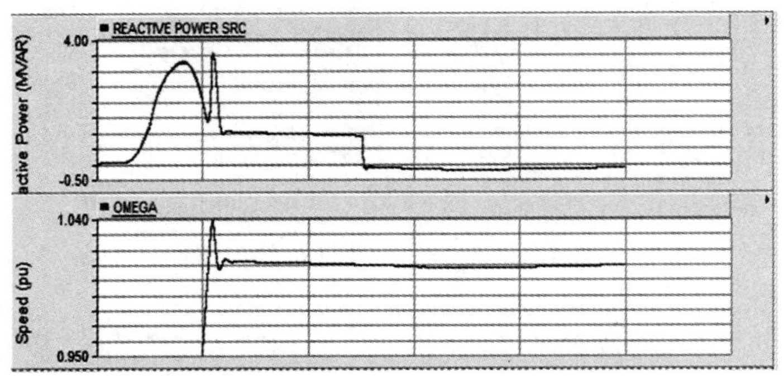

图12.3.9　发电机功率及转速输出

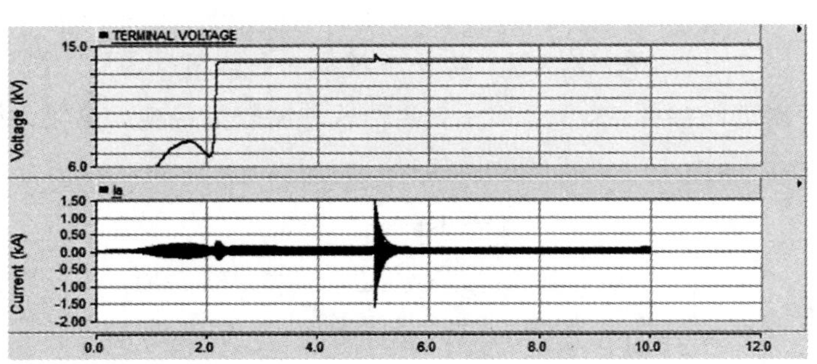

图12.3.10　发电机电压和电流波形

习　题　12

一、填空题

1. 风力发电的本质是________，再将________通过________转化为________的过程。

2. 我国拥有大量风能源的地域有两个：第一个是________地区丰富带；第二个是________地区丰富带。

3. 按照当前的技术，风车只要拥有________的风速，就能产生电能。

4. 一般来说，蓄电池容量的选择与选定风力发电机的__________、__________及该风力发电机__________等有关。

二、选择题

1. 同步并网方式并网时瞬态电流（　　），因而风力发电机组和电网受到的冲击也（　　）。

A. 大；小　　B. 小；小　　C. 小；大　　D. 大；大

2. 并网过程中，每相电流为正负半波对称的（　　）。

A. 矩形波　　B. 三角波　　C. 非正弦波　　D. 正弦波

3. 当风力机输入机械转矩（　　）发电机最大输出功率时，发电机输出电功率（　　），从而导致转速迅速升高，引起飞车。

A. 大于　　B. 小于　　C. 增加　　D. 减小

三、简答题

1. 风电并网对电网的影响有哪些？

2. 何谓风机的低压穿越能力？

3. 请简述软启动并网的特点。

第13章　电动汽车中的电机

学习目标

(1) 了解电动汽车中使用的电机类型。

(2) 了解电动汽车常用电机的性能。

重难点

电动汽车常用电机的性能。

思维导图

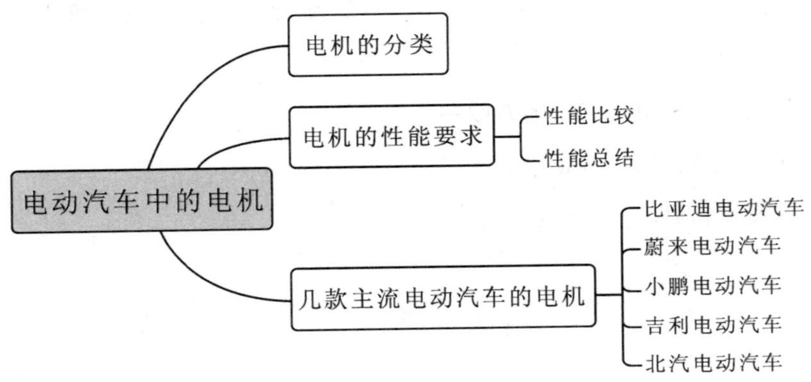

异步电动机在国民经济的各行各业中应用极为广泛，同时也是工农业中用得非常普遍的一种电动机，其容量可从几十瓦到几千千瓦。在工业方面，中小型的轧钢设备、各种金属切割机床、轻工机械、矿山上的卷扬机和通风机等，都用异步电动机来拖动。在农业方面，水泵、脱粒机、粉碎机和其他农副产品加工机械，也都用异步电动机来拖动。

此外，在人们的日常生活中，异步电动机也用得很多，例如，电扇、冷冻机、医疗器械等。总之，异步电动机应用范围广、需要量大。随着电气化、自动化的发展，异步电动机在工农业生产和人们的生活中占据重要的地位，特别是在电动汽车领域，三相异步电动机作为其核心部件，近些年大放异彩。本章主要概括性地介绍一些电动汽车中的电机。

13.1　电动汽车中的电机分类与要求

电动汽车是指全部或部分动力由电机驱动的汽车。按技术路线，电动汽车分为传统(油电/气电)混合动力汽车(HEV)、插电式混合动力汽车(PHEV)、纯电动汽车(EV)和燃料电池汽车(FCV)，后三者统称为新能源汽车。

1. 电动汽车中电机的分类

在电动汽车中，电机的主要功能为驱动车辆运行，因而对电动汽车中电机的分类也是从电动机的角度划分的，如图 13.1.1 所示。

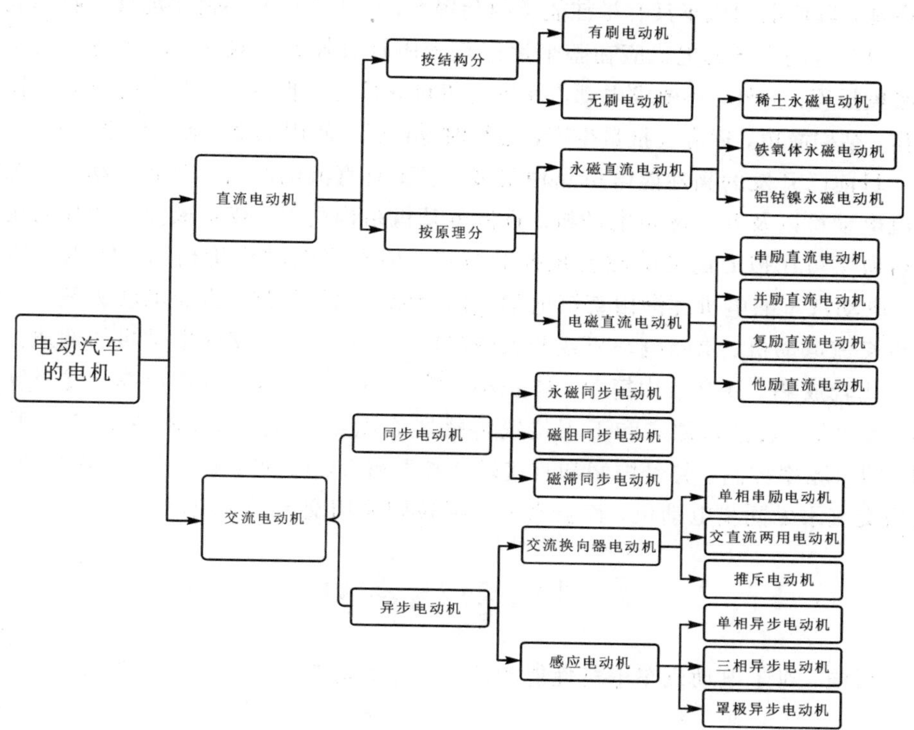

图 13.1.1　电动汽车中电机的分类

2. 电动汽车中电机的要求

电动汽车在运行过程中要频繁启动和进行加减速操作，这对电机的要求是很高的。电动汽车的电机在负载、技术性能和工作环境等方面的特殊的要求如下：

(1) 电动汽车的电机需要有 4～5 倍的过载以满足短时加速或爬坡，且加速性能好，使用寿命长；而工业电机只要求有 2 倍的过载以及使用寿命长。

(2) 电动汽车的电机最高转速要求达到在公路上巡航时基本速度的 4～5 倍，而工业电机只需要达到恒功率是基本速度的 2 倍即可。

(3) 电动汽车的电机需要根据车型和驾驶员的驾驶习惯而设计，而工业电机只需根据典型的工作模式设计。

(4) 电动汽车的电机要求有高度功率密度(一般要求达到 1 kW/kg 以内)和好的效率图(在较宽的转速范围和转矩范围内都有较高的效率)，从而能够降低车重，延长续驶里程；而工业电机通常对功率密度、效率和成本进行综合考虑，在额定工作点附近对效率进行优化。

(5) 电动汽车的电机要求工作可控性高、稳态精度高、动态性能好；而工业电机只有某一种特定的性能要求。

(6) 电动汽车的电机要装在机动车上，空间小，工作在高温、坏天气及频繁振动等恶劣环境下；而工业电机通常在某一个固定位置工作。

(7) 电动汽车的电机应能够在汽车减速时实现再生制动，将能量回收并反馈回电池，以使电动汽车具有最佳能量的利用率；而工业中并不需要能量回收功能。

(8) 电动汽车的电机应在整个运行范围内具有较高的效率，以提高一次充电的续驶里程。另外，还要求电动汽车的电机可靠性好，能够在较恶劣的环境下长期工作，结构简单，适应大批量生产，运行时噪声低，使用维修方便，价格便宜等。

目前已开发的高性能电机品种很多，主要有直流电动机、交流电动机、无刷直流电动机以及开关磁阻电动机。直流电动机结构简单，技术成熟，具有交流电动机所不可比拟的优良电磁转矩控制特性，但直流电动机价格高、体积和质量大。电动汽车的电机逐渐由直流电动机向交流电动机发展，直流电动机基本上已经被交流电动机、永磁电动机或开关磁阻电动机所取代。交流电动机的调速控制技术比较成熟，具有结构简单、体积小、质量小、成本低、运行可靠、转矩脉动小、噪声低、转速极限高和不用位置传感器等优点，其控制技术主要有 V/F 控制、转差频率控制、矢量控制和直接转矩控制(DTC)。例如比亚迪、小鹏汽车都采用交流永磁同步电动机，而蔚来和特斯拉则采用交流异步电动机。

13.2 常用电动汽车电机的比较

目前，对于电动汽车电机性能的评定，主要是考虑以下三个性能指标。

(1) 最大行驶里程(km)：电动汽车在电池充满电后的最大行驶里程。

(2) 加速能力(s)：电动汽车从静止加速到一定的时速所需要的最小时间。

(3) 最高时速(km/h)：电动汽车所能达到的最高时速。

实际上，以上的要求很难全部达到。现在市场上电动汽车的主流电机多为直流电动机、永磁同步电动机和交流异步电动机。表 13.2.1 为这三种电机的性能比较。

表 13.2.1 常用三种电机的性能比较

性能	直流电动机	永磁同步电动机	交流异步电动机
转矩性能	中	好	好
功率密度	低	高	中
转速范围/(r/min)	4000～6000	4000～10 000	9000～15 000
负荷效率/%	80～87	85～97	90～92
过载能力/%	200	300	300～500
可靠性	差	优良	好
结构的坚固性	差	一般	好
控制操作性能	最好	好	好
控制器成本	低	高	高

具体来说，在电动汽车发展的早期，大部分的电动汽车都采用直流电动机作为驱动电机，因为直流电动机技术较为成熟，控制方式容易，调速优良，曾经在调速电动机领域内有着最为广泛的应用。但是由于直流电动机有着复杂的机械结构，例如电刷和机械换向器等，导致它的瞬时过载能力和转速的进一步提高受到限制，而且在长时间工作的情况下，电动机的机械结构会产生损耗，提高了维护成本。此外，直流电动机运转时电刷冒出的火花使转子发热，能量浪费，散热困难，也会造成高频电磁干扰，影响整车性能。但是直流电动机的控制方法和结构简单，启动和加速转矩大，在对电磁转矩的控制和调速上都比较方便，不需要检测磁极位置，技术成熟，总体成本低，所以现在仍在很多场合使用，如城市中的无轨电车和电动叉车较多地采用直流驱动系统，很多电动观光车和电动巡逻车也使用的是直流电动机。

永磁同步电动机不需要安装电刷和机械换向结构，工作时不会产生换向火花，运行安全可靠，维修方便，能量利用率较高。永磁同步电动机的控制系统相比于交流异步电动机的控制系统来说更加简单。但是由于受到永磁材料工艺的限制，使得永磁同步电动机的功率范围较小，一般最大功率只有几十千瓦，这是永磁同步电动机最大的缺点。同时，转子上的永磁材料在高温、振动和过流的条件下会产生磁性衰退的现象，所以在相对复杂的工作条件下，永磁同步电动机容易发生损坏。而且永磁材料价格较高，整个电动机及其控制系统成本较高。

交流异步电动机与同功率的直流电动机相比效率更高，质量约轻了 50%。如果采用矢量控制的控制方式，可以获得与直流电动机相媲美的可控性和更宽的调速范围。由于有着效率高、比功率较大、适合于高速运转等优势，交流异步电动机是目前大功率电动汽车上应用最广的电机。目前，交流异步电动机已经大规模化生产，有着各种类型的成熟产品可以选择。但在高速运转的情况下电动机的转子发热严重，工作时要保证电动机冷却，同时异步电动机的驱动、控制系统很复杂，电动机本体的成本也偏高，相较于永磁同步电动机和开关磁阻电动机而言，交流异步电动机的效率和功率密度偏低，对于提高电动汽车的最大行驶里程不利。

开关磁阻电动机作为一种新型电机，相比其他类型的驱动电机而言，它的结构最为简单，定、转子均为普通硅钢片叠压而成的双凸极结构，转子上没有绕组，定子装有简单的集中绕组，具有结构简单坚固、可靠性高、质量轻、成本低、效率高、温升低、易于维修等诸多优点。而且它具有直流调速系统可控性好的优良特性，同时适用于恶劣环境，非常适合作为电动汽车的驱动电机使用。

13.3　我国主流电动汽车中的电机

目前我国电动汽车厂商大多采用永磁同步电动机，相较于交流异步电动机，永磁同步电动机的性能表现更好，并且体积和重量方面也更占优势，而且制造时需要的稀土材料在我国也十分丰富，因此我国采用永磁同步电动机的车型种类繁多。目前采用永磁同步电动机的品牌主要有北汽新能源、比亚迪、小鹏汽车、吉利、奇瑞、威马等，并且制造永磁同步电动机的品牌也有很多，其中不乏包括西门子、博世、大陆等机械大厂，北汽新能源和比亚迪也开发了各自的永磁同步电动机。

比亚迪股份有限公司成立于 1995 年 2 月，总部位于广东省深圳市。2015 年，比亚迪荣获联合国成立 70 年来首个针对新能源行业的奖项——“联合国特别能源奖”。2020 年，比亚迪成为 2020BrandZ 最具价值中国品牌 100 强上榜车企，连续 6 年蝉联汽车行业最具价值中国品牌冠军。2021 年 1 月至 9 月，比亚迪营业收入达 1452 亿元，净利润达 32.97 亿元。图 13.3.1 为比亚迪电动汽车使用的永磁同步电动机。

图 13.3.1　比亚迪使用的永磁同步电动机

相较于交流异步电动机，比亚迪研发的永磁同步电动机提速更快并且结构简单，在维护方面更占优势。表 13.3.1 为比亚迪近两年的主流电动汽车的电机参数。

表 13.3.1　比亚迪主流电动车的电机参数

车型	电机型式	前电机最大功率/kW	前电机最大扭矩/N·m	后电机最大功率/kW	后电机最大扭矩/N·m	系统综合最大功率/kW	系统综合最大扭矩/N·m	驱动型式
汉 EV 四驱	交流永磁同步电动机	163	330	200	350	363	680	智能四驱
唐 DM	交流永磁同步电动机	110	250	180	330	431	900	智能四驱
车型	电机型式	发动机最大功率/[kW/(r/mim)]		发动机最大扭矩/[N·m/(r/min)]		电机最大功率/kW	电机最大扭矩/N·m	变速型式
宋 Pro DM－i	交流永磁同步电动机	81/6000		135/4500		145	325	EHS 电混系统
秦 PLUS EV	交流永磁同步电动机	—		—		135	280	纯电动
元 PLUS	交流永磁同步电动机	—		—		150	310	纯电动

小鹏汽车使用永磁电动机，他们设计制造的 P7 电动汽车，其电动机最大功率为 196 kW，最大扭矩为 390 N·m；P5 系列的永磁电动机最大功率为 155 kW，最大扭矩为 310 N·m；G3i 系列的驱动永磁电动机最大功率为 145 kW，最大扭矩为 300 N·m。

蔚来汽车在不同的车型中使用不同的电动机或电机组合。例如，蔚来 es8 使用交流异步电动机，采用前后双电机驱动的方式；355 公里版本车型搭载前、后电机的最大输出功率均为 240 kW，最大扭矩为 420 N·m，综合输出功率为 480 kW，最大扭矩为 840 N·m。

吉利帝豪 EV450 搭载一台最大功率 120 kW、峰值扭矩 250 N·m 的永磁同步驱动电机，电池组则采用 52 kWh 三元锂离子电池并配备有 ITCS 2.0 电池智能温控管理系统，综合续航里程可达到 400 km。快充模式下，电池电量从 30%充到 80%需要 0.5 h，慢充充满电需要 9 h。帝豪 GSe 续航里程为353 km，60 km/h等速续航里程达到 460 km。其配备三电系统，搭载最大功率为12 kW的永磁同步驱动电机，采用142 Wh/kg高密度三元锂电池，52 kW·h高容电量，辅以ITCS2.0智能温控，保障电池寿命。

北汽新能源自研的永磁同步电动机已经应用在北汽新能源EU7、EU5、EX5、EX3、EC5等车型上，其中EC5装配的电动机最大功率为80kW，最大扭矩为230 N·m。

特斯拉电动汽车虽为外国品牌，但它在上海“落户”生产线后，为我国的电动汽车产业做出了一定的贡献。例如，截至2022年1月，特斯拉在中国大陆开放使用的超级充电站数量已突破1000座，超级充电桩超过8000桩，搭配超过700座目的地充电桩、超过1800桩目的地充电桩，覆盖中国大陆超过360个城市及地区，并且它旗下的汽车逐渐使用国产电动机。特斯拉采用的是交流异步感应电动机，该电动机是由中国台湾富田电机设计生产的。不同车型搭载的电动机不同，其最大功率从275 kW到385 kW都有，内部采用的是鼠笼结构的转子，电动机采用冷却液散热。

习 题 13

一、填空题

1. 按技术路线，电动汽车分为传统(油电/气电)混合动力汽车、__________混合动力汽车、纯电动汽车和__________汽车，后三者统称为新能源汽车。

2. 电动汽车的电机需要有____________的过载以满足短时加速或爬坡，且____________，使用寿命长。

3. 对于电动汽车电机性能的评定，主要是考虑三个性能指标：____________。

二、选择题

1. 电动汽车的电机最高转速要求达到在公路上巡航时基本速度的(　　)倍。

A. 4～5　　B. 2～3　　C. 1～2　　D. 7～8

2. 电动汽车的电机应能够在汽车减速时实现(　　)。

A. 反接制动　　B. 再生制动　　C. 非正弦波　　D. 正弦波

三、简答题

1. 简述电动汽车电机性能评定的三个主要性能指标及其含义。

2. 简述开关磁阻电动机的特点。

附录 主要符号说明

a——直流电机电枢绕组并联支路对数，交流绕组并联支路数
B——磁通密度
B_a——电枢磁通密度
B_{av}——平均电枢磁通密度
B_0——空载磁通密度
B_δ——气隙磁通密度
C_E——电动势常数
C_T——转矩常数
E——电动势
E_a——电枢电动势
E_{ad}——直轴电枢电动势
E_{aq}——交轴电枢电动势
E_0——空载电动势
E_1——变压器一次电动势，异步电动机定子绕组感应电动势
E_2——变压器二次电动势，异步电动机转子不动时的感应电动势
E_{2s}——异步电动机转子旋转时的电动势
E_ν——ν 次谐波电动势
E_σ——定子漏磁电动势
E_δ——气隙电动势
$E_{1\sigma}$——变压器一次漏电动势
$E_{2\sigma}$——变压器二次漏电动势
e——电动势瞬时值
F——磁动势，力
F_a——直流电机电枢磁动势
F_{ad}——直轴电枢磁动势
F_{aq}——交轴电枢磁动势
F_f——励磁磁动势
F_δ——气隙磁动势
f——频率，磁动势瞬时值
f_N——额定频率
f_1——异步电机定子电路频率
f_2——异步电机转子电路频率
f_ν——ν 次谐波频率

GD^2——飞轮矩
H——磁场强度
I——电流
I_a——电枢电流
I_f——励磁电流
I_{fN}——额定励磁电流
I_S——短路电流
I_N——额定电流
I_0——空载电流
I_{0a}——铁损耗电流
I_{0r}——空载励磁电流
I_1——变压器一次电流，异步电机定子电流
I_2——变压器二次电流，异步电机转子电流
I_{1L}——异步电机定子电流或变压器一次电流的负载分量
I_{st}——启动电流
i_a——绕组并联支路电流
J——转动惯量
K——直流电机换向片数，系数
k——变压器的变比
k_a——自耦变压器变比
k_{q1}——交流绕组基波分布因数
$k_{q\nu}$——交流绕组谐波分布因数
k_{st}——异步电动机启动转矩倍数
k_{w1}——交流绕组基波绕组因数
k_{wr}——交流绕组谐波绕组因数
l——有效导体的长度
m——相数，直流电动机启动级数
N——直流电机电枢绕组总导体数
N_1——变压器一次匝数，异步电机定子绕组每相串联匝数
N_2——变压器二次匝数，异步电机转子绕组每相串联匝数
n——转速
n_N——额定转速
n_1——同步转速
n_0——空载转速
P_N——额定功率
P_{em}——电磁功率
P_{MEC}——总机械功率
P_1——输入功率
P_2——输出功率

p——极对数

P_{ad}——附加损耗，杂散损耗

P_{Cu}——铜损耗

P_{Fe}——铁损耗

P_{mec}——机械损耗，摩擦损耗

P_{Cuf}——励磁损耗

P_0——空载损耗

Q——无功功率

q——每极每相槽数

R——电阻

R_a——电枢回路电阻

R_f——励磁回路电阻

R_L——负载电阻

R_1——变压器一次绕组电阻，异步电机定子电阻

R_2——变压器二次绕组电阻，异步电机转子电阻

R_S——变压器、异步电机的短路电阻

R_m——变压器、异步电机的励磁电阻

S——直流电机元件数，变压器视在功率

s——异步电动机转差率

s_m——临界转差率

s_N——额定转差率

T——转矩，周期，时间常数

T_{em}——电磁转矩

T_L——负载转矩

T_m——最大电磁转矩

T_N——额定转矩

T_{st}——启动转矩

T_0——空载转矩

T_1——输入转矩

T_2——输出转矩

U——电压

U_f——励磁电压

U_N——额定电压

U_1——变压器一次电压，异步电机定子电压

U_2——变压器二次电压，异步电机转子电压

U_{20}——变压器二次空载电压

v——线速度

X——电抗

X_a——电枢电抗

X_{ad}——直轴电枢电抗
X_{aq}——交轴电枢电抗
X_L——负载电抗
X_m——励磁电抗
X_σ——漏电抗
X_{1b}——变压器一次漏电抗，异步电机定子漏电抗
X_{2b}——变压器二次漏电抗，异步电机转子不动时的漏电抗
X_{2s}——异步电动机转子转动时的漏电抗
y——节距，直流电机电枢绕组的合成节距
y_K——直流电机换向器节距
y_1——直流电机第一节距
y_2——直流电机第二节距
Z——电机槽数，阻抗
Z_S——短路阻抗
Z_L——负载阻抗
Z_m——励磁阻抗
Z_1——变压器一次漏阻抗，异步电动机定子漏阻抗
Z_2——变压器二次漏阻抗，异步电动机转子漏阻抗
α——角度，槽距角，伺服电机信号系数
β——角度，变压器负载系数
η——效率
μ——磁导率
μ_0——真空的磁导率
ν——谐波次数
τ——极距，温升
Φ——主磁通，每极磁通
Φ_m——变压器主磁通最大值
$\Phi_{1\sigma}$——一次漏磁通
$\Phi_{2\sigma}$——二次漏磁通
Φ_0——空载磁通，异步电动机气隙主磁通
φ——相位角，功率因数角
Ω——机械角速度
Ω_1——同步机械角速度
ω——电角速度，角频率
λ 或λ_T——过载能力

参 考 文 献

[1] 宋德生,李国栋.电磁学发展史[M].南宁:广西人民出版社,2010.

[2] 张富忠,刘茹.新能源及智能网联汽车发展与电磁兼容[J].中国战略新兴产业,2018(36):8.

[3] 许晓峰.电机与拖动基础[M].北京:高等教育出版社,2012.

[4] 许建国.电机与拖动基础[M].北京:高等教育出版社,2009.

[5] 李发海,王岩.电机与拖动基础[M].4版.北京:清华大学出版社,2012.

[6] 谭建成.永磁无刷直流电机技术[M].2版.北京:机械工业出版社,2018.

[7] 戴庆忠.电机史话[M].北京:清华大学出版社,2016.

[8] 李志强.纯电动汽车交流异步电机及整车总成控制器的开发技术研究[D].长沙:湖南大学,2007.

[9] 郑鹏飞.电动汽车交流异步电机控制系统[D].南昌:南昌航空大学,2018.

[10] 孟德智.汽车电子助力制动系统永磁同步电机伺服控制技术研究[D].杭州:浙江大学,2021.DOI:10.27461/d.cnki.gzjdx.2021.000309.

[11] 包叙定.中国电机工业发展史:百年回顾与展望[M].北京:机械工业出版社,2011.

[12] 信彦君.关于风能太阳能生物质能联合发电控制系统的研究[D].保定:华北电力大学,2016.

[13] 陈天琦.利用车辆风能的能源稳定型风光互补发电系统研究[D].北京:清华大学,2012.

[14] LIU L Q, WANG Z X. The development and application practice of wind - solar energy hybrid generation systems in China[J]. Renewable and Sustainable Energy Review, 2009, 13(6－7):1504－1512.

[15] 温锦斌.基于频域分解的短期风电负荷预测[D].上海:上海交通大学,2013.

[16] SUN S X, ZHU Y S, CAI C Y. Long-Term Wind Power Prediction Based on Rough Set[J]. Applied Mechanics and Materials, 2013 (329): 411－415.

[17] ALESSANDRINI S, SPERATI S, PINSON P. A comparison between the ECMWF and COSMO Ensemble Prediction Systems applied to short－term wind power forecasting on real data[J]. Applied Energy, 2013:271－280.

[18] 杨元侃,惠晶.无刷双馈风力发电机的控制策略与实现[J].电机与控制学报,2007, 11 (4):364－368.

[19] LAIZ H. AC-DC transfer with improved precision[C]. IEEE Transactions on Instrumentation and Measurement,1995:407－410.

[20] WANG Q,CHANG L C. An intelligent maximum power extraction algorithm for inverter based variable speed wind turbine systems[J]. IEEE Transactions on power electronics, 2004,19(5):1242－1249.

[21] 惠晶,顾鑫,杨元侃.兆瓦级风力发电机组电动变桨距系统[J].电机与控制应用,2007, 34(11):51－54.

[22] 汽车材料网.全球电动汽车发展现状及未来趋势[OL]. https://www.sohu.com/a/321545905_378896.